煤炭科学研究总院建院 60 周年 技术丛书

宁 宇／主编

第六卷

煤炭清洁利用与环境保护技术

曲思建 等／编著

科学出版社

北京

内 容 简 介

本书为"煤炭科学研究总院建院60周年技术丛书"第六卷《煤炭清洁利用与环境保护技术》，全书共分六篇24章，主要介绍了煤炭科学研究总院在选煤技术、煤化工技术、煤炭高效清洁燃烧与污染物控制技术、煤与煤层气综合利用技术、矿区及煤化工过程水处理与利用技术和土地复垦与生态修复技术等方面的大量科研成果，具有较强的理论和实用价值。

本书可供从事煤炭洗选、煤化工技术开发、污染物控制与土地修复领域技术人员，以及从事相关教学、科研人员参考使用。

图书在版编目(CIP)数据

煤炭清洁利用与环境保护技术／曲思建等编著. —北京：科学出版社，2018

（煤炭科学研究总院建院60周年技术丛书·第六卷）

ISBN 978-7-03-058121-1

Ⅰ.①煤… Ⅱ.①曲… Ⅲ.①清洁煤-研究②煤炭工业-环境保护-研究 Ⅳ.①TD94②X322

中国版本图书馆 CIP 数据核字（2018）第134732号

责任编辑：李 雪／责任校对：桂伟利
责任印制：徐晓晨／封面设计：黄华斌

科 学 出 版 社 出版
北京东黄城根北街16号
邮政编码：100717
http://www.sciencep.com

北京中石油彩色印刷有限责任公司 印刷
科学出版社发行 各地新华书店经销
*

2018年1月第 一 版 开本：787×1092 1/16
2019年11月第二次印刷 印张：25 1/4
字数：595 000
定价：245.00元
（如有印装质量问题，我社负责调换）

"煤炭科学研究总院建院60周年技术丛书"
编 委 会

顾　　问：卢鉴章　刘修源

主　　编：宁　宇

副 主 编：王　虹　申宝宏　赵学社　康立军　梁金钢　陈金杰

编　　委：张　群　刘志强　康红普　文光才　王步康　曲思建
　　　　　李学来

执行主编：申宝宏

《煤炭清洁利用与环境保护技术》
编 委 会

顾　　问：史士东　叶桂森　卢鉴章　刘修源　黄祖琦　姜　英

主　　编：曲思建

副 主 编：陈贵锋　李文博

编　　委：（按姓氏笔画排序）

　　　　　王乃继　王　琳　王　鹏　白向飞　孙仲超　陈亚飞
　　　　　李树志　杨俊利　张晓静　郭中权　高均海　梁　兴
　　　　　董卫果　程宏志　裴贤丰

执行主编：刘　敏　刘立麟

Foreword 丛书序

煤炭科学研究总院是我国煤炭行业唯一的综合性科学研究和技术开发机构，从事煤炭建设、生产和利用重大关键技术及相关应用基础理论研究。

煤炭科学研究总院于1954年9月筹建，1957年5月17日正式建院，先后隶属于燃料工业部、煤炭工业部、燃料化学工业部、中国统配煤矿总公司、国家煤炭工业局、中央大型企业工作委员会、国务院国有资产监督管理委员会和中国煤炭科工集团有限公司。建院60年来，在煤炭地质勘查、矿山测量、矿井建设、煤炭开采、采掘机械与自动化、煤矿信息化、煤矿安全、洁净煤技术、煤矿环境保护、煤炭经济研究等各个研究领域开展了大量研究工作，取得了丰硕的科技成果。在新中国煤炭行业发展的各个阶段都实时地向煤矿提供新技术、新装备，促进了煤炭行业的技术进步。煤炭科学研究总院还承担了非煤矿山、隧道工程、基础设施和城市地铁等地下工程的特殊施工技术服务和工程承包，将煤炭行业的工程技术服务于其他行业。

在60年的发展历程中，煤炭科学研究总院在煤炭地质勘查领域，主持了我国第一次煤田预测工作，牵头完成了第三次全国煤田预测成果汇总，基本厘清了我国煤炭资源的数量和时空分布规律，研究并提出了我国煤层气的资源储量，煤与煤层气综合勘查技术，为煤与煤层气资源开发提供了支撑；研究并制定了中国煤炭分类等一批重要的国家和行业技术标准，开发了基于煤岩学的炼焦配煤技术，查明了煤炭液化用煤资源分布，并提出液化用煤方案；在地球物理勘探技术方面，开发了井下直流电法、无线电坑道透视、地质雷达、槽波地震、瑞利波等多种物探技术与装备，超前探测距离达到200m；在钻探技术方面，研制了地面车载钻机、井下水平定向钻机、井下智能控制钻进装备等各类钻探装备，井下钻机水平定向钻孔深度达1881m，在有煤与瓦斯突出危险的区域实现无人自动化钻孔施工。

在矿井建设领域，煤炭科学研究总院开发了冻结、注浆和钻井为主的特殊凿井技术，为我国矿井施工技术奠定了基础；发展了冻结、注浆和凿井平行作业技术，形成了表土层钻井与基岩段注浆的平行作业工艺；研制了钻井直径13m的竖井钻机、钻井直径5m的反井钻机等钻进技术与装备；为我国煤矿井筒一次凿井深度达到1342m，最大井筒净直径10.5m，最大掘砌荒径14.6m，最大冻结深度950m，冻结表土层厚度754m，最大钻井深度660m，钻井成井最大直径8.3m，最大注浆深度为1078m，反井钻井直径5.5m、深度560m等高难度工程提供了技术支撑。

在煤炭开采领域，煤炭科学研究总院的研究成果支撑了我国煤矿从炮采、普通机械化开采、高档普采到综合机械化开采的数次跨越与发展；实现了从缓倾斜到急倾斜煤层采煤方法的变革，建设了我国第一个水力化采煤工作面；引领了采煤工作面支护从摩擦式金属支柱和铰接顶梁取代传统的木支柱开始到单体液压支柱逐步取代摩擦式金属支柱，发展为液压支架的四个不同发展阶段的支护技术与装备的变革；开发了厚及特厚煤层大采高综采和综放开采工艺，使采煤工作面年产量达 1000 万 t。针对我国各矿区煤层的特殊埋藏条件，煤炭科学研究总院研究了各类水体下、建（构）筑下、铁路下、承压水体上和主要井巷下压覆煤炭资源的开采方法和采动覆岩移动等基础科学问题和规律，形成了具有中国特色的"三下一上"特殊采煤技术体系。在巷道支护技术方面，煤炭科学研究总院从初期研究钢筋混凝土支架、型钢棚式支架取代支护，适应大变形的松软破碎围岩的 U 型钢支架的研制，到提出高预应力锚杆一次支护理论，开发了巷道围岩地质力学测试技术、高强度锚杆（索）支护技术、注浆加固支护技术、定向水力压裂技术、支护工程质量检测等技术与装备，引领了不同阶段巷道围岩控制技术的变革，支撑了从被动支护到主动支护再到多种技术协同控制支护技术的跨越与发展，在千米（1300m）深井巷道、大断面全煤巷道、强动压影响巷道和冲击地压巷道等支护困难的巷道工程中成功得到应用，解决了复杂困难条件下巷道的支护难题。

在综掘装备领域，煤炭科学研究总院的研究工作引领和支撑了悬臂式掘进机由小型到大型、从单一到多样化、由简单到智能化的数次发展跨越，已经具备了截割功率 30~450kW，机重为 5~154t 系列悬臂式掘进机的开发能力；根据煤矿生产实现安全高效的需求，研制成功国内首台可实现掘进、支护一体化带轨道式锚杆钻臂系统的大断面煤巷掘进机，在神东矿区创造了月进尺 3080m 的世界单巷进尺新纪录；为适应回收煤柱及不规则块段煤炭开采，成功研制国内首套以连续采煤机为龙头的短壁机械成套装备，该装备也可用于煤巷掘进施工。

在综采工作面装备领域，为适应各类不同条件煤矿的需要，煤炭科学研究总院开发了 0.8~1.3m 薄煤层综采装备、年产 1000 万 t 大采高综采成套装备、适应 20m 特厚煤层综采放顶煤工作面的成套装备；成功开发了满足厚度 0.8~8.0m，倾角 0°~55° 煤层一次采全高需要的采煤装备；采煤机总装机功率突破 3000kW，刮板输送机装机功率达到 2×1200kW，液压支架最大支护高度达 8m，带式输送机的最大功率达到 3780kW、单机长度 6200m、运量达到 3500t/h。与液压支架配套的电液控制系统、智能集成供液系统、综采自动化控制系统和乳化液泵站的创新发展也促进了综采工作面成套技术变革，煤炭科学研究总院将煤矿综采工作面成套装备与矿井生产综合自动化技术相结合，成功开发了我国首套综采工作面成套装备智能控制系统，实现了在采煤工作面顺槽监控中心和地面调度中心对综采工作面设备"一键"启停，构建了工作面"有人巡视、无人操作"的自动化采煤新模式。

在煤矿安全技术领域，煤炭科学研究总院针对我国煤矿五大自然灾害的特点，开发了有针对性的系列防治技术和装备，为提高煤矿安全生产保障能力提供了强有力的支撑；针对瓦斯灾害防治，研发了适应煤炭生产发展所需要的本煤层瓦斯抽采、邻近层卸压瓦斯抽采、综合抽采、采动区井上下联合抽采瓦斯等多种抽采工艺与装备；在研究煤与瓦斯突出发生机理的基础上，研发了多种保护层开采技术，发明了水力冲孔防突技术，突出预警系统、深孔煤层瓦斯含量测定技术；提出了两个"四位一体"综合防突技术体系，为国家制定《防治煤与瓦斯突出规定》奠定了技术基础。在研究煤自然发火机理的基础上，建立了煤自然发火倾向性色谱吸氧鉴定方法，开发了基于变压吸附和膜分离原理的制氮机组及氮气防灭火技术，研发了井下红外光谱束管监测系统；揭示了冲击地压"三因素"发生机理，开发成功微震/地音监测系统、应力在线监测系统和基于地震波CT探测的冲击地压危险性原位探测技术。研制了智能式顶板监测系统，实现了顶板灾害在线监测和实时报警。研发了煤层注水防尘技术、喷雾降尘技术、通风除尘技术及配套装备，以及针对防止煤尘爆炸的自动抑爆技术和被动式隔爆水棚、岩粉棚技术。随着采掘机械化程度的不断提高、产尘强度增大的实际情况，研发了采煤机含尘气流控制及喷雾降尘技术、采煤机尘源跟踪高压喷雾降尘技术，机掘工作面通风除尘系统，还研发了免维护感应式粉尘浓度传感器，实现了作业场所粉尘浓度的实时连续监测。煤炭科学研究总院的研究成果引领和支撑了安全监控技术的四个发展阶段，促进了安全监控系统的升级换代，使安全监控系统向功能多样化、集成化、智能化及监控预警一体化方向发展，研发成功红外光谱吸收式甲烷传感器、光谱吸收式光纤气体传感器、红外激光气体传感器、超声涡街风速传感器、风向传感器、一氧化碳传感器、氧气传感器等各类测定井下环境参数的传感器，使安全监控系统的监控功能更加完备；安全监控系统在通信协议、传输、数据库、抗电磁干扰能力、可靠性等各个环节实现了升级换代，研发出KJ95N、KJ90N、KJ83N（A）、KJF2000N等功能更完善的安全监控系统；针对安全生产监管的要求，研发了KJ69J、KJ236（A）、KJ251、KJ405T等人员定位管理系统，为煤矿提高安全保障能力提供了重要的技术支撑。

在煤炭清洁利用领域，煤炭科学研究总院对涵盖选煤全过程的分选工艺、技术装备及选煤厂自动化控制技术进行了全方位的研究，建成了我国第一个重介质选煤车间，研发了双供介无压给料三产品重介质旋流器、振荡浮选技术与装备、复合式干法分选机等高效煤炭洗选装备；开发了卧式振动离心机、香蕉筛、跳汰机、加压过滤机、机械搅拌式浮选机、分级破碎机、磁选机等煤炭洗选设备，使我国年处理能力400万t的选煤成套设备实现了国产化，基本满足了不同特性和不同用途的原煤洗选生产的需要。

在煤炭转化领域，煤炭科学研究总院研制了$\phi1.6m$的水煤气两段炉，适合特殊煤种的移动床液态连续排渣气化炉；完成了云南先锋、黑龙江依兰、神东上湾不同煤种的三个煤炭直接液化工艺的可行性研究；成功开发了煤炭直接液化纳米级高分散铁基催化剂，已应用于神华108万t/a煤炭直接液化示范工程。开发了煤焦油加氢技术、煤油共炼技术和新一代煤炭直接液化技术及其催化剂；还开发了新型40kg试验焦炉、煤岩自动测试系统，焦炭反应性及反应后强度测定仪等装置，并在国内外、焦化行业得到推广应用。成功开发了4~35t/h的系列高效煤粉工业锅炉，平均热效率达92%以上，已经在11个省（市）共计建成200余套高效煤粉工业锅炉。开发了三代高浓度水煤浆技术，煤浆浓度达到68%~71%，为煤炭清洁利用提供了重要的技术途径。

在矿区及煤化工过程水处理与利用领域，煤炭科学研究总院开发了矿井水净化处理、矿井水深度处理、矿井水井下处理、煤矿生活污水处理、煤化工废水脱酚处理、煤化工废水生物强化脱氮、高盐废水处理和水处理自动控制等技术和成套装备；实现了矿区废水处理与利用，变废水为资源，为矿区节能减排、发展循环经济提供技术支撑。

在矿山开采沉陷区土地复垦与生态修复领域，煤炭科学研究总院开发了采煤沉陷区复垦土壤剖面构建技术、农业景观与湿地生态构建技术、湿地水资源保护与维系技术、湿地生境与植被景观构建技术，初步形成完整的矿山生态修复技术体系。

在煤矿用产品质量和安全性检测检验领域，煤炭科学研究总院在开展科学研究的同时，高度重视实验能力的建设，建成了 30000kN、高度 7m 的液压支架试验台，5000kW 机械传动试验台，直径 3.4m、长度 8m 的防爆试验槽，断面 $7.2m^2$、长度 700m（带斜卷）的地下大型瓦斯煤尘爆炸试验巷道，工作断面 $1m^2$ 的低速风洞、摩擦火花大型试验装置，1.2m×0.8m×0.8m、瓦斯压力 6MPa 的煤与瓦斯突出模拟实验系统，10kV 煤矿供电设备检测试验系统，10m 法半电波暗室与 5m 法全电波暗室、矿用电气设备电磁兼容实验室等服务于煤炭各领域的实验研究。

为了充分发挥这些实验室的潜力，国家质量监督检验检疫总局批准在煤炭科学研究总院系统内建立了 7 个国家级产品质量监督检验中心和 1 个国家矿山安全计量站，承担对煤炭行业矿用产品质量进行检测检验和甲烷浓度、风速和粉尘浓度的量值传递工作。煤炭工业部也在此基础上建立了 11 个行业产品质量监督检验中心，承担行业对煤矿用产品质量进行监督检测检验。经国家安全生产监督管理总局批准，利用这些检测检验能力成立 10 个国家安全生产甲级检测检验中心，承担对煤矿用产品安全性能进行的监督检测检验。在煤炭科学研究总院系统内已形成了从井下地质勘探、采掘、安全到煤质、煤炭加工利用整个产业链中主要环节的矿用设备的质量和煤炭质量的测试技术体系，以及矿用设备安全性能测试技术系统，成为国家和行业检测检验的重要力量和依托。

经过 60 年的积累，煤炭科学研究总院已经形成了涵盖煤炭行业所有专业技术领域的科技创新体系，针对我国煤炭开发利用的科技难题和前沿技术，努力拼搏，奋勇攻关，引领了煤炭工业的屡次技术革命。截至 2016 年底，煤炭科学研究总院共取得科技成果 6500 余项；获得国家和省部级科技进步奖、发明奖 1500 余项，其中获国家级奖 236 项，占煤炭行业获奖的 60% 左右；获得各种专利 2443 项；承担了煤炭行业 70% 的国家科技计划项目。

光阴荏苒，岁月匆匆，2017 年迎来了煤炭科学研究总院 60 周年华诞。为全面、系统地总结煤炭科学研究总院在科技研发、成果转化等方面取得的成绩，展示煤炭科学研究总院在促进行业科技创新、推动行业科技进步中的作用，2016 年 3 月启动了"煤炭科学研究总院建院 60 周年技术丛书"（以下简称"技术丛书"）编制工作。煤炭科学研究总院所属 17 家二级单位、300 多人共同参与，按照"定位明确、特色突出、重在实用"的编写原则，收集汇总了煤炭科学研究总院在各专业领域取得的新技术、新工艺、新装备，经历了多次专家论证和修改，历时一年多完成"技术丛书"的整理编著工作。

"技术丛书"共七卷，分别为《煤田地质勘探与矿井地质保障技术》《矿井建设技术》《煤矿开采技术》《煤矿安全技术》《煤矿掘采运支装备》《煤炭清洁利用与环境保护技术》

《矿用产品与煤炭质量测试技术与装备》。

第一卷《煤田地质勘探与矿井地质保障技术》由煤炭科学研究总院西安研究院张群研究员牵头，从地质勘查、地球物理勘探、钻探、煤层气勘探与资源评价等方面系统总结了煤炭科学研究总院在煤田地质勘探与矿井地质保障技术方面的科技成果。

第二卷《矿井建设技术》由煤炭科学研究总院建井分院刘志强研究员牵头，系统阐述了煤炭科学研究总院在煤矿建井过程中的冻结技术、注浆技术、钻井技术、立井掘进技术、巷道掘进与加固技术和建井安全等方面的科技成果。

第三卷《煤矿开采技术》由煤炭科学研究总院开采分院康红普院士牵头，从井工开采、巷道掘进与支护、特殊开采、露天开采等方面系统总结开采技术成果。

第四卷《煤矿安全技术》由煤炭科学研究总院重庆研究院文光才研究员牵头，系统总结了在煤矿生产中矿井通风、瓦斯灾害、火灾、水害、冲击地压、顶板灾害、粉尘等防治、应急救援、热害防治、监测监控技术等方面的科技成果。

第五卷《煤矿掘采运支装备》由煤炭科学研究总院太原研究院王步康研究员牵头，整理总结了煤炭科学研究总院在综合机械化掘进、矿井主运输与提升、短壁开采、无轨辅助运输、综采工作面智能控制、数字矿山与信息化等方面的科技成果。

第六卷《煤炭清洁利用与环境保护技术》由煤炭科学研究总院煤化工分院曲思建研究员牵头，系统总结了煤炭科学研究总院在煤炭洗选、煤炭清洁转化、煤炭清洁高效燃烧、现代煤质评价、煤基炭材料、煤矿区煤层气利用、煤化工废水处理、采煤沉陷区土地复垦生态修复等方面的技术成果。

第七卷《矿用产品与煤炭质量测试技术与装备》由中国煤炭科工集团科技发展部李学来研究员牵头，全面介绍了煤炭科学研究总院在矿用产品及煤炭质量分析测试技术与测试装备开发方面的最新技术成果。

"技术丛书"是煤炭科学研究总院历代科技工作者长期艰苦探索、潜心钻研、无私奉献的心血和智慧的结晶，力争科学、系统、实用地展示煤炭科学研究总院各个历史阶段所取得的技术成果。通过系统总结，鞭策我们更加务实、努力拼搏，在创新驱动发展中为煤炭行业做出更大贡献。相关单位的领导、院士、专家学者为此丛书的编写与审稿付出了大量的心血，在此，向他们表示崇高的敬意和衷心的感谢！

由于"技术丛书"涉及众多研究领域，限于编者水平，书中难免存在疏漏、偏颇之处，敬请有关专家和广大读者批评指正。

2017 年 5 月 18 日

Preface 前言

2015 年我国消费煤炭 39.65 亿 t，虽然煤炭消费量已过峰值，但在我国能源消费结构中的比例仍占 63.7%，煤炭仍是我国的主要能源。我国的能源赋存特点决定了能源生产和消费以煤炭为主的格局将长期存在。因此，煤炭高效清洁利用程度直接关系到我国能源结构的走势和环境质量，而煤炭清洁利用程度取决于相关技术的开发和应用。煤炭清洁利用技术，也称洁净煤技术，包含煤炭洗选、加工、燃烧、转化和污染物控制等所有技术，其核心是提高效率和减少污染。本卷主要介绍煤炭科学研究总院在煤炭清洁利用技术领域的技术开发成果及其应用业绩。

选煤是洁净煤技术源头，是促进煤炭清洁高效利用最经济有效的途径，提高煤炭洗选比例是加快能源结构调整、增加清洁能源供应、推进供给侧结构性改革的重要手段。2015 年我国入选原煤 24.7 亿 t，入选率达 65.9%。煤炭科学研究总院唐山研究院（以下简称唐山研究院）自 1956 年建院以来，对选煤工艺、装备及自动化控制技术开展了全方位的研究开发与推广应用，研究领域涵盖了选煤全过程，先后研发了多种选煤工艺技术，原始创新了双供介无压给料三产品重介质旋流器、振荡浮选技术与设备、复合式干法选煤设备等大批先进高效煤炭洗选技术与装备，研发出大型高效高可靠性自动化智能化选煤技术装备。我国年处理能力 400 万 t 的选煤成套技术装备实现了国产化，基本满足了不同特性和不同用途原煤洗选的生产需要。

煤化工转化是我国煤炭清洁利用的重要内容，煤炭科学研究总院煤化工分院（以下简称煤化工分院）是专门从事煤化工技术开发的专业机构，60 年来在煤质技术、煤炭焦化、煤炭气化、煤炭直接液化、煤制炭材料、煤层气提浓等技术方面取得了一系列重要成果，在行业内产生重要影响，推动了我国煤化工技术进步和产业化的快速发展；其中，开发的炼焦配煤理论和技术已在国内外企业广泛使用；与神华集团有限责任公司联合开发的纳米级高分散铁基催化剂和神华煤炭直接液化工艺已经应用于神华 108 万 t/a 煤炭直接液化示范工程；近年来，在完成一批国家科研项目的基础上，技术研发方面又取得了系列重要新成果，有些成果已经实现产业化。

煤炭清洁燃烧也是煤炭清洁利用的重要内容，煤炭科学研究总院节能工程技术研究分院（以下简称节能分院）在煤粉工业锅炉系统的研发上已取得了重大成果，已经在 11 个省市共计建成高效煤粉工业锅炉 200 余套，在工业节能和污染物控制方面取得重要业绩。

水煤浆是一种清洁、高效的煤基流体燃料和气化原料，我国水煤浆生产与应用规模居世界首位，应用领域有电站锅炉、工业锅炉和窑炉的代油、代煤燃烧、水煤浆气化等。依托煤炭科学研究总院建设的国家水煤浆工程技术研究中心（以下简称水煤浆中心）开发了低阶煤分级研磨制备高浓度水煤浆的成套技术（第二代技术），煤浆浓度提高 3~5 个百分点，并在 20 余家企业成功推广应用，近年来，水煤浆中心研发了更先进的间断粒度级配制备高浓度水煤浆技术（第三代技术），可以使神东煤制浆浓度达到 68%~71%。

煤矿矿井水和煤化工过程废水的处理和再利用，对环境保护和发展循环经济具有重要意义。煤炭科学研究总院杭州研究院（以下简称杭州研究院）自建院以来一直从事煤矿水处理技术开发和工程应用。在矿井水净化处理、矿井水深度处理、矿井水井下处理、煤矿生活污水处理、煤化工废水生物强化脱氮和水处理自动控制技术方面取得了丰硕成果，为矿区水处理利用提供了理论和技术支撑。煤化工分院针对煤化工废水的特点，自主开发了含酚废水脱酚技术、高盐废水处理技术，可望在煤化工污水处理方面取得重大突破。

矿山生态修复技术越来越受到高度重视，是国家生态文明建设发展的重要一环。随着我国煤炭开采规模的不断增大，矿区生态修复、煤矿区水资源保护利用等技术对经济社会发展具有十分重要的战略意义。唐山研究院是我国最早从事矿山生态修复、矿区开采损害防治、开采沉陷土地城镇工程建设利用、土地复垦、矿山测量等的技术专业研究机构，自 1983 年以来，开发并取得了煤矿沉陷区土地复垦与生态修复方面的 30 余项科研成果；建立了采煤沉陷区复垦土壤构建技术、复垦土壤改良技术和动态预复垦技术，构建了采煤沉陷区湿地生态构建技术、湿地水资源保护与维系技术、湿地生境与植被景观构建技术及湿地污染治理与防控技术，形成了完整的矿山生态修复技术体系。

本书全面介绍了以上多方面的研发成果，这些成果是煤化工分院、节能分院、唐山研究院、杭州研究院等相关研究院所员工的智慧结晶。本书共分六篇，包括选煤技术、煤化工技术、煤炭高效清洁燃烧与污染物控制技术、煤与煤层气综合利用技术、矿区及煤化工过程水处理与利用技术和土地复垦与生态修复技术。其中第一篇选煤技术由程宏志、杨俊利负责统稿；第二篇煤化工技术由张晓静、董卫果、裴贤丰统稿；第三篇高效煤粉锅炉与水煤浆技术由王乃继、梁兴统稿；第四篇煤与低浓度煤层气综合利用由白向飞、王鹏统稿；第五篇矿区及煤化工过程水处理与利用由郭中权统稿；第六篇土地复垦与生态修复由李树志、高均海统稿。曲思建、史士东负责全书的统稿和校正。

感谢煤化工分院、唐山研究院、杭州研究院、节能分院、重庆研究院、沈阳研究院全体员工为煤炭清洁利用与环境保护技术发展及本书的撰写做出的努力，感谢中国煤炭科工集团有限公司的支持和帮助，感谢申宝宏研究员的指导，感谢煤炭科学研究总院出版传媒集团代艳玲、中国煤炭科工集团科技发展部陆小泉的大力协助，对在本书编写过程中提供资料，给予指导帮助的同志，在此一并感谢。

由于编者的水平所限，本书难免存在错误及不足，恳请读者批评指正。

2017 年 11 月 7 日

Contents 目 录

▶ 丛书序

▶ 前言

第一篇 选煤技术

▶ 第1章 重介质选煤技术 …………………………………………………… 003
　1.1 重介质选煤工艺技术 ………………………………………………… 003
　1.2 浅槽重介质分选机 …………………………………………………… 007
　1.3 重介质旋流器 ………………………………………………………… 011
　1.4 重介分选辅助设备 …………………………………………………… 018

▶ 第2章 跳汰选煤技术 ……………………………………………………… 023
　2.1 筛下空气室跳汰机 …………………………………………………… 023
　2.2 动筛跳汰机 …………………………………………………………… 028

▶ 第3章 煤泥浮选技术 ……………………………………………………… 032
　3.1 矿浆预处理器 ………………………………………………………… 032
　3.2 机械搅拌式浮选机 …………………………………………………… 034

▶ 第4章 干法选煤技术 ……………………………………………………… 042
　4.1 复合式干选机 ………………………………………………………… 042
　4.2 曲柄连杆式干选机 …………………………………………………… 046

▶ 第5章 筛分破碎脱水设备 ………………………………………………… 050
　5.1 直线振动筛 …………………………………………………………… 050

5.2 圆振动筛……………………………………………………………………………054
5.3 分级破碎机…………………………………………………………………………057
5.4 半移动破碎站………………………………………………………………………062
5.5 卧式振动卸料离心脱水机…………………………………………………………065
5.6 立式刮刀卸料离心脱水机…………………………………………………………067
5.7 加压过滤机…………………………………………………………………………071
5.8 滚筒干燥机…………………………………………………………………………075

第6章 选煤厂自动化……………………………………………………………………079
6.1 选煤厂自动化常用检测仪表、传感器……………………………………………079
6.2 浮选工艺参数自动测控系统………………………………………………………083
6.3 重介质选煤过程自动测控系统……………………………………………………089
6.4 跳汰工艺参数自动测控系统………………………………………………………095
6.5 全厂集中控制系统…………………………………………………………………099

第二篇 煤化工技术

第7章 煤的气化技术……………………………………………………………………107
7.1 两段式移动床气化技术……………………………………………………………107
7.2 加压移动床气化技术………………………………………………………………112

第8章 煤直接液化与煤基油品加工技术……………………………………………118
8.1 煤直接液化技术……………………………………………………………………119
8.2 煤油共炼技术………………………………………………………………………124
8.3 煤焦油加氢制清洁燃料和化学品技术……………………………………………126

第9章 煤的焦化技术……………………………………………………………………130
9.1 配煤炼焦……………………………………………………………………………131
9.2 煤的中低温热解……………………………………………………………………135
9.3 焦化试验及检测仪器………………………………………………………………138

第三篇　高效煤粉锅炉与水煤浆技术

第10章　高效煤粉工业锅炉系统技术 ··············· 155
10.1　技术装备体系 ··············· 155
10.2　煤粉储存与供料技术 ··············· 156
10.3　煤粉燃烧与锅炉技术 ··············· 157
10.4　烟气净化技术 ··············· 159
10.5　测控技术 ··············· 160
10.6　节能与环保效果 ··············· 160

第11章　分级研磨水煤浆级配制浆技术 ··············· 163
11.1　制浆工艺 ··············· 163
11.2　关键技术装备 ··············· 164
11.3　水煤浆添加剂 ··············· 166
11.4　成浆性试验及水煤浆质量评价 ··············· 167
11.5　水煤浆质量检测仪器 ··············· 169
11.6　成果应用效果 ··············· 169

第12章　高倍率灰钙循环脱硫除尘一体化技术 ··············· 172
12.1　工艺流程 ··············· 172
12.2　工艺计算 ··············· 174
12.3　关键设备 ··············· 175
12.4　成果应用效果 ··············· 177

第四篇　煤与低浓度煤层气综合利用

第13章　现代煤质技术 ··············· 183
13.1　煤的分类 ··············· 184
13.2　煤质标准 ··············· 186
13.3　现代煤质评价技术 ··············· 191
13.4　褐煤干燥提质技术 ··············· 194

第14章　型煤技术 ……………………………………………………… 200
14.1　民用型煤技术 …………………………………………………… 200
14.2　工业型煤技术 …………………………………………………… 202

第15章　煤基炭材料技术 ……………………………………………… 206
15.1　煤制活性炭技术 ………………………………………………… 206
15.2　煤制活性焦技术 ………………………………………………… 208
15.3　煤制碳分子筛技术 ……………………………………………… 211

第16章　低浓度煤层气利用技术 ……………………………………… 214
16.1　煤矿区煤层气除氧浓缩技术 …………………………………… 215
16.2　移动式低浓度煤层气变压吸附浓缩装置 ……………………… 219
16.3　极低浓度煤层气蓄热氧化利用技术及装备 …………………… 222
16.4　煤矿区低浓度煤层气深冷液化技术与装备 …………………… 226
16.5　煤矿区煤层气开发利用工程监测与评价技术 ………………… 229

第五篇　矿区及煤化工过程水处理与利用

第17章　矿井水净化及深度处理技术 ………………………………… 237
17.1　高效澄清过滤技术 ……………………………………………… 237
17.2　超滤及反渗透处理技术 ………………………………………… 243

第18章　矿井水井下处理技术 ………………………………………… 255
18.1　压力式互冲洗过滤技术 ………………………………………… 255
18.2　多级过滤耦合膜处理技术 ……………………………………… 259

第19章　矿区生活污水处理技术 ……………………………………… 263
19.1　矿区生活污水化学氧化吸附技术 ……………………………… 263
19.2　矿区生活污水同步生物氧化处理技术 ………………………… 266

第20章　煤化工废水处理技术 ………………………………………… 270
20.1　生物强化脱氮技术 ……………………………………………… 270
20.2　含酚废水脱酚技术 ……………………………………………… 274
20.3　高盐废水处理技术 ……………………………………………… 281

第21章 煤矿水处理自动控制技术 ... 285
21.1 自动加药技术 ... 285
21.2 自动排泥技术 ... 288
21.3 水处理工艺过程监控技术 ... 291
21.4 水处理系统远程网络监控技术 ... 295

第六篇 土地复垦与生态修复

第22章 采煤沉陷区土地复垦与生态修复 ... 301
22.1 采煤沉陷区土地利用/覆盖变化规律研究 ... 301
22.2 采煤沉陷区复垦土地评价 ... 307
22.3 采煤沉陷区复垦土壤构建技术 ... 313
22.4 采煤沉陷区复垦土壤改良技术 ... 318
22.5 采煤沉陷区动态预复垦技术 ... 323
22.6 采煤沉陷区景观构建与生物多样性保护 ... 326

第23章 采煤沉陷区湿地生态构建技术 ... 331
23.1 采煤沉陷区生态演变规律 ... 331
23.2 采煤沉陷区湿地水资源保护与维系技术 ... 334
23.3 采煤沉陷区湿地与植被景观构建技术 ... 338
23.4 采煤沉陷区湿地污染治理与防控技术 ... 341
23.5 矿业城市生态景观建设规划 ... 345

第24章 采矿迹地综合整治与废弃资源再利用 ... 350
24.1 废弃煤矿资源综合整治与再利用 ... 350
24.2 矸石山污染治理与生态建设 ... 355
24.3 采煤沉陷区固废无害化处置利用 ... 358
24.4 裸露山体植被构建技术 ... 363
24.5 矿区地质灾害治理技术 ... 367

主要参考文献 ... 373

第一篇　选煤技术

选煤是煤炭清洁高效利用最经济有效的途径，提高煤炭洗选比例是加快能源结构调整、增加清洁能源供应、推进供给侧结构性改革的重要一环。2015年我国原煤产量37.5亿t，入选原煤24.7亿t，入选率达65.9%。煤炭工业的快速发展，促进了选煤技术与装备的长足进步。

唐山研究院是我国最早开展选煤技术和装备研究的科研机构，自1956年建院以来，对选煤工艺、装备及选煤厂自动化控制技术开展了全方位的研究开发与推广应用，共取得了474项科研成果，制定、修订国家和行业标准83项，获得授权专利186项；先后开发了多种选煤工艺技术，研制了斜轮重介质分选机、立轮重介质分选机、水介质旋流器、三产品重介质旋流器、斜槽分选机、筛下空气室跳汰机、数控风阀、平面摇床、螺旋分选机、机械搅拌式浮选机、喷射式浮选机、浮选柱、高效浮选药剂、脱水助滤剂、絮凝剂、焊接筛网、重型振动筛、圆运动筛、旋转概率筛、自动压滤机、沉降过滤式离心机、数字式及模拟式同位素测灰仪、微波测水仪、电感式磁性物含量测量仪、双管差压密度计、电控液动执行机构等一大批煤炭洗选技术装备和选煤厂常用的检测仪表、传感器。随着时代的进步和技术发展，它们或已更新换代，或被淘汰，但在选煤生产的不同历史时期都发挥了重要作用。根据选煤生产的实际需要，近年来，唐山研究院又原始创新了双供介无压给料三产品重介质旋流器、振荡浮选技术与设备、复合式干法选煤设备；自主开发了3NWX/3NZX型三产品重介质旋流器选煤工艺与成套装备、SKT筛下空气室跳汰机、XJM-（K）S型机械搅拌式浮选机、干扰床分选机、SSC/2PLF型分级破碎机、LVB/BVB型振动筛、WZYT型卧式振动离心脱水机、GPJ/3-C型加压过滤机、JNG型干燥机、JK-5型选煤厂集中控制系统、HM-CS型重介质选煤过程自动测控系统、FC-5型浮选加药自动控制系统等大批先进高效煤炭洗选技术与装备，攻克了多项工艺与装备技术难题，推动了我国选煤技术进步。

（1）选煤工艺技术不断发展和完善。我国煤种齐全，煤质差别大，因而跳汰、重介、浮选、风选等各种选煤方法均有应用。近20年来，随着先进高效重介质选煤工艺不断完善和发展，重介质选煤技术装备在选煤生产中得到大面积推广应用。唐山研究院开发的简化重介质选煤新工艺与新型结构高效三产品重介质旋流器的研究应用，为我国重介质选煤比例从 2005 年的 39.5% 上升到目前的 65% 以上提供了强有力的技术支撑。

（2）选煤装备大型化、自动化水平明显提高。唐山研究院主导研发的我国年处理能力 400 万 t 的选煤成套技术装备实现了国产化，基本满足了不同特性和不同用途原煤洗选的生产需要；研制成功的自动化仪表、计算机软件及自动化控制技术，基本实现了选煤厂主要生产环节的自动化和全厂集中控制；自主研发制造的大型分级破碎机、重介质旋流器、浮选机、振动筛、离心脱水机、加压过滤机等已应用于千万吨级特大型选煤厂，具有自主知识产权的三产品重介质旋流器选煤工艺及主选设备、SKT 型跳汰机、XJM-（K）S 型浮选机、干法选煤成套技术、分级破碎机、加压过滤机等整体技术达到国际领先或国际先进水平，已经得到大规模推广应用基本替代了进口，并开始出口；研发成功接近国际先进水平的各种离心脱水机、振动筛、磁选机等设备，也在不同类型选煤厂得到应用。

（3）信息化技术与选煤工业的融合，促进了选煤自动化技术进步，提高了生产效率和科学管理水平。在选煤专用仪表及传感器方面，唐山研究院先后研发成功灰分、水分、发热量、悬浮液密度、煤浆流量、浓度、料液位等各种在线检测装置，均已应用于工业生产，实现了选煤厂原煤系统、重介质分选系统、跳汰分选系统、浮选系统和产品脱水系统的自动控制。这些在线检测装置配合计算机专家系统和全厂监控技术，为选煤设备高效运行、生产工艺参数优化、产品质量稳定提供了技术保证，提高了生产效率、产品产率和经济效益。

近年来，选煤工艺、技术与装备的研发水平明显提高，一批拥有自主知识产权的成果得到广泛应用，推动了煤炭工业整体技术进步。进一步开发大型、高效、高可靠性、自动化、智能化选煤技术装备，满足我国煤炭洗选生产发展需求，对于实现煤炭高效分选和清洁利用，提高选煤产业综合效益将发挥极其重要的作用。

第1章 重介质选煤技术

重介质选煤具有对原煤可选性适应性强、分选效率高、分选密度调节范围宽、生产过程易于实现自动化等特点，在炼焦煤、炼焦配煤和动力及化工用煤的洗选加工中获得广泛应用。近年来，随着重介质选煤技术的发展，重介质分选工艺呈现出流程更加简化、适用范围不断拓宽以及重介质分选装备不断大型化、高效性发展的大趋势。无论是特大块毛煤的排矸，还是粉煤的洗选，无论是炼焦煤洗选，还是动力煤的加工，都可以采用重介质选煤技术。重介质分选方法分选精度高，密度调节范围宽等优势得到前所未有的发挥，重介质选煤技术在国内外得到广泛推广应用，并已成为近一阶段我国选煤技术更新与发展的重点方向之一。随着设备的大型化发展，重介质分选装备的入料上限不断提高，给料粒度范围越来越宽，所以，新建选煤厂和老厂技术改造大都采用重介质选煤工艺。唐山研究院从20世纪50年代开始进行重介质选煤实验室试验、中间试验、工业性试验，相继承担了多项国家"九五"、"十五"、"十一五"科技攻关项目和省部级重点科研项目，并在研究成果的基础上，开发出系列配套设备，形成了一整套针对各种煤质的成熟高效重介质分选工艺和技术装备。本章仅就当前我国选煤生产中几种常用的重介质选煤工艺技术和浅槽重介质分选机、重介质旋流器以及重介分选辅助设备做一介绍。

1.1 重介质选煤工艺技术

1.1.1 基本原理

重介质选煤是在密度大于水的介质中，以密度差别为主要依据实现分选的重力选煤方法，它是按阿基米德原理进行的。在现代选煤生产上，一般采用磁铁矿粉作为加重质，与水配制成密度介于精煤和矸石之间的悬浮液作为分选介质。进入分选设备内的散体煤，在运动的分选介质中受到流体浮力、重力、惯性离心力以及其他机械力的推动而做松散或旋流运动，由于沉降速度和运动状态的差异，不同密度的颗粒发生分层分离，从而实现轻重产物的分选。

1.1.2 技术内容

由于原煤质量千差万别，重介质选煤工艺和设备的选择需要考虑的因素较多，除煤的密度组成、可选性、可浮性、硫分种类和伴生状态等煤炭质量影响因素外，还要考虑工程投资及加工成本，产品市场要求，最大精煤产率原则（等λ原则），维修、管理难易程度等经济和社会效益因素。常见的几种重介质选煤工艺主要为全级入洗工艺、分级入洗工艺以及脱泥入洗工艺。

1. 全级入洗工艺

原煤经准备后破碎到 50mm 以下，50～0.25mm（上限可到 80mm）全部进入三产品重介质旋流器分选，得到精煤、中煤、矸石三种产品，煤泥（-0.25mm）进入浮选系统进行分选。

全级入洗工艺是在简化重介质分选工艺基础上，采用大型化设备和过程控制自动化手段对原煤采用不分级混合入洗。该工艺成为当时乃至目前最常用的重介质分选工艺，在全国得到广泛推广应用。该工艺流程简单，分选精度和效率较高，工艺布置简洁，基建投资低，与两产品主、再洗工艺相比，可以省去一套高密度重介质悬浮液的制备、输送、回收系统，尤其适用于对中煤产品灰分要求不严格的选煤厂。在粗、细粒级原煤的理论分选密度、基元灰分均相近情况下，该工艺基本符合等λ原则。全级入洗工艺目前已推广应用到化工行业的磷矿重介质选矿厂。

2. 分级入洗工艺

由于产品用途和产品质量要求不同，分级入洗工艺有许多种。结合全国各地煤质情况，唐山研究院经过多年研究和生产实践，选煤生产上获得成功应用的分级入洗工艺主要有以下几种：

（1）2mm 分级。粗粒级 50～2mm（上限可到 80mm）进入大直径三产品重介质旋流器分选，细粒级 2～0.25mm 进入小直径重介质旋流器分选，-0.25mm 级煤泥进入浮选系统。该工艺采用一套介质回收净化系统，选后产品按 2mm 脱介，不仅可以大幅度提高脱介筛的单位处理能力和脱介效率，减少脱介筛面积，而且有效地改善了粗、细粒级原煤的分选效果。采用大、小直径旋流器分级入洗工艺，不同粒度原煤采用不同的分选密度，按等λ原则进行分选，实现了产品的最大回收率。该工艺适用于入选原煤煤泥含量较高、块煤与末煤理论分选密度相差较大、块煤中夹矸煤含量较少的炼焦煤、炼焦配煤的洗选，其工艺流程如图 1.1 所示。

（2）6（3）mm 分级。该工艺采用弛张筛 6（3）mm 干法筛分，+6（3）mm 采用重介质旋流器分选，-6（3）mm 直接作为最终产品。由于弛张筛干法筛分效率高达 85% 以上，一方面细粒级煤不直接进入分选系统，减少了后续煤泥水系统的负荷，降低了煤泥水处理成本；另一方面由于主洗系统中细粒级含量少，脱介效果显著提高，介质回收系统的设备数量减少，介耗降低。该工艺流程简单，加工费低，产品结构灵活，能够满足各种产品质量要求（包括粒度、硫分、灰分等）。该工艺主要适用于 -6（3）mm 粉煤的灰分、硫分能够基本满足产品要求的动力煤洗选。

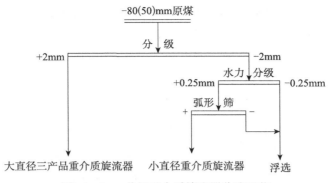

图1.1　2mm分级重介质旋流器分选工艺

（3）25（13）mm 分级。+25（13）mm 采用块煤重介质分选机分选，包括斜轮、立轮和浅槽重介质分选机等，25（13）～0.25mm 采用重介质旋流器分选，煤泥（-0.25mm）进入浮选系统，该工艺主要适用于块煤量较多、夹矸煤少的动力煤、化工用煤的洗选。

（4）50（25）mm 分级。+50（25）mm 采用块煤重介分选机排矸，包括斜轮、立轮和浅槽重介质分选机等，经破碎后与 50（25）～0.25mm 一起去重介质旋流器分选，煤泥（-0.25mm）进入浮选。该工艺适用于块煤中矸石和夹矸煤含量较多、对灰分要求严格的炼焦煤和炼焦配煤的洗选。

3. 脱泥入洗工艺

重介质悬浮液的固体体积分数应控制在 15%～35%。选前脱泥工艺避免了大量煤泥进入重介质系统，一方面极大地减少了分流量，进而降低介耗；另一方面可以提高脱介效率，减少脱介筛面积，并减少次生煤泥量，对后续的煤泥水处理环节有利。该工艺主要适用于原生煤泥含量大、精煤分选密度高、矸石易泥化的原煤洗选。常用的脱泥工艺有以下两种。

（1）选前脱除 -1.5mm 煤泥。具体工艺为采用 1.5mm 湿法分级脱泥，50～1.5mm（上限可到 80mm）进入重介质旋流器分选，1.5～0.25mm 粗煤泥采用干扰床分选机或螺旋分选机分选，-0.25mm 进入浮选。由于目前以干扰床分选机和螺旋分选机为代表的粗煤泥分选设备已经成熟，而且分选费用很低，该工艺已成为一种受到推崇的选择。工艺流程如图 1.2 所示。

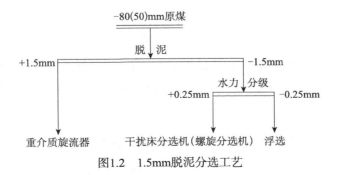

图1.2　1.5mm脱泥分选工艺

（2）选前脱除 -0.4mm 煤泥。具体工艺为采用 2mm 湿法分级，将 50～2mm（上限可到 80mm）及 2～0.4mm 一起进入重介质旋流器分选，-0.4mm 细煤泥进入浮选。工艺流程如图 1.3 所示。

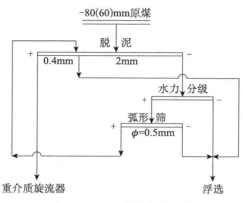

图1.3　0.4mm脱泥分选工艺

1.1.3　应用实例

1. 全级入洗工艺在川煤集团攀煤公司巴关河选煤厂的应用

将物料全部给入三产品重介质旋流器分选的全级入洗工艺，以其流程简单、操作方便、基建投资低等优点，被新建或技改选煤厂普遍看好。川煤集团攀煤公司巴关河选煤厂于 2009 年 7 月采用该工艺进行了重介系统技术改造，利用两台 3SNWX1300/920 型双给介无压三产品重介质旋流器作为主洗设备，煤泥采用直接浮选，浮选精煤采用加压过滤机脱水、浮选尾煤采用板框式压滤机脱水。与原跳汰工艺相比，改造后系统处理量达到 600t/h，精煤产率提高了 3.5% 以上，中煤损失小于 3%。粗精煤灰分降低 3%，水分由 23% 降低到 15%，系统处理量、分选精度和回收率均得到明显提高。改造后系统生产稳定可靠，产品质量、分选精度、处理能力等各项指标达到了预期目标，效果显著。

在全级入洗工艺中，需要通过增大旋流器的入料压力来增大离心力，以降低分选下限，保证 0.25mm 附近的颗粒能够得到有效分选，但精煤产品往往易受细泥污染，若能有效解决高灰细泥的污染问题，全级入洗工艺将会更加完善。

2. 2mm 分级入洗工艺在内蒙古庆华集团百灵选煤厂的应用

设计规模为 2.4Mt/a 的内蒙古庆华集团百灵选煤厂技术改造工程采用了 2mm 分级入洗工艺，改造后精煤产率提高 1.17%，吨煤电耗降低 10%。该工艺先后在晋阳选煤厂、翟镇煤矿选煤厂成功推广应用。

3. 3mm 分级脱粉工艺在重庆松藻煤电公司白岩选煤厂的应用

随着弛张筛应用的迅速发展，近年来，使用弛张筛进行细粒级干法筛分和选前预脱泥的工艺设计在我国得到了迅速推广。重庆松藻煤电公司白岩选煤厂是一座设计规模为 3.0Mt/a 的动力煤选煤厂，2012 年 9 月投产，进入主洗系统原煤采用两台 KRL/DD3×10 型弛张筛，3mm 分级（上限可到 6mm），-3mm 原煤直接作为产品，50～3mm 进入无压三产品重介质旋流器分选，煤泥浓缩压滤后掺入精煤。洗选后精煤产率为 69%～71%，硫分小于 3%，灰分为 18%～20%，达到了预期的设计指标。白岩选煤厂每年可减少煤炭含硫量约 8 万 t，创造了巨大的经济效益和社会效益，同时也为其他类似大型动力煤选煤厂尤其是高硫煤分选提供了一定的参考。

选前脱粉工艺大大减少了进入旋流器的粉煤量，提高了系统的生产能力，改善了重介质旋流器分选效果，降低了介耗，减轻了后续煤泥水系统负荷。由于弛张筛对黏湿物料和粉末物料进行干法筛分具有特殊优势，选前脱粉工艺未来在动力煤选煤厂将得到大力推广。

4. 脱泥入洗工艺在内蒙古乌拉特中旗毅腾选煤厂的应用

内蒙古乌拉特中旗毅腾选煤厂是一座设计规模为 4.0Mt/a 的大型炼焦煤选煤厂，采用选前脱除 -0.4mm 煤泥的脱泥入洗工艺。小于 60mm 的原煤首先由脱泥筛脱泥，脱泥筛设两段筛板，入料端筛缝为 2mm，出料端筛缝为 0.4mm，筛下 -2mm 煤泥水经浓缩旋流器组浓缩分级后，浓缩底流经振动弧形筛脱水返回到脱泥筛 0.4mm 段，脱泥筛筛上 60～0.4mm 进入无压三产品重介质旋流器分选，脱泥筛 -0.4mm 段筛下水、浓缩旋流器溢流、振动弧形筛筛下水去浮选。洗选后精煤产率大于 80%，灰分 9.8%～10%，吨煤介耗小于 1.5kg，各项指标均达到设计要求。

1.2 浅槽重介质分选机

浅槽重介质分选机（以下简称浅槽分选机）是一种块煤重介质分选设备。随着市场对煤炭产品质量要求的提高和国家环保法规的严格执行，我国动力煤入洗率明显提高。近年来，浅槽分选机在我国选煤厂尤其是动力煤选煤厂得到广泛的应用，不仅用于块煤分选，还可代替人工手选拣矸以消除繁重的体力劳动，用于大型选煤厂块煤预排矸以提高后续分选系统生产能力和效率。高效、大处理量的浅槽分选机是目前动力煤分选（块煤分选）的首选设备，其特点是：分选上限高、分选粒级宽、单台设备处理能力大、工艺环节少；对入选原煤量及粒度组成适应性强；分选时间短、次生煤泥量少；结构简单。在新建选煤厂中，浅槽分选机已经基本取代了立轮、斜轮重介质分选机等传统的块煤重介质分选设备。

1.2.1 工作原理

浅槽分选机利用阿基米德原理，根据原煤性质及用户对产品质量的要求，确定一定的分选密度，原煤在特定密度的悬浮液中依密度进行分选。即浸没在液体中的颗粒所受到的浮力等于颗粒所排开的同体积的液体质量，在静止的悬浮液中，作用在颗粒上的力有重力 G 和浮力 F_t，所以悬浮液中的颗粒所受到的作用力为

$$F=G-F_t=V(\rho-\rho_s)g \tag{1.1}$$

式中，V 为颗粒体积，m^3；ρ_s 为悬浮液密度，kg/m^3；ρ 为颗粒密度，kg/m^3；g 为重力加速度，m/s^2。

当 $\rho>\rho_s$ 时，颗粒下沉，当 $\rho<\rho_s$ 时，颗粒上浮，当 $\rho=\rho_s$ 时，颗粒处于悬浮状态。

浅槽分选机分选过程中，颗粒除了受到重力和浮力的作用外，还受到悬浮液流体阻力的作用，这种阻力包括黏性阻力和湍流阻力，块煤分选主要受到湍流阻力的作用，并且颗粒粒度越大，受到阻力的影响越小。所以浅槽分选机中悬浮液以水平介质流和上升介质流进入分选槽，同时，进入槽体的各种颗粒在重力 G、浮力 F_t 和流体阻力 F_z 作用下运动：

$$G=\frac{\pi d^3 \rho g}{6} \tag{1.2}$$

$$F_t=\frac{\pi d^3 \rho_s g}{6} \tag{1.3}$$

只考虑湍流阻力：

$$F_z=\varphi \bar{v}^2 d^2 \rho_s \tag{1.4}$$

式中，d 为颗粒的粒度，m；$\bar{v}$ 为颗粒平均速度，m/s；φ 为阻力系数，无量纲。

块煤在浅槽分选机悬浮液中的分选可以近似为在静止介质中的浮沉分选，重力和浮力之差与介质的流体阻力平衡时，可以得出块煤在介质中的自由沉降末速：

$$v=\frac{\sqrt{\pi d(\rho-\rho_s)g}}{2\varphi \rho_s} \tag{1.5}$$

分选过程中，矸石密度大于悬浮液密度，沉入槽底，由浅槽分选机的刮板机构排出；精煤密度小于悬浮液密度，浮在悬浮液面上，由水平介质流冲出分选槽，从而完成分选过程。其中循环悬浮液分为两部分入槽，分别形成上升流和水平流，上升流的作用是使精煤上浮，保证悬浮液稳定。水平流的作用是使精煤在分选槽中间向溢流堰移动，并从槽中排出。

1.2.2 技术特点

1. 适用条件

QG 型浅槽重介质分选机分选粒度范围一般为 200～13mm，入料粒度上限可达 300mm，分选粒度下限可达 6mm，分选密度为 1.3～1.9g/cm³，可能偏差（E_p 值）为 0.02～0.04g/cm³。浅槽分选机不仅用于选煤厂，还可用于井下块煤排矸系统。

2. 机械结构

QG 型浅槽分选机主要由驱动部分、排矸部分、槽体、入介部分组成，如图 1.4 所示。

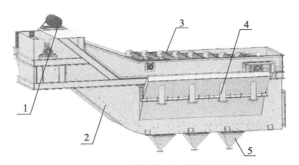

图 1.4　QG 型浅槽分选机结构示意图

1. 驱动部分；2. 槽体；3. 排矸部分；4. 水平入介；5. 上升入介

1）驱动部分

驱动部分由电动机、减速机、联轴器、传动皮带或传动链组成，为浅槽分选机提供动力。

2）槽体

槽体为结构钢槽式结构，槽体底部铺设具有一定数量小孔的耐磨衬板，位于排矸滑道的槽体侧壁布置有耐磨杆，位于入料侧有入料调整板及入料口。

排矸系统需要绕过槽体尾部作为改向装置，槽体尾部不可避免形成分选死角，所以尾部设置精煤和矸石挡板，防止物料进入，避免排矸系统卡死。

3）排矸部分

排矸部分由排矸刮板、刮板链、头轮总成、托轮总成、尾轮总成、排矸滑道以及尾部的链轮张紧装置组成。

4）入介部分

入介部分分为水平介质槽和上升介质漏斗，上升介质流用于保持槽内悬浮液的稳定，以免介质在槽体内沉淀；水平介质流用于维持液面高度并随溢流排出轻产物。

3. 特点

（1）根据原料煤粒度级别和分选槽内部流场特性，科学设计其结构参数和工艺参数，合适的结构参数及工艺方案可保证分选槽内流场的最优状态。

（2）设备结构简单，处理能力大，浅槽分选机槽宽决定处理能力，每米槽宽处理能力达 100t/h，设备最大处理能力可达 900t/h，千万吨级选煤厂只需 1 台分选设备即可满足块煤分选需要。

（3）分选精度高，对煤质波动和原煤可选性适应能力强。在实践应用中，块煤分选排矸可能偏差平均在 $0.03g/cm^3$ 左右，数量效率在 98% 以上。

（4）分选时间短，产生的煤泥量少。分选试验证明，13～50mm 粒级的矸石在重介质悬浮液中下沉及被排出的平均时间为 20s，该粒级精煤上浮并被排出溢流堰的平均时间为 12s。

1.2.3 应用实例

陕西省燕家河煤矿有限公司选煤厂块煤浅槽排矸车间为新建工程，之前采用无压三产品重介质旋流器分选 20～80mm 块原煤，-20mm 原煤不入洗直接作为产品销售。选煤厂面临的问题：一是原煤入洗量大，重介系统处理能力明显不足；二是块煤量大，超限块多，造成旋流器经常堵塞。为此，选煤厂增建了浅槽重介车间，由旋流器与浅槽分选机联合分选，选煤厂原煤分选上限提高至 200mm，分选下限降至 13mm，200～50mm 块煤由浅槽分选机排矸，50～13mm 块煤由旋流器分选，设备联系图如图 1.5 所示。

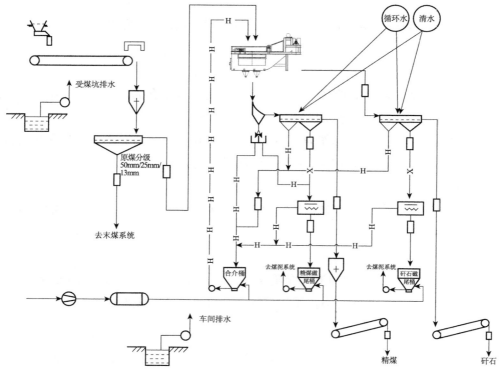

图1.5 设备联系图

陕西省燕家河煤炭有限公司煤矿原煤煤种为弱黏煤、不黏煤，200～50mm 块煤量占总量的 29.51%，选煤厂块煤入洗量约为 162.30t/h。入洗原煤的可选性在产品灰分指标为 15% 以下均为难选煤。考虑到最大限度地回收精煤，保证矸石质量，精煤灰分为 16.49% 可满足市场要求，块原煤中精煤产率为 80.63%，矸石产率为 19.34%，确定块煤重介分选密度为 $1.80g/cm^3$。

陕西省燕家河煤矿有限公司选煤厂块煤分选车间新建工程采用浅槽重介质分选系统后，增大了入洗能力，改善了分选效果，提高了精煤产率。浅槽分选机对 200～50mm 块煤排矸得到矸石平均灰分 73.42%，精煤平均产率 79.23%，实现了大块原煤不进入重介质旋流器分选，减少了旋流器内衬的磨损，解决了重介质旋流器分选能力不足及堵料的问题。

1.3 重介质旋流器

重介质旋流器是重介质选煤技术的核心设备之一。20 世纪 50 年代，唐山研究院即建立了专门试验系统，对重介质旋流器的结构（包括其筒体直径、溢流管直径和插入深度、底流口直径、底锥锥角）以及入料压力、悬浮液密度等工艺和机械参数对旋流器的分选效果和处理能力的影响进行了系统试验研究。分析了其分选规律，得出了最佳工艺和机械结构模型。同时，运用 SP-2000 高速动态分析仪和 DBAS-2000 图像分析仪等先进仪器研究了旋流器中群粒运动的状况，测定了干扰运动和自由运动状态下颗粒运动轨迹，为工业应用奠定了可靠基础。20 世纪 60 年代，在辽宁阜新矿业集团彩屯煤业有限公司建成我国首座重介质旋流器分选末煤车间。之后相继在田庄、大武口等建成了重介质旋流器选煤车间，通过生产实践，其优越性得到显现。随后又开发了高耐磨性能陶瓷衬里，使旋流器的使用寿命不断提高，重介质旋流器选煤技术在我国得到越来越广泛的应用。经过几十年的生产实践、研究和持续创新，在不同的设计思想的指导下出现了多种结构的重介质旋流器，配合简化合理的工艺流程，解决了既保持重介质选煤高效、先进性，又降低基本建设投资和运行费用的技术难题，部分产品已成功取代进口设备。

1.3.1 工作原理

重介质旋流器分选遵循阿基米德原理。在重介质旋流器中，煤粒随介质流做高速旋转运动，在运动过程中，煤粒将受到离心力、离心浮力、介质的摩擦阻力（沉降阻力）等。如果定义沿半径向外为正，煤粒在离心力场中的沉降末速为

$$v_r = \frac{v_t^2 d^2}{18r\mu}(\rho - \rho_s) \tag{1.6}$$

式中，v_r 为固体颗粒的径向沉降速度，m/s；v_t 为流体切向速度，m/s；d 为固体颗粒直径，m；r 为固体颗粒做旋转运动的半径，m；μ 为介质动力黏度，Pa·s；ρ 为固体颗粒密度，kg/m³；ρ_s 为介质密度，kg/m³。

旋流器内部除切向速度、径向速度外，还存在着轴向速度，其速度大小为从器壁到中心由大变小再增大，方向由负变正，中间存在零速点，若干个零速点形成了零速包络面。包络面外部重介质悬浮液强烈旋转，并同时沿着器壁向下做螺旋运动，形成向下的外旋流；外旋流在向下运动的过程中，由于锥段渐渐收缩，流动阻力增大，到达底流口附近后迫使

外旋流中除部分流体从底流口流出外,大部分流体转而向上运动,在内部形成向上的回流,即内旋流,并从溢流口流出。因此,旋流器内流体流动存在着内、外两种旋流,如图1.6所示。煤粒进入旋流器后,在离心力的作用下,位于零速包络面内部的高密度矿粒由中心向外移动,若它的密度高于零速包络面附近悬浮液的密度,则该煤粒将越过零速包络面进入到外螺旋流区域,并由底流口排出。反之,则仍停留于内螺旋流中,并由溢流口排出。位于零速包络面外部的低密度煤粒,则向中心移动,若它的密度低于零速包络面附近悬浮液的密度,则该煤粒将越过零速包络面进入到内螺旋流区域,并由溢流口排出。反之,仍留在外螺旋流中,由底流口排出。上述原理如图1.6所示。

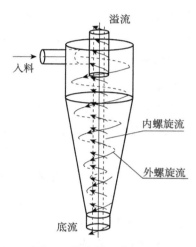

图1.6　旋流器工作原理图

1.3.2　技术特点

1. 两产品重介质旋流器

1) 适用条件

两产品重介质旋流器实现以单一密度的合格重介质悬浮液一次分选出低密度和高密度两种产品,适用于易选、中等可选、难选和极难选煤的分选,尤其适用于高硫煤以及煤炭资源二次高效分选(如:跳汰中煤再洗、跳汰粗精煤再洗等)。

2) 技术特征及优势

旋流器具有高效率、高分选精度、大处理能力、使用寿命长等特点,可实现专业化按需设计。

(1) JX系列有压给料两产品重介质旋流器。

JX系列有压给料两产品重介质旋流器是唐山研究院针对有压给料两产品重介质旋流器应用过程中出现的分选效率低,能耗高等一系列问题,自主研制开发的新一代高端产品。该系列产品入料粒度上限可达120mm,单机处理能力最高达850t/h,入料压力仅为

0.12～0.20MPa。整机结构如图 1.7 所示。

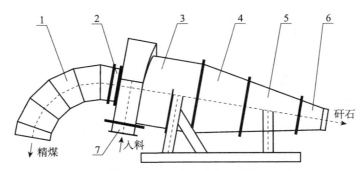

图1.7　JX系列有压给料两产品重介质旋流器结构示意图

1.溢流弯管；2.中心溢流管；3.入料导向筒；4.锥体一段；5.锥体二段；6.底流口；7.入料口

①蜗壳型双分离室入料结构特征（图 1.8 所示），实现了旋流器对原煤的预分选功能，解决了筒体内部流场的偏心问题，改善了旋流器内部速度场分布规律，既保证了物料进入旋流器主筒体分选区域后所需的分选动力，又有效降低了物料对器壁的冲击磨损，延长了设备的使用寿命，提高了分选效率和精度。

②旋流器中心溢流管采用倒锥形结构，最大限度地降减了重介质旋流器出口能量损失，保证了旋流器在较低的工作压力下进行物料的有效分选和顺畅排出，起到了降低能耗、增大处理量的作用。

③旋流器可实现高效、低能耗、大处理量分选，可节能 15% 以上，数量效率大于 95%，分选精度 E_p < 0.04g/cm³。

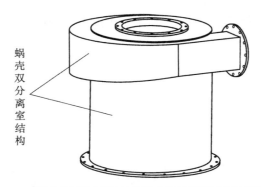

图1.8　JX系列有压给料两产品重介质旋流器入料结构特征

（2）无压给料两产品重介质旋流器。

①原煤依靠自重进入重介质旋流器（整机结构如图 1.9 所示），高密度物料与旋流器器壁接触时间较短，有效地降低了物料的粉碎程度，降低了高密度物料对器壁的冲击磨损，使用寿命显著提高。

②基于节能降耗的设计原则，介质循环量、能耗可降低 10%。

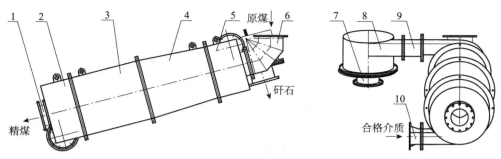

图1.9 无压给料两产品重介质旋流器结构示意图

1. 中心溢流管；2. 入介导向筒；3. 中部1；4. 中部2；5. 出料导向筒；6. 入料弯头；7. 重产物出口；
8. 旋涡器；9. 连接节；10. 入介口

2. 三产品重介质旋流器

1）适用条件

三产品重介质旋流器实现以单一密度的合格重介质悬浮液一次分选出精煤、中煤和矸石三种产品，适用于易选、中等可选、难选和极难选煤的分选。

2）技术特征及优势

旋流器具有分选下限低、分选精度高、处理能力大、入料粒度范围宽、使用寿命长、适用范围广的特点，并可根据用户煤质及产品指标需求实现量体裁衣式专业化设计。该系列产品入料粒度上限110mm，单机处理能力最高可达750t/h。

（1）有压给料三产品重介质旋流器。

将原煤与单一密度的合格重介质悬浮液充分混合，在合适的压力下泵送给入旋流器，一次分选出精煤、中煤、矸石三种产品，整机结构如图1.10所示。

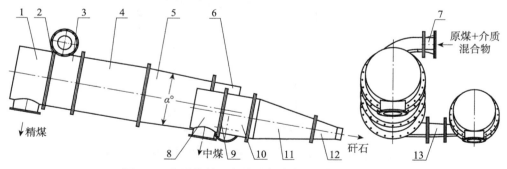

图1.10 有压给料三产品重介质旋流器结构示意图

1. 一段溢流帽；2. 一段中心溢流管；3. 一段导向筒；4. 一段中部1；5. 一段中部2；6. 一段出料导向筒；
7. 入料口；8. 二段溢流帽；9. 二段中心溢流管；10. 二段导向筒；11. 二段锥体；12. 底流口；13. 一二段连接节

①分选下限可低至0.15mm，分选精度高，并可有效降低厂房高度。

②当 $\alpha > 0$ 时，即优化设计旋流器一段圆筒形结构为一段圆台形结构（统称旋流器一段锥形技术），可有效提高一、二段旋流器分选密度，提高煤介比，降减能耗10%。

③旋流器入料结构形式分为切线式入料和流线式入料。切线入料方式使得旋流器整体结构紧凑,节省布置空间;流线式入料与渐开线式以及弧线式入料方式相比,结构紧凑,同时,流线式入料更加有效控制旋流器进口区域流体的扰动和湍流脉动,进而降低进口部位能量损失,既能提高旋流器处理能力,又能降低物料对进口区域器壁的冲击磨损,提高使用寿命。

(2)无压给料三产品重介质旋流器。

合格重介质悬浮液以合适的压力给入旋流器,原煤从顶部依靠自重无压给入旋流器,一次分选出精煤、中煤、矸石三种产品,整机结构如图1.11所示。

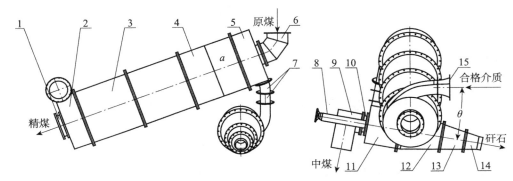

图1.11 无压给料三产品重介质旋流器结构示意图

1.一段中心溢流管;2.入介导向筒;3.一段中部1;4.一段中部2;5.一段出料导向筒;6.入料弯头;7.一二段连接节;8.调整装置;9.二段溢流帽;10.二段中心溢流管;11.二段导向筒;12.锥体一段;13.锥体二段;14.底流口;15.入介口

①无压给料三产品重介质旋流器入料结构形式分为切线式入料和流线式入料两种类型。

②当旋流器一段采用锥形技术时(即 $a>0$),可有效提高一、二段旋流器分选密度,介质循环量、能耗降低10%。

③当二段旋流器采用负角度布置时(即 $\theta>0°$),可提高二段旋流器中重产物排出速度,有效提高设备处理能力,同时,降低重产物对设备器壁的磨损,延长设备使用寿命。

④适用于大直径无压给料三产品重介质旋流器的预分选技术(结构如图1.12所示),实现了大型重介质旋流器低压力入料、高效率分选目标,有效降低错配物含量,提高精煤产品质量和产率。

⑤大型无压三产品重介质旋流器多供介技术,避免了配套设备的大型化选型,可降低成本,实现大型重介质旋流器具有低压力、低能耗、高效率分选的技术优势。

⑥二段旋流器采用外置式高效在线调整装置,实现三产品重介质旋流器分选过程中的在线调节;可调式中心溢流管采用高铬合金铸铁材质,经特殊工艺处理加工制作而成,使用寿命较球墨铸铁提高3~5倍,保证选煤厂的连续生产运行。

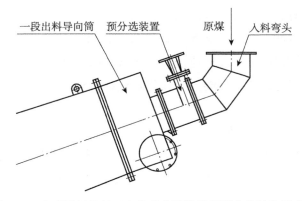

图1.12　大型无压给料三产品重介质旋流器预分选结构示意图

1.3.3　应用实例

1. JX1400型有压给料两产品重介质旋流器在陕西黑龙沟矿业有限责任公司选煤厂的应用

陕西黑龙沟矿业选煤厂是一座设计能力为5.0Mt/a的动力煤选煤厂,采用块煤浅槽重介质分选机、末煤有压给料两产品重介质旋流器分选的选煤工艺,块、末煤分设两套介质系统。末煤重介系统主选设备选用JX1400型有压给料两产品重介质旋流器。设备自2014年投产运行以来,旋流器入料压力仅为0.12MPa,数量效率大于97%,矸石带煤率小于1%,可能偏差0.040g/cm³,较为理想地实现了大型有压给料两产品重介质旋流器低压力、低能耗、高效率分选,最大限度地提高了精煤产量,设备使用寿命长,降低了设备停机检修频率,保证了选煤厂的连续运行,降低了工人的劳动强度,为选煤厂的生产运行节约了成本,创造了巨大的经济效益。

2. 3NZX1000/700型有压给料三产品重介质旋流器在冀中能源东庞矿选煤厂的应用

冀中能源集团有限责任公司东庞矿选煤厂是一座原煤处理能力为4.50Mt/a的矿区型选煤厂。50～1mm粒级采用三产品重介旋流器分选、1～0.25mm粒级采用干扰床分选、小于0.25mm煤泥采用浮选的联合工艺。共分为三套生产系统,其中C系统为以3NZX1000/700型有压给料三产品重介质旋流器为主洗设备,年处理能力为1.2Mt,入洗原煤主要来源于本矿煤和邢东矿煤,生产8级精煤,由于两种原煤内灰相差较大,分选密度相差较大,造成二段旋流器分选密度出现较大差别,若采用常规结构3NZX1000/700有压给料三产品重介质旋流器入洗两种煤时得到的中煤产品灰分相差明显,含矸量相差30%以上,中煤产品无法满足市场需求。2014年年底委托唐山研究院对主洗设备进行技术改造,2015年3月投产运行。自技改运行以来,该设备入洗某矿低硫原煤时,数量效率达97.75%,中煤带精煤率小于6%,中煤夹矸率8%,矸石带煤率小于0.5%,一段分选精度0.015g/cm³,二段分选精度0.019g/cm³,分选效果理想。

3. 3NWX1200/850 型无压给料三产品重介质旋流器在宁夏任家庄选煤厂的应用

宁夏任家庄选煤厂是一座设计能力为 2.4Mt/a 的矿井型炼焦煤选煤厂。采用 50～0mm 粒级原煤不脱泥无压给料三产品重介质旋流器分选＋煤泥浮选的联合工艺。通常采用配选的入选方式，当易选煤短缺时极难选煤单选。对重介质旋流器而言，入选原煤煤质变化较大时，设备处理能力下降，分选产品指标波动较大，分选效果差，严重影响选煤厂的经济效益。针对该选煤厂存在的上述问题，2012 年对主洗旋流器 3NWX1200/850 进行如下技术改造：①由于难选煤的中煤、矸石含量较大，为提高二段旋流器处理能力，适当放大二段旋流器筒体直径；②为提高二段分选密度，减小矸石带煤损失，缩小一段中心溢流管直径，降低二段旋流器锥比，增大二段旋流器圆锥角度；③提高旋流器给介压力，优化悬浮液中煤泥含量配比；④为提高二段旋流器处理能力及锥体易损件使用寿命，二段旋流器采用负角度布置，加快重产物排出速度。2012 年 9 月，技改设备 3NWX1200/890 正式投产运行，技改效果显著，如表 1.1 所示。

表1.1　任家庄选煤厂技改前后无压给料三产品重介质旋流器分选效果

名称	主洗设备规格型号	处理能力/(t/h)	中煤带精煤率/%	矸石带煤率/%	一段可能偏差/(kg/L)	二段可能偏差/(kg/L)	数量效率/%
技改前	3NWX1200/850	200～220	19.2	6.63	0.045	0.110	91.79
技改后	3NWX1200/890	270～280	3～6	＜1	0.035	0.024	96.79

4. JXW4-1500/1100 四供介无压给料三产品重介质旋流器在陕西中达集团火石咀煤矿选煤厂的应用

陕西中达集团火石咀煤矿选煤厂是一座设计生产能力为 6.0Mt/a 的矿井型动力煤选煤厂。采用 300～80mm 粒级原煤斜轮重介质分选机分选、80～13mm 粒级无压给料三产品重介质旋流器分选、末煤不入洗的工艺流程，分为各自独立的两套系统。入选原煤属中灰、中挥发分、较高热量的动力煤。80～13mm 粒级原煤分选采用的是唐山研究院自主研发的 JXW4-1500/1100 四供介无压给料三产品重介质旋流器作为主洗设备，该设备是目前国内直径最大的多供介重介质旋流器。自 2009 年投产运行以来，旋流器单机处理能力达 800t/h，入介压力与同规格单供介旋流器相比降低 30％以上，旋流器吨煤实际功耗降低 50％以上，节能效果显著；同时，数量效率大于 98％，一段可能偏差 0.04g/cm^3，二段可能偏差 0.06g/cm^3，分选效果理想，为选煤厂创造了显著的经济效益。

5. 重介质选煤技术在化工行业磷矿选厂的推广应用

湖北宜昌花果树磷矿选矿厂是我国第一座设计能力为 0.6Mt/a 的中低品位重介质选矿厂。采用 3PNWX850/610 型无压给料三产品重介质旋流器作为主选设备。自 2005 年成功投产运行以来，通过重介质旋流器结构参数和工艺参数的合理设计，成功将品味 15％～23％的贫矿富集为 30% 的优质磷化工原料，资源利用率提高到了 80% 以上，为突破胶磷矿选矿这一世界性的技术难题提供了技术支持，保证了磷矿资源的可持续发展。

1.4 重介分选辅助设备

重介质选煤工艺系统中的辅助设备主要包括磁选机和渣浆泵，旋流器耐磨衬里作为旋流器的重要组成部分也在本节单独叙述。磁选工艺是分离和净化磁性矿物（如：磁性加重质）和非磁性矿物（如：煤泥）的环节。磁选机用于分离和净化磁性介质、保持合格介质煤泥含量稳定，该工艺环节直接关系到重介质选煤工艺系统的介质损耗。重介质选煤工艺中，介质的输送设备主要采用离心式渣浆泵，用于输送不同密度的合格介质或稀介质，配置合适的渣浆泵关系到重介系统的稳定运行。近年来，耐磨材料的推广应用大大延长了浆体输送系统以及分选系统的使用寿命，为整个重介质选煤工艺系统的长时间稳定运行创造了良好的条件。耐磨衬里是为提高旋流器的使用寿命而开发、镶衬在其内部的一种金属材料或陶瓷基耐磨材料。

1.4.1 磁选机

1. 工作原理、适用条件

磁选是在非均匀磁场中利用矿物之间的磁性差异而使不同矿物分离的一种选矿方法。在选矿实践中，根据磁性，按照比磁化率大小把矿物分成强磁性矿物（物质比磁化率 $\chi > 3.8 \times 10^{-5} m^3/kg$）、弱磁性矿物（物质比磁化率 $\chi = 7.5 \times 10^{-6} \sim 1.26 \times 10^{-7} m^3/kg$）和非磁性矿物。其中，磁铁矿属于强磁性矿物，煤属于非磁性矿物。磁场有均匀磁场和非均匀磁场。矿粒在均匀磁场中只受到转矩的作用，该作用使它的最长方向取向于磁力线的方向或垂直于磁力线的方向。矿粒在非均匀磁场中受转矩和磁力的联合作用，矿粒在磁力的作用下受到吸引或排斥。磁力的存在，才有可能将磁性矿粒从非磁性的矿粒中分离出来。

唐山研究院研制的 TDC 型和 HMDC 型高效磁选机利用重介质选煤中作为加重质的磁铁矿和煤之间的磁性差异，采用了弱磁场磁选、湿式给料、逆流型、有磁翻滚作用、圆筒式、恒定永磁磁场的技术路线，实现磁性物与非磁性物分离。

磁选机对重介质悬浮液回收、净化系统的作用有两方面：其一，处理脱介筛筛下稀悬浮液和分流浓悬浮液，最大限度地回收磁铁矿粉，将其返回合格悬浮液桶循环使用；其二，净化循环悬浮液，将系统中多余的细颗粒煤泥分离出去，避免因其集聚而影响重介质分选设备的分选效果。

2. 技术特点

唐山研究院研制的 TDC 型和 HMDC 型高效磁选机是一种先进的多磁极整体封装和整

体充磁磁选机。该设备的主要技术特征是：采用国际先进的磁场设计理论，基于计算电磁学的磁场数值计算和仿真、多磁极、整体封装、整体充磁技术，使重介质得到最大程度地回收。

3. 应用实例

TDC 和 HMDC 磁选机已在陕西中达集团火石咀煤矿选煤厂（斜轮重介、重介质旋流器）、山西安泰集团洗煤厂（重介质旋流器）、山西襄垣华源公司洗煤厂（重介质旋流器）、阜新矿业集团八道壕煤矿选煤厂（重介质旋流器）、内蒙古百灵选煤厂（双给料重介质旋流器）等选煤厂应用数百台（套），运行效果良好，具有生产能力大、磁性物回收率高、结构设计新颖、易调节等突出特点。TDC1030 磁选机在陕西中达集团火石咀煤矿选煤厂使用结果表明，在处理能力 300m³/h 的情况下，磁性物回收率达到 99.9%。填补了国内没有多磁极整体封装充磁式磁选机的空白，可以替代高端进口产品。

1.4.2 渣浆泵

1. 工作原理、适用条件

渣浆泵属于离心式水泵，其原理是利用高速旋转的叶轮产生离心力，该离心力作用于所需要排送的介质上，把介质高速甩向叶轮出口。由于流体流动的连续性，在泵的进口区域就形成了一定的真空度，在大气压力的作用下，介质会源源不断地从入料桶进入叶轮从而形成连续的液流。介质在叶轮出口通过蜗壳的收集作用，把速度能转化为压力能，以一定的压力排向管路，克服系统的各种阻力损失，从而完成输送介质的任务。

在洗煤厂各个工艺流程中大量使用各种离心泵作为排送介质的主力设备。例如作为重介质选煤工艺中的旋流器给料泵，浮选工艺中的浮选机给料泵、压滤机给料泵、精煤磁尾泵、中煤磁尾泵、矸石磁尾泵、重介添加泵、循环水泵以及清水泵等。离心泵性能的好坏，对整个选煤系统都起到十分重要的作用。

20 世纪 80 年代末期，唐山研究院针对当时国内外渣浆泵普遍存在的各种问题，研究开发了一系列的高效、耐磨系列渣浆泵，满足了选煤行业对渣浆泵的要求。运行效率达到国内外同类产品领先水平，保证了设备的高效节能，提高了用户的经济效益，也大大延长了设备的使用寿命，在选煤领域完全可以替代进口产品。

2. 技术特征

1）结构特点

（1）离心式渣浆泵结构如图 1.13 所示。前、后泵壳一般用铸铁或铸钢制成。轴一般为优质碳素钢。叶轮、蜗壳、前护板、后护板、副叶轮、填料箱、轴套等过流件均采用耐磨材料 KmTBCr27 制成。

（2）泵蜗壳与护板之间的定位，根据磨损的机理，采用锥面定位，斜面密封。减少了

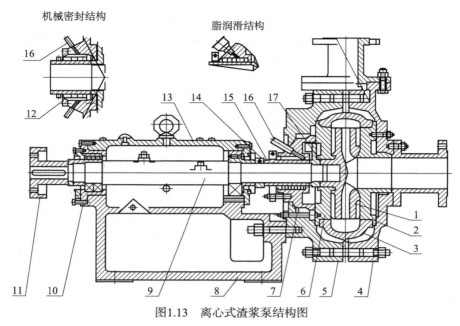

图1.13 离心式渣浆泵结构图

1.叶轮；2.前护板；3.蜗壳；4.前泵壳；5.后泵壳；6.后护板；7.填料箱；8.托架；9.轴；10.轴承盒；11.泵联轴器；12.机械密封；13.托架盖；14.拆卸环；15.轴套；16.1/2胶管接头；17.副叶轮

磨损的突破口，而且密封性能好，解决了泄漏问题。

（3）泵出口可按90°间隔旋转4个方向，以便于用户根据现场不同的情况，灵活地进行设备的安装布置。

（4）该型泵一般具有三种轴封形式：

第一，采用副叶轮和填料共同作用的密封结构，副叶轮减压，填料轴封，减少了泄漏量，密封效果较好；填料处加清水，如工作场地无清水，也可用脂润滑结构。

第二，只用填料而无副叶轮的密封结构，密封填料加一定压力的密封水，一般用于二级串联的渣浆泵。

第三，机械密封结构，采用集装式机械密封，可以做到完全无泄漏，但成本有所提高。另外，更换比较困难。

（5）直联传动和间联传动两种传动方式。直联传动是通过弹性联轴器由电机直接驱动；间联传动是电机通过皮带轮及皮带驱动泵运转。

（6）泵轴由两个角接触轴承和1个圆柱滚子轴承支承。轴承采用稀油润滑。

（7）泵的转动方向，从电机方向看为顺时针方向旋转。在泵运转前，必须检查电机转向是否正确，检查时必须将泵转子与电机转子分离开，以免电机反转使泵的叶轮脱落。

2）技术参数

该系列泵排送的固液混合物最大质量浓度为：灰浆浓度达45%，矿浆浓度60%，排送介质温度可达60℃。流量为15～4000m^3/h；扬程为10～150m；出口直径为40～400mm。

另外，该系列泵还可根据用户需求串联运行，最大串联级数为 3 级。

3. 应用实例

KZ 系列渣浆泵已在 50 余家洗煤厂的重介、跳汰、浮选等工艺系统中得到应用，能满足洗煤厂所有洗煤工艺对浆体输送的要求。由于该系列泵运行效率高，寿命长，给洗煤厂带来了比较可观的经济效益。

1）在山西孝龙煤炭运销公司洗煤厂的应用

该厂为年入选原煤能力 2.40Mt 的重介质选煤厂。全厂重介、浮选等所有的工艺流程中都使用了 KZ 系列渣浆泵，全部采用副叶轮加机械密封形式，保证了使用现场绝对无泄漏，完全满足了洗煤厂各工艺流程对渣浆泵运行指标的各项要求。现场使用渣浆泵 3 年多来，对 KZ 系列渣浆泵的运行状况十分满意。

2）在天地王坡煤矿选煤厂应用

该厂采用重介质选煤工艺，渣浆泵主要用于旋流器入料等磨损比较严重的工艺流程中。运行考核表明，该系列泵比引进泵效率高、寿命长，克服了引进泵存在的种种问题。经过两年来的运行，很好地满足了选煤厂工艺系统的要求。

1.4.3　耐磨衬里

多年来，唐山研究院为解决重介质选煤设备和液体输送系统磨损严重的问题开展了大量的实验研究工作，在新材料研制方面取得了很大的成绩。常用的耐磨材料可分为金属材料和非金属材料两大类。

1. 金属耐磨材料

为提高材料的淬透性、良好的耐蚀性和抗高温氧化性，开发了 KmTBCr27 金属耐磨材料，用于制造渣浆泵过流部件，KZ 系列渣浆泵的叶轮及泵壳均采用 KmTBCr27 金属耐磨材料制成，其硬化态或硬态去应力处理 HBW ≥ 650，适用于较大冲击载荷的磨料磨损场合。介质泵的叶轮及泵壳使用寿命一般可达两年；内径不大于 600mm 的重介质旋流器大部分采用 KmTBCr27 材质作为抗磨衬里，一般可使用 1.5～3 年。

2. 非金属耐磨材料

1）刚玉

刚玉是以三氧化二铝（Al_2O_3）为主要原料，添加一定量的 CaO、MgO、SiO_2，有时还添加一些稀有金属 Y_2O_3 等来提高其耐磨性能。刚玉具有较高的硬度，已广泛应用于洗煤厂的耐磨管道、重介质旋流器、漏斗等易磨损设备。2006 年唐山研究院与清华大学联合研发了 OI 型刚玉耐磨衬里，使国内重介质旋流器的耐磨性能大大提高。2009 年唐山研究院对原有 OI 型刚玉耐磨陶瓷进行了工艺优化，成功研制了新型高强刚玉耐磨陶瓷，作为重介质旋流器耐磨衬里。

2）碳化硅复合陶瓷

碳化硅的莫氏硬度为9.5级，仅次于金刚石（10级），应用于低冲击表面可显著提高相应设备的耐磨性。但因其脆性很大，一般向原料内添加 Y_2O_3、Al_2O_3、碳纤维等，提高碳化硅制品的断裂韧性。2015年唐山研究院研制开发了一种重介质旋流器用碳化硅复合陶瓷耐磨衬里的加工工艺，制品成功进行了工业性试验。

3. 应用实例

（1）高强刚玉耐磨陶瓷作为重介质旋流器耐磨衬里应用于东庞矿选煤厂。东庞煤矿选煤厂是一座设计能力为4.5Mt/a的选煤厂，采用全重介入洗工艺，共分三套系统。采用3NWX1000/700无压给料三产品重介质旋流器作为主洗旋流器，旋流器使用新型高强刚玉耐磨陶瓷衬里后，底流口使用寿命由原来的3个月增加至5个月，延长了设备的使用寿命。

（2）新型碳化硅复合陶瓷耐磨衬里样品应用于陕西火石咀煤矿洗煤厂。火石咀煤矿是一座6.0Mt/a的洗煤厂，耐磨衬里新产品应用在 ϕ1500/1100 三产品重介质旋流器小锥体上，使用寿命提高了两倍。

（本章主要执笔人：张力强，齐正义，孙华峰，王兆申，王红生）

第2章 跳汰选煤技术

跳汰选煤是物料在垂直升降的变速水流中，按密度进行分选的过程。位于上层的低密度物被冲水带走，位于下层的细粒高密度物透过筛板排出，粗粒高密度物则通过重产物排料装置排出。跳汰机应用于煤炭洗选已有100余年的历史，到1850年，跳汰分选工艺广泛用于选煤行业。1892年出现了第一台利用压缩空气驱动的无活塞跳汰机（即著名的鲍姆跳汰机），随后跳汰分选技术更是取得了突飞猛进的发展。跳汰选煤对可选性较好的煤炭分选效果好，处理物料粒度范围宽，处理能力大，流程简单，适应性强。因此跳汰选煤在我国得到了广泛的应用。跳汰机按筛板是否运动划分为定筛跳汰机和动筛跳汰机两大类。唐山研究院开发的SKT系列筛下空气室跳汰机以其良好的性能占有了我国一半以上的市场份额。唐山研究院又是我国最早开发动筛跳汰机的研究单位，本章将重点介绍这两部分内容。

2.1 筛下空气室跳汰机

2.1.1 工作原理及适用条件

唐山研究院开发的SKT系列筛下空气室跳汰机，通过先进的电控气动风阀系统，根据原煤煤质情况调节跳汰周期，借助压缩空气，推动水流作垂直交变运动，入选物料在多次交变脉动水流的作用下实现了按密度分层，通过自动排料装置把分好层的物料分离，达到按密度分选的目的。其基本结构如图2.1所示。SKT跳汰机主要适用于易选或中等可选煤的分选，分选精度与重介分选相差不大，但生产成本却远低于重介分选。按入选原煤粒度划分为末煤跳汰机（0～13mm），块煤跳汰机（30～200mm），混煤跳汰机（0～100mm）。

2.1.2 技术特征

1. 无背压双盖板阀技术

双盖板阀无论在何种状态下，均无背压、无正压，除阀芯的自身重力（其值较小）外，所受阻力无突变且为零。因此，风阀开关省力，动作灵活，配用小气缸即可实现快速开关

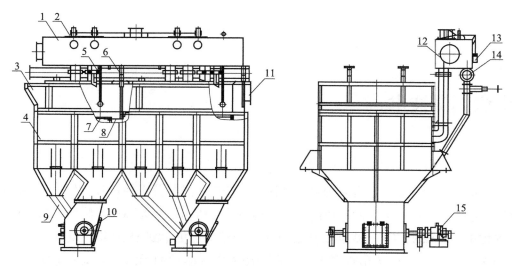

图2.1　SKT跳汰机结构示意图

1.风箱；2.多室共用风阀；3.入料端；4.单格室组合式机体；5.浮标装置；6.随动溢流堰；7.筛板；8.排料道；9.透筛料管；10.排料轮；11.溢流端；12.总风管；13.高压风集中净化加油装置；14.总水管；15.电机减速机

和正常工作，使洗水具有足够的上冲加速度，满足床层急升和节能降耗的要求。由于双盖板阀要求上、下盖板同时密封，双密封结构对平行度和尺寸精度的要求较高，为此采用软接触密封圈对盖板进行密封，其受压变形量大，降低了加工精度要求，且密封可靠，软接触，无硬性撞击，不易损坏。其基本结构如图 2.2 所示。从现场应用的效果来看，双盖板阀开关省力，进风速度快，进风量充足，床层启振迅速，使膨胀期得以有效延长，对分选更加有利。并且双盖板阀的动力消耗是其他风阀的 50% 左右，在高压风风压仅为 0.2MPa 的状态下即可正常工作，达到节能的目的。

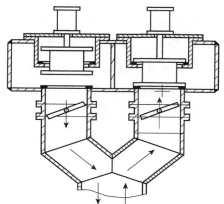

图2.2　双盖板阀工作原理示意图

2. 节能跳汰机机体结构及其优化

为了降低跳汰机机体高度和能耗，利用计算流体力学软件 FLUENT 和 PIV 粒子图像测速技术对跳汰机机体内部流场的运动状态进行数值模拟和实验研究，设计出新型节能机体结构。首先利用 FLUENT 模拟分析跳汰机内的流场特性，应用 PRO/E 软件建立跳汰机过流区实体三维模型，应用 GAMBIT 软件对流场计算域进行网格划分，采用有限体积法作为离散化方法，选用标准 k 湍流模型，以清水为介质，模拟分析跳汰机流场特性。利用 PIV 粒子图像测速技术，进行实验研究。最后将数值计算结果和 PIV 实验结果进行对比分析，得出机体结构与其内部流场运动规律的关系，并利用数值模拟手段对机体结构进行优化设计，以实验来验证模拟的准确性。通过以上方法优化的机体有效克服了跳汰机大型化时床层跳动不均的缺点，从而提高了跳汰机的洗选效率，还可以适当地降低机体高度，并产生更大的床层上举力，实现高效节能，降低洗选成本。

3. 复振技术

机械化开采使跳汰入洗原煤中 6mm 以下的末煤含量大幅度提升，给普通跳汰机操作带来了很大的困难，不是透筛严重，就是精煤灰分不合格，导致分选指标波动大，不易稳定。SKT 复振跳汰机在主振基础上叠加了一个辅助振动，从而延长了分选时间，减少了透筛量，节约了顶水，提高了处理量。其最大的优点还在于可以提高跳汰机分选的粒度下限和不完善度 I 值，工艺上就可以省去粗煤泥分选环节，简化了流程，节省了投资。

SKT 复振跳汰机已在山东岱庄选煤厂应用，在保证精煤质量的前提下，精煤产率提高了 3% 左右，数量效率提高 5%，经济效益显著。

4. 宽粒级分选技术

跳汰机的入料粒级通常为 0～100mm，在一定程度上限制了跳汰机的应用范围。通过改进分选工艺和 SKT 跳汰机结构，将 SKT 跳汰机的分选上限提升至 200mm。与目前用于块煤分选的动筛跳汰机相比，用 SKT 跳汰机分选块煤可以提高分选精度，同时可以根据市场的需要出多个产品，弥补了动筛跳汰机分选精度差的不足；与浅槽重介质分选机相比，弥补了浅槽重介质分选机需要介质回收、不能出多个产品的不足。

5. 控制系统

SKT 型跳汰机采用可编程控制器 PLC 和触摸屏组成的智能控制系统，并利用浮标传感器检测床层厚度，实现对风阀、排料和给料等参数的自动控制，还可加装精煤在线测灰仪，实现精煤灰分的自动控制。

（1）分选参数优化调整。我国选煤厂一般都没有原煤均质化处理系统，许多选煤厂入洗原煤煤质变化较大。在现有条件下，为实现跳汰机智能化操作，即跳汰机能随煤质变化自动调整出优化的分选参数（如：给煤量、总风量、总水量、跳汰周期、跳汰频率、矸石和中煤的排料给定值等），获得理想的分选效果，利用三级快浮化验结果将入洗原煤进行模糊分类并输入计算机，并将日常生产中采用不同跳汰参数所得出的分选结果输入到计算机中进行记录、比较和优化排序，建立起针对不同原煤所采用的最佳操作参数数据库，这样操作者只要将入料的三级快浮数据输入计算机，计算机就会自动判断出它是哪一类煤，并自动调整出能达到理想分选效果的分选参数。

（2）跳汰机床层控制。国内跳汰机自动排料控制多采用比例控制、PID控制等。比例控制属于开环控制，床层厚度波动较大且需要人为不断地修正参数。PID控制属于闭环控制，但参数很难设置准确，经常超调导致排料时多时少，床层很难稳定。综合比例控制与PID控制的优缺点，SKT跳汰机采用创新的比例闭环控制，只需简单设置参数，跳汰司机根据化验结果增加或减小浮标配重即可调整选煤指标，配合SKT跳汰机稳静排料结构，可使床层稳定控制在给定值的±15mm，调整选煤指标既简单精准又持续稳定。

（3）跳汰机自动控制系统。目前国内跳汰选煤厂的跳汰机控制系统和集控系统一般是分开设计的，即两套系统分别有自己的PLC和触摸屏（或上位机），系统间相互独立没有实现数据共享，且两套系统分开放置，分别设置操作人员。SKT跳汰集中控制系统将跳汰机控制和选煤厂集中控制整合到一个控制柜中，使用一套PLC、一个触摸屏和一名操作人员即可对全厂设备实现顺序启、停车及故障连锁停车，并且可以控制跳汰机风阀和自动排料，轻松实现跳汰机与集控的数据共享。

2.1.3 应用实例

1. 大型跳汰机的应用

唐山研究院通过对风阀、风箱、机体、排料系统等结构的优化研究，开发出既能适应入洗原煤粒度大、范围宽的要求，又能降低能耗的SKT-27、SKT-30、SKT-35、SKT-36等大型跳汰机；同时配套开发了简易、快速、实用的跳汰机洗选效果评估方法，提高了跳汰机自动化水平。在陕西省韩城市侃达煤焦有限公司等18座大型洗煤厂推广应用37台。现场使用表明：当入选原煤粒级为0～120mm时，SKT-35跳汰机生产能力可达600t/h，不完善度$I_1=0.09$、$I_2=0.12$，数量效率$\eta=95.15\%$，可以满足年处理能力3.0Mt/a的动力煤选煤厂需要。

2. 井下跳汰机应用

井下跳汰排矸系统的运行，不仅能够解决矿井因地质条件恶化而引起的煤质波动的问题，而且可以减少大量的无效提升和运输，进而降低井上选煤厂的加工成本，节能减排效果明显。同时，选出的矸石可作为采后充填的材料，具有显著的经济效益和社会效益。

2013年唐山研究院研制的井下SKT-10跳汰机在冀东能源邢东煤矿成功应用。相对于一般选煤厂的工艺流程和设计，井下煤炭的分选过程要简单方便，井下硐室空间有限，要求分选设备的尺寸较小，同时又要考虑使分选设备的处理能力与井下生产能力相匹配。

井下跳汰排矸系统主要由原煤准备、煤炭分选、矿井水处理等部分组成，具体流程见图2.3。

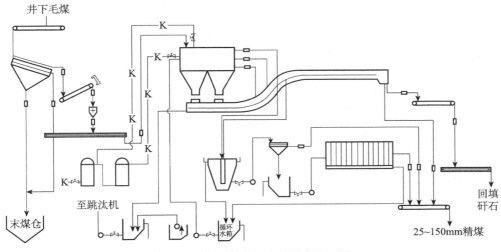

图2.3 井下跳汰分选系统设备流程图

1)原煤准备

主暗斜井皮带上的毛煤进入筛缝30mm的正弦筛预先分级,筛下小于30mm末煤直接落入末煤仓,筛上原煤进入颚板轮式破碎机、齿辊破碎机二次破碎,保证入选原煤粒度上限小于200mm,破碎后原煤进入缓冲仓,经缓冲仓下往复式给煤机、皮带进入排矸跳汰机。

当排矸系统检修时,推动主暗斜井带式输送机机头上的悬挂挡板,将毛煤直接挡落入末煤仓,从而不影响矿井正常生产。

2)主洗系统

30~200mm原煤进入排矸跳汰机进行洗选,分选出合格的块精煤产品和纯矸石。块精煤与矸石经由异型斗式提升机脱水后,所得精煤产品落入精煤皮带运至煤仓,矸石经由矸石转载皮带落入矸石刮板输送机,运至矸石仓进入充填系统。

3)煤泥水处理

块煤在排矸跳汰机中停留的时间很短,洗选过程中产生的煤泥很少。块煤分选洗水浓度可以保持在300g/L以内,设置1台高频筛和1台压滤机定期处理煤泥水。

井下跳汰排矸可以从采煤的源头上实现煤与矸石的有效分离,井下毛煤排出的矸石不再升井,节能减排效果明显。分离后的矸石充填到采空区,既有效地防止了地面采空区域的沉陷,又不需要预留煤柱,达到以矸换煤的目的。矸石留在井下为取消地面矸石山创造了先决条件,同时减少井下矸石的无效运输,充分发挥矿井的提升运输能力,最大限度地提高矿井生产效率和企业的经济效益,是煤矿实现绿色开采,合理利用资源,减少环境污染的重要措施。

3. 预排矸的应用

通过提高跳汰机风压、水压和对SKT跳汰机排料轮的结构和护板形式的调整,可以保证 0～200mm 粒级范围内有效分选。2014 年 5 月，唐山研究院研发的 SKT-2.4 单段预排矸跳汰机在陕西禾草沟煤矿选煤厂应用，代替手选，分选 30～200mm 原煤。1m 宽单段跳汰机处理量可达 80t/h，分选效果好于动筛跳汰机，生产成本低于浅槽重介分选机。

4. 分选高密度无烟煤

北京木城涧煤矿是无烟煤矿井，生产能力为 2.5Mt/a。长期以来，该矿的无烟煤都是未经洗选直接出售原煤，由于 13～50mm 部分小块原煤含矸量大无法销售，严重影响了企业的经济效益。

由于木城涧矿含煤地层为晚年的侏罗纪煤系，变质程度高，为老年无烟煤。其主导密度级一般为 1.70～2.0g/cm³，与矸石密度的差距小，采用常规重力分选方法无法实现正常分选。原煤浮沉数据见表 2.1。

表2.1 原煤浮沉试验结果

密度级 /(g/cm³)	各密度级分布情况				累计			±0.1 含量		可选性
	质量 /kg	产率 /%	灰分 /%	发热量 /(J/g)	产率 /%	灰分 /%	发热量 /(J/g)	密度 /(g/cm³)	产率 /%	
1.7～1.8	5.60	17.05	6.11	7089	17.05	6.11	7089	1.8	54.34	极难选
1.8～1.9	12.25	37.29	11.97	6546	54.34	10.13	6717	1.9	49.46	极难选
1.9～2.0	4.00	12.17	27.32	5207	66.51	13.28	6440	2.0	28.92	较难选
>2.0	11.00	33.49	81.41	703	100	36.09	4519			
合计	32.85	100	36.09	4519						

由表 2.1 对木城涧煤矿原煤浮沉资料进行分析：①原煤密度比较高，1.7～2.0g/cm³，小于 1.7g/cm³ 密度级原煤含量为零。②矸石含量 33.49%，含量较多，密度大于 2.0g/cm³。③从浮沉数据来看，分选密度达到 2.0g/cm³ 时，应为理想分选密度。

2013 年唐山研究院设计并建设了北京矿区第一座木城涧跳汰选煤厂，主选设备使用自主研发的 SKT 复振跳汰机，跳汰面积 6m²，处理能力 100t/h，实现了高变质无烟煤的有效分选。

5. 在其他行业的应用

为了拓展跳汰机的应用领域，与厦门瑞科际再生能源股份有限公司联合开发了用于垃圾分选的跳汰机，主要用于处理垃圾中的重产物，将重产物中的有机物与无机物分离开。由于垃圾中存在很多缠绕物，通过对跳汰机的结构参数做相应的优化，取得了预期的效果。

2.2 动筛跳汰机

动筛跳汰机的工艺系统简单，自动化程度高；洗水可以实现自身闭路循环，仅需补充产品带走的水量，耗水量为一般湿法分选的 1/10；工艺简单，投资省，运营、维修费用较低，因此在选煤厂的块煤分选中得到广泛应用。它是易选煤和中等可选性块煤分选的有效方法之一。动筛跳汰机在选煤生产中多用于代替人工选矸。

由唐山研究院自行研制的我国首台液压驱动式动筛跳汰机样机 TD14/2.5 型，于 1989 年在北票冠山选煤厂进行工业性试验。改进型产品 TD14/2.8 型用于抚顺龙凤选煤厂，代替人工拣矸。1995 年，TD14/3.2 型液压动筛跳汰机用于义马跃进矿选煤厂，替代筛选，效果良好。2013 年开发了 JLT1.6/3.2 型双源动力动筛跳汰机，在陕西金万通选煤厂用于块煤排矸。

2.2.1 工作原理

动筛跳汰机与空气脉动跳汰机的区别在于：它不用风、不用冲水和顶水，筛面上物料的松散度由动筛机构的运动特性决定。动筛跳汰机是靠动筛机构在水介质中的上下往复运动，使筛板上的物料形成周期性的松散，实现物料按密度分层。在动筛机构的上升阶段，床层被筛板整体托起，物料相对于筛板基本没有相对运动，但水介质相对于物料是向下运动的，这种水介质与物料的相对运动，使筛面上的物料床层愈来愈紧密，同时由于水的曳力，使得较小的颗粒穿过较大颗粒间的缝隙向下运动。动筛机构下降时，水介质形成相对于动筛机构的上升流，物料在水介质中进行干扰沉降，实现按密度分选。煤的密度较小，通过溢流堰上端溢流排出，矸石的密度较大，通过溢流堰下端随着排矸轮的转动排出。溢流堰上、下端排出后的物料通过封闭溜槽分别进入提升轮前段和后段，然后随着提升轮的转动，将物料脱水提升，并排出机外，实现分选。透筛细物料采用斗提机排出。

2.2.2 技术特征

（1）动筛跳汰机通常适用于入洗粒度为 20～400mm 的块原煤分选，跳汰面积可达到 2.0～4.8m²，设备处理量 40～60t/（m²·h），入料端振幅为 200～400mm 连续可调，跳汰频率 0～50 次/min 连续，分选效率 98% 左右，不完善度 I 值小于 0.1，吨煤耗水量 0.03～0.09m³，吨煤耗电量 0.3～0.8kW·h。

（2）整机由主机（槽体、动筛机构、提升轮机构、排矸轮机构）、驱动装置（主动力机构、提升轮传动、排矸轮传动）和控制装置三部分组成。液压驱动动筛跳汰机，其动筛机构和排矸轮的动力由液压站提供，机械驱动动筛跳汰机则通过曲柄的连续传动，使摆杆绕固定轴做往复摆动，带动动筛跳汰机工作。其结构如图 2.4 所示，动筛机构的结构参数和运动曲线决定了动筛跳汰机的分选效果、处理能力等工艺指标。

（3）操作方式分自动方式和手动操作两种，PLC 控制技术结合 LCD 触摸显示屏，方便灵活。自动排除卡矸，适应多种煤质，排矸能力强，单位处理量大。液压系统使用寿命长，

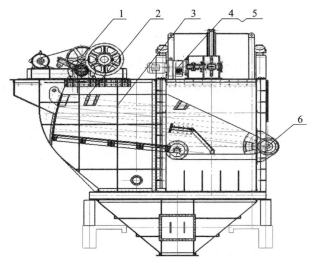

图2.4 动筛跳汰机设备结构图

1.动力机构；2.槽体；3.动筛机构；4.提升轮机构；5.提升轮传动；6.排矸轮机构

故障率低。设计了自动缓冲闭环控制系统，大大减缓了冲击，具备压力过载保护，对重要阀组实施多重保护，提高了设备的安全性和使用寿命，降低了维护费用。独特的防污染装置，杜绝了分选后产品的二次污染。

2.2.3 应用实例

陕西金万通选煤厂分选工艺流程如图2.5所示。原煤由主煤仓经刮板输送机、破碎机破碎后，-250mm由胶带输送机运到排矸车间，经过原煤分级筛分级，-50mm粒级直接进入跳汰车间进行分选；+50mm块原煤进入排矸车间经动筛跳汰机洗选后的块精煤产品由胶带输送机运送到精煤仓，作为动力煤；块矸石由胶带输送机运送到矸石堆，由铲车运至矸石山；透筛物经斗式提升机进入脱水筛脱水后转入跳汰车间进行洗选；煤泥水集中到煤

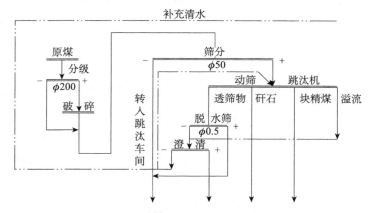

图2.5 动筛跳汰机分选工艺流程

泥桶后泵入厂外煤泥浓缩池,煤泥浓缩池的溢流作为循环水使用。JLT1.6/3.2型双源动力动筛跳汰机实际生产情况表明,当原煤灰分为44%、处理量为180t/h时,选后块精煤灰分为14.2%、矸石灰分为78%,不完善度I值为0.065,数量效率为97.33%,不完善度I值为0.070,矸石带煤仅为2.02%,取得了良好的分选效果。

(本章主要执笔人:杨康,娄德安,潘东明,韦国峰,李朝东)

第3章 煤泥浮选技术

浮选是处理细粒煤泥最常见和有效的方法。国内常用的浮选设备有机械搅拌式浮选机、喷射式浮选机、浮选柱等。从生产应用效果来看，机械搅拌式浮选机具有处理能力大，对煤质和生产条件适应性强，浮选粒度范围宽，操作调整方便等特点。

由唐山研究院自主研发的 XJM-S 系列机械搅拌式浮选机，符合我国特有煤质条件，结构合理、浮选效果好、运转可靠、操作维修方便、能耗低，在我国选煤厂各类浮选设备中占 80% 以上。XJM-S 系列浮选机包含 XJM-S、XJM-KS 和 XJM-（K）S "3+2" 三种类型，单槽容积由 $4m^3$ 到 $90m^3$，共 14 种规格。

为了使浮选煤泥和药剂得到充分的吸附，使浮选机达到较好的分选效果，配套开发了 XY 型矿浆预处理器，主要用于浮选前矿浆准备作业。目前已形成 XY-1.6、XY-2.0、XY-2.5、XY-3.0 和 XY-3.5 共 5 个型号，可与 $4m^3$ 到 $90m^3$ 的各种规格浮选机配套使用。本章仅就这两部分内容做一介绍。

3.1 矿浆预处理器

3.1.1 工作原理

为了使浮选煤泥和药剂得到充分的吸附，唐山研究院自主开发了 XY 型矿浆预处理器，结构如图 3.1 所示。它由驱动装置、搅拌装置、吸气口、加药口、搅拌轴、定子盖板、叶轮、排料口、定子、槽体、锥形循环桶和入料口等部件组成。预处理器叶轮为双层伞形叶轮，上层叶片吸入空气和药剂并形成气溶胶，下层叶片在吸入新鲜矿浆的同时，还能循环槽内矿浆，使矿浆呈悬浮状态，实现矿浆搅拌和矿浆预矿化，矿浆预处理器具有强化浮选的作用。工作过程中，叶轮旋转产生负压，空气和药剂经进气管和加药管进入叶轮上层叶片并配制成气溶胶，新鲜矿浆自流或泵入预处理器进料口，经锥形循环桶进入叶轮下层，与空气和药剂进行混合，完成矿浆的预矿化。矿浆在叶轮旋转离心力作用下，从叶轮边缘甩出后上升，经排料口进入浮选机。

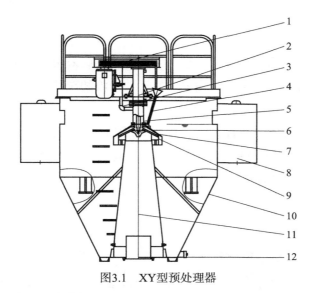

图3.1　XY型预处理器

1.驱动装置；2.搅拌装置；3.吸气口；4.加药口；5.搅拌轴；6.定子盖板；7.叶轮；8.排料口；9.定子；10.槽体；11.锥形循环桶；12.入料口

3.1.2　技术特征

采用气溶胶加药方式的矿浆预处理器，不但提高了药剂的分散度，而且形成大量活化气泡，药剂覆于气泡表面，在气泡表面形成油膜，成为活化的微小气泡，再吸附于煤粒表面的疏水部分。技术参数见表3.1。

表3.1　矿浆预处理器技术参数

项目	XY-1.6	XY-2.0	XY-2.5	XY-3.0	XY-3.5
矿浆处理量/(m^3/h)	200	400	700	1000	1500
有效容积/m^3	2.04	4	7.5	13	20
叶轮直径/mm	100	500	625	750	1050
叶轮线速/(m/s)	8	8	8	8	8
电动机型号	Y132S-6	Y132M2-6	Y160L-8	Y180L-8	Y225S-8
转速/(r/min)	960	960	750	750	730
功率/kW	3.0	5.5	7.5	11	18.5
外形尺寸（长）/mm	2033	2596	2890	3658	3918
宽/mm	1766	2172	2716	3216	3721
高/mm	2504	2840	3310	3805	4436
质量/t	1.1	2.7	3.5	4.2	5.7

3.1.3 应用实例

目前,选煤厂广泛采用直接浮选工艺,大多数选煤厂采用矿浆预处理器和浮选机联合使用进行煤泥浮选的方式。浮选入料为浓缩旋流器溢流和振动弧形筛筛下煤泥水,以自流或泵入两种方式将矿浆给入矿浆预处理器。

浮选机和矿浆预处理器的布置如图 3.2 所示,矿浆预处理器布置在浮选机长度方向上,液面高于浮选机液面 800～2000mm,浮选机容积越大,要求的高差越大。一台矿浆预处理器与一台或两台浮选机联合使用。

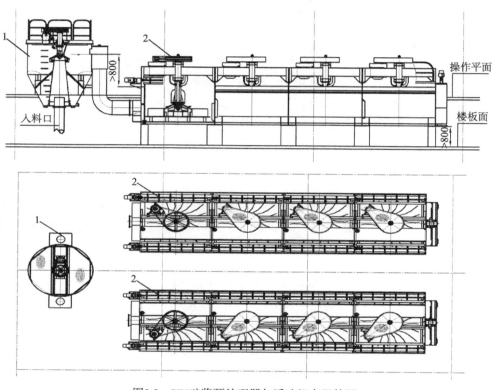

图3.2 XY矿浆预处理器与浮选机布置简图
1. 矿浆预处理器;2. 浮选机

3.2 机械搅拌式浮选机

3.2.1 工作原理

结合我国特有煤质条件,唐山研究院自主研发了 XJM-S 系列机械搅拌式浮选机,结构和矿浆流态如图 3.3 所示,浮选机在叶轮旋转作用下,矿浆被吸入叶轮腔内并沿叶轮外缘经定子叶片稳流后甩入浮选槽。高速运动的矿浆在叶轮出口处发生射流效应产生一定真空度，在此射流的引射作用下，外部空气经套筒进入叶轮腔被卷吸入浮选槽，在矿浆湍流作用下弥散为细小气泡并均匀分布于槽中。在机构的搅拌作用下，槽内矿浆呈充分湍流状态。宏观紊流产生颗粒迁移，从而保持颗粒悬浮，微湍流应力产生空气弥散、矿粒-气泡的碰撞和黏附。疏水性矿粒与气泡碰撞、黏附后（即气泡被矿化），随气泡上浮至矿浆表面聚集成泡沫层，由回转刮板刮出槽外为精矿产品。亲水性矿粒和疏水性较差的矿粒与气泡碰撞后不能发生黏附而滞留在矿浆中。槽内未及时矿化的疏水性矿粒，随中矿通过浸没式中矿箱进入下一室重复分选，直至从最后一室排出为最终尾矿。

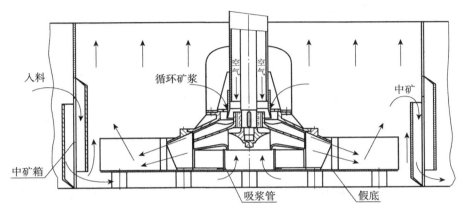

图3.3 浮选机结构和矿浆流态

3.2.2 技术特征

1. 结构特点

XJM-S 型浮选机结构如图 3.4 所示。主要由刮泡机构、放矿机构、假底稳流装置、驱动装置、搅拌机构、浸没式中矿箱、槽体、尾矿提升装置等组成。

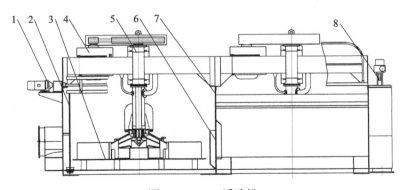

图3.4 XJM-S浮选机

1.刮泡机构；2.放矿机构；3.假底稳流装置；4.驱动装置；5.搅拌机构；
6.浸没式中矿箱；7.槽体；8.尾矿提升装置

1) 刮泡机构

在槽体上部两侧各装一组回旋刮板,强制刮取精矿。当改变各室溢流堰高度时,刮板直径可在 $\phi 480 \sim 600mm$ 范围内做相应的调整,以适应浮选槽液面高度和各室的泡沫层厚度。刮板由摆线针轮减速机驱动。

2) 假底稳流装置

在槽底上方一定高度位置处安装一假底,假底四周与槽壁有一定距离。在假底上有20块弯曲的稳流板,并与定子的20块导向叶片相对应。假底中心安装有与叶轮下吸口大小相配套的吸浆管,用来吸入假底下面的矿浆。

3) 槽体

浮选机槽体由头部槽体、中间槽体和尾部槽体组成。头部槽体带有入料箱,尾部槽体带有尾矿箱,各槽体间用螺栓连接。槽体截面为矩形,槽数为 $3 \sim 5$ 个/组。为防止串料,槽体之间加设了浸没式中矿箱,主要起导流矿浆的作用,有效地防止了串料。浮选机各室装有可调溢流堰,调节其高度,可实现各室泡沫层厚度在一定范围内的调整,从而实现各室刮泡量的调整,并增强浮选机对入料量的适应性。

4) 液位调节装置

尾矿箱与槽体形成 U 形管结构,因此可通过控制尾矿箱中闸板高度的方式实现设备内液面调节。

5) 搅拌机构

搅拌机构如图 3.5 所示。由大皮带轮、轴承座、吸气管、套筒、搅拌轴、上调节环、定子盖板、定子体、叶轮、锁紧螺母和钟形罩等组成。搅拌机构的核心部件是叶轮定子组,该系列浮选机采用的分体式叶轮定子结构,也是其一大特点,给浮选机的安装和检修带来极大的方便。叶轮 10 为伞形结构,分上、下两层,上层为 6 个斜直叶片,下层为 6 个弯曲叶片。叶轮通过特殊结构的锁紧螺母 11 固定于搅拌轴上。定子分为定子盖板 9 和定子体 12 两部分,呈伞形结构,盖板伞形面上有 20 个矿浆循环孔,定子周边有与径向呈 60° 的 20 块导向叶片,起导流和稳流作用。上调节环 8 用于调节上部矿浆循环量和充气量。

2. 技术特点

1) XJM-S 系列浮选机

(1) 采用假底下吸、周边串流的矿浆通过方式,提高浮选机对入料量和可浮性变化的适应能力。大型浮选机通常由 $2 \sim 4$ 槽串联为一组,矿浆通过槽间隔板上的浸没式中矿箱进入后续浮选槽。中矿箱的入料口位于泡沫层以下的浮选分离区域,防止中矿和尾矿带走已矿化的气泡。

(2) 浸没式中矿箱,槽体之间设浸没式中矿箱,起导流矿浆的作用,将前一室未完成分选的矿浆引入下一室的假底下,强制通过叶轮区搅拌,重复前一室的分选过程。

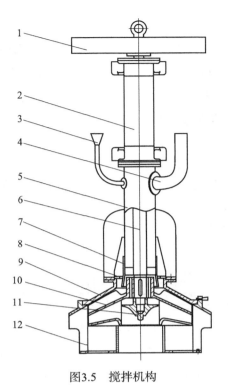

图3.5 搅拌机构

1.大皮带轮；2.轴承座；3.加药管；4.吸气管；5.套筒架；6.搅拌轴；7.钟形罩；8.上调节环；
9.定子盖板；10.叶轮；11.特殊螺母；12.定子体

（3）双层伞形叶轮–定子与假底–稳流板的组合使矿浆产生 W 形流态，符合浮选过程要求，且能耗低、充气效能高。采用双层伞形叶轮，下层叶轮用于入料或中矿的吸入，上层叶轮用于槽内循环。浮选槽内产生 W 形矿浆流态，即叶轮甩出的矿浆经过定子稳流后沿斜下方向冲向槽底，再向斜上方向反射，在分选槽的下部产生强烈湍流运动，有利于把空气弥散为细小气泡和气泡矿化，从而提高浮选速度。通过反射后的矿浆上升势动能减弱，保持上部液面平稳，有利于精矿分离和泡沫层的稳定，加强精矿二次富集作用。此外，采用了流线形叶片，充气效能高，排流量大，功率消耗低。

（4）矩形断面的槽体结构，搅拌和捕捉区域容积大，单位容积处理能力高，占地面积少。采用矩形断面的槽体结构，搅拌区容积大，提高了气泡矿化速度和容积利用率，减少了占地面积，分选槽之间通过浸没式中矿箱衔接，使矿化气泡与排出的矿浆逆向运动，提高了分离精度。

（5）自吸空气系统简单，空气在液流卷吸作用下进入浮选槽，空气弥散效果好，气泡分布均匀。采用循环套筒单气道进气，叶轮轮毂上开环形气道，将空气引入下层叶轮腔。解决了空心轴易堵塞的问题，浮选机运行时可"在线"调整充气量，灵活方便。

（6）多点加药操作灵活。各浮选槽均设有加药漏斗，可根据入料性质方便地实现各种不同的加药制度和加药方式。

2）XJM-KS 系列浮选机

XJM-KS 型浮选机由预矿化器及 XJM-S 型浮选机两部分构成，具体结构见图 3.6。XJM-KS 型浮选机取消了常规浮选过程中单独设置的矿浆准备设备，提高了浮选系统模块化集成度，节省占地面积 20%～30%；通过设置在入料管中的射流式预矿化器，不仅实现了浮选剂的弥散，而且具有微泡预选功能，强化了浮选效果。

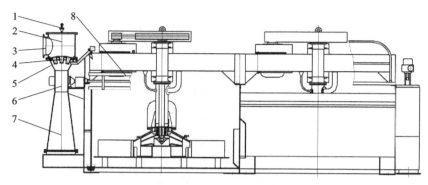

图3.6　XJM-KS浮选机

1.压力表；2.压力室；3.入料口；4.喷嘴；5.混合室；6.喉管；7.扩散管；8.XJM-S浮选机

XJM-KS 型浮选机的预矿化器主要由压力表、压力室、入料口、喷嘴、混合室、喉管和扩散管组成。利用湍流分散和微泡矿化原理完成浮选剂弥散和被选物料预选，形成的矿化气泡直接进入浮选机精选，构成一种简化浮选工艺和强化浮选机制。技术特点如下。

（1）管道扩径稳压：带压的浮选入料经异径管扩大管径作为稳压管，此处的流体动压几乎全部转换为静压，为喷射器提供稳定的工作压力。

（2）喷射器射流吸气与微泡选择性析出：以一定角度均布在一块圆盘上的若干个锥形喷嘴构成喷射器，喷射器连接在稳压管下方；喷射器将稳压管内矿浆的静压转换为动压形成射流；利用射流产生的真空度，一方面，溶解于矿浆中的气体以微泡优先在疏水性矿粒表面选择性析出，提高疏水性矿粒浮选活性；另一方面，通过进气管将空气和浮选剂吸入混合室。

（3）湍流弥散：喷射器射出的矿浆和吸入的空气及浮选剂通过喉管引射到扩散管，利用高强度湍流的巨大能量把空气弥散成微泡；添加的浮选剂在负压作用下产生气溶效果，在湍流作用下把浮选剂充分分散到矿浆中，捕收剂高效地吸附在疏水性矿粒表面。

（4）微泡矿化预选：在扩散管和浮选机入料下导管中，随湍流涡漩高速运动的活化矿粒与微泡发生剧烈紊流碰撞，疏水性矿粒黏附于微泡，实现微泡矿化和预选，经浮选机入料下导管引入浮选机，完成浮选入料预处理。

（5）浮选机分选：经过预处理的浮选入料进入浮选机后，在机械搅拌作用下矿化气泡迅速上浮，快速完成分选作业。在预矿化器中未捕获的疏水性矿粒在浮选机中得到继续分选。

3）XJM-（K）S"3+2"系列浮选机

高灰难浮煤泥的高效浮选一直是煤泥浮选领域的难题。唐山研究院研发的 XJM-S"3+2"

系列浮选机主要是满足现场这一需求。该系列浮选机主要由前3槽浮选机、切换阀门、中矿箱和后两槽浮选机组成，其中中矿箱由提升机构、尾矿闸板、尾矿塞等功能部件组成，XJM-S"3+2"系列浮选机结构见图3.7。

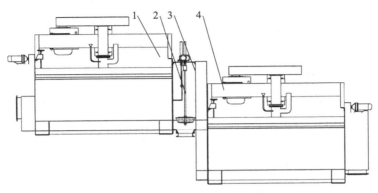

图3.7　XJM-S"3+2"浮选机

1.3槽浮选机；2.尾矿阀门；3.中矿箱；4.两槽浮选机

XJM-S"3+2"系列浮选机可方便地进行一次浮选和二次浮选的工艺切换。对于易浮煤泥，采用一次浮选工艺，前三室尾矿通过中矿箱进入后两室继续浮选，以最大限度提高精煤产率；对于难浮煤泥，采用二次浮选工艺，前三室尾矿为最终尾矿，前三室精矿通过中矿箱进入后两室精选，以降低精煤灰分。

XJM-S"3+2"系列浮选机前后具有一定高差，以方便前3槽精矿自流进入后两槽。

3.2.3　应用实例

1. XJM-（K）S浮选机

XJM-KS和XJM-S型浮选机分别在介休某选煤厂和洪洞某选煤厂投入使用，采用矿化器的XJM-KS系列浮选机与采用矿浆预处理器的XJM-S系列浮选机的分选指标对比结果见表3.2。由表中的数据看出：在入料灰分和入料量相同的情况下，XJM-KS系列浮选机的尾煤灰分和精煤产率均高于XJM-S系列浮选机，说明XJM-KS系列浮选机的分选效果更好。

表3.2　不同型号浮选机的产品指标对比结果

选煤厂	设备型号	矿浆处理量/(m³/h)	入料灰分/%	精煤灰分/%	尾煤灰分/%	精煤产率/%
介休某选煤厂	XJM-KS16	500	22.15	10.25	46.23	66.93
	XJM-S16	500	22.35	10.35	45.15	65.52
洪洞某煤厂	XJM-KS20	600	19.35	10.50	56.50	80.76
	XJM-S20	610	19.45	10.50	55.50	80.11

2. XJM-S "3+2" 浮选机

霍州煤电集团吕梁山煤电有限公司洗煤厂原煤处理能力为 3.75Mt/a，入洗原煤来自木瓜矿 9 号煤、庞庞塔矿 5 号煤和店坪矿 5 号煤，各矿原煤的可选性均属极难选，而煤泥可浮性差异悬殊，木瓜矿煤泥易浮选，庞庞塔矿和店坪矿煤泥难浮选。煤泥浮选实验得出，易浮的木瓜矿煤进行一次浮选时，精煤灰分为 9.19%，尾煤灰分为 52.04%，浮选完善指标为 47.02%，满足产品质量要求；庞庞塔矿和店坪矿的难浮煤泥，一次选精煤灰分分别为 15.47% 和 12.60%，通过精煤二次浮选，庞庞塔矿的精煤灰分由 15.47% 降低到 11.22%，店坪煤的精煤灰分由 12.60% 降低到 10.92%，精煤灰分满足产品质量要求，最终尾煤灰分分别为 44.53% 和 38.42%，尾煤灰分较高，达到选煤生产指标要求。该选煤厂采用 XJM-S28 "3+2" 浮选机进行煤泥浮选。生产结果见表3.3，证明浮选机对易浮煤泥取得了理想的分选效果，浮选完善指标平均值为 47.46%，与实验室条件下的浮选完善指标相近；对于难浮煤泥，采用二次浮选工艺，浮精灰分为 10.77%，产率达 36.62%，浮选完善指标达到 34.04%，比实验室条件下的浮选完善指标低 4.35%，浮选效果也较理想。

表3.3 XJM-S28 "3+2" 浮选机生产数据

煤种序号	木瓜 9 号煤					庞庞塔 5 号煤				
	入料灰分/%	精煤灰分/%	尾煤灰分/%	精煤产率/%	完善指标/%	入料灰分/%	精煤灰分/%	尾煤灰分/%	精煤产率/%	完善指标/%
1	16.87	8.48	60.12	83.75	50.11	30.65	11.20	40.47	33.55	30.70
2	17.22	9.04	50.60	80.32	46.09	30.65	11.20	40.47	33.55	30.70
3	16.86	8.92	51.68	81.43	46.13	30.18	10.59	42.42	38.46	35.76
4	18.26	9.86	63.62	84.38	47.49	30.14	10.08	44.04	40.92	38.99
平均	17.30	9.08	56.51	82.47	47.46	30.41	10.77	41.85	36.62	34.04

3. 低阶烟煤煤泥浮选

朔州中煤平朔能源有限公司选煤厂是一座 11.0Mt/a 的动力煤选煤厂，入选煤种为长焰煤，采用的工艺为块煤用浅槽分选机分选，末煤由重介质旋流器分选，粗煤泥用螺旋分选机分选，煤泥采用浓缩压滤工艺。增加浮选系统后，浮选的来料为浓缩分级旋流器的溢流和精煤泥振动弧形筛筛下水，浮选精煤采用压滤机脱水回收，浮选尾煤浓缩后采用压滤机脱水。统计生产数据见表 3.4，煤泥平均灰分由 26.54% 降到 13.62%，收到基低位发热量由 16.48MJ/kg 提高到 19.33MJ/kg，平均完善指标 43.87%，使低值煤泥转化为优质商品煤产品，取得了理想的浮选效果。

表3.4 中煤平朔能源有限公司选煤厂煤泥浮选生产效果

序号	浮选精煤				浮选尾煤		浮选入料	完善指标/%
	精煤产率/%	精煤灰分/%	精煤水分/%	发热量/(kcal/kg)	尾煤产率/%	尾煤灰分/%	灰分/%	
1	68.20	13.65	27.00	4575.43	31.80	53.69	26.38	44.71
2	64.78	13.43	28.00	4524.62	35.22	50.58	26.51	43.50
3	66.43	13.78	26.00	4657.61	33.57	52.15	26.66	43.76
4	65.43	13.62	25.00	4737.00	34.57	51.18	26.60	43.51
平均	66.21	13.62	26.50	4623.67	33.79	51.90	26.54	43.87

注：1kcal≈4.18kJ。

（本章主要执笔人：石焕，魏昌杰，程宏志）

第 4 章
干法选煤技术

干法选煤技术是以流动空气作为分选介质的一种选煤方法，至今已有 80 余年的历史。其特点是不用水、工艺流程简单、投资少、加工成本低、分选效率高等，是一种非常适合我国部分缺水地区的选煤技术。干法分选系统主要适用于动力煤排矸，可避免湿法选煤增加产品水分的缺点；褐煤、易泥化煤、劣质脏杂煤、易选或中等可选煤的分选；从高硫煤中脱除粒状、块状黄铁矿硫；电厂用煤、煤炭集装站预先除去煤中可见脏杂质和矸石；尤其适用于高寒、缺水地区的煤炭分选加工。1989 年，唐山研究院在吸收传统风选设备优点的基础上，研制成功复合式干法分选机，1992 年，唐山研究院在引进俄罗斯 CTT-12 型风选技术基础上，研制出适合我国国情的 FX 型系列干选机。迄今为止，干选机分选床面积已发展到目前最大的 $20m^2$，形成 FX 和 FGX 两大系列产品，单台小时处理能力为 10～240t。目前在工业上广泛应用的 FX 干选机主要有 FX-6、FX-12、FX-20；FGX 复合式干选机主要有 FGX-1、FGX-2、FGX-3、FGX-6、FGX-9、FGX-12。本章重点介绍这两种干法选煤设备。

4.1 复合式干选机

4.1.1 工作原理及适用条件

唐山研究院自主研制了适合我国国情的 FGX 复合式干法分选机，结构如图 4.1 所示。振动器由两台振动电机固定在分选床电机架上，带振动器的分选床由 4 根钢丝绳通过减振弹簧悬挂在机架上。分选床由布满风孔的直角梯形床面、背板、格条、排料挡板和矸石门组成。在床面下部设置若干风室与离心风机相通，各风室均有风阀控制，风室和床面固定与分选床成为一体。

FGX 复合式干选机的分选过程如图 4.2 所示。物料给入梯形的分选床后，在风力和振动力的共同作用下，物料按密度分层。由于振动力垂直于床面的长度方向，床面底部物料朝背板方向运动，受背板的阻挡，折而向上运动，上面的低密度物料在向上运动物料的推力和重力的联合作用下，从排料边排出。矸石、黄铁矿等高密度物料逐渐移动到矸石排料端排出，从而完成分选过程。在排料边，从精煤、中煤到矸石产品的灰分逐渐增高，可出

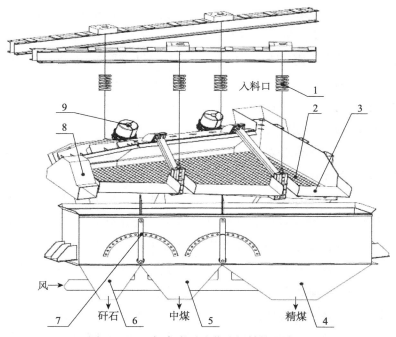

图4.1 FGX复合式干法分选机结构示意图

1. 吊挂装置；2. 硫化橡胶筛板；3. 产品排料口；4. 精煤溜槽；
5. 中煤溜槽；6. 矸石溜槽；7. 产品调节翻板；8. 矸石出料速度调节阀；9. 振动电机

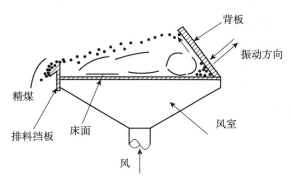

图4.2 FGX复合式干选机的分选过程示意图

多种产品。适用于外在水分小于9%，入料粒度范围小于80mm的易选或中等可选的原煤分选。

4.1.2 技术特征

复合式干法选煤技术突破了国内外传统风力选煤的模式，集多种分选作用于一体。

（1）自生介质的分选作用。在0～80mm宽粒级入料的条件下，入料中的细粒物料作为自生介质和空气组成气-固混合悬浮体，形成干涉沉降条件，复合式干选机有效地利用了这种细颗粒组成的床层悬浮体密度和颗粒相互作用的浮力效应，改善了粗粒级的分选效果，在某种程度上相当于干法重介质分选机。

（2）离析作用和风力作用。FGX复合式干选机借助床面振动，在无风的情况下使得不同密度矿粒依靠位能降低的原理分层，形成一种类似筛孔可变的筛子，造成离析分层，即密度大的颗粒向下运动，密度小而粒度大的颗粒被挤到上层，但密度小、粒度也小的颗粒则透过颗粒间的缝隙漏到下层。在有风作用的情况下，一方面可以加强粒群的松散，另一方面可以将密度小粒度也小的颗粒吹到床层上面，强化分层。在离析作用和风力的共同作用下，使物料按密度进行分层。

（3）颗粒相互作用的浮力效应。在FGX复合式干选机的分选过程中，作为自生介质的细颗粒物料逐渐随大颗粒精煤排出，其余物料进入后续分选过程。此时，起主要分选作用的不再是自生介质分选，而是颗粒相互作用的浮力效应。即物料沿床面横断面自上而下其相对密度逐渐升高，低密度物料向下运动时，由于无法克服下层物料形成的强大浮力而转到煤层上面，高密度物料则能克服这种阻力，逐渐移动到煤层底部，从而完成按密度分层。

在上述多种分选机理的综合作用下，FGX复合式干选机分选效率比传统风选有了明显提高。在高密度（不小于$1.8g/cm^3$）排矸分选条件下，其分选数量效率不小于90%，可能偏差E_p值可达$0.23g/cm^3$，所需风量仅为传统风选的1/3，并且可实现0～80mm全粒级入选。此外，FGX复合式干选机还具有很好的除尘效果，采用两段或三段除尘工艺和负压操作，保证了大气环境和工作环境不受粉尘污染。排出气体的粉尘含量小于$50mg/m^3$，符合GB20426—2006《煤炭工业污染物排放标准》规定的大气污染颗粒物$80mg/m^3$排放限值要求。FGX复合式干选机主要技术指标如表4.1所示。

表4.1 FGX复合式干选机主要技术指标

技术指标	指标值
处理能力/[t/($m^2 \cdot h$)]	8～10
入料粒级/mm	0～80
入料水分（外水）/%	<9
振幅/mm	8～10
振动频率/min^{-1}	960
数量效率η/%	≥90
可能偏差E_p/(g/cm^3)	0.23

4.1.3 应用实例

1. FGX-24A在美国得克萨斯州某选煤厂的应用

2008年，FGX-24A干选系统在美国得克萨斯州某选煤厂投产使用，处理能力1.2Mt/a，这是唐山研究院干选设备首次打入国际市场。

美国得克萨斯州该选煤厂原煤为无烟煤，通过浮沉实验得出原煤的分选密度为 $1.9\sim2.0$g/cm^3，重介质分选通常可配制的最高悬浮液密度为 1.8g/cm^3。而干法选煤的优势在于分选密度上限没有限制，适用于高比重无烟煤的分选，且投资和运行成本仅为重介质选煤厂的 1/5。

FGX-24A 干选系统采用旋风除尘器与布袋除尘器并联的除尘系统。选用先进的脉冲式布袋除尘器，除尘效果更佳，系统为全封闭式运行，排出气体的粉尘含量仅为 25mg/m^3，符合美国当地的环保要求。从表 4.2 可看出，分选后精煤空气干燥基灰分降低 10.81 个百分点，精煤产率 75.20%，硫分降低 1.11 个百分点，高位发热量提高 3.70MJ/kg，低位发热量提高 3.88MJ/kg。

通过干选系统的使用，不仅提高了煤炭的发热量，同时也带来了显著的脱硫效果，改善了原煤因煤质差滞销的问题，得到了国外用户的认可。表 4.2 所示为美国得克萨斯州选煤厂原煤选后 10 次采样化验结果平均值，图 4.3 为现场应用图片。

表4.2 美国得克萨斯州电力选煤厂原煤选后10次采样化验结果平均值

样品	外在水分 Mf/%	灰分/%		产率/%	全硫/%		发热量/(MJ/kg)	
		Aad	Ad		St, ad	St, d	Qgr, ad	Qnet, ar
原煤	6.56	22.16	24.24	100	1.98	2.08	26.32	22.35
精煤	6.89	11.35	12.38	79.2	0.82	0.97	30.02	26.23
矸石	3.55	63.32	69.40	20.8	5.52	5.89		

图4.3 FGX-24A在美国得克萨斯州选煤厂的应用

2. FGX-6 型干法选煤设备在土耳其某煤矿的应用

FGX-6 型干选设备于 2011 年在土耳其某煤矿投产使用，分选当地褐煤，年处理能力

0.32Mt。褐煤一般属于较难选或难选煤，且煤质比较松软，尤其是煤化度较低的土状褐煤遇水更易泥化，在实际生产中湿法分选褐煤具有相当大的难度。长期以来该矿未经分选的褐煤难以销售。凭借干法选煤的无需用水、排矸效率高等特点，成为分选褐煤的最优选煤方法，已成功建设数十家褐煤干选厂，均取得了良好的应用效果。

土耳其该煤矿原煤及选后精煤化验结果见表4.3。原煤经干选后可降低灰分约12.80个百分点，精煤产率64.78%，精煤发热量提高3.34MJ/kg，达到了当地煤炭销售的发热量要求，为企业带来了显著的经济效益。现场应用见图4.4。

表4.3 土耳其某煤矿选后采样化验结果平均值

样品	灰分/%	产率/%	硫分/%	发热量/（MJ/kg）
原煤	42.64	100	1.26	14.63
精煤	29.84	64.78	0.73	17.97
中煤	53.66	13.86	—	—
矸石	74.35	21.36	—	—

图4.4 FGX-6型干法选煤设备在土耳其某煤矿的应用

4.2 曲柄连杆式干选机

唐山研究院在引进俄罗斯风选技术基础上，消化吸收再创新，开发出适合我国国情的FX型曲柄连杆式干选机（简称FX干选机），与FGX复合式干选机采用振动电机的驱动方式不同，这种干选机采用曲柄连杆驱动方式，实现了床面大振幅、低频率振动，增大了原煤入料粒度上限，对原煤外水适应能力强，特别适用于寒冷、干旱地区动力煤炭的分选，以及高硫煤脱除黄铁矿硫。

4.2.1 工作原理及适用条件

FX型干选机结构如图4.5所示。由分选床、驱动装置、风室、机架、调坡装置等组成。

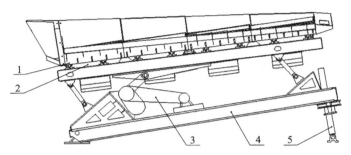

图4.5　FX型干选机机体结构示意图

1.床面；2.风室；3.驱动装置；4.机架；5.调坡装置

FX型干选机分选过程见图4.6。入选物料经振动给料机给入具有一定纵向和横向倾角的分选床，振动源带动分选床振动。床面下有若干个可控制风量的风室，空气由离心通风机供入风室，通过床面上的风孔，气流向上作用于被分选物料，在振动力和风力的共同作用下，物料松散并按密度分层，轻物料在上，重物料在下。风力分选机还利用了入料中的细粒物料作为自生介质和空气组成气固混合悬浮体，在一定程度上相当于煤泥介质分选机，改善了粗粒级的分选效果。由于分选床具有较大的横向坡度，表层煤在重力作用下进入下一条平行沟槽再选，经过平行沟槽的多次分选，得到的精煤首先在排料边排出。沉入槽底的矸石、黄铁矿等高密度物料，逐渐移动到矸石排料端排出，从而完成分选过程。在排料边，从精煤、中煤到矸石产品的灰分逐渐增高，可出多种产品。

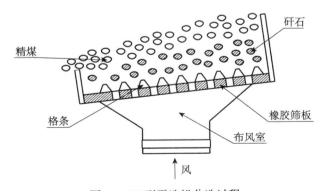

图4.6　FX型干选机分选过程

FX型干选机适用于入料水分小于12%，入料粒度上限120mm的易选或中等可选的原煤分选。

4.2.2 技术特征

FX 干选机的特殊振动方式以及机体结构的不同，使其具有自身的特点。

（1）FX 干选机的振幅大（20mm），频率低（300～400min^{-1}），有利于床层充分分散，对湿黏物料不易粘床面，入料粒度上限可达 120mm。

（2）床面形状为长方形，分选物料在床面运动时间长，有利于物料的分层，提高分选精度。

（3）床面采用耐磨橡胶筛板拼接，筛板上有上小下大的变径 ϕ6mm 风孔，并且呈阶梯形状，用于推动物料在床面上前移，也便于维护和更换。另外，橡胶筛板有二次振动，有一定的自清能力，黏湿物料不容易黏结在床面和格板上。

（4）床面振动方向与煤流方向一致，有利于提高处理量，单位面积生产能力达 10～12t/（m^2·h）。

（5）使用了托架、转运架、弹性连杆等可调机构，不仅使分选床的横向、纵向倾角可调，同时可以调节分选床入料端和出料端的振动方向角，以适应各种煤质，提高了分选精度。

（6）采用两自由度振动模型及激振力抵消装置，在确保分选床做大振幅振动的同时，降低主机对基础的冲击。

FX 干选机的主要技术指标如表 4.4 所示。

表4.4　FX干选机的主要技术指标

技术指标	指标值
处理能力 /[t/m^2·h]	10～12
入料粒级 /mm	0～120
入料水分（外水）/%	<12%
振幅 /mm	20
振动频率 /min^{-1}	300～400
数量效率 η/%	≥90
可能偏差 E_p/（g/cm^3）	0.23

4.2.3 应用实例

1. FX-20 干法选煤设备在山西庄底煤矿的应用

为了满足大型煤炭企业的需求，唐山研究院研发出目前国内外单机有效分选面积最大的 FX-20 干选机，处理能力可达 200～240t/h。FX-20 干选机采用耐磨的聚氨酯铰轴，使用寿命达到 15000h，溜槽翻板采用电动减速器调节，能快速调节精煤和矸石的纯度，提高分选效率，除尘器内壁镶嵌聚四氟乙烯板，其机械性质较软，具有非常低的表面能和一系列优良的使用性能，能较好地解决原煤中的水汽与钢板迅速结露而粘附在除尘器内壁上的问题。山西长治庄底煤矿于 2015 年投产使用的 FX-20 干选系统，经筛分后 0～150mm 原煤进入风选，风选精煤进行 30mm、80mm 分级销售，风选矸石直接出售给矸石电厂、砖厂。

FX-20 干选机对原煤的分选效果良好，精煤产品大约降灰 18%～19%，提高发热量 5.27MJ/kg 左右，解决了因为煤质特差引起的煤炭滞销问题。

2. FX-24A 干法选煤设备在新疆准南煤矿的应用

新疆煤炭储量大，但部分地区寒冷、干旱等气候环境特点使得建立水洗厂难以实现，未经分选的原煤又难以销售，因此干法选煤在这些干旱缺水地区有着十分广阔的市场前景。

FX-24A 干选机应用于新疆准南煤矿。FX-24A 型干选机为两台 FX-12 型干选机组合使用，两台设备共用一套运输系统，不仅减少了占地面积，降低了制造安装成本，同时也使用户实现了选煤处理量的自由调节，两台设备可以单独使用，也可以同时使用。系统采用破碎、筛分后进主选的工艺流程，原煤破碎至 120mm 进入筛分系统，筛上 18～120mm 原煤进入干选系统，选出精煤、中煤、矸石 3 种产品，筛下末煤作为精煤产品。经对原煤及选后产品采样化验分析，精煤灰分降低 14.02 个百分点，硫分降低 0.98 个百分点，发热量提高 3.55MJ/kg，分选效果显著。解决了干旱、寒冷地区的煤炭分选问题。

（本章主要执笔人：胡炳生，贾金鑫，汤凯，杨俊利）

第5章 筛分破碎脱水设备

筛分破碎脱水作业是选煤厂不可或缺的工艺环节，所以筛分破碎脱水设备对选煤生产至关重要。筛分破碎脱水设备种类繁多，作用各异，本章仅重点介绍唐山研究院研制的几种有代表性的、常用的煤炭筛分破碎脱水设备。

5.1 直线振动筛

根据筛面工作时运动轨迹的特点，振动筛可分为直线运动振动筛（以下简称直线振动筛）和圆运动振动筛（以下简称圆振动筛）。直线振动筛在工作时，筛箱沿与水平面呈一定角度的方向做往复直线运动。筛机往复振动使筛面与物料持续不断接触，促使物料沿筛面不断松散、分层，并向出料端移动，最终完成筛分过程。水平式直线振动筛、香蕉形直线振动筛（以下简称香蕉筛）和高频直线振动筛（以下简称高频振动筛）均属于直线振动筛。

5.1.1 工作原理及适用条件

1. 工作原理

直线振动筛利用同步异向旋转的双不平衡振动器激振，如图5.1所示。振动器中两组偏心质量相同的偏心块做同步反向旋转，在各瞬时位置，两组偏心块离心力沿 $X-X$ 方向的分力总是互相抵消。而沿与 $X-X$ 垂直的 $Y-Y$ 方向的分力总是互相叠加，从而形成了沿 $Y-Y$ 单一方向上的激振力，驱动振动筛做往复直线运动。

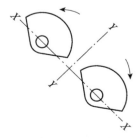

图5.1 直线振动筛工作原理

2. 适用条件

在煤炭洗选行业，水平式直线振动筛，见图 5.2（a）和香蕉筛，见图 5.2（b），主要用于煤炭的脱泥、脱水、脱介，也可用于中粒级物料的分级；高频振动筛，见图 5.2（c）主要用于煤泥的脱水和回收。

（a）水平式直线振动筛

（b）香蕉筛

（c）高频振动筛

图5.2 几种直线振动筛

5.1.2 技术特征

1. 结构特点

直线振动筛由筛框、筛板、振动器、支撑装置、传动系统组成。唐山研究院研制的直线振动筛采用一种新型的筛框结构，侧板各部位通过合理布置加强角钢及加强筋板，确保各部件之间相互作用，形成力封闭式结构，从而保证侧帮整体的刚度和强度，在同等参振质量条件下，该结构筛箱强度和刚度高，在运行过程中，筛体整体弹性变形可控制在合理的范围内，从而提高了筛机的可靠性。

1）筛框

筛框由侧板、横梁、加强梁、激振梁、入料梁及筛板轨座角钢等组成，呈刚性空间网状结构。振动筛的工作条件要求筛框具有足够的强度和刚度，同时还要具有良好的动态特性。

侧板用优质结构钢整体下料制作，多层轧制角钢作为加强筋布置在侧板周边，以增加侧板周边的刚度，并且能够有效防止侧板周边开裂。侧板面上振动器附近布置异形折弯板，保证载荷在侧板上均匀分布，防止侧板扭曲变形。通过拓扑优化和位置优化，在筛箱应力较大部位合理布置加强梁及加强角钢，将筛箱的动应力水平控制在合理范围内。

横梁采用矩形无缝管结构，表面耐磨防腐处理，保证横梁表面耐磨损、耐腐蚀和耐冲击；激振梁采用箱形梁结构，内设加强筋，以提高结构的刚度和强度，同时降低参振质量，降低功耗；入料梁采用组合梁结构，入料挡板与主梁焊接在一起，并合理布置加强筋板，显著提高了结构整体的强度及刚度，同时配置了防砸板，避免了物料对筛板的直接碰撞，延长了筛板的使用寿命，保证了筛机入料端的刚度和强度，有效控制了该部位在工作过程中的弹性变形。

筛框各零部件连接部位采用铆钉紧固连接。拉铆钉的抗震性好，在有冲击、交变载荷工况下能确保机械连接的有效性，真正实现永固连接，解决了螺栓在"交变载荷、冲击工况下发生松动"这项机械连接的历史性难题。

2）筛板

筛板是直线振动筛承受被筛分物料并完成筛分过程的最重要的工作部件。对筛板的基本要求是：有足够的机械强度，耐腐蚀，耐磨损，大开孔率，筛板不易堵塞，物料在运动过程中与筛孔相遇机会较多。直线振动筛采用标准模块筛板，该类型筛板外形尺寸已经标准化，便于同类互换，具有单块质量小、使用寿命长等优点。选用的标准模块筛板有聚氨酯条缝筛板、聚氨酯冲孔筛板、聚氨酯包框不锈钢条缝筛板、聚氨酯包框冲孔筛板等类型。筛板采用压嵌方式，使用维护比较方便，能够明显缩短维护时间，减少安装所用的辅助工具。

3）振动器

振动器的功能是产生激振力。唐山研究院研制的强迫同步型箱式振动器结构如图5.3所示。该振动器主要由箱体、短轴、长轴、偏心块、轴承、齿轮等组成。偏心块安装在箱体外部，可方便增减配重块，激振力输出调整方便。箱体采用整体式结构，设有磁性油塞，可以有效捕捉内部金属细屑。采用双重组合式密封方式，可防止异物进入箱体内部。采用高品质振动筛专用调心滚子轴承，飞溅润滑方式，以及高精度大螺旋角斜齿轮，提高了传动的平稳性，并尽可能降低筛机运行噪声。

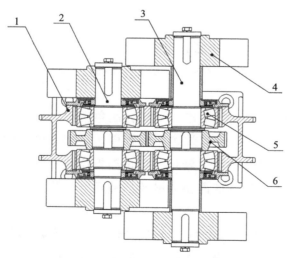

图5.3 强迫同步型箱式振动器结构
1.箱体；2.短轴；3.长轴；4.偏心块；5.轴承；6.齿轮

4）支撑装置及传动系统

直线振动筛支撑装置一般选用金属螺旋弹簧或橡胶弹簧。唐山研究院选用金属螺旋弹簧，金属螺旋弹簧工作可靠，并且具有良好的动力性能，可以设计得相当柔软，从而有效降低筛机对基础的动负荷。支撑装置为分体式结构，通过更换角度不同的楔座即可实现振动筛安装角度的调整，结构简单，拆装方便，并且弹簧相对于振动筛的位置也可以调整。

直线振动筛采用非直接传动方式，电动机经皮带轮变速后，再通过万向传动轴与振动器连接。传动装置采用立式布置，该结构简单紧凑；调整连接丝杠上的电动机座板的固定螺母即可实现大、小皮带轮中心距的调节，中心距的调节非常方便。

2. 技术特点及优势

先进、成熟的设计和制造理念，优异的防腐、耐磨技术，保证振动筛拥有超长的使用寿命；优化的结构设计确保振动筛能耗低。

（1）筛机侧板为整体无焊缝设计，避免残余应力。
（2）横梁采用矩形无缝管结构，表面耐磨防腐处理。
（3）激振梁采用箱形梁结构，内设加强筋，刚度和强度较高。
（4）配备采用重载设计的高效大激振力激振器，适应各种极端工况条件，低噪声运行。
（5）高振动强度的设计和高开孔率的筛板使筛机拥有大的处理量和高的筛分效率。

5.1.3 应用实例

1. 应用实例 1

山西灵石县鑫源煤化有限公司选煤厂始建于 2005 年。2009 年采购唐山研究院研制的两台 LVB3642 及两台 LVB3048 直线振动筛用于替换原脱介筛。直线振动筛启、停过程平稳，工作噪声低，脱介筛每天至少 20h 处于重载运转状态。振动筛使用至今（2016 年 7 月）未发生大的故障，脱介效果好，精煤灰分比原来降低 1.5%，远远超过用户的预期目标。

2. 应用实例 2

山东新汶矿业集团有限责任公司翟镇煤矿选煤厂扩建于 2005 年，年处理能力为 200 万 t，采用重介分选工艺，选用 BVB3661 香蕉筛，用于精煤脱介。BVB3661 香蕉筛在翟镇煤矿选煤厂运行平稳，噪声低，处理能力为 250～300t/h，精煤灰分为 6.6%～6.9%，出料水分为 14.7%～16.2%，满足了用户的需求。

3. 应用实例 3

2014 年 8 月，HFVB2448 高频振动筛在陕西黑龙沟矿业有限责任公司投入使用。该公司选煤厂年生产能力为 1.80Mt，选用 1 台 HFVB2448 高频振动筛，用于螺旋分选机尾煤脱水，高频振动筛工作噪声小，最大处理量为 40t/h，筛上产品最终水分为 17%～21%。运行至今（2016 年 7 月），筛机未出现任何故障。

5.2 圆振动筛

圆振动筛运动轨迹为圆或椭圆,振动筛常倾斜(与水平面呈15°~25°)安装,有轻型和重型之分。唐山研究院研制的圆振动筛在煤炭、金属矿山、化工、建材等行业得到了广泛的应用。

5.2.1 工作原理及适用条件

1. 工作原理

圆振动筛主要利用一组不平衡振动器激振,如图5.4所示。振动器轴上装有偏心块,当轴转动时,偏心块所产生的沿圆周方向的激振力作用在筛箱上,使其做圆运动。物料在倾斜的筛面上受到筛箱传给的冲量而产生连续的抛掷运动,物料与筛面相遇的过程中小于筛孔的颗粒透筛,从而实现分级。

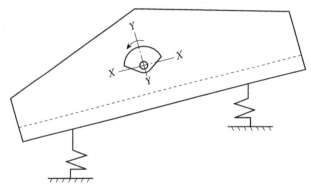

图5.4 圆振动筛工作原理

对于大型的圆振动筛(尤其是长度超过6.0m),通常采用两组振动器布置在筛机中间位置激振,同时,还要配置同步带轮以保证两组振动器的同步同向运转。

2. 适用条件

圆振动筛主要用于粗颗粒物料的准备筛分、检查筛分和最终筛分。在煤炭行业,圆振动筛主要用于原煤的分级作业,为下一道工艺环节提供合适的入料粒度。

5.2.2 技术特征

1. 结构特点

圆振动筛由筛箱、振动器、传动系统及支撑装置等组成。筛箱是筛机的承载部分,由筛框及固定在其上面的筛板组成。

1) 筛框

筛框是由侧板、横梁、加强梁、出料端梁及入料端梁组成的空间网状整体结构。振动筛的工作条件要求筛框具有足够的强度和刚度，同时还要具有良好的动态特性。

侧板作为传递激振力的部件，采用整块钢板下料，并在侧板振动器周边位置合理布置内、外加强筋板，以提高侧板的强度和刚度，保证侧板在工作过程中的动应力控制在合理的范围内。

横梁选用无缝钢管，在两端焊接法兰，焊后经退火处理，消除焊接应力，提高了筛机的使用寿命。

出（入）料梁采用组合梁结构，出（入）料挡板与主梁焊接在一起，并合理布置加强筋板，显著提高了结构整体的强度及刚度，同时配置了防砸板，避免了物料对筛板的直接碰撞，延长了筛板的使用寿命，同时保证了筛机入料端的刚度和强度，有效控制了该部位在工作过程中的弹性变形。

筛框各零部件连接部位采用铆钉铆接结构。拉铆钉的抗震性好，在有冲击、交变载荷工况下能确保机械连接的有效性，真正实现永固连接。

2) 筛板

筛板是圆振动筛承受被筛分物料并完成筛分过程的最重要的工作部件，也是经常更换的易损件之一。对筛板的基本要求是：有足够的机械强度，耐腐蚀，耐磨损，大开孔率，筛板不易堵塞，物料在运动过程中与筛孔相遇机会较多。

由于圆振动筛主要用于大块物料的筛分，因此一般筛孔较大。圆振动筛常用的筛板有焊接筛板、冲孔筛板、编织筛网等结构。焊接筛板一般采用耐磨性能高的圆钢焊接而成，筛孔的形状为长方形或正方形。该筛板开孔率高，耐磨性好，使用寿命长，一般用于大块物料 50mm 以上分级。冲孔筛板是采用冲孔或钻孔的方法加工而成的带孔钢板，其厚度根据被筛分物料的粒度及硬度而定，一般为 8～20mm。冲孔筛板材质常选用耐磨性好的 16Mn、16MnCr 等，冲孔筛板比较牢固，使用寿命长，但开孔率较低。编织筛网常用于中细粒级物料的分级，是用压有弯扣的金属丝编织而成，筛孔为方形、长方形或菱形。与其他类型筛板相比，编织筛网有很多优点：质量轻、开孔率高；而且在筛分过程中，由于金属丝具有一定的弹性，使粘在钢丝上的细粒物料容易脱落，从而提高筛分效率。

3) 振动器

振动器是圆振动筛的激振力来源。目前，圆振动筛常选用块偏心式振动器，结构如图 5.5 所示。该振动器主要由轴承座、压盘、偏心块、配重板、轴、轴承等部件组成，两个偏心块分别安装在轴的两端，中间成对地安装两套轴承，通过轴承座和轴承盖，使振动器组成一整体。轴承座和压盘通过螺栓与筛箱侧板连接。通过调整固定在偏心块上的配重板的数量可调节激振力的大小。因此，该种结构的块偏心振动器不仅通用性好，而且调节激振力及维护检修均比较方便。

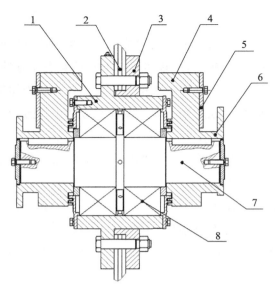

图5.5 块偏心振动器结构

1.轴承座；2.侧板；3.压盘；4.偏心块；5.配重板；6.联轴节；7.轴；8.轴承

4）支撑装置及传动系统

圆振动筛支撑装置一般选用橡胶弹簧。橡胶弹簧内阻较大，在过共振区时振动筛具有较低的振幅和噪声。

小型圆振动筛采用直接传动方式，电动机通过万向传动轴或轮胎联轴器直接与振动器连接。大型圆振动筛采用非直接传动方式，电动机经皮带轮变速后，再通过万向传动轴与振动器连接。采用该传动方式，筛机的工作频率不受电动机转速的限制。通过皮带轮变速，可以使振动筛的工作频率处在一个比较理想的范围内。

2. 技术特点及优势

先进、成熟的设计和制造理念，优异的防腐、耐磨技术，保证筛机拥有超长的使用寿命；优化的结构设计使振动筛能耗低。

（1）高振动强度的设计和高开孔率的筛板使振动筛拥有大的处理量和高的筛分效率。

（2）采用偏心块作为激振力，激振力强。

（3）振动筛可采取单层、双层及三层3种结构。

5.2.3 应用实例

1. 应用实例1

山西省霍尔辛赫煤业有限责任公司选煤厂为矿井型选煤厂，年入洗能力为3.00Mt。采用唐山研究院研制的1台重型原煤振动筛CVS2160，用于矿井原煤的预先分级。振动筛筛缝尺寸为100mm，但矿井原煤粒度上限达500mm，振动筛额外承受很大的冲击载荷。振动筛自 2010 年 8 月投入生产以来，一直正常运转，至 2016 年 7 月未出现大的故障，满足了用户生产需求。

2. 应用实例 2

2013 年，CVS3075T 及 CVS3675T 型 25 台三层重型圆振动筛先后在辽阳冀东恒盾矿业有限公司、冀东发展建材有限责任公司、唐山冀东水泥股份有限公司等企业用于石灰石物料的分级作业。筛机采用两组振动器激振，并配置同步带轮以保证两组振动器的同步性。现场工况恶劣，筛机运转平稳，可靠性高，筛网使用寿命长，至 2016 年 7 月所有设备未出现侧板开裂、横梁断裂等故障。

5.3 分级破碎机

唐山研究院在消化、吸收国外先进破碎机技术基础上，研发了新一代的 SSC 系列分级破碎机，广泛应用于煤矿和选煤厂。

5.3.1 工作原理及适用条件

分级破碎是近些年来出现的一种全新理念的破碎技术。该技术通过对破碎齿型和齿的布置及安装形式的设计，实现对不同粒度组成的入料进行通过式选择性破碎，只对大于粒度要求的物料进行破碎，而符合粒度要求的物料直接通过，从而达到分级破碎的目的。分级破碎机采用剪切原理，充分利用了岩石、煤炭、焦炭等的强度特性：抗压强度＞抗剪强度＞抗拉强度（表 5.1），对物料进行剪切、刺破使之破碎。另外，分级破碎机采用低转速大扭矩，使物料一次性通过，减少了破碎过程中破碎齿对物料反复的挤压研磨，减少了物料的过粉碎率。

表5.1 煤炭强度特性

强度特性	抗压强度 /MPa	抗剪强度 /MPa	抗拉强度 /MPa
范围	5～50	1.1～16.5	0.25～5.9
一般	10～16	2.5～5	1.5～2.5
与抗压强度之比	1	0.25～0.5	0.009～0.06

分级破碎过程按齿辊的旋转方向可分为相对向内旋转［图 5.6（a）］和相对向外旋转［图 5.6（b）］两种方式。根据实践经验，破碎辊旋向可根据以下标准确定：当入料粒度中大粒度物料比例少、所需破碎比小、物料硬度低，需要以分级为主时，两齿辊外旋。此时，大粒度物料的破碎作用集中于齿辊与侧板间进行，类似于单辊破碎的效果，分级作业在两辊之间和两辊与侧面梳齿板间同时进行。根据物料的流动方向与破碎齿的运动方向的相互关系，外旋时，分级作业通过两个侧面的主动通道和一个中间的被动通道完成。与上述情

况相反，当入料粒度中大粒度物料比例多、所需破碎比大、物料硬度高，需要以破碎为主时，两破碎辊内旋，对大块物料的破碎作业集中于两破碎辊间，分级作业则在两齿辊与侧面梳齿板间的两个被动通道和两辊间的一个主动通道内完成。区分分级与破碎的标准主要考虑以下几个方面：入料粒度组成、破碎比、过粉碎率要求、物料的破碎特性等。两种情况相比，外旋的分级效率高，但破碎效果差，对入料粒度组成适应性差，所以实际生产过程还是以相对向内旋转为主。

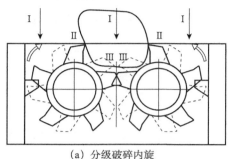

(a) 分级破碎内旋　　　　　　(b) 分级破碎外旋

图5.6　分级破碎示意图

破碎齿对物料的作用过程可分为三个阶段：第一阶段是当全部粒级的物料给入破碎机时，小于粒度要求的物料如图 5.6 中三箭头 I 所示，沿齿前空间和齿的侧隙及齿辊与侧面梳齿板之间的间隙直接通过破碎辊排出，有如旋转的滚轴筛般实现分级的目的，同时将两侧破碎辊与梳齿板之间的大于粒度要求的物料卷入两破碎辊间的破碎腔进行下一步破碎；第二阶段是齿对大于粒度要求的物料刺、剪、撕拉等破碎，在这一阶段，运动中的齿突遇大块物料，靠交错的齿尖首先对物料进行刺破及剪切作用，若大块物料未被击碎则进一步进行撕拉。破碎后的物料即被齿啮入，并进行第三阶段破碎。若物料仍未被粉碎，则齿沿物料表面强行滑过，靠齿的螺旋布置，将物料进行翻转，等待下一对齿的继续作用，直到破碎至物料能被啮入为止。经第二阶段破碎后，物料已被初步破碎至粒度能被齿辊啮入的情况，从而进入第三阶段破碎。在第三阶段主要靠当前一对齿的前刃和对面一对齿的后刃的剪切、挤压作用而破碎物料，这一破碎阶段从物料被啮入开始，到前一对齿脱离啮合终止。表现为一对齿包容的截面由大变到最小的过程，这一过程是边破碎边排料的过程，粒度大的物料由于包容的体积逐渐变小而被强行挤压破碎，破碎的物料被挤出，从齿侧间隙漏下。当前一对齿开始脱离啮合时，齿间包容的截面积开始从最小逐步增大，经第三段破碎的物料，伴随两对齿的分离而下漏排出。至此，一对齿的破碎行程结束。因此，在齿辊运转一周时，每周上有多少个齿，这样的过程将进行多少次，循环往复，将给入的物料重复进行筛分－刺、剪、撕拉－啮入－剪切、挤压的破碎作用。

分级破碎在世界范围内得到了普遍的推广应用。主要应用于中硬以下矿物的粗、中、细碎作业，完全满足年设计能力 3.0～50.0Mt 大型选煤厂及大型矿井、露天矿破碎作业的需要。在煤炭行业主要用于：选煤厂原煤和产品破碎，井工煤矿由放顶煤开采或炮采产生的特大块高硬度煤、白砂岩或火成岩的井下破碎，露天煤矿大块物料破碎；在电力、化工、冶金等行业主要用于电厂炉渣、焦炭、石灰石、铝矾土矿、石膏等物料破碎。

5.3.2 技术特点

1. SSC 系列分级破碎机参数

最大处理能力：10000t/h。

入料粒度上限：1500mm。

出料粒度下限：20mm。

破碎强度：≤300MPa。

单级破碎比：2～6。

2. 整机结构

SSC 系列分级破碎机结构见图 5.7。采用双电机驱动模式，通过两台电机、耦合器、减速机的传动系统分别带动两套独立旋转运行的齿辊来破碎大块物料，减速机与破碎齿辊之间采用联轴器来传递扭矩，从而达到破碎物料的目的。破碎齿辊与传动系统分别连接在整体机架上，最大限度地减小了设备的振动。齿辊中心距严格固定以保证产品粒度，破碎齿

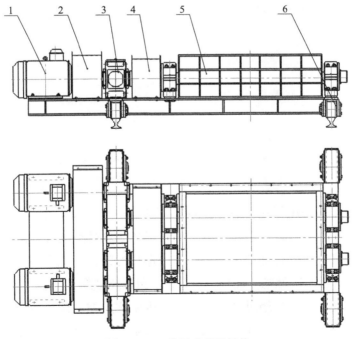

图5.7 SSC分级破碎机结构

1.电机；2.耦合器；3.减速机；4.联轴器；5.破碎腔；6.自行走机构

布置形式采用螺旋布料设计以达到分级破碎的目的。整体配备自行走机构，自行走机构由轨轮、轮轴及轮壳体等组成，在设备安装时可直接将主机放置在预先铺设好的钢轨上。当设备需要检修时，可拖动设备移出导轨，方便快捷。

3. 技术特点

（1）具有破碎、分级的双重功效。采用固定中心距方式，即两个破碎辊的间距采用刚性可调结构，对物料进行强制破碎，且破碎齿形及其布置方式根据不同的入料、出料粒度而特殊设计，严格控制产品通过的空间尺寸，故能严格保证产品粒度，可作为最终粒度把关的破碎设备。分级是指针对破碎产品粒度级别上的分级作用。同时，采用分级破碎原理，避免了进入破碎机的物料掺杂破碎，不同设计方式的螺旋布置破碎齿起到强化分级作用、合理啮入物料和沿齿辊长度均布物料的作用。

传统的生产流程为如图5.8（a）所示，先筛分而后再破碎大块物料；采用分级破碎机的流程如图5.8（b）所示，原煤经除铁后进入分级破碎机，直接生产出合格粒度的产品，省去了筛分环节，相当于1台设备代替了整个原煤准备车间，极大地简化了工艺流程，节省了设备、基建投资和运行成本。

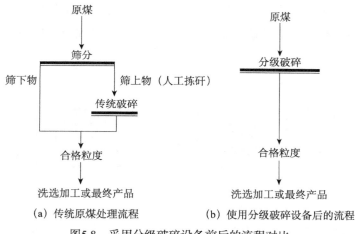

图5.8 采用分级破碎设备前后的流程对比

（2）过粉碎率低。采用低转速的分级破碎原理，小于要求粒度的物料直接通过，只对大于粒度要求的物料进行破碎，避免了进入破碎机的物料掺杂破碎的缺陷。根据不同的入料、出料粒度及物料特性进行破碎齿形及其布置形式的设计，在合理的破碎比、较低转速下，大块物料被破碎齿一次性啮入而很少有打滑、外吐等现象，减少了齿刮削物料的概率，不但产生的粉煤量较小，而且经过破碎后的物料内隐藏裂隙及残余应力也相应较小，降低了随后在储运、加工过程中二次破碎的概率，从而全方位地保证了产品的成块率，降低了过粉碎率。

（3）处理能力大，能耗低。分级破碎设备之所以具有较大处理能力和低能耗，主要基于以下原因：一是采用分级破碎原理，可实现最大效率的破碎与分级；二是破碎齿部与破碎物料基本属于点接触式的破碎过程，物料的通过效率高；三是齿形及其布置经特殊设计与产品粒度相适应，在合理的破碎比范围内，破碎齿对物料具有较好的挟带通过作用，极大地提高了物料的通过速度与效率；四是针对入料粒度组成及破碎比来选择两破碎辊旋转方向，优化了分级破碎效率。以上原因实现分级破碎能够高效运转，没有多余的动力消耗，而且主要利用剪切、刺破等方法对物料进行破碎，这些工作原理都使得分级破碎与其他破碎方法相比能耗降低很多。

（4）结构简单、整机高度低、运行无振动。整机结构简单，两齿辊采用双电机单独驱动，具有很好的互换性。采用分体轴承座盖设计，轴承室远离破碎腔，防止粉尘污染轴承，且方便检修维护，配有特殊的自清理机构，对洗选煤二次精选、动力配煤、水煤浆等黏湿物料的细粒破碎有着极强的适应性。整机高度低，有利于工艺布置，且可降低厂房高度。破碎齿辊采用低转速，同时采用高强度的整体轴承座和整体机架，故设备运行时无振动，无须特殊的土建基础。

（5）配有可靠先进的智能测控系统、润滑系统及自行走机构。智能测控系统可提供两级声光报警及断路、缺相等保护，配有闭锁、集控等功能，适合在工业现场恶劣环境中运行。整机采用集中润滑，对每盘轴承采用定时定量集中润滑，确保使用安全可靠。整机设备配有自行走机构，可以快速地使设备移出工作区间，便于快速诊断与修复。

5.3.3　应用实例

柴沟煤矿生产能力为一期 3.00Mt/a、二期 6.00Mt/a，是集原煤生产、洗选加工于一体的大型煤炭企业。采用综合机械化放顶煤开采工艺，原煤中含有大量矸石，并伴有大量的白砂岩，对后续原煤分级筛及皮带输送机的冲击破坏大，经常损坏筛板及皮带，缩短了其他设备的使用寿命，影响矿井生产，急需破碎设备解决生产工艺问题。

破碎物料为井下原煤，入料粒度小于 700mm（含有少量 1000mm 左右的大块岩石），要求出料粒度小于 250mm，处理能力 2000t/h，原煤经运输皮带到达井口后不经过筛分而全部进入 SSC900 分级破碎机。设备自投入运行以来，主机运转平稳可靠，对物料的啮入能力强，对大块砂岩能一次性破碎，不存在物料打转堵仓现象。破碎机齿辊从未出现断齿，且磨损较小。能够严格保证产品出料粒度，瞬时处理能力达 2000～3000t/h，破碎效率可达 97% 以上，提高了矿井生产效率，且细粒增量仅为 13%，过粉碎率低，粉尘少，节省了除尘设施费用。设备具有分级破碎的双重功效，只对不符合粒度需求的物料进行破碎，既增加了处理能力又减少了设备磨损，配件费用较传统双齿辊破碎机节省 70%。

5.4 半移动破碎站

为了满足露天煤矿半连续开采工艺的需求，唐山研究院自主研发了 SM 系列半移动破碎站。

5.4.1 工作原理及适用条件

在露天矿生产中，"单斗挖掘机－卡车－半移动破碎站－胶带输送机"半连续开采工艺是一种适应性强、优点突出、技术先进的开采工艺。半移动破碎站是将大块坚硬的物料处理成为适合于带式输送机输送的物料，是接收间断工艺"单斗挖掘机－卡车"卸载的大块物料和连接连续工艺的关键设备。半移动破碎站集受料、破碎、传送等工艺设备于一体，可以完成多需求的加工作业。大型自卸卡车直接把物料卸载至受料仓，水平段可设卸车位，物料经给料设备提升至一定高度后卸入 SSC 大型分级破碎机，经破碎后通过导料溜槽进入带式输送机运走。

半移动破碎站的移设性能是衡量破碎站性能先进与否的重要指标。半移动式破碎站，自身不具备行走功能，需整体或分体借助专门的移设工具来运移，无须与地面连接。从布设位置上，要布置在露天矿工作帮或非工作帮，随着开采台阶下降，为减少汽车运输距离，需要将破碎站迁移到下方的合适位置。为了半移动破碎站的整体移设，必须实现其各自设备的同步移设。总体钢结构在破碎站中的作用是支撑设备，为受料和汽车的卸料创造条件；同时，为破碎站的整体移设提供可能性。半移动式破碎站是将机体安放在露天采场内合适的工作水平上，随着作业台阶的推进、延深，用履带式运输车或其他牵引（拉拽）设备将破碎站进行整体或分体运移。破碎机平台作为整体模块，便于履带车驮运；套筒辊子链重型刮板给料机可分水平和爬坡两部分分别移设，爬坡部分下有支撑滑撬可以拖拽移设；电控部分作为整体模块搬移方便。另外，控制及信号线外界部分采用插装结构，便于拆装，方便省时。

半移动破碎站主要应用于露天煤矿的"单斗挖掘机－卡车－半移动破碎站－带式输送机"半连续开采工艺。适合采场形状不规则、倾角变化较大、工作面布置带式输送机难以满足开采工艺要求的露天矿。

5.4.2 技术特点

1. 技术特征值

最大处理能力：10000t/h。

处理最大粒度：≤2000mm。

产品最小粒度：≤50mm。

破碎强度：≤300MPa。

装机功率：600～1200kW。

2. 整机结构

SM 型半移动破碎站结构见图5.9，由可拆卸受料仓、钢结构支撑、给料设备、破碎设备、运输系统、控制系统组成。总体钢结构主要由挡土墙、受料仓和破碎平台等部分组成。半移动破碎站常用的挡土墙采用钢结构挡土墙，对受料仓和挡土墙进行一体化布置，挡土墙的内侧预留了维修通道，设备布置比较紧凑，结构受力合理，为了留有分体移设，挡土墙各段结构设计上采取可拆卸分体的螺栓连接形式。

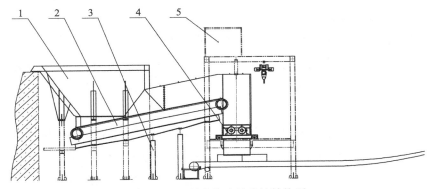

图5.9 SM型半移动破碎站结构图

1.可拆卸式受料仓；2.给料设备；3.钢结构支撑；4.破碎设备；5.控制系统

受料仓是一种实现对重型刮板给料机连续供料的储料装置。受料仓整体支撑在钢结构挡土墙的立柱上，不再设单独的支撑装置，既解决了受料仓下部布置重型刮板给料机的空间紧张问题，又节省了材料，设备布置紧凑、合理。受料仓只承受仓内物料的压力及卸车时的冲击载荷，在仓体结构设计上采用了加强筋板结构形式仓壁。为了严格保证分级破碎机的入料粒度，在料仓顶部加设了限制超限粒度的箅子。为了防止卸车时大块物料冲击重型刮板给料机，在料仓的中部加设了防撞梁，缓冲了大块物料的冲击。在料仓仓壁内侧加设了耐磨衬板，根据使用磨损情况可灵活更换。

控制系统以 PLC 为主控制器，采用触摸屏或工业组态软件作为上位机人机交互界面。为提高系统的智能化水平，该系统采用分层结构化设计，在电气控制室设置与可编程逻辑控制器（PLC）相接的上位监控计算机，其通信端口可接入网络，供集控室对破碎站进行实时监控，以实现管理的信息化和网络化。为减小电网负荷，各设备采取分时且逆料流启动、顺料流停车方案。

3. 技术优势

（1）半移动破碎站可满足大中型露天煤矿对物料的给料、破碎、运输的作业要求，全站采用模块化钢结构设计，可整体由履带车移动，也可模块式拆解移动。设计配有完善的除铁装置和液压控制大块异物排出装置，配有智能监测操控系统、照明系统等。

（2）采用分级破碎原理和集成化结构，研制成功的大型半移动破碎站配有高可靠性的 SSC 系列分级破碎设备，根据实际处理能力需要可单独开动一个或两个破碎辊，具有灵活、节能的明显优点。

（3）分级破碎机采用新结构、新材料、高强度可更换破碎齿，有效解决了高压力、大冲击载荷下齿的可更换难题；齿形螺旋布置形式，长齿辊自均匀布料技术使大块物料能够自动沿破碎辊轴线全辊长均匀布料，有效提高设备生产能力。

（4）研制的大倾角套筒辊子链强力重型刮板给料机，与常用的重型板式给料机相比，显著提高了系统抗大块物料冲击能力，有效解决了料仓排空后大块物料直接冲击所造成的给料机损坏问题，为大粒度高硬度物料的破碎解离提供了技术保障。

（5）重型刮板运输机从受料斗将物料送入破碎机，采用高压双变频驱动，结合工业监控系统根据排料皮带物料情况，可以调整给料机双电机同步变频给料，实现双变频实时同步调整，系统各设备可实现手动开车闭锁，自动启、停车闭锁，系统的智能控制与动态偏差检测及补偿修正，并与装车运输集控系统实现对接。

（6）针对露天矿环境温度较低的工况（最低时可以达到 -30℃），破碎站钢结构及设备低温环境的启动，采用了特殊的材质及低温技术。根据高寒地区特殊的气候条件，研制出防冻胀料仓，开发出具备实时监测、智能分析功能的大电流热融冰系统，很好地解决了防冻粘问题。

5.4.3　应用实例

SM3000 型半移动破碎站于 2010 年 11 月在神华宁夏煤业集团有限责任公司大峰露天煤矿投入工业使用，大峰露天矿原采用"单斗挖掘机 - 汽车"间断工艺系统，经改造后，采用了"单斗挖掘机 - 汽车 - 半移动破碎站 - 带式输送机"的半连续工艺系统。半移动破碎站安装在宁夏贺兰山山脉中，露天工业场地，环境温度为 -30～40℃，技术要求低温环境下设备正常运转，采用自卸车卸料，小时处理能力 3000t，破碎物料为太西无烟煤（最大抗压强度 200MPa），密度 1.8t/m³；混杂岩石含量不大于 30%，最大抗压强度 300MPa；最大入料粒度 1200mm；排料粒度小于 300mm。半移动破碎站每天运行 8～10h，处理能力 2800～3200t/h（瞬时能力可达 4000t/h）。在环境温度 -30℃的冬季系统运行稳定，破碎效率大于 85%，过粉碎率低于 7.5%，符合产品质量要求，实现了在大处理能力和高破碎强度下的可靠性。与半移动破碎站投入运行前相比，采用了半移动破碎站的半连续开采工艺最大的优点是大大缩短了汽车运距，在很大程度上摆脱了以往对燃油和轮胎的严重依赖。该系统中操作人员和维护人员都比单斗挖掘机 - 卡车开采工艺少，使人工效率极大提高。该系统可以减少矿用卡车尾气的排放和卡车运输过程中扬尘的产生，使矿山环境大为改善。该系统集收集、破碎、输送功能于一体，具有清洁、节能、高效和安全的优点，实现稳定、连续作业，提高了开采效率，降低了生产成本。

5.5 卧式振动卸料离心脱水机

卧式振动卸料离心脱水机主要用于选煤厂精煤和中煤的脱水。它具有处理量大、易损件少、煤的粉碎率低、吨煤电耗低、工作平稳、可靠性高等优点，是国内外选煤厂常用的产品脱水设备。

5.5.1 工作原理、适用条件

待脱水物料经入料管沿筛篮座进入到筛篮底部，筛篮内的物料受离心力作用紧贴筛面，同时在筛篮振动力作用下，料层均匀地向筛篮大端移动，脱水后的物料从筛篮大端甩出，落入机壳下部的排料口，向下排出。物料中的水和细颗粒在离心力作用下，透过料层和筛缝，甩向机壳四周，沿机壳内壁汇集到排液口，经排液口排出机壳，这一脱水过程连续不断地进行。

卧式振动卸料离心脱水机适用于选煤厂 0.5～50mm 粒级精煤和中煤产品脱水，也可适用于其他类似物料的脱水。一般要求入料水分为 18%～25%，最高不应超过 30%，-0.5mm 煤泥含量要求小于 10%，脱水后可获得外在水分为 5%～9% 的产品。脱水后的产品水分主要与物料本身的性质、粒度组成及处理量等因素有关。随入料中煤泥含量的增加，产品外在水分增大；随煤泥含量减少，产品外在水分降低。

5.5.2 技术特征

1. 整机结构

卧式振动卸料离心脱水机结构如图 5.10 所示。主要由旋转组件、振动组件、筛篮、机架、机壳组件、润滑系统等组成。

（1）旋转组件。主电机旋转通过皮带传动带动主轴及筛篮等旋转件一起旋转，主轴及旋转件由两盘主轴承支承在振动内方体内，主轴上的旋转件的压紧由主轴轴头锁紧螺母预紧，两个振动质体（内、外方体）及旋转件由四个矩形弹簧支承在方体支座上。

（2）振动组件。激振源为两台振动电机，两振动电机做同步异向旋转产生沿筛篮轴向的往复激振力，筛篮做往复直线振动，根据离心机处理量大小调整振动电机上两偏心块角度来获得所要求的振幅，调整振动电机的转速来获得所要求的频率，以满足不同煤质及产品水分的需求。

（3）筛篮。采用不锈钢焊接筛网拼接而成，筛蓝倾角为 15°，筛缝 0.5mm，筛网表面光洁、平整。

（4）机架。机架为卧式振动卸料离心脱水机支撑部件，起到支撑及固定整机作用。机架采用框架结构，框架焊接后，进行退火处理，并进行探伤检查。框架采用整体加工，增强了整机可靠性与稳定性。

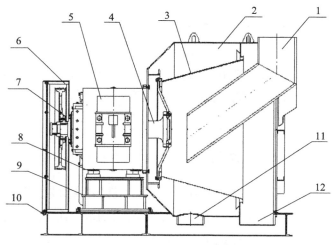

图5.10 卧式振动卸料离心脱水机结构示意图

1. 入料管；2. 机壳；3. 筛篮；4. 主轴；5. 振动电机；6. 振动方体；7. 皮带轮；8. 方体支座；9. 支座；10. 机架；11. 离心液口；12. 出料口

（5）机壳组件。由盖门、壳体组成，壳体上有出料口、排液口，盖门上有入料管，入料管的结构能保证物料在设备运行时将物料给至筛篮的最佳位置，从而使离心机处理量及产品水分达到最佳效果。

（6）润滑系统。该系统兼有润滑、冷却和润滑油净化三项功能。润滑油由油箱经过滤油器进入齿轮油泵，然后经主压油管进入各润滑点。供给各润滑点的全部润滑油经回油管返回油箱。该系统具有润滑点少、噪声低、维修量少等特点。

2. 技术特点

由唐山研究院研发的 WZY 型卧式振动卸料离心脱水机是一种高效的离心脱水设备。通过三维建模、有限元分析、实验室振动测试等先进设计手段的应用，优化了设计参数，保证了整机的可靠性和稳定性。其性能指标优良：噪声 80dB（A）左右，加载连续运转 24h 后检测主轴承、润滑油温升不超过 20℃，主振弹簧温升不超过 10℃，振动电机温升不超过 30℃。

该机采用了多项创新性技术，包括如下几点。

（1）主振弹簧采用与金属镶嵌式的结构，拆装方便、易更换。卧式振动卸料离心脱水机主振弹簧的结构形式不同于国内外其他同类设备采用的粘接方式，是特有的结构形式，其组装结构形式如图 5.11 所示。

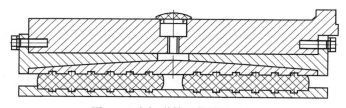

图5.11 主振弹簧组装结构形式

（2）采用激振电机作为激振源，振幅调节简单。激振源为振动电机并安装在机体外部，振幅调节极为方便，能根据现场的使用需求调整振动电机偏心块的夹角，获得一个精确的振幅，振幅可调范围为 2～6mm，通过振幅的调节，能使特定的煤种在筛篮上滞留的时间长短达到一个最佳值，以获得最佳脱水效果。

（3）整机易损部位增加耐磨陶瓷衬里的防护措施。在整机的出料腔、入料管等内壁均镶有耐磨陶瓷衬里，大大地延长了整机的使用寿命，降低了维护成本，整机的主要易损件仅为筛篮。

（4）将润滑系统的流量开关纳入控制系统。润滑系统中设有流量开关，当流量不在设定范围内时，控制系统会声光报警并停车，从而保护主轴承。

（5）实现了设备的机电一体化智能控制。智能化控制系统把各电机的智能控制和保护电路集成一体，具有多种控制和保护功能。

5.5.3 应用实例

（1）2013 年，两台 WZYT1600 型卧式振动卸料离心机脱水机先后在陕西省燕家河煤矿有限公司应用，该机型为国内规格最大卧式振动卸料离心机。生产实践表明，设备运转平稳可靠，噪声为 80dB（A），处理能力达 350t/h，产品外在水分为 6.8%。在整机连续正常生产 16h 后对润滑油、主振弹簧及振动电机的温升进行测量，润滑油温升 19℃，主振弹簧温升 9℃，振动电机温升 27℃。各项性能指标均达到选煤厂生产要求。

（2）2011 年，两台 WZYT1500 型卧式振动卸料离心机脱水机在山西吕梁市宏盛煤焦有限公司应用。生产实践表明，离心机运转平稳可靠，入料粒度为 0.5～13mm 时，处理能力为 250t/h，产品外在平均水分为 7.6%，各项性能指标均达到选煤厂生产要求。

（3）2010 年，1 台 WZYT1500 型卧式振动卸料离心脱水机在开滦矿务局钱家营矿选煤厂应用，用于 0.5～50mm 粒级中煤脱水时，处理能力达 300t/h，产品外在水分不大于 8%。生产实践表明，离心机运转平稳可靠，各项性能指标均达到选煤厂生产要求。

5.6 立式刮刀卸料离心脱水机

立式刮刀卸料离心脱水机按处理物料的粒度不同可分为：用于 0.5～13mm 粒级末煤脱水的 TLL 系列立式刮刀卸料离心脱水机和用于 0～3mm 粒级粗煤泥脱水的 LLL 系列立式刮刀卸料煤泥离心脱水机。立式刮刀卸料离心脱水机具有煤质适应性强、脱水产物水分低、能耗低、性能稳定可靠等特点。

5.6.1 工作原理、适用条件

物料通过入料口，经布料盘进入到筛篮与刮刀之间的空间，在离心力作用下，物料紧贴筛篮内壁，水和细颗粒透过物料层，穿过筛缝，沿上盖流入机座上部的集水槽内，然后通过设在机座两侧的排液管排出机外；煤粒则保持在筛篮内侧，因刮刀与筛篮之间有一转速差（转速差由齿轮差速器提供），刮刀就将煤粒从筛篮内壁刮下，并将其推送至筛篮大端，从而把脱水后的物料卸到机器下边的收料漏斗里。这一脱水过程连续不断地进行。立式刮刀卸料离心脱水机工作原理如图5.12所示。

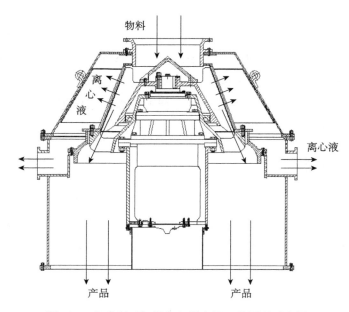

图5.12　立式刮刀卸料离心脱水机工作原理示意图

TLL系列立式刮刀卸料离心脱水机适用于末精煤和末中煤产品脱水，也可适用于其他类似物料的脱水。要求入料粒度为0～13mm，其中小于0.5mm含量不应超过10%，入料水分一般要求小于30%，依筛篮直径的不同，处理能力可达50～200t/h（按入料计），可获得外在水分为5%～9%的产品。

LLL系列煤泥离心脱水机适用于粗煤泥的脱水，也可适用于其他类似物料的脱水。要求入料粒度为0～3mm，入料浓度一般为50%～60%。处理能力可达20～50t/h，可获得外在水分为12%～20%的产品。

离心机的处理量因煤质和入料粒度组成的不同而有很大差别。一般来说，入料中细颗粒增加，则处理能力降低，产品水分增大。

5.6.2　技术特征

1. 整机结构

TLL系列立式刮刀卸料离心脱水机结构如图5.13所示。主要由旋转部分、固定部分、传动部分、润滑部分等组成。LLL系列立式刮刀卸料煤泥离心机是在TLL系列的基础上衍生出的产品，其主要结构与 TLL 系列立式刮刀卸料离心机的结构相同，其主要区别在于旋转件的倾角，TLL 系列刮刀、筛篮半锥角为 20°，LLL 系列刮刀、筛篮半锥角为 30°。

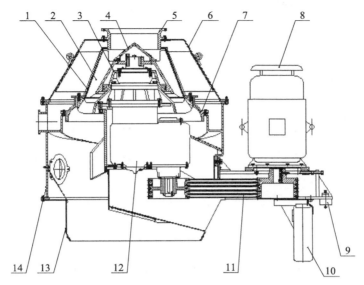

图5.13　立式刮刀卸料离心脱水机结构示意图

1.筛篮；2.刮刀；3.钟形罩；4.布料盘；5.入料漏斗；6.上机盖；7.出口保护环；
8.电动机；9.减振器；10.油箱；11.三角皮带；12.齿轮差速器；13.出口圆锥体；14.机座

（1）旋转部分。主要由筛篮、刮刀、钟形罩和布料盘等组成。锥形筛篮装在钟形罩上，钟形罩则用螺栓固定在外轴上。布料盘装在刮刀上，刮刀用螺栓和键固定在心轴上，其转速略低于筛篮的转速。钟形罩和刮刀的结构可保证煤粒不致落入轴承内，且又便于脱水后煤粒的移动。

由于刮刀的转速比筛篮的转速慢，刮刀就将煤粒从筛面上刮下，并将其向下输送。当脱水后的末煤运动至筛篮底部时，具有很大的动能。该动能在煤与出口保护环碰撞时大部分消失。出口保护环中采用了耐磨衬，具有较好的耐磨性能。

（2）固定部分。固定部分主要由上机盖、机座、出口圆锥体等组成，机座与齿轮差速器之间有足够的空间，以减少卡煤的可能性。为安全起见，机座上还设有捅煤孔，在堵煤时可用于排煤。

（3）传动部分。由一级三角皮带传动和两对斜齿圆柱齿轮传动组成。立式电动机通过三角皮带带动中间轴转动。中间轴上装有两个齿数相差为 1 的齿轮，它们分别与装在外轴上的齿轮和装在心轴上的齿轮（这两个齿轮的齿数相同）相啮合，从而使筛篮和刮刀保持同向旋转，并有一适当的转差。三角皮带通过调节张紧螺栓来张紧。两对齿轮均为普通圆柱斜齿轮，其刮刀叶片旋向的选择，使得齿轮工作时产生的轴向力与刮刀卸煤时所引起的轴向力部分抵消，从而使轴承的工作状况得到改善。

（4）润滑系统。采用稀油强制润滑。兼有润滑、冷却和润滑油净化三项功能。润滑油从油箱经滤油器进入齿轮油泵，然后经主压油管进入多支油管（分油器），再经分支油管进入以下各润滑点：心轴上部轴承和外轴上、下轴承，两对斜齿轮、中间轴上部轴承、中间轴下部轴承。供给上述各润滑点的全部润滑油，由齿轮箱底部，经回油管返回油箱。在多支油管上装有一压力表，油泵刚启动时的油压较高（可达 0.35MPa 左右），待油压稳定后，正常情况的油压为 0.08～0.3MPa。在多支油管每个分支油管处各装有油流指示器，便于对各支油管的油流情况进行直接观察。

2. 技术特点

TLL 系列、LLL 系列立式刮刀卸料离心脱水机具有如下特点。

（1）易损件筛篮采用镀膜技术，刮刀、布料盘、钟形罩、出口保护环等采用非金属耐磨材料防护，使用寿命长。

（2）带有耐磨型冲洗装置，防止煤泥堵塞钟形罩与出口保护环的缝隙。

（3）物料分配结构是唐山研究院专利技术，对入料的浓度适应性强，适应更低煤泥水浓度（350g/L）。

（4）差速器可单独拆装，维修方便，齿轮采用精密滚齿机加工，精度高，运行稳定，噪声低。

（5）离心机出料口处带有防尘专用法兰，通过和现场排料溜槽的挠性连接，减少了煤尘的飞扬。

（6）对刮刀的螺旋线、叶片数量及螺旋导程进行了优化设计，增大了过煤空间，延长了煤在筛篮上的停留时间，强化了脱水效果。

5.6.3 应用实例

1. 应用实例 1

贵州盘县红果镇中纸厂煤矿选煤厂 2011 年应用 3 台 TLL1000A 末煤离心机，生产中经振动筛预脱水后的末精煤进入 TLL1000A 末煤离心机脱水，对连续生产中的末煤离心机进行测量，整机运行平稳，润滑油温升及设备噪声低，回油口处的润滑油温升为 18℃，噪声为 85dB（A），处理能力达 132t/h，产品水分 6.8%。

2. 应用实例 2

山东东山古城煤矿有限公司选煤厂 2014 年应用 4 台 LLL1200 煤泥离心机，生产中经弧形筛处理后筛上物进入煤泥离心机脱水，对连续生产中的煤泥离心机进行测量，整机运行平稳，润滑油温升及设备噪声低，回油口处的润滑油温升为 18℃，噪声为 85dB（A），设备最大处理能力 45.2t/h，产品水分 13.8%。

5.7 加压过滤机

加压过滤机是国际上一种先进的固液分离设备。唐山研究院从 20 世纪 70 年代开始研究加压过滤脱水设备，开发出我国第一台煤用 10m² 加压过滤机，目前已形成 10～140m² 系列化产品，应用在煤炭洗选及金属矿山等行业。以产品水分低、处理量大、排料连续、吨煤能耗低等优点，获得了市场广泛认可和大量应用。

5.7.1 工作原理、适用条件

加压过滤机是将一台特殊设计制造的盘式过滤机安装于加压仓内，以压缩空气作为过滤介质，盘式过滤机进行过滤作业，分离后的滤饼通过位于过滤机卸料口下方的刮板输送机输送到密封排料装置，由密封排料装置将其排出仓外，整个运转过程均由控制系统自动完成。采用全自动化、智能化控制，操作简便，工作可靠；具有低能耗、低水分、低噪声、高产率等特点。其工作过程基本有三个阶段。

1. 过滤阶段

物料经入料泵进入加压仓矿浆槽，加压仓内充满压缩空气，滤盘 50% 左右浸在矿浆槽的悬浮液内，在滤盘上，通过分配阀与通大气的汽水分离器形成压差，在内外腔压差作用下，滤液透过滤扇经过滤液管、分配头排出仓外，固体颗粒吸附在滤盘表面形成滤饼。

2. 干燥阶段

随着滤盘旋转，滤饼露出液面，在压缩空气作用下，滤饼内部分水分逐渐被置换出，混合液透过滤扇由滤液管排出仓外。

3. 卸料阶段

在反吹风协助下，滤饼经卸料刮刀卸料至刮板输送机，在达到一定量后，通过密封排料装置上下闸板的开关运行，将滤饼排出加压过滤机。

加压过滤机适用于 0～0.5mm 浮选精煤及原生煤泥的脱水，以及黑色金属、有色金属精矿脱水和化工、轻工、环保等行业的固液分离。

5.7.2 技术特征

1. 主要结构

整套加压过滤机系统由主机、低压风系统、高压风系统、给料系统、液压系统、物料转载系统、清水系统和滤液排放系统等组成，如图 5.14 所示。

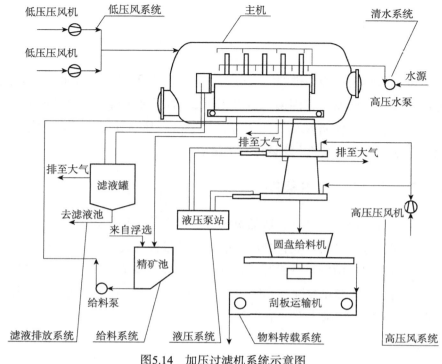

图5.14 加压过滤机系统示意图

1）主机部分

加压过滤机主机是核心，主要包括加压仓、盘式过滤机、仓内刮板机、密封排料装置及电控系统五部分，如图 5.15 所示。

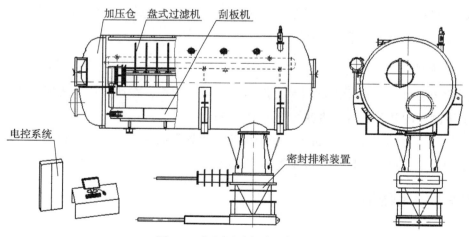

图5.15 加压过滤机主机构成

加压仓属Ⅰ类压力容器，仓内布置采用人机工程学设计方法；仓体一端有活封头，用于安装时过滤机及其他大部件的进出；仓体两端设有快开门，便于日常维护时人员进入，使维修更加方便；仓内设有照明、检修平台和起重梁，检修人员可方便地进入仓内进行检修。为了在工作时便于观察仓内的过滤机工作状况，加压仓设有多个观察视镜，视镜上可装冲洗水装置。

盘式过滤机安装在加压仓内，是滤饼成型的关键设备，是实现固液分离的部分。主要由矿浆槽、主轴、主轴传动装置、滤盘、搅拌装置、分配阀、润滑装置、卸料装置及滤布清洗装置等组成。主轴转速采用变频器调整，可实现无级调速。

刮板运输机采用下链运输方式，机头位于排料口上方，将过滤机卸下的滤饼收集运送到排料装置的上部缓冲仓。采用机头卸料、全长压链道、防粘衬板等结构，有效地保障了刮板机工作的可靠性。

密封排料装置是加压过滤机的关键部件，它使滤饼排出机外的同时，防止不必要的压缩空气逸出。密封排料阀分上下两仓，以交替方式排料。仓体采用负倾角、内衬不锈钢板以防止积料。上、下两个闸板采用液压驱动，上、下阀体均设有充气密封圈。

电控系统用于整个系统的全自动化操作，采用智能化控制，实现了加压过滤机的工作参数互联调整，使加压过滤机工作在风耗最小、产量最大、水分达标的合理工作区内。软、硬件均采用模块化设计，大大方便了维修工作。整个控制系统由操作台、动力柜、控制柜、现场控制箱及一些现场仪表和执行元件等组成。

2）其他系统

低压风系统为主机提供工作动力，由低压风机、风包、管路及阀门等组成。低压风机供风量视煤质而定，一般每平方米过滤面积所需风量为 $1 \sim 1.2 m^3/min$。

高压风系统是系统内的调压阀、气动阀门和闸门密封圈的动力源，由高压风机、风包、气动三联体、管路、球阀和气控箱等组成。

给料系统由精矿桶（池）、给料泵、管路和阀门等组成。

液压系统为主机密封排料阀闸门动作提供动力，操纵排料装置中的上、下闸板的开启或关闭。

物料转载系统由圆盘给料机、仓外刮板输送机（或胶带输送机）组成，用于与精煤输送系统衔接。

清水系统为滤盘清洗和给料泵上料不正常时的冲水稀释提供一定压力的清水，包括清水泵、管路及阀门等。

滤液排放系统用于排放滤液和消耗的压缩空气，由汽水分离器、滤液阀及管路等组成。从加压仓排出的空气和水的混合物，通过汽水分离器进行分离，空气从上口排出，滤液从下口排出。为降低冲击，入口须采取切向入料。

集中润滑系统用于整机自动润滑，由分配器按需供油，避免造成浪费及污染，最高供油压力 20MPa。

2. 工艺指标

加压过滤机在煤炭洗选领域应用可达到如下工艺指标。

（1）处理能力：在处理浮选精煤时，产量可以达到 500～800kg/（m²·h），处理原生煤泥时，产量可达 260～500kg/（m²·h）。

（2）产品水分：浮选精煤脱水在工作压力 0.3MPa 时，滤饼水分可达到 16%～18%。

（3）滤液浓度低：在处理浮选精煤时，滤液浓度为 5～10g/L。

（4）噪声低：主机附近为 62.5dB。

（5）能耗低：加压过滤机工作压力在 0.3MPa 时，电耗只有真空过滤机的 1/3 左右，节省了大量电能，具有显著的经济效益。

（6）智能化、全自动化操作：整机实现参数自动调节，工作、停止及特殊情况下短时等待均自动操作，具有报警及停止运转等安全保护功能。

3. 技术特点

唐山研究院第三代 GPJ 型加压过滤机产品，在智能化、可靠性、可维护性、安全性等方面均具有明显进步。

（1）主机核心部分的创新设计，先进可靠的密封结构，使设备适应能力优势明显、故障率低，维护量可减少 30%，处理量增加 10%～15%，风耗降低明显。

（2）采用先进可靠的无骨架 T 形卡装密封圈，杜绝了密封圈脱落的弊病，相比有骨架密封圈维修方便，使用寿命可达 6～8 个月。

（3）翼形叶片式轴流搅拌，使矿浆建立稳定的环形流，并可根据矿浆的特性调整搅拌强度，避免了同一块滤扇上饼厚、水分不均的现象，提高了过滤效率。

（4）新型不锈钢冲压滤扇，卸饼率高、无效风耗小、开孔率高达 35%；使用寿命长达 3 年以上；过流断面大，可降低产品水分；末端圆弧光滑过渡，卸料时无死角；相比末端为直线的滤扇有效过滤面积大。

（5）过滤机的过滤区和干燥区可在不同压差下作业，通过调整过滤压差可获得合适的滤饼厚度，通过调整干燥压差获得合适的滤饼水分，从而可减少风耗，获得最佳的过滤效果。工作参数互联调整，避免了老机型参数单独调整造成工作区漂移的弊病。

（6）电控系统多功能、拟人化的运行软件不仅实现了全自动、智能化操作，而且保证了系统可靠、安全地运转。简洁人性化的界面便于人员监视和操作。

5.7.3 应用实例

1. 应用实例 1

2009 年 6 月黄陵一号矿选煤厂技术改造工程采用 4 台 GPJ120/3-C 型加压过滤机作为浮选精煤脱水设备。运行结果表明，在 0.20～0.25MPa 的工作压力范围内、主轴转速为 1.2r/min，入料浓度为 220g/L 左右时，单台处理能力为 70t/h 左右，滤液浓度为 5g/L；产品水分在 18% 左右，有效地解决了以往冬季铁路装车冻结的问题。

2. 应用实例 2

乌努格吐山铜钼矿选矿厂是国内第一家使用加压过滤机进行精矿脱水作业的有色金属选矿厂。原设计固液分离主要设备陶瓷过滤机不能同时满足精矿脱药及较细颗粒物料脱水的需要。为满足铜钼分离工艺需要，在精矿车间增设两台 60m²GPJ 型加压过滤机作为分离后铜精矿的脱水设备。运行结果表明，60m² 加压过滤机生产能力最高可达到 43.11t/h。滤液固体含量最低为 0.13g/L，滤饼水分最低为 5.67%。鉴于改造后取得良好效益，二期改造中，同样采用了两台 60m²GPJ 型加压过滤机处理铜精矿。

5.8 滚筒干燥机

洗煤生产过程中，为了降低产品煤中的水分，通常采用离心、压滤等机械方式进行脱水，如末精煤经离心机脱水后，一般能将煤的水分控制到 8%～9%，而煤泥和浮选精煤采用压滤机脱水的产品水分在 20% 以上。机械方式脱水程度有限，如果对于产品水分要求不严格，机械方式脱水即可满足要求，但如果对产品水分有更严格要求时，在经过机械脱水后还需进一步脱水。主要是利用热能进行干燥脱水，热力干燥是降低煤中水分最有效的一种方法。热力干燥过程的本质是将水分从煤中转移到干燥介质中。常用的热力干燥方法是用煤或可燃气体的燃烧产生的高温烟气作为热介质加热湿煤，使湿煤中的水分汽化，以达到降低煤中水分的目的。在干燥作业中，大多数用选后中煤作为干燥燃料，而最常用的干燥设备就是滚筒干燥机。

5.8.1 工作原理、适用条件

JNG 滚筒干燥系统如图 5.16 所示。由干燥系统、热风系统、湿煤上煤系统、产品煤运输系统、除尘系统和水循环系统组成。

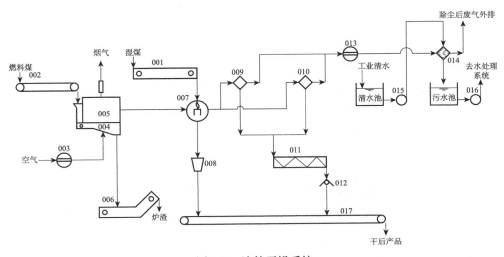

图5.16 滚筒干燥系统

利用JNG滚筒干燥机进行干燥时，湿煤由来料输送设备（001）给入滚筒干燥机（007）筒体内，当物料被导入到扬料板时，物料会与扬料板、筒壁以及清扫装置接触和热传导，使其预热和蒸发部分水分；随着筒体的转动，物料会被提起一定高度后散落，逐渐形成料幕，高温烟气从中穿过与物料进行热质交换，使其预热同时蒸发部分水分。随着筒体不断地转动，物料被扬料板反复多次地提起、散落，在此过程中物料与热烟气、扬料板、筒壁和清扫装置重复进行对流和接触式热交换，最终使水分不断被干燥蒸发，最后变成低水分的松散物料。为减少扬尘，减轻除尘负荷，在筒体末端不设扬料板。最终，干燥后的物料滑行至排料装置（008），完成整个干燥过程。干后产品经由排料装置（008）至输送设备（017），最后输送至指定地点。

燃料煤由燃煤输送设备（002）输送至燃烧设备（004）的煤斗中，并均匀给入到热风炉（005）中进行燃烧，燃烧所需要的空气由鼓风机（003）送入热风炉中，燃烧产生的热烟气最终进入干燥机中与湿煤进行质热交换，交换完成后携带大量水蒸气和一定量粉尘的废烟气经排料装置（008）和煤初步分离后进入一次除尘设备细粉收集器（009、010），完成一次除尘后的气体由引风机（013）送入湿式除尘器（014）中，最终除尘后的废气外排至大气。

湿式除尘器的除尘用水由水泵（015）从清水池中送入除尘器，除尘后排出的含尘废水进入污水池中，最后由污水泵（016）输送至水处理系统。

唐山研究院开发的JNG系列高效节能滚筒干燥机是在原有滚筒干燥机的基础上研制而成的。该系统具有热效率高、干燥速度快、处理量大、蒸发强度高、蒸发水量大、操作简单、运行可靠的特点，广泛应用于煤炭、化工、焦化、建筑等行业。根据干燥用途不同，可以用于煤泥干燥、煤调湿和褐煤干燥。

5.8.2　技术特征

1. 技术特征

JNG型滚筒干燥机为连续、顺流、直接传热式滚筒干燥设备，具有以下技术特点。
（1）生产能力大，热烟气阻力小，连续作业，机械化程度高。
（2）物料的适应性强，对物料的水分、粒度的波动有较好的适应性。
（3）操作稳定方便，干燥产品的均匀性较好。

2. 整机结构

滚筒干燥机设备结构如图5.17所示。主要部件有筒体、轮带、大齿轮装置、托轮装置、挡托轮装置、传动装置、密封装置。滚筒干燥机在安装时要有一定的倾斜度要求，设备工作时由电机驱动小齿轮，然后通过小齿轮与筒体上的大齿轮的啮合，带动筒体沿轴线转动。为了防止筒体沿轴向向下移动，在挡托轮装置上设有挡轮。生产时，湿物料和热烟气从入料端进入干燥机筒体，筒内设有顺向扬料板，使物料在筒体回转过程中不断抄起又散落，使其充分与热气流接触，以提高干燥效率并使物料向前移动，同时筒体内设有清扫装置以防止物料黏结筒壁，干后物料和废烟气从出料端排出，并在排料装置中实现分离。干燥后物料由输送设备输送至指定地点存储或输送至下一工艺环节，干燥过程中产生的废气经过除尘处理后排放至大气。

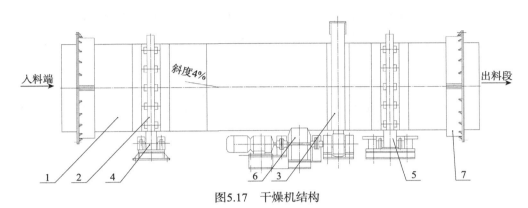

图5.17 干燥机结构

1.筒体；2.轮带；3.大齿轮装置；4.托轮装置；5.挡托轮装置；6.传动装置；7.密封装置

（1）筒体是干燥机的关键部件，筒体的大小一定程度上决定了干燥机的处理能力。为了使物料在干燥机筒体内由入料端向出料端运动，干燥机在安装时需要有一定的斜度。干燥过程中筒体绕轴线转动，湿物料从筒体入料端给入，在筒体内与热烟气完成热质交换后由出料端排出，进入排料装置。筒体一般由钢板加工焊接制成，具有足够的刚度和强度，材料可选用碳钢、普通低合金钢。根据干燥的物料性质的不同，筒体内设计有特定的导料装置、扬料装置和清扫装置。

（2）轮带由铸钢材料铸造而成，套装在干燥机筒体上，筒体和物料的载荷都是通过轮带传给托轮，轮带随筒体在托轮上滚动，同时还起着增大筒体刚性的作用。

（3）大齿轮装置固定在干燥机筒体上，以传递筒体转动所需的扭矩。大齿轮装置安装在靠近筒体出料端一侧，通过弹簧板与筒体连接，既能保证齿圈与筒体有足够的散热空间，也能减小筒体形变对齿轮啮合程度的影响。大齿轮装置通过与小齿轮的啮合来传递扭矩，驱动干燥机筒体以及物料一起转动。

（4）托轮装置用于支撑干燥机筒体、轮带以及筒体内物料的质量。

（5）挡托轮装置可及时显示干燥机筒体在托轮上的运转情况是否正常，同时限制和控制筒体的轴向窜动。

（6）传动装置是为干燥机滚筒的旋转提供动力，由电动机、减速器、小齿轮装置及联轴器组成。

（7）密封装置可防止入料端和出料端漏风和漏料。

5.8.3 应用实例

2013 年，在山西省兴县亚军能源有限责任公司建成一套 JNG3420 干燥系统。该系统用于煤泥干燥，采用煤作为燃料，除尘系统采用旋风除尘和湿式除尘器组合的除尘方式，并配备有脱硫工艺和除尘用水自净化循环系统。系统建成后煤泥处理量达 80t/h，干燥前水分不大于 25%，干燥后产品水分不大于 15%。干燥车间在设计时考虑到独立运行的需要，湿煤上料采取落地上料的方式，生产用水处理采用自循环工艺。运行后干燥效果理想，系统安全、可靠。

（本章主要执笔人：孙旖，王保强，阚晓平，李小明，许铁建）

第 6 章
选煤厂自动化

选煤厂自动化以稳定和提高产品质量，减少煤炭损失，改善劳动环境，提高生产效率，确保安全生产，发展绿色选煤为总体目标。现代选煤厂自动化是一个集仪表检测、过程控制，计算机科学，通信工程和软件技术等前沿学科为一体的综合控制体系。本章将介绍唐山研究院研发的几种选煤厂常用的检测仪表、传感器以及浮选、重介质分选和跳汰分选过程自动测控系统、全厂集中控制系统。

6.1 选煤厂自动化常用检测仪表、传感器

6.1.1 智能差压密度计

在重介质选煤过程中，检测重介质悬浮液密度的仪表至关重要，仪表的测量精度直接影响煤炭的分选效果。唐山研究院研制的智能在线差压密度计，采用进口 RoseMount 多参数共面法兰传感器，具有测量精度高，使用寿命长、易于维护等优点，和同位素密度计相比，无辐射，减少了人身安全隐患，广泛应用于煤炭、石化、冶金等工业领域。其外观如图 6.1 所示。

图6.1 智能差压密度计

1. 基本原理

智能式差压密度计是通过安装在分选悬浮液上升管道旁侧的两个压力变送器，测量出上、下两个变送器的压差，再利用压力公式：$\Delta P=\rho g h$，在安装高度和重力加速度已知的情况下，就可以根据压差计算出悬浮液的密度。

选煤厂分选悬浮液上料管的流速一般都比较快，直接安装，会造成大的测量误差和测量结果的不稳定。为控制流速采用旁路管道安装，这样便于选择小管径的密度计。密度计测量室与膜片之间有足够的距离，喇叭状弧形焊接，这种结构可延长膜片的使用寿命，也能防止介质颗粒或气泡聚集所带来的测量误差。密度计都加装有在线清洗口，停机时，不用拆下管道就可以在线清洗膜片，减少了维护工作量，当密度计存在线性误差时，可以在线用软件进行修正。

2. 主要特点

（1）采用一体化结构的两线制变送器，无活动部件，维护简单。

（2）五位数字液晶显示，安装使用方便，装入液体即可显示读数。

（3）接触液体部件全部采用 316 不锈钢材料制造，防腐型密度计管道内外做浸入式衬四氟乙烯防腐处理，延长其使用寿命。

（4）带温度补偿装置，表头可显示温度值，并可根据客户需要调整温度补偿范围。

3. 技术参数

输出信号：双线制 4～20mA，叠加 Hart 协议数字信号。

电源：12～45VDC。

量程：0～5g/cm³。

线性度：0.1%。

反应灵敏性：0.2s。

工作流速：1.3～3m/s。

6.1.2 磁性物含量计

CG 型电感式磁性物含量测量仪是唐山研究院为配合重介质分选过程自动控制系统而研发的专门用于检测重介质悬浮液中磁性物含量的在线检测仪表。该仪表为智能化产品，采用单片机技术，测量数据准确，精度高。外接密度信号后可同时显示和向 PC 机传送煤泥含量。除具有 4～20mA 输出外，还配有串行接口可以和 PC 机进行通信，实时向 PC 机传送相关信息。仪表的校准和数据修改可靠方便。主要电路采用 CMOS 器件，功耗低。磁性物含量测量仪可以单独使用，也可以与密度计等有关仪表配合应用，组成控制或调节系统，自动计量并显示重介质悬浮液中的煤泥含量，进而将其控制在要求的范围内，保证重介质选煤生产中所要求的最佳悬浮液特性，提高细粒煤的分选效果，降低介耗。用于磁选系统可检测磁选机尾矿中加重质损失情况；在磁铁矿选矿厂使用可随时检测矿浆品位，控制选矿指标。目前已在多家重介质选煤厂应用。

1. 基本工作原理

电感式磁性物含量计由转换器和变送器两部分组成。转换器内装 4 块电路板，即振荡板、检测板、电流输出板和电源板。当含有磁铁矿粉的悬浮液通过变送器管时，变送器线圈的电感量将发生变化。根据公式：

$$L=\frac{\mu_0 \mu_r n^2 A}{l} \tag{6.1}$$

式中，μ_0 为真空磁导率；μ_r 为磁性物的相对磁导率；n 为线圈匝数；A 为线圈横截面面积；l 为线圈长度。

由于磁性介质在管路中随悬浮液的流动不断变化，其磁导率 μ_r 将随磁介质含量而变化，因而电感量 L 也随磁介质含量的变化而变化。磁性物含量计就是用电信号的形式反映出这一变化规律的电子仪器。

2. 主要特点

（1）无辐射、耐磨、防腐。

（2）较强的自诊断能力。

3. 技术参数

测量范围：0～2000g/L。

测量精度：±1%。

最小感量度：1g/L。

电源电压：AC220V。

输出信号：4～20mA。

6.1.3 数显压力传感器

1. 基本工作原理

压力传感器主要由检测部分和转换放大电路组成。检测部分由测量元件和传压系统组成。传压系统主要由充满硅油的压力测量探头和导压毛细管组成密封系统。将电容信号传至转换部分后，再经过转换放大，形成 4～20mA 的直流信号输出。

2. 主要特点

（1）表壳材质采用铝合金压铸，液体接触材质为 SUS316L。

（2）采用数字化补偿技术，测量结果数字液晶显示。

（3）安装可采用单平法兰或双平法兰连接，具有防爆功能。

3. 技术参数

量程：0～10MPa。

精度：0.2%，0.5%。

工作温度：-30～85℃。

补偿温度：-20～70℃。

供电：24VDC。

输出：4～20mA，HART。

6.1.4　压力液位计

1. 基本工作原理

压力液位计是利用容器内液位发生变化时，由液柱产生的压力也随之变化的原理工作的。容器底部的压力为 P，大气所产生的压力为 $P_{大气}$，则压力液位计所测量的压力为

$$P=P_{大气}+\rho gh \quad (6.2)$$
$$\Delta P=P-P_{大气}=\rho gh \quad (6.3)$$

式中，ρ 为被测介质密度；g 为重力加速度；h 为液位高度。

在一般情况下，被测介质的密度和重力加速度是已知的。因此，压力液位计测得的差压与液体的高度成正比，这样就可以把测量液体高度问题变成了测量压差的问题。

2. 主要特点

（1）表壳材质采用铝合金压铸，接触液体材质为SUS316L。

（2）采用数字化补偿技术，测量结果数字液晶显示。

（3）安装可采用单平法兰或双平法兰连接，具有防爆功能。

3. 技术参数

量程：0～10MPa。

精度：0.2%，0.5%。

工作温度：-30～85℃。

补偿温度：-20～70℃。

供电：24VDC。

输出：4～20mA，HART。

6.1.5　超声波液位计

超声波液位计集传感器和电子单元于一体，能快速有效地测量敞开或密闭容器中的液位。传感器采用ETFE或PVDF材料，能广泛地应用于各种工业领域。特有的"声智能"专利技术能有效可靠地处理回波。滤波器用来识别来自液面的真实回波及由声电噪声和运

动中的搅拌器叶片产生的虚假回波。超声脉冲传播到被测物并返回的时间经温度补偿后被转换成长度距离，用于显示、模拟输出及继电器的动作。

1. 基本原理

超声波液位计工作原理是由超声波换能器（探头）发出高频脉冲声波遇到被测液位表面，声波被反射折回，反射回波被换能器接收并转换成电信号，声波的传播时间与声波的发出位置到物体表面的距离成正比。

探头部分发射出超声波，然后被液面反射，探头部分再接收，探头到液面的距离和超声波经过的时间成比例，可用公式表示：

$$S = \frac{Ct}{2} \tag{6.4}$$

式中，S 为声音传播的距离；C 为声音传播的速度；t 为声音传播的时间。

2. 主要特点

传感器采用 Kynar-Flex 或 Tefzel 材质和声智能回波处理专利技术，内置温度补偿装置，测量精度高。

3. 技术参数

测量范围：0.25～8.5m。

测量精度：0.25%。

分辨率：3mm。

环境温度：-40～60℃。

本质安全型可选。

6.2 浮选工艺参数自动测控系统

影响浮选效果的因素很多，如煤泥的性质、煤浆的制备、药剂制度、浮选设备的工作条件等。在上述因素保持不变时，矿浆给入量、矿浆浓度及药剂添加量等工艺参数保持恒定，是浮选产品质量稳定的重要保证。在没有自动测控装置的浮选工艺系统中，这些参数是靠人工取样或目测估算操作的，浮选产品质量难以保证，产率难以控制，药剂浪费严重，直接影响企业的经济效益。深入研究浮选系统工艺参数的检测和控制，对稳定产品质量、提高精煤产率、节油降耗，增加企业经济效益是十分必要的。浮选过程是个复杂的物理化学过程，诸多相关工艺参数互相配合才能收到满意的效果。而把所有的工艺参数全部测控起来十分困难，应择其最主要的、关键的工艺参数进行检测和控制。根据我国浮选工艺系统和设备特点，这些参数应包括：入浮矿浆浓度和流量；浮选药剂量；浮选机和过滤机液位；浮选入料、精煤和尾矿灰分等。

6.2.1 硬件构成

1. 浮选工艺参数自动测控系统的组成

该系统是针对某矿选煤厂浮选工艺流程特点而设计的，如图6.2所示。主要由入料浓度的稳定控制、滤饼精煤灰分检测、浮选药剂自动添加和计算机监控组成。

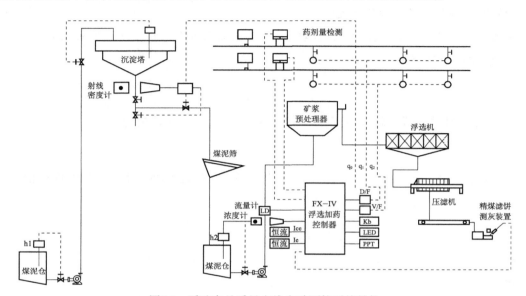

图6.2 浮选产品质量在线自动测控系统结构

2. 入料浓度的稳定控制

该矿选煤厂的浮选系统为浓缩浮选，正常情况下入料浓度为80～160g/L。通过小浮选试验确定，90～130g/L 为最佳入料浓度范围。图6.3 为入料浓度控制原理图。

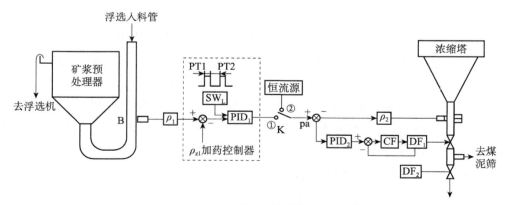

图6.3 入料浓度稳定控制原理

入料浓度由 γ 透射密度计 ρ_1 测量，浓度的调节通过改变沉淀塔底流放料量来实现，在每个沉淀塔底部都设有自动放料阀门 DF_1。正常生产时，电动阀门 DF_2 关闭，沉淀塔底流放料去煤泥筛，煤泥筛下水由泵送入浮选车间的矿浆预处理器。

当检测到的入料浓度 $\rho_1 > \rho\gamma_1$ 时，经 PID_1 输出，使 $\rho\gamma_2$ 值减小，经 PID_2 调节器输出，加大自动放料阀门 DF_1 的开度，增大沉淀塔底流放料量，从而减少煤泥水在沉淀塔中浓缩时间，降低底流浓度，即相应地降低了浮选入料浓度。相反，当检测到的 $\rho_1 < \rho\gamma_2$ 时，导致沉淀塔底流浓度的设定值 $\rho\gamma_2$ 增加，经 PID_2 调节器输出，使 DF_1 的开度减小，从而使底流浓度增加，相应提高了浮选入料的浓度。

3. 浮选过滤精煤灰分检测

浮选系统产品质量测控为直接检测浮选精煤滤饼的灰分并参与测控。滤饼灰分的检测由螺旋推进式在线连续采样旁线测量装置来完成。灰分检测信号由二次仪表输出至计算机系统，用来修正加药量给定值。

4. 浮选药剂自动添加

浮选药剂的添加量直接影响浮选产品的质量和产率，是浮选工艺中最重要的一个过程参数。在实践生产过程，浮选药剂合理的添加量不但与入料中的干煤泥量呈线性关系，而且与入料浓度也有直接关系。其关系式为：

$$I_q = (B_1 - B_2 q) G_m \tag{6.5}$$

式中，I_q 为瞬时药剂添加量，kg/h；$G_m = qQ$，为入料中干煤泥量，t；q 为入料浓度，g/L；Q 为入浮矿浆流量，m^3/h；B_1、B_2 为无量纲加药强度系数，可通过小浮选试验确定，并在生产调试中进一步修正。

式中，若 $B_2 = 0$，则 $I_q = B_1 G_m$ 为以往常用的药剂量跟踪干煤泥量公式。系数 B_1 对药剂添加量影响较大，可视为加药强度。在该系统中，选择 B_1 作为精煤灰分修正加药量给定值的改变参数。当测得的灰分信号 I_C 偏离给定值 I_{C0} 时，经 PI 运算修正加药强度 B_1，改变加药量，使产品灰分向给定值变化。由于浮选和过滤系统大约有 15min 的滞后，采用间歇式 PI 调节器，防止控制系统出现超调和震荡，间歇时间选择 20min，即加药控制系统每 20min 根据实时精煤灰分调整一次加药量给定值，调节作用时间选为 5s。

根据选煤厂浮选车间的工艺布置，由 1 台矿浆预处理器向多台浮选机分配供料，每台浮选机是一个加药分支，每个分支设 3 个加药点，一点在矿浆预处理器上，另两点分别设在浮选机的第 2 室和第 4 室。药剂流量检测量和闭环控制采用最新研制的智能加药装置。

5. 浮选尾矿灰分的检测

将浮选尾矿灰分的检测引入整个浮选工艺参数自动测控技术形成控制闭环是近年来这一领域的突破。浮选尾矿灰分检测装置是通过对尾矿样品录像及图像处理技术来快速在线检测浮选尾矿灰分的装置，由于浮选尾矿灰分数据与图像灰度数据的对应变化关系十分复杂，而且不同的工业现场，不同煤质特性，均能够影响使用效果，需要验证的数据量异常庞大，因此提出利用专业数值分析软件 Matlab 的 CFtool 工具箱，曲线拟合两者的数据，利用公式结果验证，得到浮选尾矿灰分与图像灰度对应的函数关系。

为了方便地获取煤泥浮选尾矿的图片信息，验证图片灰度与尾矿灰分的关系，探索基于 OpenCV 开源的计算机视觉函数库，利用 USB 视频采集卡，结合 VS2010 平台开发煤泥浮选尾矿图片采样分析系统。该系统根据设定的时间间隔定时采集尾矿图片，利用 OpenCV 自建的视觉函数库将相关图片转换为灰度图片，并通过软件算法剔除采样过程中光照和气泡的干扰，再存储图片和灰度数据。使系统采集图片的客观性和真实性显著提高，为验证图片灰度与尾矿灰分的关系提供了成本低廉、质量可靠的解决方案。

6.2.2 软件构成

系统触摸屏选用 TPC7062 系类嵌入式一体化触摸屏。屏幕的组态软件为嵌入式通用监控系统（monitor and control generated system for embedded，MCGSE）。MCGSE 是一种用于快速构造和生成监控系统的组态软件。通过对现场数据的采集处理，以动画显示、报警处理、流程控制和报表输出等多种方式向用户提供解决实际工程问题的方案，在自动化领域有着广泛的应用。MCGSE 嵌入版组态软件专门适合于应用系统对功能、可靠性、成本、体积、功耗等综合性能有严格要求的专用计算机系统。

1. 系统监控界面

浮选加药控制系统监控界面如图 6.4 所示。画面可实时显示各个设备运行状态，包括捕收剂、起泡剂罐液位范围 0～100%、101～104 药剂添加泵瞬时流量、入料浓度、流量、

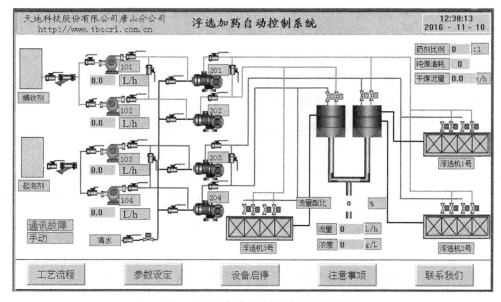

图6.4　浮选加药控制系统监控界面

干煤泥量、吨煤油耗、药剂比例（捕收剂：起泡剂）、各个浮选机加药点上电磁阀的开停状态、各设备的运行状态，以及显示通信是否正常、系统是否正在加药、加药模式为手动或者自动。

2. 系统参数调整界面

系统参数调整界面用于人工调整系统参数，如图6.5所示。

图6.5 浮选加药控制系统参数调整界面

（1）"药剂比例"，表示捕收剂与起泡剂的添加比例，调整范围"1～20"，系数越大，说明捕收剂相对起泡剂添加量越多。

（2）"吨煤油耗"也称"加药强度"，是一个可调参数，依据现场煤质及药剂性能决定。调整范围"1～20"。"吨煤油耗"数值越大，两种药剂的添加量越大。

（3）"各加药点配比"表示分室电磁阀每分钟的开启次数。次数越多，说明这一点的加药量越多。调整范围"1～60"。

3. 系统设备启停界面

设备启停界面如图6.6所示，负责控制设备启停与自动转换。

（1）按设备下面的"选择"按钮后，"选择"按钮消失，变为"取消"按钮，表明此设备已经被选中，选中的设备可以通过画面右侧"一键启停"的按钮集体启动或停止。

（2）单击每个设备下面的"启动""停止"按钮，即可控制对应的设备启停。

（3）"运行方式"包括"手动"和"自动"，自动方式下，各计量泵的频率大小根据系统检测的浓度、流量及吨煤油耗等参数自动算出。手动方式下浮选司机可根据现场情况人为调整。

（4）"清水阀门"开关需要在各乳化泵开启前开启，确保系统清水供应正常，水路畅通后才可开启各乳化泵。

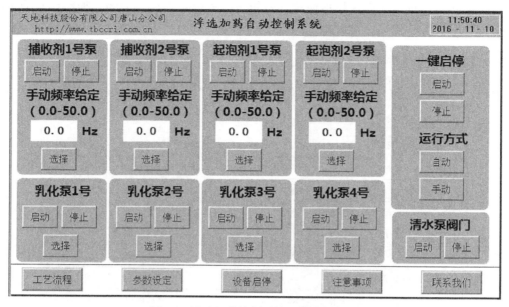

图6.6 浮选加药控制系统设备启停界面

6.2.3 应用实例

1. 开滦集团范各庄选煤厂浮选自动测控系统

范各庄矿选煤厂设计能力400万t/a。主要工艺由重介洗选、浮选、浓缩、压滤以及储装运等系统组成，分为主厂房、筛分车间、浓缩车间、原煤场、精煤仓等几个部分。

该浮选自动加药系统采用PLC为控制核心，变频器配隔膜计量泵为执行终端，乳化泵对药剂进行乳化。浮选自动控制中心在选煤厂浮选控制室内，可实现对浮选环节工艺设备的集中控制，对所有浮选设备和流量、浓度等环境参数信息的监测，实时显示浮选生产数据及工艺流程图，并为选煤厂信息管理层提供服务。

2. 大屯煤电（集团）有限责任公司选煤厂浮选自动测控系统改造

大屯煤电（集团）有限责任公司选煤厂浮选自动控制系统改造后，吨煤药剂耗量控制在1.4kg以下，电磁流量计和同位素密度计的精度达到±0.5%，捕收剂和起泡剂的添加计量精度达到±1%，絮凝剂的添加计量精度达到±1%，浮选的精矿灰分小于11.00%，浮选尾矿灰分大于45.00%，浓缩机溢流水平均浓度不超过2g/L，实现了浮选操作的自动控制。

3. 黄陵矿业集团有限公司一号煤矿选煤厂浮选自动测控系统

黄陵矿业集团有限公司一号煤矿选煤厂浮选药剂自动添加系统采用集中和分室分别加药的工艺，采用药剂集中乳化、分点控制添加的加药策略。药剂乳化及添加系统以PLC为核心进行数据采集和处理以及控制输出。开关量的输入和输出均采用线圈继电器隔离，模拟量信号输入加装隔离模块，保证输入的可靠性、稳定性和实时性。人机界面采用工业触摸屏，通过组态软件实时显示浮选工艺流程、浮选工艺参数和药剂参数。图形界面实用、形象、美观，参数调整方便。

该测控系统使用结果表明，在保证精煤质量的前提下，浮选产率提高了 3.34%；入浮浓度检测误差为 ±8g/L，为企业创造了良好的经济效益。

6.3 重介质选煤过程自动测控系统

在重介质选煤过程中，重介质悬浮液密度、煤泥含量和合格介质桶液位是保证精煤质量的重要工艺参数。作为一个多参数强耦合、时变、非线性、大滞后的复杂分选控制过程，传统人工操作系统难以达到稳定。为稳定产品质量和提高精煤产率，唐山研究院以传统 PID 控制算法为基础，以专家经验控制为主线，以前馈控制及模糊控制理论建模为辅助构建多模态控制方式。在对过程参数实时监测的同时，综合考虑被控参数间的耦合关系，依据生产指标的需要，对参数进行及时准确的修正，自动实现过程控制系统的决策方案，提高了系统的自稳定性、适应性，取得了控制精度高的良好效果。

6.3.1 硬件构成

1. 重介质选煤过程自动测控的系统组态

控制回路采用双控闭锁设计理念，由集控室工业控制计算机智能控制和现场工艺控制柜手动操作共同实现，以提高系统可靠性。针对重介系统工艺参数的采集与处理，分别采用基于远程 I/O 模块的"经济型"解决方案和基于 PLC 的"优化型"解决方案，为重介质分选过程提供精确灵敏的工艺控制平台。

1）"经济型"控制平台的集成

"经济型"控制方案以 ADAM-4000 系列模块为平台，工艺参数采集采用 16 位、8 通道的 ADAM-4017 模拟量输入模块，把传感器电压或电流转换成数字数据，数字数据再被转变为工程单位，当接收到主机提示时，该模块将通过标准 RS-485 接口向主机发送数据。

控制参数输出采用单通道电压或电流输出的 ADAM-4021 模拟量输出模块，接收到主机的请求信号后，模块将数据通过 RS-485 网络按照所需的工程格式发出，驱动执行机构进行工艺参数调节。

针对中小型选煤厂的单一工艺控制系统，ADAM-4000 系列模块建立的重介质选煤过程自动测控系统既可以作为一套独立系统进行工作，也可以通过 OPC 协议和集控系统相接，进行集中统一的远程控制。该系统结构清晰，配置灵活，可维护性强，其特点是成本低廉。"经济型"重介质选煤过程自动测控系统如图 6.7 所示。

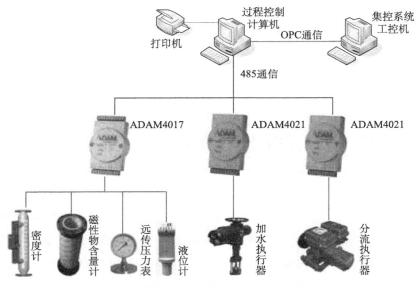

图6.7 "经济型"重介质选煤过程自动测控系统

2) "优化型"控制平台的集成

"优化型"控制方案以 SIMATIC S7-1200 系列模块化控制器为平台。S7-1200 控制器设计紧凑、组态灵活、指令集功能强大且成本低廉，适合要求简单或高级逻辑、HMI 和网络功能的小型自动化系统，是控制小型应用的完美解决方案。

CPU 将微处理器、集成电源、输入和输出电路、内置 PROFINET、高速运动控制 I/O 和板载模拟量输入组合到一个设计紧凑的外壳中，形成功能强大的控制器。下载用户程序后，CPU 将包含监控应用中的设备所需的逻辑并根据用户程序逻辑监视输入与更改输出。

PROFINET 基于工业以太网技术，使用 TCP/IP 和 IT 标准协议，借助 PROFINET 网络，CPU 可以与 HMI 面板或其他 CPU 通信，方便与其他主干工控系统进行连接，增强了系统的可拓展性，灵活性和稳定性。"优化型"重介质选煤过程自动测控系统如图 6.8 所示。

2. 检测仪表与执行机构

测量元件和执行元件是自动调节系统的两个主要环节。重介质选煤生产过程需要自动调节的工艺参数较多且与介质和煤泥水有关，作为不均匀混合体具有成分复杂、无规律、不均匀和易沉降等特点。因此，系统调节烦琐，要求自动测控系统所选用的测量仪表和执行器，不仅要适应选煤厂比较恶劣的工况环境，还要具有结构简单、工作可靠、坚固耐用、使用方便，通用性强、便于维护和管理的特点。

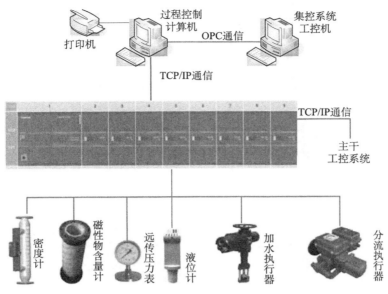

图6.8 "优化型"重介选煤过程自动测控系统

1）检测仪表

重介质选煤过程自动测控系统的检测仪表主要由密度计、磁性物含量仪、远传压力表和液位计组成。其中，由唐山研究院自主研发的无辐射、智能、在线差压密度计和磁性物含量仪，具有无辐射威胁、安装方便、操作简单、测量精确和易于维护等优势，可有效降低工人的劳动强度和企业的维护成本，在现场应用中取得明显的经济效益和社会效益。

2）电动执行机构

重介质分选过程，执行机构的负载阻力变化无常，要求自动调节系统中采用的执行机构具有驱动能力大、结构简单、坚固耐用且工作可靠的特点。因此，采用角行程电动执行器，用于控制加水和分流动作。执行器具有电气和机械双限位保护功能，可杜绝操作上的失误，减少事故的发生。该执行器内部配以伺服放大器，可实现 4～20mA 信号给定及按钮直接控制运行等驱动方式。在角执行器上有手动摇柄和手动/电动转换开关，特殊情况下，可将开关扳到手动位置即可使用摇柄来调节执行器。角行程电动执行器采用 220VAC 供电，单相伺服电机，正反调节灵活，定位准确，动作快速，具有良好的调节性能。

3）分流箱

分流箱是重介质选煤过程自动测控系统重要执行机构，可将悬浮液入料量分成两部分，即分流和回料。分流量占比可在 0～100% 范围可调，主要用于控制高密度悬浮液至合格悬浮液桶的分流量，脱介筛下介质返回合格介质桶的分流量等，实现对悬浮液黏度和合格介质桶液位等参数的控制，由唐山研究院自主研发的分流箱结构原理如图 6.9 所示。

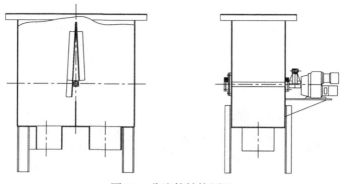

图6.9 分流箱结构原理

6.3.2 软件功能

1. 软件功能的原理

1) 重介质悬浮液密度自动测控原理

重介质选煤生产过程是一个多参数耦合、慢时变、非线性系统,因此在控制算法上采用了传统的 PID 控制算法与专家经验控制相结合的模糊控制算法,如图 6.10 所示。重介质分选系统在正常生产过程中,一般呈现出密度逐渐增大,合格介质桶液位逐渐降低的趋势。系统结合这一特点在悬浮液密度控制回路中选取补加水为主要控制变量,高密度介质的补加量为辅助变量。测量密度与给定密度同时进入程序的 PID 控制器,偏差信号由 PID 完成调节,运算结果经专家智能判断系统进行校正后,送入执行机构,将输入信号与位置反馈信号进行比较,从而驱动电动执行机构工作:

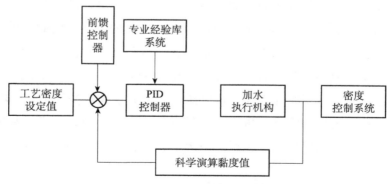

图6.10 重介质悬浮液密度自动测控框图

(1) 当密度测量信号大于密度给定值时,加大加水调节量,以迅速降低密度。

(2) 当密度测量与密度给定之间的差值小于 0.002 时,设定为死区,PID 控制器不进行动作反应。

(3) 当密度给定与密度测量之间的差值大于 0.001 时,如果合格介质桶液位在正常范围内，则不管黏度计算值如何，直接将分流量给定到45%以提升密度；如果合格介质桶液位低于下限值，则为了保证旋流器入口压力不可再打分流，只能通过补加高密度介质来提升密度值，同时加水来提高合格介质桶的液位。

2）煤泥含量自动测控原理

在重介质选煤过程中，悬浮液中煤泥含量对分选效果的影响可分为直接影响和间接影响。直接影响主要是使产品脱介困难，污染精煤产品，而间接影响主要是影响悬浮液的流变性（悬浮液黏度）和稳定性，从而影响分选效果。所以，悬浮液流变性和稳定性的控制主要通过调节悬浮液中煤泥含量的大小来实现。

通过安装在上料管上的密度计和磁性物含量计分别测量出悬浮液密度和磁性物含量，然后由系统计算出悬浮液中煤泥含量。计算公式如下：

$$G_c = K_c (\rho_x - 1000) - K_e G_e \tag{6.6}$$

式中，G_c 为煤泥含量，kg/m^3；ρ_x 为悬浮液密度，kg/m^3；G_e 为磁性物含量，kg/m^3。

$$K_c = \frac{\delta_c}{\delta_c - 1000} \tag{6.7}$$

式中，δ_c 为煤泥密度，kg/m^3。

$$K_e = \frac{\delta_c (\delta_e - 1000)}{\delta_e (\delta_c - 1000)} \tag{6.8}$$

式中，δ_e 为磁铁粉密度，kg/m^3。

煤泥含量的控制是通过弧形筛下的分流装置控制循环悬浮液的分流量来实现的。当合格介质悬浮液中煤泥含量大于设定值时，PID 控制器输出增大，经伺服放大器驱动电动分流装置，使循环悬浮液去低密度介质桶的分流增大；当合格介质悬浮液中煤泥含量小于设定值时，PID 调节器输出减小，经伺服放大器驱动电动分流装置，使循环悬浮液去低密度介质桶的分流减小；当合格介质悬浮液中煤泥含量等于设定值时，PID 调节器输出保持不变，这时悬浮液的分流量保持不变；如果当密度测量值与给定值差值小于 $0.01g/cm^3$ 时，系统停止对煤泥含量信号的反应转而去执行提升密度的动作；当合格介质桶液位下限报警时，则强置分流机构的输出为0，即停止分流动作。煤泥含量自动测控原理如图6.11所示。

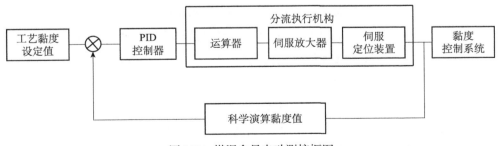

图6.11　煤泥含量自动测控框图

3）合格介质桶液位自动测控原理

合格介质桶液位也是重介质分选过程中的重要参数，液位过高会出现合格介质桶溢流现象，不但污染厂房卫生，还会造成跑介损失；液位过低旋流器的入口压力难以保证，造成打空泵的现象。因此，需要对合格介质桶液位进行及时的检测与调节。控制回路采用开关量控制方法，对合格介质桶液位设定上、下限。当液位高于上限，密度低时，首先考虑分流，为了提高调节的速度也可同时补加高密度介质；当液位低于下限，密度也低时，首先考虑加高密度介质；当液位低于下限，密度高时，应补加清水或补加循环水。至于另一种情况，即液位高、密度也高时，在正常生产时是不会出现的，这属于非正常情况，控制系统不予处理，由人工处理。合格介质桶液位自动测控系统框图如图 6.12 所示。

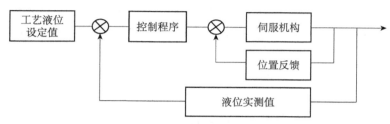

图6.12　合格介质桶液位自动测控框图

2. 软件功能的实现

针对"经济型"与"优化型"两种硬件平台，提出由组态王和 SIMATIC WinCC 分别组建各自软件设计方案。测控系统以其网络覆盖、远程传输和实时在线的优良特性，满足了把分散在全厂不同区域的监测数据与相关管理信息实时上传到测控中心的要求，测控中心满足实时的检测与控制、高精度数据的分析计算以及开放式的信息发布与访问等技术需求。为煤炭企业提供了可靠的技术保障，使企业管理由分散转向集中，从而提高工作效率，降低运营管理成本。

重介质选煤过程控制管理系统包括"密度监控系统""煤泥含量监控系统""液位监控系统""数据报表系统""趋势监控系统"五个功能模块，其中密度控制是整个测控系统的核心，各功能块之间相互联系而又分工明确，共同实现以下功能。

（1）通过网络通信与全厂各级监控系统上位机组态软件进行连接，实现对关键工艺数据、工艺运行参数、各监控点情况进行实时测控。

（2）实现对重介质选煤密度、煤泥含量和关键液位的测控，以保证分选精度达到乃至高于生产标准，实现选煤厂建设的最终目标。

（3）建立基于数据库、数据处理技术、分析技术，针对高精度数据进行快速多维立体分析处理，找出企业生产成本消耗的根源，为科学决策管理提供辅助支持。

6.3.3 应用实例

1. 江西丰龙矿业有限公司选煤厂重介质选煤过程自动测控系统

丰龙矿业有限公司煤厂是设计能力为 1.5Mt/a 的选煤厂，以无压给料三产品重介质旋流器为主选设备，形成了重介、浮选工艺系统。为确保重介质分选系统正常生产，该厂采用"经济型"重介质选煤过程自动测控系统。该系统与厂内其他控制系统通过 OPC 接口进行数据通信，具有良好的扩展性，能够为生产管理提供可靠的数据来源。

系统投入运行后，稳定可靠，由于测控系统对整个生产过程进行全程监控，操作人员只需通过监视器即可了解生产运行情况，实时掌握工艺过程中各工艺参数的变化情况，并通过报警信息，对工艺参数进行及时调整，提高了工作效率，实现了节能降耗、提高分选效果的目标，保证了整个系统按工艺要求正常运行。

2. 皖北煤电集团有限责任公司朱集西矿井选煤厂重介质选煤过程自动测控系统

皖北煤电集团有限责任公司朱集西矿井选煤厂采用脱泥有压两产品重介旋流器主再洗工艺，2 套主洗系统（高密度），1 套再洗系统（低密度），根据生产要求，需要配置 3 套密度控制系统。考虑系统负荷与拓展能力，该厂采用"优化型"重介质选煤控制系统，将 3 套密控系统融为一体。

重介质选煤过程自动测控系统在朱集西矿选煤厂的应用取得了良好效果，生产过程中悬浮液密度控制精度稳定在 $\pm 0.005 \text{g/cm}^3$，黏度控制稳定，大大提高了精煤产率及产品质量，稳定了精煤灰分，为企业创造了良好的经济效益。

6.4 跳汰工艺参数自动测控系统

在分选过程中，跳汰机风阀的进排气参数、高压风、低压风和循环水量是保证精煤质量的重要工艺参数。作为一个多参数强耦合、时变、非线性、滞后的复杂分选控制过程，传统人工操作难以达到稳定。为保证产品质量和提高精煤产率，唐山研究院以传统 PID 控制算法为基础，以跳汰司机的操作经验为辅助构建多模态智能控制方式，在针对工艺参数实时监测的同时，综合考虑被控参数间的耦合、时变、非线性关系，依据生产指标的需要，对参数进行及时准确的修正，实现过程测控系统的决策方案，极大地提高了系统的自稳定性、适应性，取得了控制精度高等的良好效果。

6.4.1 硬件构成

1. 跳汰工艺参数自动测控的系统组态

控制回路采用闭环控制设计理念，由分布于跳汰机旁的控制柜和现场信号采集传感器和输出信号执行单元等共同构成。为提高系统的可靠性，设计了正常和后备两套系统。当正常系统内的元器件出现故障不能得到及时更换时，可在不停机的条件下，实现正常至后备系统的切换。针对目前选煤厂自动化程度越来越高，测控系统设计过程中，根据现场情况需要，预留一定的接口，将跳汰工艺参数自动测控系统整合于选煤厂全厂集控系统中。

1）正常控制模式的组成

正常控制模式是跳汰工艺参数自动测控系统的主运行模式，该控制模式可以实现跳汰司机与测控系统的完美交互，跳汰机排料系统的全自动/手动排料控制。

正常控制模式以 PLC 系列模块为平台，利用传感器采集模拟量工艺参数，触摸屏实现人机交互，显示运行参数的同时使跳汰司机可根据煤质变化，随时调整洗煤参数，PLC 根据传感器采集的信号和跳汰机司机设计的操作参数自动控制排料电机转速，从而保证整个洗煤过程高效、有序地进行。

传感器检测到的床层厚度信号经过隔离变送器转换成标准的 0~10V 或 4~20mA 的直流信号输送至模拟量输入模块，模拟量输入模块采用 16 位、4 通道的 AI 模块。

控制输出包括开关量输出和模拟量输出。开关量输出是根据风阀控制参数输出电磁阀的通断状态，开关量输出模块采用 16/32 点的 DO 模块（根据风阀个数选择输出模块点数）；模拟量输出是根据床层传感器检测到的床层厚度，输出排料量，模拟量输出模块采用 16 位、4 通道的 AO 模块。

根据选煤厂自动化程度要求的不同，整个正常控制模式跳汰工艺参数自动测控系统既可以作为一套独立的分布式系统进行工作，也可以通过 Profibus/Internet 等通信与集控系统相接，进行集中统一的远程控制。该系统结构清晰，配置灵活，可维护性强，成本低廉，是一个极为经济的解决方案。正常控制模式跳汰工艺参数自动测控系统如图 6.13 所示。

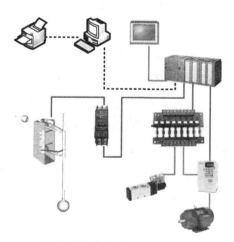

图6.13　正常控制模式跳汰工艺参数自动测控系统

2）后备控制模式的组成

后备控制模式是为了选煤厂在生产任务紧、测控系统硬件出现故障、来不及停车更换的情况下，仍可以维持选煤生产而设计的控制模式。在正常控制模式洗煤过程中，一旦系统出现故障，可在不停机的状态下直接通过旋钮切换至后备控制模式继续洗煤。

后备控制模式是降低正常控制模式的自动化程度，将系统结构进行简化，尽量减少故障点。该模式的核心控制部件是采用仅有开关量输入输出点的小型LOGOPLC，风阀控制参数是设计人员根据经验，将适合大多数煤质的参数提前写入LOGOPLC，使用过程中，跳汰司机不能根据实际的煤质进行调整，而排料部分的控制需要完全依靠跳汰司机的经验，根据煤质和床层分层情况手动调节排料电机，进行排料。

2.系统各个组成部件结构原理

1）驱动板

由于跳汰机在洗煤的过程中风阀系统频繁动作，一般为50～60次/min。在这样的工况下，如果PLC的开关量输出接普通的中间继电器，其动作频率上限很难满足风阀系统可靠性要求，易出现故障，因此，唐山研究院自主研发的驱动板，采用光耦加双向晶闸管的电路结构，既可实现对风阀系统的驱动控制，又可起到PLC系统与现场系统的隔离保护作用。为了使系统结构紧凑，便于系统集成，一块驱动板通常包含有8路的输入和8路的输出回路。

2）浮标装置

浮标装置采用四连杆结构。该结构运转灵活，工作可靠，故障率低，可以准确地跟踪床层厚度，并可将床层的厚度信号转换成角度信号提供给床层传感器，通过调整浮标装置上的配重可以调整排料量，从而收到调整分选密度的效果。

3）床层传感器与隔离变送器

床层传感器固定安装于浮标装置内部，跟随四连杆结构的转轴旋转，采用角位移传感器将经过浮标装置转换过来，表示床层厚度的角度信号转换成电信号。

隔离变送器有电压型和电流型两种。根据现场的实际情况选择使用，分别将床层传感器检测到的床层厚度信号转换成0～10V或4～20mA直流信号，送至PLC作为排料控制的依据，同时起到将PLC与现场隔离的作用。

4）排料电机与变频器

排料电机和变频器采用的都是通用的工业产品，可以实现对排料电机的过载、过流等保护，在0～50Hz范围内连续平滑地调整排料电机转速，可以精确控制排料轮排料量。

5）电磁阀

电磁阀采用的是二位五通先导式电磁阀。电磁阀是实现电气测控系统与风阀系统相结合的部件，电磁阀的线圈按测控系统要求通断电的过程中，阀芯在先导孔高压风的作用下处于不同的位置，使不同的进排气口相通，促使高压风从不同的方向进入或排出气缸，推动气缸带动阀芯上下运动，从而实现风阀打开或关闭，而在风阀开闭的过程中，低压风进入或排出机体，鼓动水流脉动，从而实现原煤分选条件。

6.4.2 软件功能

1. 软件功能的原理

1）风阀系统控制原理

风阀系统主要控制风阀参数，包括跳汰频率，各段相位，各个风阀的进气期、膨胀期、排气期、休止期的时间。风阀系统控制依据是跳汰机床层状态，由于床层状态受煤质、风量、风压及水量等因素的影响，是一个多参数耦合、时变、非线性系统，而且在实际生产当中无法找到一个或几个合适的参数来准确地表示床层的状态。因此，在风阀系统控制算法上采用了以跳汰司机人工经验为主的半自动控制，跳汰司机用探杆检测床层状态，根据自己的经验对床层状态有个预判，按照自己的预判对风阀测控系统的进排气时间、床层跳动频率等参数进行修改或保持不变，测控系统依据跳汰司机调整的参数对电磁阀的通断时间进行调整，以改变机体内低压风的进排气量，从而达到调整床层状态的目的。

2）排料系统控制原理

排料系统负责将已分层的物料分离出来，SKT 型跳汰机采用深仓稳静式排料轮排料，排料系统可根据传感器检测的床层厚度，实现排料过程的全自动控制。在这一过程中，传感器作为检测部件，感知床层厚度，PLC 作为控制核心，作出分析决策，输出排料量至变频器，控制执行机构排料电机的转速，带动排料轮按指定的转速排料。

由于跳汰选煤生产过程是一个多参数强耦合、时变、非线性系统，且跳汰机的最佳运行状态是要求排料系统按照一定的量连续稳定排料，而当传感器检测到床层厚度变化时，又需要排料系统及时根据床层变化，对排料量进行及时的调整，传统的 PID 控制算法在从一个稳定状态变化到另一个稳定状态时，要么会出现超调震荡，要么会出现暂稳态时间长的问题，这都使得传统的 PID 算法不太适合排料量要随着床层厚度变化而变化的特点，因此对其进行改进，改进后的算法公式如下：

$$y = K\Delta x + T/T_i \Delta y \qquad (6.9)$$

式中，y 为输出；Δx 为输入变化量；K 为比例增益，控制设计过程中，将 K 设置为多个值，根据所需排料量的多少自动灵活地选择使用；T 为调节周期；T_i 为积分时间常数；Δy 为输出变化量，相当于偏差，是为了保证测控系统在任何状态下都能保证排料量输出稳定而设计的。

2. 软件功能的实现

根据 PLC 加触摸屏的硬件组合配置，按照控制原理及生产现场人机交互的需要分别组建各自的软件设计方案，编写软件程序，以保证跳汰机的可靠高效运行。跳汰机测控系统触摸屏画面系统主要包括"设备控制""风阀控制""排料控制""一、二段床层趋势"及"问题帮助"等画面，通过点选图中相应的按钮即可进入相应的画面。设备控制画面主要是对跳汰机的风阀系统、排料电机及跳汰机配套的给煤机、空压机等进行启、停控制；风阀控制画面主要是显示和供操作人员设置风阀进排气时间及床层跳动频率等参数；排料控制画面主要是显示排料系统的给定、输入及输出等参数，并且提供手动排料时排料参数设置界面；一、二段床层趋势画面主要是显示和供现场人员查看过去的某段时间一段和二段床层跳动情况；问题帮助画面对系统设计进行简要说明，并且给出跳汰机的操作建议和常见的故障处理方法。

6.4.3 应用实例

山西汾西正善煤业有限公司选煤厂是一座设计能力为 1.2Mt/a 的跳汰选煤厂，以 SKT-16 跳汰机为主选设备，选用了跳汰、浮选工艺系统。为确保跳汰分选系统正常生产，该厂采用跳汰工艺参数自动测控系统。系统投入运行后，稳定可靠，跳汰机操作人员只需通过触摸屏即可了解生产运行情况，实时掌握工艺过程中各工艺参数的变化情况，并通过实验室化验结果，对工艺参数进行及时调整，提高了工作效率和分选效果。

6.5 全厂集中控制系统

选煤厂集中控制系统是全厂电力驱动设备控制的核心，它使得全厂电力驱动设备按照工艺环节的需求关系顺序进行启动、停止。汇集着全厂所有电气设备的控制和状态信息，能及时反馈电器设备出现的问题，能极大缩短系统启、停车时间，节能降耗，同时减少了现场操作人员，减轻了劳动强度。选煤厂集中控制系统是选煤工艺系统的重要组成部分，也是全厂综合自动化系统的核心。它搭建了一个完整的网络框架结构，使得全厂各个控制分支，可以方便地统一到一个可靠性高、通信方式灵活、容纳能力强的自动化平台上来，确保工艺系统的高效、稳定运行。

6.5.1 硬件构成

1. 集中控制系统组成

该系统主要由客户端、服务器、工程师站、通信网络、组态软件、编程软件、可编程控制器（PLC）、PLC 控制柜、就地控制箱、PLC 远程分站、预告系统等组成。

2. 集中控制系统三层架构

选煤厂集中控制系统基本由三层架构组成，分别为设备层、控制层、信息层。设备层是控制系统的基础，由分布于现场的控制元件、智能仪表、综合自动化子系统和其他智能监控系统等构成；控制层是控制系统的核心，主要负责采集设备层设备运行工况、过程参数信息，然后根据工艺逻辑关系控制电器设备和智能仪表及其他自动化子系统，同时将采集的电气设备和仪器仪表的过程信息向信息层传递；信息层是人机交互层，负责监视现场设备运行状态，控制命令的下达、参数设定及修改，完成对现场设备的操作和过程参数的控制，同时对采集的大量现场信息进行存储和分析，以实现历史数据的查询、检索及各类数据的调用。

3. 集中控制系统分类

根据工艺复杂程度、工程规模，选煤厂集中控制系统主要分为小型（经济型）集中控制系统、中型集中控制系统、大型集中控制系统。

1）小型（经济型）集中控制系统

小型集中控制系统组态方式，特别适合于小型选煤厂（0.6Mt/a 以下系统、动筛选煤系统）的需要。由于这类选煤厂电气设备基本在 30 台左右，工艺简单，对集控系统要求相对简单，主要以适用经济为主。

控制系统基本配置：①PLC 控制柜 1 台；②按钮操作台 1 个；③触摸屏 1 台；④就地操作箱；⑤工程师站 1 台。

PLC 选型一般考虑小型机系列，比如三菱的 FX 系列、欧姆龙的 CQ 系列、西门子 200 系列等。主要根据电气设备台数计算所需开关量输入输出点数，模拟量模入模出点数，由于控制设备相对较少，可将 PLC、开关量隔离继电器、模拟量隔离元件、接线端子、开关电源、断路器、接触器等集成到一个控制柜中，按钮操作台做全厂设备顺序启停及状态监视台面，触摸屏做全厂设备启停操作画面，触摸屏同 PLC 形成通信连接，按钮操作台通过接线端子同 PLC 形成硬接线连接，就地按钮箱和低压配电柜需要接入 PLC 的信号和需要接收的信号通过硬接线形成连接。工程师站主要用于维护触摸屏和 PLC，方便修改和查找故障。

2）中型集控系统

中型集中控制系统配置是大多数选煤厂的首选类型，适合于国内大多数选煤厂（0.9～5.0Mt/a 系统）的需要。这类选煤厂电气设备数量基本在 100 台左右，工艺较复杂，基本涉及重介选煤大部分工艺环节，对集中控制系统要求较高，主要以布局合理、系统可靠为主。

控制系统基本配置：①PLC 控制主机站 1 台；②PLC 远程分站数台（主要根据现场低压配电室数量）；③服务器 1 台；④客户端 2 台；⑤就地操作箱；⑥工程师站 1 台。

PLC 选型上一般考虑的中型机系列，主要根据电气设备台数计算所需开关量输入输出点数，模拟量模入模出点数，PLC 控制站 IO 点数要留 10%～15% 的余量，根据其管辖的电气设备台数确定各自 IO 点数，配置相应模块；对于工艺环节比较独立的系统，可设置带 CPU 的 PLC 子站；根据选用 PLC 厂家不同，采用相应的通信方式；各个 PLC 控制柜将 PLC、开关量隔离继电器、模拟量隔离元件、接线端子、开关电源、断路器、接触器等集成到一个控制柜中；服务器同 PLC 形成通信连接，客户端同服务器形成通信连接。PLC 控制主站、PLC 远程分站及 PLC 控制子站，形成通信网络连接。工程师站主要用于与服务器和 PLC 进行数据交换，方便修改和查找故障。

3）大型集控系统

大型集中控制系统配置是大型选煤厂的首选类型，适合于国内大型选煤厂（一般在 5.0Mt/a 以上）的需要。这类选煤厂电气设备数量基本在 100 台以上，工艺复杂，基本涉及从原煤出井粗选到精选的所有工艺环节，对集中控制系统要求高，主要以布局合理，系统可靠为主。

控制系统基本配置：PLC 冗余控制主机站 1 台；PLC 远程分站数台（主要根据现场低压配电室数量）；服务器 2 台；客户端 4 台；电气设备就地操作箱；工程师站 1 台。

PLC 选型上一般考虑的大型机系列，对系统要求更高。一般采用双网热冗余，模块支持热插拔，根据所需开关量输入输出点数，模拟量模入模出点数，每个 PLC 控制站 IO 点数要留 10%～15% 的余量，根据其管辖的电气设备台数确定各自 IO 点数，配置相应模块；对于工艺环节比较独立的系统，可设置带 CPU 的 PLC 子站；根据选用 PLC 厂家不同，采用相应的通信方式；各 PLC 控制柜将 PLC、开关量隔离继电器、模拟量隔离元件、接线端子、开关电源、断路器、接触器等集成到一个控制柜中；两台服务器形成热备同 PLC 形成通信连接，客户端同服务器形成通信连接。PLC 控制主站、PLC 远程分站及 PLC 控制子站，形成通信网络连接。通信网络一般形成光缆环网通信，甚至双环网通信。工程师站主要用于连接服务器、通信网络和 PLC，方便修改和查找故障。系统组态框图如图 6.14 所示。

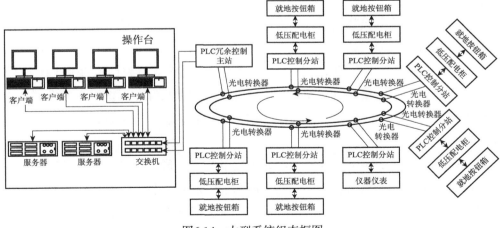

图 6.14　大型系统组态框图

6.5.2 软件功能

1. 集中控制系统软件组成

该系统软件主要由电气设备连锁程序、顺序启动程序、顺序停止程序、系统预告程序、报警程序、通信程序、网络规划程序、数据交换程序、过程参数采集程序、上位机操作画面等组成。

2. 集控系统基本功能

1）操作、控制功能

全厂电气设备除辅助设备就地控制外，工艺流程中具有连续煤流的电气设备均纳入集中控制系统。参控设备设有集中连锁启停车、远方单启单停和就地单启单停三种方式。当集中连锁状态时，所有参控设备按照一定的顺序和连锁逻辑关系自动完成启停车；单启单停状态时，由操作员在客户端电脑画面上进行手动启停。在集中工作模式下，系统均提供连锁保护，就地工作方式用于检修和单机试车。

集中工作模式下，参控设备按逆煤流方向启车，顺煤流方向停车，同时按工艺流程要求实现电气闭锁。集中工作模式下启车前，发送预告信号，预告一定时间后，开始按顺序自动启车。在预告和启车过程中，现场和集控室均能方便地取消预告信号或终止启车过程。

集控室可实现紧急停车和单机停车。机旁启车按钮在集中控制方式时失效。集中和就地控制方式可以无扰动切换。

参控的电气设备，在集控室客户端电脑画面上均可单启单停，以便调度人员根据生产需要调整设备运行状态。

通过对采集的工艺参数数据进行处理，自动形成各工艺参数的工况历史曲线，与控制指标所做出的报警相比较，如果"超限"则实时报警，及时控制有关参数，使选煤厂的产品数量、质量关系严格控制在预定范围内，实现以最大经济效益为目的的生产状态的控制。将各类生产数据、检测值建立数据库作为生产管理的数据来源。根据用户要求可定期产生三班生产报表，打印系统参数并对各项指标进行统计和整理，产生日报、月报、季报及年度报表。

通过数据采集，各个料位、液位的数据传送至 PLC，形成柱状图，显示在集控室的显示屏上，自动和人工干预生产过程控制，并能根据需要打印图表。

在集控室客户端电脑画面显示工艺流程、设备运行状态、各种储料仓的料位、各种水池（箱）的液位、介质桶的液位，监视工作面设备运行状态，各工艺过程的控制画面可任意切换，配合电视监控系统，全厂的所有设备运行状况集控室都能够一目了然。

高、低压柜各进线及联络开关的分合闸工作状态、各电力仪表及保护装置参数在调度室实现实时监控。

2）图形显示功能

交互式对选煤厂的工艺流程，全厂设备运行状态，入洗原煤量，精煤产率，原煤准备、主洗、浓缩压滤、产品运输等主要系统画面，生产环节的实时数据和最终数据，故障信号等，以填充、趋势曲线、旋转、闪烁、变色等多种形式进行实时动态显示。

3）故障及报警处理功能

当发生故障时，提供故障停车功能，使故障设备及其之前工作流程的设备立即停车，最大限度地减少损失。

当现场设备出现异常现象时，控制系统发出事故报警信号，采用语音报警方式，明确指出故障设备所处的位置。对一般事故（如皮带的一级跑偏）只做报警，对影响设备和人身安全的事故应直接停车。当系统运行过程中遇有紧急情况时，现场可随时按下紧急停止按钮，实现全系统紧急停车。

实时采集检测生产过程工艺参数，并对越限参数实施报警。

4）远程协助功能

应用远程协助软件，在获得许可的情况下，利用互联网技术，可以实现对集中控制系统进行远程维护，当集控系统出现故障时，对系统进行远程的故障诊断，快速解决问题，减少停机时间，提高生产效率。

3. 集控系统基本画面

1）上位机主操作画面

在客户端操作画面上，会显示全厂所有设备的状态信息，实现连锁/解锁功能切换，集中/就地功能切换。在连锁状态下，电气设备必须按照连锁关系逆煤流顺序启动，如果不按照顺序启动设备，设备将无法启动；在集中状态下，上位机可以单机启停设备和顺启顺停设备；在就地状态下，上位机失去操作权限，设备操作完全由现场按钮操作箱来实现。

2）上位机趋势操作画面

在客户端操作画面上，对于系统采集的重要模拟量信号进行实时显示和记录，同时可进行历史数据的查询，对于分析工艺系统存在的问题有一定的指导意义。

3）上位机报警操作画面

在客户端操作画面上，对于系统采集的重要开关量信号和重要的模拟量信号进行报警设置；开关量信号设置以带式输送机保护信号为例，对于一级跑偏设置报警，但不停车；对于二级跑偏设置报警，同时通过程序控制停止设备运行。模拟量信号设置以合格介质桶液位信号为例，对于液位过高设置报警，同时会通过程序控制关闭桶上加水阀门；对于液位过低设置报警，同时会通过程序控制停止合格介质泵运行。

4）上位机设备启停顺序画面

在客户端操作画面上，选煤工艺系统逆煤流启车顺煤流停车，此画面能直观清楚地查看设备启停车情况。参加工作一段时间的操作员对现场设备已经非常熟悉，完全记住了全厂设备编号对应的具体设备。

6.5.3 应用实例

1. 应用实例1

山西汾西介休矿务局选煤厂生产采用跳汰、旋流器重选、浮选、压滤联合工艺流程。按照工艺环节，厂区划分为7个部分，分别为重介车间、天桥配电室等，重要车间采用双链路网络通信，次重要车间采用单链路通信。集中控制系统主站放置在集控室配电间的集控柜内，选用的是西门子400H冗余热备系统，CPU选用6ES7414-4HJ04-0AB0，配置以太网模块6GK7443-1GX20-0XE0，远程通信模块6ES7153-2BA02-0XB0。上位机组态软件选用亚控科技的KIVGVIEW6.50，集中控制操作客户端为工控机。通信链路通过OLMG11/G12实现光电转换，系统形成双链路通信。

2. 应用实例2

山东鲁能菏泽煤电开发有限公司郭屯煤矿选煤厂是一座设计处理能力为3.0Mt/a的矿井型选煤厂。生产采用动筛、旋流器重选、浮选、压滤联合工艺流程。按照工艺环节，厂区划分为7个部分，分别为筛分车间、原煤仓车间、重介车间、产品仓车间、一号转载点车间、二号转载点车间、浓缩车间。集中控制系统主站放置在集控室配电间的集控柜内，选用的是施耐德昆腾系列的冗余热备系统，CPU选用140CPU67160，配置以太网模块140NOE77101，RIO远程通讯模块140CRP93200，通过490NOR00003R热备光缆实现热备通信。上位机组态软件选用VijeoCitect，热备服务器主机选用IBM3650，机架式安装，集中控制操作客户端选用贝加莱APC620。通信链路通过490NRP95400实现光电转换，系统形成双链路通信。

（本章主要执笔人：张卫军，王晓坤，蔡先锋，高鹏，赵建丰）

第二篇 煤化工技术

煤化工转化是我国煤炭清洁利用的重要内容。2015 年我国石油进口依存度接近 60%，天然气消费量的三分之一需要进口。现代煤化工能够部分替代我国石油和天然气的消费量，促进石化行业原料多元化，对我国经济和社会发展具有重要意义。我国已开发了具有自主知识产权的煤直接液化、煤间接液化、甲醇制烯烃、煤制乙二醇、甲醇制芳烃、煤油共炼技术，解决了一大批产业化、工程化和大型装备制造等难题。技术创新取得重大突破，煤直接液化、煤间接液化、甲醇制烯烃、煤制乙二醇等技术均完成了工程示范，煤制烯烃、煤制乙二醇技术实现了较大规模的推广应用；甲醇制芳烃、煤油共炼技术已完成工业性试验。煤化工技术创新水平的不断提高，为实现石化原料多元化提供了重要的技术支撑。

煤化工分院是从事煤化工技术研发的专业机构，60 年来在煤炭焦化、气化、煤炭直接液化等技术领域取得了一系列重要成果，在行业内产生重要影响，推动了我国煤化工技术进步和产业化的快速发展。自 1986 年起开始研制 $\phi 1.6m$ 的水煤气两段炉，在山东新汶矿务局、内蒙古准格尔煤炭工业公司、大柳塔等煤矿应用，促进了煤气化技术进步，为后续我国煤气化技术研发和快速进步打下了基础。"十二五"期间，为满足煤制清洁燃气要求，针对特殊煤种开发了煤科炉（MEKL），与传统固定床气化炉相比，具有气化强度高、碳转化率高、有效气含量高、冷煤气效率高、废水产量低、有效气生产成本低等优势，有效提高了气化效率，大大降低了污染物排放。

作为国内煤炭直接液化最早也是最权威的研发机构，煤化工分院经过 30 余年的科技攻关和技术积累，在煤直接液化与煤基油品加工关键技术研发、重大关键装备自主化研制等方面，取得了重要成果，为煤炭直接液化产业化发展奠定了理论与技术基础。与神华集团合作开发了神华煤直接液化工艺和纳米级高分散铁基催化剂（863 催化剂），成功应用于神华 108 万 t/a 煤直接液化示范工程。在煤炭直接液化基础上，开发了煤焦油制取汽油、柴油和特种油品技术，煤油共炼技术等。

煤化工分院是我国最早从事炼焦技术开发的机构之一。在炼焦配煤技术方面不断创新，突破了传统的炼焦配煤理念，首次提出低阶烟煤（长焰煤、不黏煤）在炼焦配煤中使用，利用炼焦配煤技术为宝钢集团有限公司、冀中能源集团有限责任公司、山西焦化集团有限公司等近百家煤炭、焦化及钢铁企业进行技术服务。开发了 BRICC-M 煤岩自动测试系统、MJF 型系列焦炭反应性及反应后强度测定装置、JS 型现代化吉氏流动度测定仪，成为行业内首选的检测仪器。研发的 MHJ-40 新型 40kg 试验焦炉已被印度 UTTAM 公司、神华蒙西煤化股份有限公司、上海焦化有限公司、酒泉钢铁集团公司焦化厂、唐山达丰焦化有限公司、唐山钢铁集团有限责任公司等国内外钢铁厂、焦化厂广泛使用。

煤化工分院是我国最早从事煤炭分质利用技术开发的研究机构，20 世纪 80 年代开始从事多段回转炉（MRF）热解技术开发，并在内蒙古海拉尔建成 2 万 t/a 示范装置，为该技术在我国发展奠定了基础。"十二五"期间又开发了内旋移动床低阶煤热解技术，建成 100kg/h 试验装置，装置运行稳定良好，工业试验放大工作正在紧锣密鼓地进行中。

第7章 煤的气化技术

煤的气化技术按反应器的形式主要分为移动床（固定床）、流化床和气流床。以上三种气化技术中，移动床气化技术开发应用得最早，也是最简单、安全可靠、成熟的气化技术。移动床气化又分为常压气化和加压气化两类。常压移动床气化炉主要包括混合煤气发生炉、间歇式水煤气炉（UGI炉）、两段式移动床气化炉等。目前，常压混合煤气发生炉和单段水煤气发生炉被我国列入限制类设备。加压固定床气化炉又分为以鲁奇（Lurgi）为代表的固态排渣气化炉和以BGL为代表的液态排渣气化炉。鲁奇加压气化工艺是目前世界上技术最成熟可靠、应用数量最多的加压煤气化工艺。

固定床加压气化炉的发展方向是高效、低成本、原料适应性广、大型化。气化废水处理也是未来发展中需要研究的重点之一。

煤炭科学研究总院煤化工分院在20世纪80～90年代改进并推广了两段式常压移动床气化技术。近年来，又针对目前液态排渣固定床气化技术存在的技术难点，进行了大量技术创新和优化完善，开发了固定床连续液态排渣气化技术及气化炉装置，即"煤科炉"（MEKL）。

7.1 两段式移动床气化技术

7.1.1 基本原理

移动床（亦称固定床）气化的原理是，原料煤在高温下与气化剂发生氧化还原反应，产生以H_2、CO和CH_4为有效气体的煤气，气化炉内原料床层相对稳定或随着原料的消耗缓慢向下移动，这也是之所以称为移动床的原因。煤从气化炉顶加入，灰渣从气化炉底排出，气化剂由炉底通过炉算送入炉内，气化生成的煤气由炉顶导出。

移动床气化强度低，煤炭在炉内停留时间较长，移动床气化炉内料层自下而上可相对分成5个层次，即灰渣层、氧化层（燃烧层）、还原层、干馏层和干燥层。原料煤在这些层中发生相应的变化或反应。制造煤气的主要反应是在氧化层和还原层中进行，氧化层和还原层合并在一起的区域称为气化区，干燥层和干馏层合并在一起的区域称为预处理区域。在气化炉中，实际上分层并不明显，层与层之间会出现交错、局部渗透现象。移动床气化操作过程是逆流操作，热量利用合理。另外，其投资低，操作相对容易，所以广为使用。

两段式移动床气化炉一般在常压下运行。它是在单段煤气发生炉的上部增加一个干馏段而形成的，所以由干馏段和气化段组成，煤气出口也分成上、下两个，分别位于干馏段和气化段。使用高挥发分的烟煤为原料生产煤气。一般的干馏段高度为 4～6m，干馏过程进行得较为彻底，因而可得到较多的轻质焦油，同时可产生甲烷含量较高的高热值煤气，上段煤气的热值约 7.5MJ/m³（标准）；下段煤气中不含重质烃类物质，使气化炉所产的污水量降低，便于处理；上下段煤气可分别利用。根据结构的不同和操作的差异，可将两段式移动床气化炉分为两段混合煤气发生炉和两段水煤气炉两种。

连续鼓风两段炉主要生产低热值工业燃料气。由于两段水煤气炉产品煤气中包含有低温干馏所生成的焦油蒸气，因其热值较一般水煤气高，经脱除回收焦油和控制一氧化碳含量后，可作为中小城市的民用煤气使用。此外，也可用增热油进行增热，进一步提高煤气热值。所以，两段式移动床气化炉，应用于生产工业煤气及中小城市的民用煤气。

7.1.2 技术内容

1. 两段混合煤气发生炉

1）两段混合煤气发生炉的技术特点

两段混合煤气发生炉为一连续鼓风气化的两段炉，如图 7.1 所示。

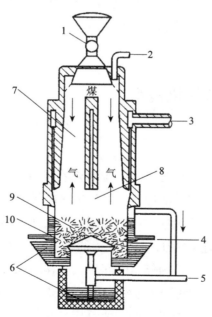

图 7.1 两段混合煤气发生炉示意图

1.加煤机构；2.顶煤气出口；3.底煤气出口；4.夹套水入口；5.空气入口；
6.水封槽；7.干馏段；8.气化段；9.氧化层；10.灰渣层

两段混合煤气发生炉是指在常压下将烟煤干馏和气化集中在同一气化炉内完成的完全气化装置。它实际上是在一般的发生炉的上部增加一个干馏段，烟煤先在此进行低温干馏，变成炽热的半焦，然后半焦进入下部的发生炉进行气化。

块煤料经加煤机构加入炉顶，在干馏段中被上升的热煤气加热而发生干燥、干馏。干馏生成的焦油流动性很好，轻质组分多，沥青及游离碳含量低。干馏产生的炽热半焦随后进入气化段，并与连续送入的水蒸气、氧气或空气等气化剂进行反应，使碳充分气化，在氧化层发生燃烧反应，最终残剩灰渣从气化炉底部排出。

两段炉生产的煤气由两个煤气出口引出。

（1）气化段生产的煤气，一部分作为载热气流上升进入干馏段；另一部分先进入干馏段耐火通道，将部分显热经耐火砖传给干馏段炉料，然后由气化炉中上部出口引出，这部分也称下段煤气。下段煤气出炉温度500～600℃，不含或含微量焦油，其洗涤水中含油、含酸量较少，易于处理。调节煤气出口阀门，可控制进入干馏段煤气的量也即控制进入干馏段的热量。

（2）干馏段中的块煤受到来自气化段热煤气的加热发生热解，产生干馏煤气。干馏气与作为载热体的气化气一起由炉顶出口引出，上段煤气的出炉温度为90～120℃。由于顶部煤气温度较低，可采用间接冷却器冷却煤气，从而避免了煤气中焦油等杂质与水的直接接触，既保证了焦油的质量，又避免了产生大量含酚废水。两段炉焦油由于其质轻、流动性好，电捕焦油器对此类焦油的脱除率很高。回收的焦油中水分含量小于1%，易于加工处理，是一种高质量的原料油。

2）两段混合煤气发生炉工艺流程

连续鼓风两段炉主要生产低热值工业燃料气。燃料气的冷却、净化等处理过程，可因用户的具体要求不同而异。一般有三种典型工艺流程，即生产热粗煤气（含焦油）、热净煤气和冷净煤气。

（1）热粗煤气生产工艺。

热粗煤气的生产工艺流程如图7.2所示。

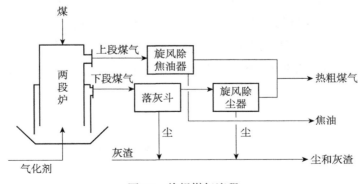

图7.2 热粗煤气流程

上段煤气出炉后进入旋风除焦油器,捕集的焦油自流至焦油罐。下段煤气出炉后先经落灰斗,除去大颗粒飞灰,后再进入旋风除尘器除尘,然后与顶煤气混合。由于下段煤气温度高达500~600℃,与顶煤气汇合时足以使顶煤气中的焦油雾蒸发成焦油蒸气。混合后的煤气以适中的温度送至用户,在煤气总管中不产生焦油的沉积。因而,两段炉生产的热粗煤气输送距离可达300m。

(2)热净煤气生产工艺。

与上述工艺略有不同,上段煤气出炉后,除了经过旋风除焦油器外,还须经过工作温度为90~150℃电气滤清器,除去煤气中的焦油和飞灰,然后再与下段煤气混合,其余均与热粗煤气的流程相同。该流程的热效率在85%左右;煤气热值为6.91MJ/m³。

(3)冷净煤气生产工艺。

冷净煤气生产工艺流程如图7.3所示。

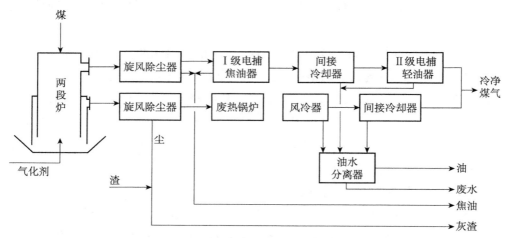

图7.3 冷净煤气流程

上段煤气出炉后,经旋风除尘器除去大部分灰尘和大滴焦油,进入Ⅰ级电捕焦油器,以除去重质焦油雾滴和灰尘,再进入间接冷却器,将煤气冷却至30℃左右,进入Ⅱ级电捕轻油器,以除去轻油雾滴。下段煤气出炉后,先经旋风除尘器除尘,此后进入废热锅炉,在煤气降温的同时回收煤气的显热,煤气温度降至200~230℃;再进入风冷器冷却,温度降至65~80℃,随后经间冷器冷却至30℃左右,然后与顶煤气混合成为产品煤气。也有的流程是将下段冷却煤气先与上段冷却煤气混合,然后一起进入Ⅱ级电捕轻油器。

2. 两段水煤气炉

1)两段水煤气炉的技术特点

两段水煤气炉实际上是一间歇鼓风两段炉,气化段为水煤气型发生炉,如图7.4所示。

间歇鼓风两段炉的基本原理与连续鼓风两段炉基本相同,所不同的是其气化段是间歇地鼓入空气和蒸汽以完成水煤气的生产过程,故该种形式的两段炉取名为间歇鼓风两

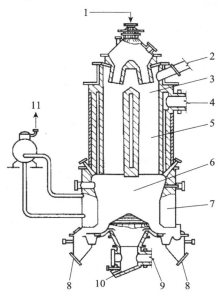

图7.4 两段水煤气炉示意图

1.加煤机构；2.顶煤气出口；3.干燥段；4.底煤气出口；5.干馏段；6.气化和燃烧段；
7.水夹套；8.排灰口；9.空气入口；10.蒸汽入口；11.夹套汽包

段炉。由于水煤气生产的各阶段中，气流的流向在不断改变，故作为干馏段载热气体的气流及其流向也在不断改变，因此其生产过程要比连续鼓风两段发生炉复杂一些。制气主过程分为吹风阶段、上吹制气阶段和下吹制气阶段。在吹风和制气阶段之间切换时还需蒸汽吹扫。

吹风阶段，高温吹风气作为干馏段载热气体。流经干馏段隔墙和外墙的通气道，对煤层进行外热干馏。煤层中产生的纯干馏煤气由上段煤气出口引出；吹风气由下段煤气出口引出，经余热回收后放空。

上吹制气阶段，上行煤气作为干馏段的载热气体，上行煤气全部由干馏段煤层中通过，对煤层进行内热干馏，产生的干馏气与上行煤气相混合，由上煤气出口引出，进入煤气处理系统。

下吹制气阶段，下吹蒸汽作为干馏段的载热气体，过热的下吹蒸汽由下段煤气出口进入，经干馏段隔墙和外墙的通道，下行进入气化段，对煤层进行外热干馏。煤层中产生的纯干馏煤气从上煤气出口引出；气化段生成的下行煤气由炉底引出。

2）两段水煤气炉工艺流程

水煤气两段炉的生产工艺与传统的单段水煤气生产工艺相仿。其工作循环一般由5个阶段组成，即吹风阶段、蒸汽吹净阶段、上吹制气阶段、下吹制气阶段和二次蒸汽吹净阶段。

其上吹制气阶段的流程见图7.5，下吹制气阶段的流程见图7.6。

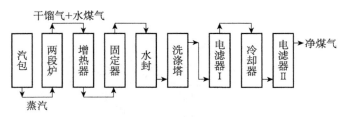

图7.5　上吹制气流程

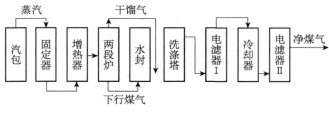

图7.6　下吹制气流程

7.1.3　应用实例

煤化工分院开发的 ϕ1.6m 两段水煤气炉，在山东新汶矿务局、内蒙古准格尔煤炭工业公司、大柳塔等煤矿应用。ϕ1.6m 两段水煤气炉造气循环时间140s，空气鼓风压力7.9kPa，空气鼓风流量平均值为1000m³/h，瞬时值可达3500m³/h，入炉蒸汽压力0.06～0.1MPa，入炉蒸汽流量平均值为868～980kg/h。煤气出口温度：上吹煤气100～120℃、下吹煤气300～340℃、鼓风煤气250～300℃。入炉煤量为545kg/h，煤气产量为620m³（标准）/h，气化强度272.5kg/（m²·h）。上吹煤气 H_2+CO+CH_4 含量达72.52%，煤气热值9.21MJ/m³（标准）。下吹煤气 H_2+CO+CH_4 含量达74.20%，煤气热值9.24MJ/m³（标准）。混合煤气 H_2+CO+CH_4 含量达72.90%，煤气热值9.14MJ/m³（标准）。

7.2　加压移动床气化技术

7.2.1　基本原理

固态排渣加压移动床气化炉的原理如同常压移动床气化炉，沿料层的高度方向也会出现不同特征的区域，即从下而上分为灰渣层、氧化层、气化层、甲烷层、干馏层和干燥层。在气化过程中，原料自上而下，气化剂自下而上，逆流接触，逐渐完成煤炭由固态向气态的转化。

1. 灰渣层

一般控制灰渣层厚度在300mm左右，以保证气化炉的炉箅不会被灼热的炭烧坏或变形。高压过热蒸汽、氧气以及气化炉自产的饱和蒸汽混合后，约340℃进入气化炉，通过炉箅均匀地分散到灰渣层中。在炉箅和灰渣层，气化剂被加热到1100℃以上，而灰渣被冷却到400～500℃后排入灰锁。

2. 氧化层

在氧化层内，煤料中的残炭和氧进行如下两个放热反应：

$C(s)+O_2(g)=CO_2(g)$　　　　　　　　　　$\Delta H=-393.5kJ/mol$

$C(s)+1/2O_2(g)=CO(g)$　　　　　　　　　$\Delta H=-110.5kJ/mol$

前一个反应是主要的，所以，反应生成物中主要是CO_2及少量的CO。当O_2全部反应完以后，该层结束。氧化层是气化炉的供热层。由于碳的燃烧反应在高温下反应速率极快，所以煤料在该层的停留时间比其他各层短得多，大约为3～8min。

3. 气化层

煤料在气化层内主要进行如下吸热反应（最后一个是放热反应）：

$C(s)+H_2O(g)=CO(g)+H_2(g)$　　　　　　$\Delta H=+131.3kJ/mol$

$C(s)+2H_2O(g)=CO_2(g)+2H_2(g)$　　　　$\Delta H=+90.1kJ/mol$

$C(s)+CO_2(g)=2CO(g)$　　　　　　　　　$\Delta H=+172.5kJ/mol$

$CO(g)+H_2O(g)=H_2(g)+CO_2(g)$　　　　 $\Delta H=-41.22kJ/mol$

随着水蒸气分解和CO_2还原反应的进行，H_2和CO的生成量不断增加，水蒸气和CO_2含量不断下降。

4. 甲烷层

由于大量CO和H_2的生成，也就为甲烷化反应创造了条件。这时发生的甲烷化反应主要有：

$C(s)+2H_2(g)=CH_4(g)$　　　　　　　　　$\Delta H=-74.4kJ/mol$

$CO(g)+3H_2(g)=CH_4(g)+H_2O(l)$　　　　$\Delta H=-205.7kJ/mol$

随着加氢气化反应和甲烷化反应的进行，CH_4量不断增加，H_2和CO逐渐降低。生成CH_4量的多少取决于煤的直接加氢活性高低和床内温度与气化压力的高低。这个区域内温度较低，气化反应一般不会发生，而甲烷化反应能缓慢地进行，持续的时间较长，煤的停留时间为0.5～1h。

5. 干馏层

煤料被上升的煤气加热到300～600℃，开始软化，并分解出焦油，留下低温半焦。这时，除了干馏反应外，还有CO的变换反应

$CO(g)+H_2O(g)=CO_2(g)+H_2(g)$　　　　$\Delta H=-41.2kJ/mol$

6. 干燥层

原料煤从煤锁间歇地加入到气化炉顶部的煤料分布器内，然后逐步被加热到

150～240℃，煤中的表面水不断被蒸发，煤料得到干燥。

由于各种反应的热效应不同，随着各种反应的进行，使料层纵向温度的分布不均匀，存在一个温度最高的区域。而且，在同一层中，气、固两相的温度并不相同。在灰渣层和氧化层中，是固相向气相传热，而在其他各层中，则是气相向固相传热。甲烷层是生成甲烷的主要反应层，该层进行的甲烷生成反应是碳与氢、一氧化碳与氢之间的反应，反应速率比氧化层中气化反应速率要慢得多。因此，为使反应能充分进行，生成尽可能多的甲烷，一般要求还原层厚度较大，保证原料在该层的停留时间为0.5～1h。由于甲烷生成反应放出的热量与该层中其他反应吸收的热量几乎相等，因此该层的温度变化较小。与常压气化相比，加压气化过程中甲烷生成反应增多，一方面是由于较厚干馏层挥发分热解产生甲烷，另一方面是由于甲烷层中碳的加氢生成甲烷，而且主要以后者为主。在加压条件下，其他反应亦与常压气化有一定的区别，如压力提高使反应物浓度提高，从而加快了反应速度；压力提高有利于甲烷生成，因此加压移动床气化甲烷含量可达10%。

液态排渣加压移动床气化炉的基本原理是减少向气化炉中提供的水蒸气量，提高氧化层温度到灰熔融温度以上，灰渣呈熔融流动状态自炉内排出，因而也就没有固态排渣的炉箅，而改为收集和容纳熔融状态熔渣的渣池，在渣池上方有气化剂进入的喷嘴。由于消除了结渣对炉温的限制，使气化层温度有了较大的提高，从而加快了气化反应速率，提高了设备的生产能力。

加压移动床气化炉主要用于煤制天然气、合成原料气（合成氨、F-T合成液体燃料、甲醇等），以及为IGCC新型发电厂提供燃料气。

7.2.2 技术内容

1. 煤科炉气化装置

煤科炉气化技术是一种连续液态排渣的加压移动床气化技术。气化装置主要包括熔渣气化炉本体、煤锁、渣锁、激冷室、气化剂喷嘴、环形烧嘴、水冷却壁、溢流渣池等。

气化剂喷嘴位于气化炉的下部，各气化剂喷嘴喷出的气化剂对冲交汇于气化炉内中心点处，通过控制此中心点离溢流渣池的距离，保证反应后灰渣呈熔融状态，并汇集于溢流渣池内，为保证溢流渣池的高温环境，溢流渣池底部有环形烧嘴通过燃烧天然气补充热量。气化炉内壁设有水夹套，通过循环冷却水降温，对气化炉内壁高温区炉衬进行保护，防止高温烧损。

煤化工分院建设了400kg/h连续液态排渣固定床气化中试装置，中试装置炉膛内径500mm，炉膛内设计温度2000℃，设计压力5.0MPa，操作压力4.0MPa，加煤量400kg/h，氧气量100m^3（标准）/h，蒸汽量96kg/h，煤气产量600m^3（标准）/h，煤气出口温度300～500℃，原料煤粒度6～25mm。

2. 煤科炉气化技术工艺流程

煤科炉气化技术工艺流程包括煤仓、煤锁、气化炉、激冷室、渣锁、渣池、汽包、水夹套、洗涤冷却器、气液分离器，脱硫罐等。合格粒度的原料煤由煤仓经煤锁，从气化炉上部加入气化炉内，气化剂（氧气及水蒸气）由气化炉下部经喷嘴喷入气化炉内。原料煤自上而下移动，与逆流而上的煤气进行热交换，经过干燥、干馏后与气化剂发生气化反应。气化产生的灰渣以液态形式，由溢流渣池连续排入激冷室，在激冷室内液渣被冷凝为玻璃态灰渣，再由激冷室经渣锁排入渣池。气化产生的粗煤气自下而上，与原料煤充分换热后，由气化炉的上部侧面导出，经洗涤冷却器进行快速冷却降温，冷却后的粗煤气经过气液分离器后进入脱硫罐进行脱硫，脱硫后的煤气作为产品气。

煤科炉气化中试装置工艺流程，见图7.7。

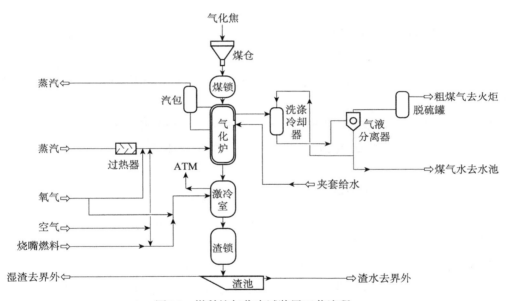

图7.7　煤科炉气化中试装置工艺流程

3. 煤科炉核心技术

1）高温区水冷壁技术

传统固定床液态排渣气化炉，燃烧区炉衬耐火材料因高温过热烧损、流体冲刷及熔渣侵蚀损毁严重。煤科炉气化技术通过在高温区加设水冷壁，有效解决耐火衬里的烧损问题，达到如下技术效果。

（1）保护高温核心区耐火材料不被过热烧损。

（2）耐火材料表面形成凝渣层，以渣抗渣，避免物理化学侵蚀。

（3）提高气化装置运行寿命和稳定性。

2）连续液态排渣技术

传统固定床液态排渣气化炉，采用间歇排渣方式，排渣控制系统复杂，故障率高，同时因温度分布不均及渣口析铁沉积，导致排渣不畅。煤科炉气化技术通过溢流式连续液态排渣渣池进行排渣，达到如下技术效果：

（1）简化排渣过程控制，降低系统故障率。

（2）形成热容池，保证系统热惯性，提高系统运行稳定性。

（3）渣池内形成凝渣层保护耐火材料，延长系统使用寿命。

4. 煤科炉气化技术的特点

（1）原料适应性广：除可处理褐煤、烟煤、无烟煤、石油焦、半焦等含碳原料外，还可实现低活性焦炭的高效气化，现有固定床固态排渣气化技术反应温度较低，无法有效气化焦炭颗粒。

（2）气化强度大：反应温度高达 $1800 \sim 2000℃$，运行压力最高可达 4.0MPa，单位截面产气量可达 $5900m^3$（标准）/（$m^2 \cdot h$），为现有固定床固态排渣气化技术的 $1.5 \sim 2$ 倍。

（3）煤气有效组分含量高：煤气有效组分达 90% 以上，较现有固定床固态排渣气化技术提高 20% 左右。

（4）碳转化率高：系统碳转化率高于 99%，较固态排渣气化提高 $3\% \sim 5\%$。

（5）气化效率高：冷煤气效率高于 85%，较现有固定床固态排渣气化技术提高 $5\% \sim 10\%$。

（6）蒸汽消耗低、废水产量少：反应温度高，蒸汽耗量低。每千立方米有效气蒸汽耗量 $230 \sim 250kg$，仅为固定床固态排渣的 $12\% \sim 15\%$，且蒸汽分解率超过 90%，气化过程的废水产量仅为固态排渣气化的 $15\% \sim 30\%$。

（7）投资低：技术装备完全国产化，投资较国外相近技术降低 50% 以上。

（8）运行成本低：系统气化效率高，单位有效气的资源消耗低，与现有固定床固态排渣气化技术相比，生产等量有效气的成本降低 30% 以上。

与传统固定床固态排渣鲁奇气化技术相比，煤科炉具有气化强度高、碳转化率高、有效气含量高、冷煤气效率高、废水产量低、有效气生产成本低等优势，有效地提高了气化效率，并降低污染物排放带来的环境压力。

与传统固定床液态排渣 BGL 气化技术相比，煤科炉具有投资低、不添加助熔剂、排渣热损失低、排渣控制简单、不析铁、高温区耐火材料使用寿命长等优势，有效地提高了气化装置的运行稳定性并降低助熔剂投资成本。

7.2.3 应用实例

煤科总院煤化工分院建设了 400kg/h 连续液态排渣固定床气化中试装置，即煤科炉中试装置。

煤科炉连续液态排渣中试装置,在 4MPa 下的运行参数见表 7.1。

表7.1　煤科炉液态连续排渣中试装置运行参数

序号	参数	数值
1	压力 /MPa	4.0
2	加煤量 / (kg/h)	400
3	蒸汽消耗量 / (kg/h)	96
4	氧气消耗量 / [m^3(标准)/h]	100
5	汽氧比	0.96
6	煤气产量 / [m^3(标准)/h]	600
7	煤气组成(体积分数)/% H_2	28.37
	CO	58.73
	CO_2	7.65
	CH_4	4.18
	O_2	0.10
	N_2	0.85
	H_2S	0.11
	$H_2+CO+CH_4$	91.28

煤科炉液态连续排渣中试结果表明,在温度高于灰熔点的情况下,灰渣渣池内完全处于熔融状态,在液渣积累到一定程度后,熔融液渣从溢流排渣口可以连续顺利排出,冷凝灰渣中含碳量低于 1%。高温区水冷壁内侧耐火材料表面形成以渣抗渣结构,有效避免物理化学侵蚀。该溢流熔渣气化装置可以实现连续稳定运行。

利用煤科炉中试装置,可对煤样进行气化试烧服务,评价煤样在加压条件下的气化工艺特性,为这些煤炭的气化及深加工工艺开发、设计提供较为可靠的技术参数,规避企业投资建厂风险。

目前正在开展利用该技术工程化应用研究,将在华北地区建设日处理煤量千吨级的示范装置。

(本章主要执笔人:徐春霞,张科达,郭良元)

第 8 章
煤直接液化与煤基油品加工技术

煤直接液化与煤基油品加工是指以煤或副产的煤衍生油为原料生产清洁燃料和化学品的技术。煤炭科学研究总院煤化工分院以产业和市场需求为导向，全面布局煤直接液化（煤直接液化、煤油共炼）和煤基油品加工（煤焦油加氢）技术领域，经过 30 余年的科技攻关和技术积累，在关键技术研发、重大关键装备自主化研制等方面取得了突破性进展。

煤直接液化技术始于 20 世纪 30 年代的德国，当时为了战争用油，生产不惜成本，反应条件苛刻，共建设了 11 套煤直接液化装置，生产能力达到 4.23Mt/a。20 世纪 50 年代中东地区大量廉价石油开发使煤直接液化失去了竞争力，除美国等少数国家利用前期德国的研究资料进行了大量的基础研究工作外，其他国家研究基本处于终止状态。20 世纪 70 年代两次石油危机促使煤直接液化技术的研究开发形成了一个新的高潮。美国、德国、英国、日本等发达国家在大量试验研究的基础上，相继开发了第二代多种煤直接液化新工艺，如：美国溶剂精炼煤工艺（SRC-Ⅰ和 SRC-Ⅱ），埃克森溶剂供氢工艺（EDS）和氢-煤法工艺（H-Coal），德国 IGOR 工艺（integrated gross oil refining），日本烟煤液化工艺（NEDOL），褐煤液化工艺（NBCL）和两段催化液化 CTSL 工艺（catalytic two-stage liquefaction）等。上述工艺技术的进步表现在反应条件苛刻度大为降低，液化油产率也得以提高，经济性大有改善，但其缺点是：①因反应选择性欠佳，气态烃多，氢耗高，煤液化成本较高；②固液分离技术虽有所改进，但尚未根本解决；③催化剂催化活性不理想，铁催化剂活性较低，钴-钼催化剂成本较高等。进入 21 世纪，根据我国以煤为主的能源结构现实和国内经济快速发展对汽柴油供应需求急剧增长的国情，在相关技术研发工作和经济分析取得可行性结论的基础上，神华集团有限责任公司联合煤炭科学研究总院和国内相关企业、工程公司开展煤直接液化技术开发和产业化示范工作。2008 年世界上首套 108 万 t/a 的神华煤直接液化工业示范装置建成运行，使我国成为世界上唯一实现百万吨级煤直接液化技术工业化的国家，标志着我国煤直接液化技术已达到了世界领先水平，在技术上具备了产业化推广的条件。在"十三五"时期煤制油将进入升级示范阶段，煤直接液化项目将在能耗、水耗、污染物排放、产品结构等方面继续进行优化，中国煤直接液化技术将在世界上更具市场竞争力。

煤油共炼始于 20 世纪 80 年代，是在煤直接液化技术基础上发展起来的一种煤与重质油共同加工的技术。该技术解决了煤直接液化过程中溶剂油短缺和柴油十六烷值偏低的技术问题，最大限度地兼容煤和重质油的反应特性，实现了重质油加氢裂化与煤直接液化技术的优势互补，与单独采用煤或重质油加工技术相比，煤油共炼技术相当于节省了一套重质油加氢裂化装置。煤油共炼技术主要分为两大类：第一类，选用煤与低品质重质油共同加工，如加工重金属（镍、钒等）含量和沥青质含量较高的石油或重质油。既避免了石化行业渣油加氢裂化过程中容易出现沉积和结焦倾向的缺点，又充分利用了其重质油中的重金属在煤油共炼中的催化作用，在一定程度上减少了催化剂的使用量。第二类，选用环烷基重质油与煤共同加工，环烷基重质油是煤油共炼反应过程中理想的供氢溶剂，与煤具有良好的协同作用，该类技术的液体油收率较高，由于环烷基重质油来源广泛，因此该类技术是未来煤油共炼的发展趋势。

煤焦油加氢技术已有近90年的发展历史。进入21世纪，随着国内低阶煤提质及煤制天然气产业的兴起，副产品煤焦油的高效清洁综合利用成为煤制油领域新的技术发展方向，在已有的基础上相继开发出五类技术：轻馏分油固定床加氢精制技术、减压馏分油固定床加氢裂化技术、延迟焦化-固定床加氢裂化联合加工技术、沸腾床加氢裂化-加氢精制联合加工技术、悬浮床加氢裂化-加氢精制联合加工技术。已经实现工业化的加氢技术多采用固定床加氢，如陕西煤业化工集团神木天元化工有限公司45万t/a、原哈尔滨气化厂5万t/a、七台河宝泰隆煤化工股份有限公司10万t/a等项目。近年来，随着采煤机械化程度的提高和煤炭分质分级利用的发展，粉煤热解产生的含尘劣质焦油将成为未来煤焦油加工的重点。而煤炭科学研究总院煤化工分院开发的悬浮床加氢技术正是加工此类焦油的最佳途径，悬浮床加氢裂化-加氢精制联合加工技术是煤直接液化技术、石油行业渣油加氢技术和油品加氢技术的集成创新技术，具有原料适应性广，油收率高，有效抑制结焦，产品质量好等特点，可实现煤焦油最大化的加工利用，是未来煤焦油加氢技术的发展方向。

8.1 煤直接液化技术

8.1.1 技术原理

煤直接液化是将固态的煤粉及催化剂与溶剂油先配成煤浆，再在高温高压下直接与氢气进行反应，反应压力15~20MPa，反应温度450℃左右，反应停留时间1~2h，使煤直接转化成液体油品的工艺技术。在合适的反应条件下，液化性能优良的煤转化率可达到90%以上，所得的煤液化粗油再经过加氢等一系列提质加工，不仅可以生产汽油、柴油、液化石油气、喷气燃料等清洁燃料，还可以获取苯、甲苯、二甲苯（BTX）等化学品，少量未反应煤和沥青质组成的固体残渣可用于生产筑路用沥青、煤基碳纤维、中间相碳微球等高档碳材料。

煤直接液化工艺主要受煤种的影响较大，煤种的煤化程度、岩相组成及煤质因素是直接的影响因素，其中煤化程度是主要因素，煤化程度越高，煤种越难以被液化。通常选用年老褐煤和高挥发分烟煤作为液化用煤,同时也必须考虑煤质因素。适宜的煤直接液化煤种一般满足以下大部分条件。

(1)年轻烟煤和年老褐煤,褐煤比烟煤活性高,但因其氧含量高,液化过程中耗氢量多。

(2)挥发分大于35%(干燥无灰基)。

(3)氢含量大于5%,碳含量75%~82%,氢碳原子比越高越好,同时希望氧含量越低越好。

(4)芳香度小于0.7。

(5)活性组分大于80%。

(6)灰分小于10%(干燥基),矿物质最好富含硫铁矿。

选择出具有良好液化性能的煤种不仅可以提高煤的转化率和油产率,还可以使反应在较温和的条件下进行,从而降低操作费用,减少生产成本。

8.1.2 技术内容

1. 煤直接液化催化剂

煤直接液化催化剂是降低煤直接液化油成本和反应苛刻度的关键技术之一。煤炭科学研究总院煤化工分院通过承担国家高技术研究发展计划(863计划),开发了纳米级高分散铁基催化剂("863催化剂"),解决了催化剂制备过程中瞬间沉淀反应和防止氧化反应过程中纳米粒子的二次团聚等技术难点,成功得到了纳米级的高效催化剂产品,形成了高效纳米铁基催化剂的制备工艺。"863催化剂"纳米颗粒直径为30~50nm,长度为80~150nm,呈纺锤形状负载于煤粉表面,其扫描电镜图片见图8.1。

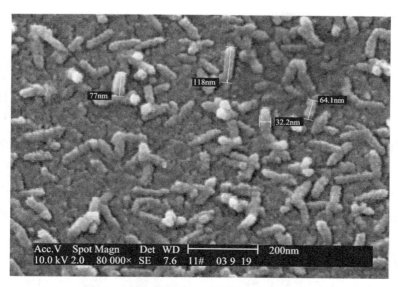

图8.1 "863催化剂"扫描电镜(80000倍)

该催化剂主要技术特点为用量少，添加量为常规铁系催化剂的 1/4～1/2，液化油收率比常规铁系催化剂高 4～5 个百分点，原料廉价易得，来源丰富，催化剂成本低，催化剂制备工艺简单，操作方便。煤炭科学研究总院煤化工分院应用该催化剂先后进行了大量的连续运转试验，充分验证了该催化剂的先进性和稳定性，并最终应用于神华 108 万 t/a 煤直接液化示范工程。

在以上研究成果基础上，煤化工分院对煤炭直接液化催化剂不断进行了改进与技术升级。针对褐煤高挥发分和高氧含量的特点，开发了两种专利催化剂：一种用于褐煤直接液化的固体酸催化剂及其制备方法和另一种复合型煤直接液化催化剂及其制备方法。开发的催化剂具有催化活性高、生产成本低等特点，可有效提高酚产率，实现褐煤的温和直接液化多产酚类化合物的目的，拓宽直接液化产品种类，降低生产成本。

2. 煤直接液化关键装备

煤直接液化工艺中关键装备主要包括煤直接液化反应器、高压煤浆输送泵、高温高压差减压阀等。

1）煤直接液化反应器

反应器是煤直接液化工艺的核心设备，处理的物料包括气相氢、液相溶剂和固相煤粉，且固体含量高达 40%～50%，液化反应同时发生煤热解的吸热反应和加氢的强放热反应，整个反应体系较为复杂。目前，煤直接液化反应器主要是浆态床反应器，因反应器易沉积，必须配备能在高温高压条件下运行的循环泵。煤化工分院通过近 20 年的科技攻关，开发了一种无需强制循环泵、结构简单、传质性能好、易于工程放大的环流反应器，见图 8.2。在 6t/d 煤直接液化中试装置上进行验证发现，与强制循环的浆态床反应器的试验结果基本相当，见表 8.1。由于试验所用原料煤质量不太好，惰质组含量高达 48%，所以煤的实际转化率不到 90%，油收率不到 50%。

图 8.2　内循环环流反应器示意图

表8.1 强制循环与环流反应器试验结果

项目	反应器操作模式	
	强制循环	环流
煤样编号	1号	1号
M_{ad} /%	2.26	3.19
A_d /%	5.31	3.52
试验结果：		
蒸馏油收率（daf）/%	49.08	48.37
水（daf）/%	10.83	11.65
气产率（daf）/%	9.39	9.21
氢耗（daf）/%	4.21	4.26
转化率（daf）/%	85.19	87.95

2）高压煤浆输送泵

高压煤浆泵的功能是将油煤浆原料加压至高压输入预热炉，升温后进反应器。高压煤浆输送泵是煤直接液化工程的关键设备，要求其排出压力高（出口压力15.2～20.6MPa）、固体含量高（30%～48%）、抗腐蚀，因而其制造难度大。煤化工分院从关键部件的材料筛选、泵形式的选择、泵头结构的设计、泵流道的设计、TiN阀芯的表面处理、金刚石阀座的研制到阀的过流道结构设计的多个技术环节，通过对不同阀芯直径的流场分析等来优化结构设计。所设计的柱塞泵在高压20MPa下，输送煤粉含量45%的油煤浆，操作温度100℃，流量360L/h，稳定运行时间超过了750h。

3）高温高压差减压阀

高温高压差减压阀是将反应后的物料由高压变为常压或低压的关键设备。由于物料中含有大量的固体，且前后压差较大，因此在使用过程中存在易磨损、易泄漏等问题。煤化工分院以碳化钨硬质合金为基底，利用二次原位烧结聚晶金刚石法，采用多种抗磨损复合材料试制了烧结体组织致密均匀、高温下耐磨性能好的阀芯、阀座、衬套和节流孔板。优化了高压差减压阀的流道结构，使固体颗粒对阀芯的冲击磨损力降低，通过在阀出口设置了二次节流孔板，降低了阀芯阀座处的压力差，从而降低了关键部位的流速。所设计的高温高压差减压阀在温度420℃、阀前压力20MPa、阀后压力0.1MPa、阀的通量为12L/h的条件下，介质为煤液化高温高压分离后的重质物料（含未反应煤、煤中矿物质、催化剂、溶剂油），在煤直接液化装置上运行超过了800h尚未发现磨损，从而解决了小流量高温高压差减压阀的技术难题。

3. 煤直接液化工艺

20 世纪 80～90 年代，煤化工分院依托自有的高压釜及连续试验装置对我国十几个省（自治区）的气煤、长焰煤和褐煤进行了 51 次 28 个煤样的煤液化性能评价试验。从中筛选出了 15 个液化性能较好的煤种，对其中有代表性的 5 个煤种进行了工艺开发研究，实际液化油收率最高达 55%。利用国产催化剂对煤液化油的提质加工研究制得了合格的汽油、柴油、航空煤油，并确定了提质加工的工艺条件。

2000 年国家批准神华集团筹备建设国内第一个煤直接液化示范厂。煤炭科学研究总院在采用日本 NEDOL 工艺及美国 HTI 工艺试验加工神华集团神东煤样的基础上，改造原有的 0.1t/d 煤直接液化小型连续试验装置，保留循环溶剂加氢并对 HTI 工艺进行创造性的优化改造，协助神华集团完成了神华煤直接液化工艺自主知识产权技术的开发。该工艺实际应用于百万吨级神华煤直接液化示范工程。

与此同时，煤化工分院根据近 40 年的煤直接液化研究经验，针对中国煤种煤质特点，通过缩短液化轻质油停留时间、延长未反应煤和重油的停留时间，相继开发了两项专利技术：中国煤炭直接液化工艺（CDCL 工艺）和 BRICC 煤直接液化技术。

CDCL 直接液化工艺是一种逆流、环流和溶剂在线加氢反应器串联的煤直接加氢液化工艺。该工艺将逆流反应器和环流反应器串联于煤加氢液化工艺中，同时将溶剂加氢和液化油稳定加氢串联到煤加氢液化高压系统中，生成的油直接进入在线加氢反应器，难以液化的煤和重油进入环流反应器继续加氢液化（图 8.3）。该工艺可有效提高煤液化的反应转化率，油收率达到 60.5%，比传统液化工艺高 4%～5%。

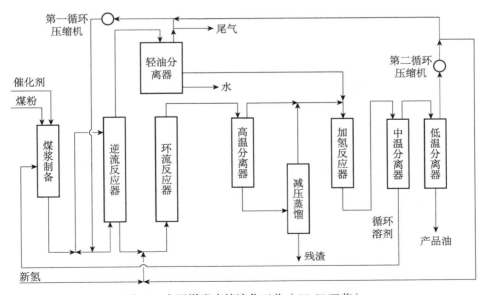

图 8.3　中国煤炭直接液化工艺（CDCL 工艺）

BRICC 煤直接液化技术是一种大循环工艺技术（图 8.4）。它借鉴了悬浮床反应器底部需要强制循环的设计模式。该技术采用第二煤液化反应器出口的高温物料和第一反应器入口的低温物料混合，实现了热能的有效利用，使液化反应器中的物料在两个反应器间循环，可有效均衡两个煤液化反应器的反应负荷，使煤直接液化反应系统的操作难度降低，同时可有效增加两个反应器内液相轴向流速，避免固体颗粒在反应器内的沉积，保证液化装置长期稳定运转。

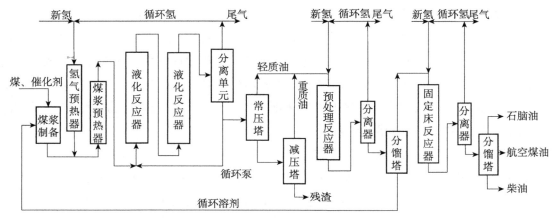

图8.4　BRICC直接液化工艺

8.1.3　应用实例

煤直接液化"863催化剂"制备工艺和与神华集团合作开发的神华煤直接液化工艺已应用在中国神华煤制油化工有限公司鄂尔多斯分公司108万t/a煤直接液化示范工程中。示范工程已于2008年底投煤运转，2011年正式投入商业运行，目前装置实现了长周期满负荷稳定运转，取得了较好的经济效益和社会效益。

8.2　煤油共炼技术

8.2.1　技术原理

煤油共炼技术是在煤炭直接液化技术基础上发展起来的一种煤与重质油共加氢技术。主要特点是利用煤基油、石油基重质油等替代或部分替代煤直接液化过程中的循环溶剂，在高温、高压、氢气及催化剂的作用下，重质油与煤同时进行加氢反应，最终获得清洁燃料油。煤油共炼技术是煤直接液化工艺和重质油加氢裂化工艺的有机结合，是一种高效利用煤炭资源生产液体燃料的新技术。与煤直接液化相比，具有氢利用率高、油品质量好、相对投资费用低等优点。

煤油共炼所用的煤种与煤直接液化用煤基本一致，一般为年老褐煤和年轻烟煤（包括长焰煤、弱黏煤、不黏煤和气煤），重质油原料最初主要来自石油及其加工过程的低品质油，后来逐步扩展到煤焦油、页岩油、废塑料和废橡胶轮胎衍生油等。

8.2.2 技术内容

1. 煤油共炼原料

煤油共炼原料包括煤和重质油，重质油既是反应原料又是工艺过程中的溶剂。它在煤转化过程中起着决定性的作用。适宜的重质油不仅可以溶解一部分煤，对煤有一定的溶胀作用，还对煤热裂解生成的自由基起到稳定和保护作用，在反应过程中传递和转移生成的活性氢，并对产物进行稀释。

煤化工分院对煤油共炼技术的研究已有 20 余年，在煤油共炼用重质油的研究方面做了大量工作。对石油或石油炼制过程的低附加值重质油（高金属含量、高沥青质含量的低品质石油，催化裂化加工过程的回炼油、澄清油油浆，常减压渣油，润滑油溶剂精制抽出油，延迟焦化重质油，减黏裂化重质油和加氢裂化重质油等）及煤焦油进行了煤油共炼的研究。发现不同的重质油对煤油共炼的适应性不同，环烷基重质油与煤有很好的协同作用，石蜡基重质油与煤的共处理效果较差。为了改善石蜡基重质油与煤的共处理效果，煤化工分院于 2007 年在煤直接液化工艺的基础上开发了 BRICC 煤油共处理工艺。该工艺对石油或石油炼制过程的低附加值重质油及煤焦油均有较好的适应性。

2. 煤油共炼催化剂

催化剂是煤油共炼技术的核心内容，性能良好的催化剂不仅可以缓和反应条件，也可以促进煤和重质油的加氢裂化，提高煤和重质油的转化率，改善液体产物的质量。目前常用的催化剂为 Fe 系催化剂和 Ni、Mo 系催化剂，结合廉价的 Fe 系和高活性的 Ni、Mo 系催化剂的优势，煤化工分院在研发煤直接液化催化剂的基础上，通过开展国际合作成功研制出了适合煤油共炼的专有催化剂。该催化剂为复合型催化剂，含有高、低两种活性组分，能很好地兼顾煤和重质油的加氢裂化反应，具有制备工艺简便、易操作和成本低廉等特点。以高温煤焦油（或石油重质油）与低变质烟煤为原料的连续运转试验结果表明：使用该催化剂，煤转化率比常规催化剂高 2%～4%，油收率高 3%～5%。

3. BRICC 煤油共炼工艺

经过近 20 年的研究，煤化工分院于 2007 年提出了 BRICC 煤油共炼工艺。该工艺包括四个部分：第一部分为煤浆制备过程，在常压、30～200℃温度条件下，煤粉、催化剂、助剂、溶剂和重油等物料充分混合制成煤浆。其中所配煤浆满足：S/Fe（物质的量比）为 1～4，Fe/干煤为 0.5%～2.0%，煤浆固体浓度为 20%～55%。第二部分为煤的直接液化过程，将制备好的油煤浆经升压、混氢、升温后进入液化反应器进行加氢裂化反应。煤液化反应器内的液化反应条件为：反应温度 430～470℃；反应压力 17～22MPa。第三部分为固-液-气三相分离过程，主要通过分离器及蒸馏装置将产物分离成气体、水、液体油品及残渣。第四部分为加氢提质过程，主要是液体油品的加氢提质和循环溶剂馏分的加氢过程，反应温度 330～400℃，反应压力 10～15MPa，具体工艺流程见图 8.5。

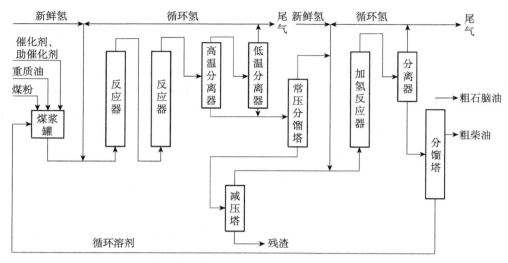

图 8.5 BRICC 煤油共炼技术流程

BRICC 煤油共炼工艺对不同原料煤及重质油均有良好的适应性，能有效抑制结焦反应，煤和重质油的转化率高，油收率高。通过多次连续运转试验验证，煤的转化率在 90% 以上，重质油的转化率在 85% 以上，油收率超过了 70%，达到或超过了国内外同类先进技术水平。

8.2.3 应用实例

BRICC 煤油共炼技术得到了行业的广泛认可，利用连续装置的试验数据为多家企业编写了 20 万～50 万 t/a 不同规模的项目建议书，目前正在与相关企业洽谈技术许可事宜。

8.3 煤焦油加氢制清洁燃料和化学品技术

8.3.1 技术原理

煤焦油加氢制取清洁燃料和化学品技术是以煤焦油为原料，在高温、高压和催化剂作用下，通过加氢脱除氧、氮、硫等杂原子，同时，实现芳烃部分饱和及大分子的加氢裂化，生产品质优良的石脑油馏分、柴油馏分等清洁燃料和化学品（芳烃）的技术。它是近代石油危机和新时期环保要求背景下诞生的技术，不同于传统蒸馏分离提取馏分油的煤焦油加工方式。与石油系产品相比，煤焦油加氢生产的燃料油具有密度大、硫氮含量低、凝点低、热安定性高等优点，是高寒地区车用、军用及航天等方面的优质燃料。煤焦油加氢按照反应器类型主要分为固定床加氢、沸腾床加氢、悬浮床加氢。与固定床加氢和沸腾床加氢相比，悬浮床加氢具有原料适应性广、油收率高、有效抑制结焦、产品质量好等特点，可实现煤焦油加工利用的效益最大化，是未来煤焦油加氢技术的发展方向。

煤焦油悬浮床加氢技术原料适用性广，除了以煤焦油为原料外，劣质原油及渣油、高残炭高含尘焦油和油砂沥青等各种重质油与劣质油也可用作悬浮床加氢技术的原料。

8.3.2 技术内容

1. 煤焦油加氢催化剂

现有煤焦油加氢技术的催化剂一般采用常规的石油加氢催化剂，但由于煤焦油具有杂原子含量高、灰分高、胶质、沥青质含量高的特点，煤焦油在采用常规的石油加氢催化剂及工艺过程时，存在催化剂快速结焦失活、寿命短的问题。针对这一难题，煤化工分院配套 BRICC 煤焦油加氢技术开发了 BRICC 煤焦油悬浮床加氢催化剂。该催化剂由高活性组分和低活性组分组成。高活性组分为钼、镍、钴或钨等有色金属的水溶性盐类，目的是为了提高大分子沥青的加氢性能，有利于提高转化率；低活性组分以铁的化合物为主，主要用于稳定裂化得到的轻质油，降低催化剂生产成本。它不仅有较强的加氢转化功能，还能抑制气体和焦炭的生成，并有较强的吸纳金属能力。用于中低温煤焦油悬浮床加氢裂化工艺，可使轻质油产率达 94% 以上，同时可以承载反应过程中缩聚生成的少量大分子结炭，避免这些结炭沉积在反应系统而影响设备的正常运行，延长装置的开工周期。催化剂可多次再生循环使用，降低新鲜催化剂的用量，能大幅降低催化剂的使用成本。

在上述研究基础上，针对粉煤热解的含尘焦油，煤化工分院煤化工分院开发了新一代的超分散镍、钼基均相催化剂。它具有良好的分散性，并在 350℃ 即可快速原位分解生成纳米级催化活性颗粒，无须额外添加硫化剂，解决了传统催化剂由氧化态转变为硫化活化态时间较长的难题，增加了煤焦油的反应停留时间，抑制了反应生焦，提高了轻油收率。与传统催化剂相比，油收率可提高 1%~3%。

2. BRICC 煤焦油加氢工艺

2010 年，煤化工分院借鉴煤直接液化和渣油加氢工艺技术，提出了一种非均相催化剂的煤焦油悬浮床/浆态床加氢工艺及配套催化剂技术（BRICC 煤焦油加氢技术）。此后，针对不同的煤焦油原料，进一步完善升级此技术，先后申请多项发明专利：一种非均相催化剂的煤焦油悬浮床加氢方法，一种复合型煤焦油加氢催化剂及其制备方法，煤焦油催化加氢方法及装置等。针对特定的原料采用不同的预处理方式。中低温煤焦油的加工流程见图 8.6。

先将煤焦油采用蒸馏的方法分离轻质油、中质油和重质油三个馏分，对轻质油进行脱酚处理，可以获得脱酚油和粗酚，粗酚可进一步精馏精制、分离获得酚类化合物如苯酚、甲酚、二甲酚等化学品；重质油进入悬浮床加氢裂化单元得到低于 370℃ 馏分和高于 370℃ 馏分，其中低于 370℃ 馏分与中质油及脱酚油一起进入固定床进行加氢精制，得到石脑油、

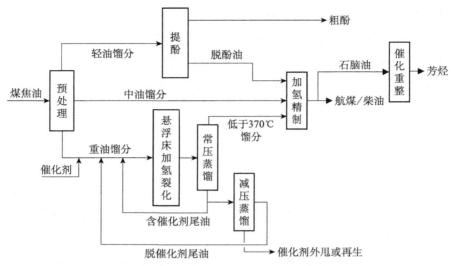

图8.6 BRICC中低温煤焦油加氢工艺流程

航空煤油及柴油，石脑油进一步催化重整制取芳烃（BTX），高于370℃馏分外甩部分残渣后全部返回悬浮床进一步加氢裂化。

高温煤焦油的加工流程见图8.7。全馏分高温煤焦油经过预处理脱水、脱固后（根据实际情况决定是否提取酚萘等化学品），进入悬浮床加氢裂化单元得到低于370℃馏分和高于370℃馏分，其中低于370℃馏分进入固定床进行加氢精制，得到石脑油、航空煤油及柴油，石脑油进一步催化重整制取芳烃（BTX），高于370℃馏分外甩部分残渣后全部返回悬浮床进一步加氢裂化。

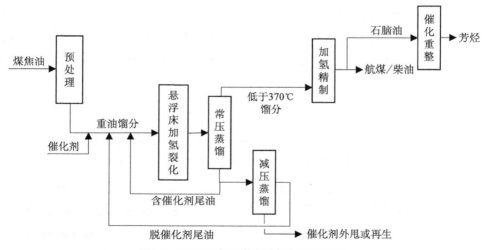

图8.7 BRICC高温煤焦油加氢工艺流程

该工艺的技术优势有以下几点。
1）催化剂优势
催化剂为专用复合型粉状催化剂，由多种加氢活性的金属组分组合，活性高，廉价，抗污染，可循环利用，添加量小。

2）反应器优势

催化剂悬浮在煤焦油中，可以承载反应过程中缩聚生成的少量大分子结焦颗粒，避免这些颗粒沉积在反应系统而影响设备的正常运行，延长装置的开工周期。

3）工艺优势

（1）可加工重质油和沥青。对常规难以处理的重质油和沥青，BRICC煤焦油加氢工艺也有很好的适应性，转化率较高。

（2）轻质油收率高。将加氢裂化得到重质油再回炼，能够促使煤焦油中的大分子沥青尽可能多地裂化成小分子轻质油，最大限度地提高了轻油收率，对于高温煤焦油，轻油收率为78%～85%，对于中低温煤焦油，轻油收率为87%～94%。

8.3.3　应用实例

BRICC煤焦油加氢制清洁燃料和化学品技术获得了市场的高度认可，已为数十家企业编写了20万～50万t/a不同规模的项目建议书。2012年煤科总院与中石化洛阳工程公司达成战略合作协议，共同向市场推广该技术。目前已完成两个技术许可，其中在内蒙古将建设一套50万t/a高温煤焦油悬浮床加氢装置，该项目2015年6月已完成基础设计与详细设计，目前正积极推进工业装置的建设。

（本章主要执笔人：毛学锋，刘华，颜丙峰，黄澎）

第9章
煤的焦化技术

煤的焦化技术主要分为煤的高温炼焦及中低温热解技术，其中高温炼焦是将炼焦煤炼制成焦炭、煤气、煤焦油等产品的工艺，中低温热解是主要针对低阶煤炼制半焦而言。

当前世界各国炼焦煤资源短缺，高炉大型化对焦炭质量及其稳定性的要求越来越高，而炼焦煤中强黏结性煤却越来越少，这一矛盾在我国尤为突出。考虑到经济效益及现实情况，国内外焦化厂都在致力于先进配煤炼焦方案的研究，其主要配煤原理均基于胶质层重叠原理、互换性原理及共炭化原理三种，由此衍生出依据经验配煤的常规配煤方法、煤岩配煤方法及人工智能专家系统等配煤方法。配煤方法的不断完善，推动着高温炼焦技术的发展，为节约优质炼焦煤资源作出了卓越贡献。

煤的中低温热解技术随着国际石油价格的上涨及石油资源供应紧张而兴起，早在19世纪就已经出现，我国最早于20世纪50年代开始技术研发。近几十年来，为拓宽低阶煤原料适用范围和提高焦油等产品的产率及品质，国内外科研机构也进行了大量的低阶煤热解理论和技术开发工作。国外的典型技术有：美国油页岩公司的回转炉热解Toscoal技术，德国鲁奇鲁尔煤气公司的移动床Lurgi-Ruhr技术，苏联的ETCH粉煤快速热解工艺以及日本的气流床粉煤快速热解工艺等。国内的代表技术有：大连理工大学的DG工艺，煤化工分院的多段回转炉（MRF）热解技术，浙江大学、中国科学院的集成半焦燃烧的循环流化床热、电、气、焦油多联产的煤拔头技术，以及科林斯达链条炉煤提质技术、神雾旋转炉辐射热解技术、国电富通中心烟气加热移动床干馏技术等多种工艺。这些技术均取得了一定的进展，推动了煤炭热解理论和技术的进步，但是几乎都遇到了焦油中沥青、粉尘含量高，系统连续稳定运行性差等问题。

煤化工分院多年来进行煤炭焦化技术开发、低阶煤热解加工工艺研究、煤焦产品质量检控及煤焦试验检验相关设备开发工作。在配煤炼焦技术开发领域，煤化工分院成果丰硕，成功研发了黏结指数-挥发分（$G-V$）配煤图，提出了配煤中多使用气煤的技术途径，突破了"以主焦煤为主体，气、肥、焦、瘦按比例配煤"的限制，打破了传统配煤中气煤用量不能超过30%的界限，使配煤技术产生了重大进步；在此基础上，建立了黏结指数-惰性组分含量（$G-I$）关系，辅之以变质程度指标，以G值为基础的炼焦配煤新方法；此后，针对传统室式顶装炼焦工艺所使用的优质炼焦煤资源短缺状况，重点进行了捣固炼焦、煤预热炼焦、配型煤型焦炼焦及煤调湿技术等炼焦新工艺技术开发；近年来，为帮助焦化企业转型升级，煤化工分院开发了适用于气化焦生产的吉氏流动度-反射率（a_{max}-R）配煤方法。

煤化工分院也长期致力于低阶煤高效热解技术装备研究开发工作。20世纪90年代成功开发了第一代低阶煤热解技术——多段回转炉（MRF）热解工艺，并在内蒙古海拉尔建成了2万t/a的褐煤热解装置；21世纪初期，在国家"863"计划的资助下，成功研发并形成第二代低阶煤热解技术——内热式滚动床热解技术，建成了50kg/h低阶煤热解试验平台。在前两代低阶煤热解技术研究开发的基础上，对热解工艺和反应器进行创新，开发了定向调控热解过程获取高品质、高收率油气产品且适用于小粒径煤的新一代低阶煤热解技术——内旋移动床低阶煤热解新工艺，并在煤炭科学研究总院采育园区建成了100kg/h试验装置，该工艺成功解决了小粒径低阶煤热解油中粉尘量大、分离困难的技术瓶颈。

随着煤炭焦化技术研究的不断发展，煤化工分院先后开发了适用于炼焦煤特性评价的40kg试验焦炉、提高检测效率及精确度的自动煤岩测试系统、适应国内煤质特性且价格适中的吉氏流动度测定仪等一系列煤炭焦化技术研发试验设备。该系列设备对提升我国焦化行业整体研发水平起到了良好促进作用。煤科总院在煤炭焦化、热解领域的技术发展及进步，有效带动了我国煤炭深加工产业的进步，所开发的新型煤炭焦化技术及仪器装备产品将进一步推动焦化热解技术的发展。

9.1 配煤炼焦

9.1.1 技术原理

单种煤炼焦在数量（资源）上和质量上都不能满足现代大型高炉对焦炭质量的要求。为了扩大炼焦煤源、提高焦炭质量，实际生产中通常采用配煤炼焦。

配煤原理是建立在成焦机理基础上的。成焦机理可归纳为三类：第一类是以烟煤的大分子结构及其热解过程中形成胶质塑性体，使固体煤粒黏结的塑性成焦机理；第二类是基于煤的显微组分组成的差异，煤粒分为有黏结性的活性组分与无黏结性的惰性组分，煤粒之间的黏结是在接触表面上进行的，称为表面结合成焦机理；第三类是中间相成焦机理，认为成焦过程就是随着煤的热解，中间相在各向同性胶质塑性体中的长大、融并和固化的过程。对应上述三种成焦机理，派生出相应的三种配煤原理，即胶质层重叠原理、互换性原理和共炭化原理。

1. 胶质层重叠原理

配合煤的灰分和硫分可以通过加和的方法计算得出，因此可以通过控制单煤的灰分和硫分含量来控制配合煤的灰、硫含量。胶质层重叠原理要求在配煤炼焦时，除了控制灰、硫含量外，还要求各单种煤的胶质体的软化区间和温度间隔能较好地搭接，这样可以使配合煤在炼焦过程中在较大的温度范围内处于塑性状态，从而改善黏结过程，并保证焦炭的结构均匀性。不同变质程度炼焦煤的塑性温度区间如表 9.1 所示。肥煤开始软化温度最低，塑性温度区间最宽；瘦煤开始软化温度最高，塑性温度区间最窄。在配煤炼焦时，气煤、1/3 焦煤、肥煤、焦煤和瘦煤适当配合使用，可以扩大配合煤的塑性温度区间。

表9.1 不同煤化度煤的塑性温度范围

煤种	塑性温度范围/℃	煤种	塑性温度范围/℃
气煤	290～420	气肥煤	310～400
肥煤	290～450	焦煤	370～430
1/3 焦煤	330～430	瘦煤	420～480

2. 互换性配煤原理

根据煤岩学原理，煤的有机质可分为有黏结性的活性组分和无黏结性的惰性组分两类。煤中的黏结组分（活性组分）决定煤的黏结能力；纤维质组分（惰性组分）决定焦炭的强度。该原理认为：要制得强度好的焦炭，配合煤的黏结组分和纤维质组分应有适宜的比例，而且纤维质组分应有足够的强度。当配合煤的组分比例达不到相应的要求时，可以用添加黏结剂或瘦化剂的方法来加以调整。图 9.1 为互换性配煤原理示意图，图中纤维质组分的强度用线条的密度表示，黏结组分用黑色区域表示。

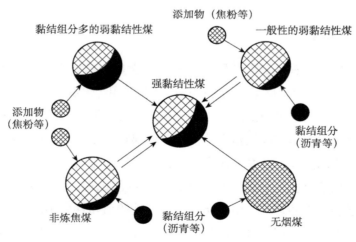

图9.1 互换性配煤原理示意图

3. 共炭化原理

炼焦煤和非炼焦煤（如沥青类有机物）共炭化时，如能得到结合较好的焦炭，称为煤料的共炭化。随着焦炭光学结构的研究发展，把共炭化的概念用于煤和沥青类有机物质的炭化过程，以考核沥青类有机物与煤配合后炼焦对改善焦炭质量的效果，或称对煤的改质作用。共炭化产物与单独炭化产物相比，焦炭的光学性质有很大差异。配合煤料（包括添加物）在炭化时，由于塑性系统具有足够的流动性，使中间相有适宜的生长条件，或在各种煤料之间的界面上，使整体煤料炭化后形成新的连续的光学各向异性焦炭组织，它不同于各单种煤单独炭化时的焦炭光学组织。对于不同性质的煤与各种沥青类物质进行共炭化研究表明，沥青不仅作为黏结剂有助于煤的黏结，而且可使煤的炭化性能发生变化，发展了炭化物的光学各向异性程度。因此共炭化原理的主要内容是描述共炭化过程的改质机理。共炭化过程中氢的传递对煤的改质有重要影响，沥青在共炭化时起着氢的传递介质作用。

9.1.2 技术内容

1. 炼焦配煤专家系统

随着计算机与先进控制技术在各领域的广泛运用，人工智能和专家系统的应用使配煤技术进入新的阶段。利用计算机科学和配煤专家所积累的经验和知识，建立适合自己特点的焦炭质量预测模型、生产管理和质量控制系统模型，帮助管理人员合理选择煤源，保证和稳定不同要求的焦炭质量，并寻求配煤最优化方案。

自 20 世纪开始，煤化工分院借助国家科研院所专项基金等课题的支持，深入开展焦炭热态质量控制技术专家系统研究开发工作。以我国各矿区主要炼焦煤源的煤质特性为切入点，综合考虑煤质和炼焦工艺两大基本因素，来预测和调控焦炭的主要质量指标，最终形成了完整的焦炭热态质量预测及控制技术专家系统，用于指导生产。研究从胶质体和中间相形成理论入手，通过动力学分析，找出了影响中间相的主要因素，同时考虑到碱金属、碱土金属的催化作用，不同变质程度及其催化作用的不同，加以对活性组分适宜比例的考虑，确定了反应性（CRI）及反应后强度（CSR）的关联式。工业性试验验证表明，按单煤加和计算的 CRI 预测值与实测值之间误差小于 3%，CSR 预测值与实测值之间的误差小于 5%；但当配入较多混煤时，将使预测值与实测值之间的误差增大；以焦煤、肥煤为主配煤炼焦时，所得焦炭的反应性和反应后强度很好，但是由于我国焦煤、肥煤资源有限且价格昂贵，综合考虑上述因素，实际生产中通常会配入适量的较低变质程度煤（1/3 焦煤、气煤等）或较高变质程度的煤（如瘦煤），配入后由于与中变质程度煤（焦煤、肥煤）的交互作用很小，有时甚至没有交互作用，这就使得焦炭反应性上升，反应后强度降低。

2. 炼焦工艺

由于常规室式炼焦的局限性与优质炼焦煤资源短缺，人们开始重视对炼焦新工艺、新技术的研发，既扩大了炼焦煤源，又改善了焦炭质量。这些新工艺、新技术主要包括：捣固炼焦技术、煤预热炼焦技术、煤调湿技术、配型煤炼焦技术、配加物共炭化技术和焦炭后处理技术等。近年来，煤化工分院在煤饼可捣性、煤调湿技术及配加物共炭化技术等炼焦新工艺方面进行了重点研发。

1）煤饼可捣性

在对全国炼焦煤资源以及捣固炼焦企业现状调研基础上，开展了煤饼可捣性研究并形成捣固炼焦技术。可捣性实验平台由煤科总院自主研发，主要由煤饼专用捣固机、抗压/抗剪强度测定仪以及配套装备组成。通过水分、频次（捣固功）、破碎粒度等对煤饼堆密度、抗压强度、抗剪强度的影响研究，发现了煤饼的稳定性与配合煤水分、捣固次数以及煤样破碎粒度之间的相关关系。

2）煤调湿技术

煤调湿（coal moisture control，CMC）技术是将装炉煤在入炉前将水分调节至6%左右，然后再进行装炉炼焦。此技术并不要求最大限度地除去煤料中的水分，只是把水分稳定在一个相对较低的水平。煤化工分院成功开发出流化床煤调湿工艺，主要设备包括流化床主体、热风炉、风机和储煤煤斗等。煤调湿工艺条件试验研究表明：平均干燥温度180℃、平均干燥时间3min、入炉煤水分5%、粒度在75%左右时，调湿效果最佳。

3）配加物共炭化技术

在装炉煤中配入适量活性组分（如黏结剂）或惰性组分（如瘦化剂）炼焦，可以改善原料煤的结焦性能，提高焦炭质量。近年来，煤化工分院开展了沥青与瘦化剂配合改性处理替代炼焦煤的应用研究。将沥青与瘦化剂进行改性处理后将所得"新煤种"部分替代炼焦煤应用于配煤炼焦生产。结果表明：沥青与瘦化剂改性处理后应用于配煤炼焦所得焦炭的反应性CRI和反应后强度CSR均可达到国家二级冶金焦标准。该技术不仅将焦化企业目前的"废"变为"宝"，使沥青和瘦化剂得到更好、更合理的综合利用，而且可缓解我国炼焦煤资源短缺的危机，解决焦化企业面临的实际问题，节约成本并增加效益。

9.1.3 应用实例

建院60年来，煤化工分院利用自有炼焦配煤技术为神华集团、宝钢集团、冀中能源、山西焦化等上百家煤炭、焦化及钢铁企业进行技术服务，切实推动了我国焦化技术的发展。比较典型的案例有：在深入研究兖州矿业集团气煤特性基础上，提出在炼焦配煤中大量使用气煤的技术途径，突破了以主焦煤为主体的配煤方法；在神华集团乌海能源、凌钢配煤炼焦中，提出在炼焦配煤中使用长焰煤、不黏煤等低阶烟煤，突破了传统的炼焦配煤理念；优化炼焦配煤专家系统于2014年在华东某焦化厂6m顶装焦炉上进行实际应用；煤饼可捣性技术在唐山佳华煤化工有限公司和酒泉钢铁股份有限公司焦化厂得到很好的应用；配加添加剂炼焦技术在唐山某焦化厂进行了工业试验，效果良好。

9.2 煤的中低温热解

9.2.1 技术原理

煤的中低温热解过程主要分为干燥脱气、活泼分解、二次脱气三个阶段。干燥脱气阶段（室温到 300～400℃）先后完成煤中水分和所吸附的 CH_4、CO_2、N_2 等气体的脱除并开始发生热解；活泼分解阶段（400～550℃）主要以解聚和分解反应为主，生成和排出大量煤气和焦油等挥发物；二次脱气阶段（550℃以上）主要以缩聚反应为主，煤固体结构中的芳核尺寸和有序度不断增大，并继续析出煤气和少量焦油。概括来说，煤热解过程前期以裂解反应为主，后期以缩聚反应为主。

9.2.2 技术内容

1. MRF 热解技术

多段回转炉热解工艺（multistage rotary furnace，MRF）是针对我国年轻煤的综合利用而开发的一项技术。通过多段串联回转炉，对年轻煤进行干燥、热解、增碳等不同阶段的热加工，最终获得较高收率的焦油、中热值煤气及优质半焦。MRF 热解工艺经过实验室 1kg/h、10kg/h、100kg/h 不同规模连续外热回转装置的开发以及不同煤种实验，完成了原理验证、技术路线确定以及设备选型等工作，于 20 世纪 90 年代初在内蒙古海拉尔市建成了 2 万 t/a 工业示范装置。

1）工艺流程

MRF 热解工艺的主体单元由 3 台串联的卧式回转炉构成。除主体单元外，还包括原料煤储备、焦油分离及储存、煤气净化、半焦筛分及贮存等生产单元，其工艺流程如图 9.2 所示。

粒度为 6～30mm 的原料煤进入到内热式回转干燥炉中，在 250～300℃的温度下干燥，脱水率不小于 70%。干燥后的煤样进入外热式回转热解炉，外部加热可用煤或煤气燃烧，高温烟道气在炉外流动，热量通过炉壁传导进入炉内，炉内温度通过炉外烟道气调节，煤在 600～700℃下热解，得到半焦、煤气和焦油产物。热解阶段产生的煤气自炉内导出送往焦油回收冷却系统，在冷却系统将气态产物分成煤气和焦油，所得半焦进入到增碳炉，与通入的高温烟道气接触，在温度 700～800℃下进一步脱除挥发物质，以制取低挥发分的半焦，热半焦在三段熄焦炉中用水冷却排出。燃烧炉供出的高温烟道气一部分送往增碳阶段，一部分直接送往热解阶段。当需将热解煤气外供时，则将贫煤气或其他燃料（煤或半焦）供入燃烧炉。当原料煤有黏结性时，通过控制干燥炉中气体热载体的氧含量，在干燥煤的同时起到轻度氧化而破坏煤黏结性的作用。

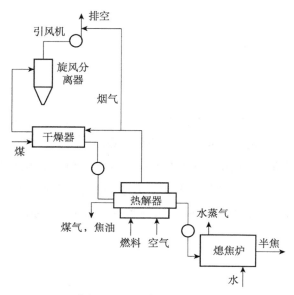

图9.2 MRF热解工艺流程

2）技术特点

（1）煤种适用范围广，低变质烟煤和褐煤均可作为原料。

（2）工艺简单，技术成熟，根据原料及产品不同，可灵活调整或简化工艺。

（3）可采用内、外热结合的加热方式，热效率高。

（4）半焦收率高，且其性质和粒度可依产品用途进行调节。

（5）可最大限度地由煤制取焦油，焦油在300℃以前馏出率为30%～40%，360℃前馏出率为50%左右。焦油中酚含量较高，360℃前馏分中酚含量约占无水全焦油的20%。

（6）由于煤热解前脱除煤中大部分水分，极大地减少了含酚废水量，从而减轻了污水处理系统的负荷。

（7）煤气热值高，一氧化碳含量低，是理想的民用和工业用燃料。

（8）无废渣排放；负压或零压操作，无煤气泄漏；环保特性好。

此外，MRF热解工艺也存在一些问题，主要是由于采用外热式加热，耗能较高；处理褐煤等热稳定性差的煤种，高温荒煤气夹带较多粉尘，后续油尘分离困难。

2. 内旋移动床热解技术

为了突破现有热解技术普遍面临的荒煤气粉尘含量高、难以去除而影响系统稳定运行的技术瓶颈，煤化工分院开发了适用于13mm以下小粒径低阶煤的内旋移动床热解新工艺。该技术在热解工艺和热解反应器方面进行了技术创新，建成了处理量100kg/h试验装置，通过了72h连续运行考核，焦油收率达到格金法分析的75%以上，焦油含尘量小于1%。

1）工艺流程

内旋移动床热解工艺主要由进料系统、预干燥系统、燃烧室、除尘系统、冷凝系统、半焦冷却回收等单元组成。其工艺流程如图9.3所示。

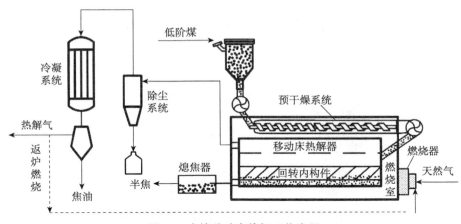

图9.3 内旋移动床热解工艺流程

粒度小于13mm的煤样首先经过预干燥系统去除大部分水分；预干燥后的煤样在螺旋推动装置作用下进入热解室，热解室中煤样在回转内构件推动下螺旋式缓慢前进，半焦经间接换热熄焦器后排出收集，荒煤气经热解室上部特殊结构的降尘室后，导出至除尘及冷凝系统回收净煤气及焦油产品，部分净煤气可返回燃烧室燃烧为热解室供热；燃烧室所产生烟气首先经过热解室上方降尘室为其保温，而后沿预干燥系统外壁排出，为预干燥系统加热。

该工艺的核心在于小粒径低阶煤热解过程粉尘的全流程控制，即"抑尘、降尘、除尘"的多段减尘新工艺。抑尘即在干燥后煤样进入热解室前设置料封，防止煤样进入热解室由于落差而产生粉尘与热解气混合，同时回转内构件的缓慢螺旋搅动既提高了传热效率又使翻转的煤样沿内构件缓慢滑落而抑制粉尘产生；热解器上方的降尘室通过碰撞除尘等特殊结构设计，使热解过程产生的少许粉尘随热解气上升时在此处沉降，并在重力作用下返回热解室；高温热态除尘系统主要保障某些煤种热解过程中粉化严重，由荒煤气带出的少许粉尘经此工序除去。常规低阶煤热解经抑尘、降尘两道工序后，已基本可以满足焦油加工利用对粉尘含量的要求。

2）技术特点

（1）适用于我国大量存在的13mm以下粉状低阶煤资源，为其清洁高效利用开辟了有效途径。

（2）热解室回转内构件螺旋搅动物料，提高了传热效率。

（3）"抑尘、降尘、除尘"的多段减尘新工艺，源头抑制粉尘产生。

（4）热解产品品质高：煤气有效成分高、焦油含尘量低、半焦质量稳定。

9.2.3 应用实例

利用MRF热解技术，于20世纪90年代在内蒙古海拉尔建成2万t/a示范装置，示范装置运行时间超过3500h，处理褐煤超过3000t，生产半焦约1300t，获得焦油约30t。

近年来，在煤炭科学研究总院采育园区建成100kg/h内旋移动床低阶煤热解技术试验装置，装置运行稳定，图9.4为现场照片。目前正在开展工业放大试验工作。

图9.4　100kg/h内旋移动床热解试验装置

9.3　焦化试验及检测仪器

9.3.1　BRICC-M自动煤岩分析仪

1. 工作原理

煤岩学是应用岩石学手段来研究煤的组成、成因和工艺性能的一门学科。煤岩学指标是煤炭的科学分类、成因分类最基础的指标，对于科学评价煤炭资源特性有不可替代的作用。近年来，煤岩学在评价煤工艺性能方面发挥了越来越重要的作用。煤岩自动测试一直是广大煤岩工作者追求的目标。近年来，随着显微相机和图像处理技术的发展，利用图像分析技术进行煤岩自动测试越来越成熟。

煤岩组分的识别要综合考虑煤岩组分的反射率和形态参数。利用显微数码相机获取煤岩组分图像，获取煤岩组分的反射率及形态学参数信息，可严格界定镜质体；利用图像识别程序可减少显微镜下的烦琐操作，采用图像处理后，每个测点的测值和相应测试对象可链接追溯，测试过程和结果可审核。煤岩自动测试系统在保证测试准确性和客观性的基础上，提高了测试速度和效率。

反射率测试实际上是通过对比待测样品与标准物质的反射光强度获取的。BRICC-M煤岩自动测试系统将反射光强度经光电转化后以灰度图的形式记录下来，通过建立标准物质的灰阶-反射率关系模型，解析待测样品的灰度图像的信息来测试反射率。

BRICC-M 煤岩自动测试系统主要功能模块有图像自动采集、反射率自动测试、煤类自动判别、混煤判别及配煤拟合等功能模块，适用于烟煤的镜质体反射率全自动测试及煤岩组分定量统计、混煤剥离、煤类判别以及配煤拟合等领域。

2. 技术特点

1）整机结构

BRICC-M 煤岩自动测试系统的核心配置为反射偏光显微镜、显微数码相机、XYZ 三轴电动平台、图像自动扫描采集系统以及自动测试系统，软件测试界面见图 9.5。

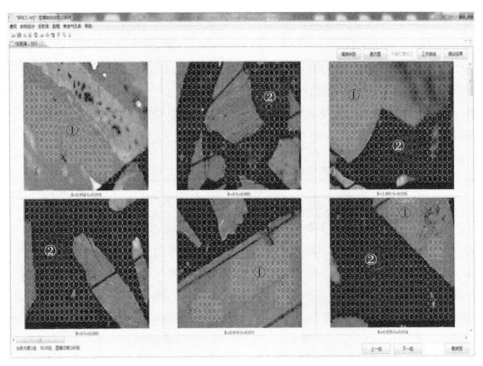

图9.5　自动测试软件界面
①为有效测点；②为无效测点

2）技术特征

BRICC-M 煤岩自动测试系统通过多项措施保证系统的高性能。软件控制的三轴电动平台可以实现样品的自动移动和均匀布点，保证了测试过程的客观性。测试速度快，镜质体反射率全自动测试全过程不超过 5min，核心过程不超过 2min。严格控制扫描速度、样品平整度、图像不清晰度等容易产生误差的环节，保证了自动测试的精度和测值的准确度。结合利用《中国煤种资源数据库》及相关成果可进行煤类判别。此外，采用图像作为煤岩信息的存储介质还具有以下优势：

（1）利用图像识别程序对测试对象严格把关，减少显微镜下的烦琐操作，对识别的镜质体进行严格界定和筛选。

（2）镜质体自动识别过程中的测点数可达3万～10万点，由点测量升级为面积测量；煤岩测试"真实"的测点数其实是被测颗粒数，准确的镜质体识别模式可以保证不同煤种颗粒中的镜质体被以相近的概率测试，保证混煤判定结果准确。

（3）测试流程灵活，可以将图像采集与测试过程集成，也可在图像采集后离线（脱离显微镜），在计算机上进行处理，不仅摆脱了人力对设备的依赖，而且提高了测试效率。

（4）在图像采集及测试环节中，操作者均可实时判断并排除图像清晰度、周边组分干扰等因素及随机误差的影响。

（5）采用图像处理后，每个测点的测值和相应测试对象可链接追溯，测试过程和结果可审核。

（6）图像法自动测试系统为开放式系统，测试过程及结果实时再现，可实时监测和审核，实现人机交互，便于对争议的仲裁。

本技术严格遵循煤岩测试基本原理，自动化程度高，在测试速度、测试精度、测试结果可追溯性等方面优势明显。与国内外同类技术的综合比较见表9.2。

表9.2 本项目技术与国内外同类技术的综合比较

项目	光度计法人工测试	光度计法自动测试	图像法自动测试（本技术）
光电转换线性要求	高	高	较低
光电转换稳定性要求	高	高	高
实现稳定的成本	高	高	较低
测试对象严格要求	可以保证	不分对象	可以保证
测点均匀布置	难以保证	可以保证	可以保证
单个测值精度	准确	干扰因素复杂	准确
测试指标	R_{max} 或 R_{ran}	R_{ran}	R_{ran}
系统误差主要来源	仪器线性及标样	仪器线性及标样	标样
随机误差排除	操作者及时排除	难以排除	操作者及时排除
测试速度	较慢	快	快
测试精度	高	低	高
方法标准化	ISO、GB标准	难以标准化	标准已立项

3）技术优势

BRICC-M 煤岩自动测试系统在调焦技术、非中心点测区反射率测试模型、实时工作曲线以及镜质体自动识别模型等方面均有较大的突破和完善，技术优势明显。

（1）调焦技术。

图像的清晰度是决定测试结果最重要的因素，煤岩光片表面形貌特征对煤岩图像清晰度的影响最大。对煤岩光片建立三维坐标系，获取煤岩光片表面平整度模型见图9.6。在显微尺度下，煤岩光片表面实际上是一个不规则曲面且无明显规律。显微镜焦距偏离时镜质体图像的清晰度见图9.7。研究表明，当最清晰的煤岩图像位置与跟踪调焦所确定的平面间距小于2μm时，煤岩图像的清晰度可以满足国家标准对镜质体反射率测试误差的要求范围。

基于以上研究成果，采用人工干涉的跟踪调焦法采集的煤岩图像清晰度显著提高，实现图像采集速度与图像清晰度之间的平衡。

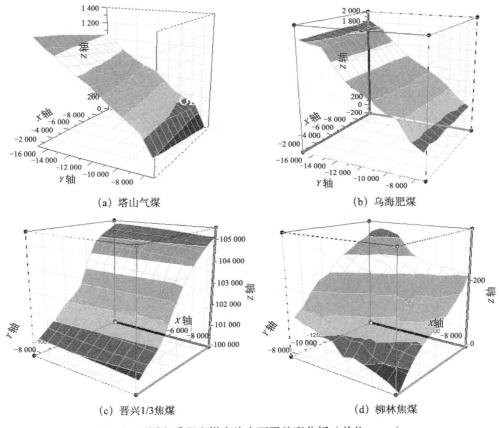

(a) 塔山气煤　　(b) 乌海肥煤

(c) 晋兴1/3焦煤　　(d) 柳林焦煤

图9.6　不同变质程度煤光片表面平整度分析（单位：μm）

（2）非中心点测区反射率测试模型。

在传统光度计测试中，入射光（单偏光）垂直照射待测区域中心位置，反射后被光度计捕获并进行测试。当入射光照射煤岩光片表面非中心区域时，光线实际上是斜射到待测区域，反射后的光强低于中心点位置的反射光强。标样表面不同位置的反射光强等值线图见图9.8。

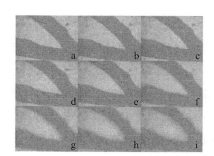

图9.7　焦距偏离时镜质体图像的清晰度

a 焦距偏离0；b～i 焦距偏离分别为-0.5μm、0.5μm、-1μm、1μm、-1.5μm、1.5μm、2μm、2.5μm

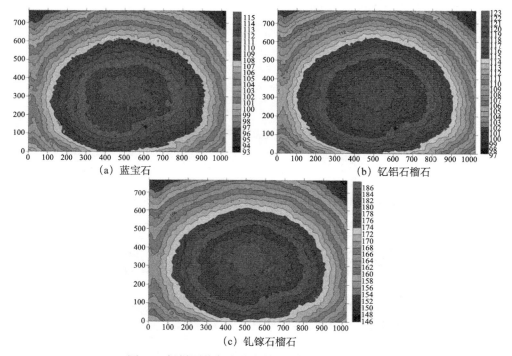

图9.8　标样图像灰度分布等值线图（Kriging法）

由图 9.8 可知，由于光线斜射的存在，标样表面的反射光强近似于以图像中心为原点的同心圆分布。图像法煤岩自动测试与传统光度计法测试相比，可以获取并测试非中心点位置的镜质体反射率数据。为了充分利用反射率测试数据，建立基于位置的图像灰度校正模型，如图 9.9 所示。

（3）实时工作曲线。

镜质体反射率是通过与标样反射率的对比求得的，因而只要标样图像和试样图像在相同条件下采集，通过建立标样灰阶-反射率关系模型（工作曲线），实现光电转换，即可得到试样的反射率。目前工作曲线的建立方式主要有 3 种，分别为固定工作曲线法、选定工作曲线法和实时工作曲线。3 种方法对比见表 9.3。实时工作曲线法可以确保标准样品与试

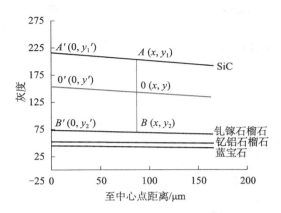

图9.9 非中心点测区反射率测试模型

样的反射率值实时对应，突破常规光度计严格的线性要求，降低固定线性模型的误差，因而更能保证测试结果的精度，见图 9.10。

表9.3 工作曲线建立方法对比

建立方式	操作方式	优劣势	先进性
固定工作曲线	工作曲线出厂时即固定，每次测试前调整电流值或电压值至出厂标定值	设备老化、积尘，显微镜状态变化，设备参数变化影响测试结果的准确性	低
选定工作曲线	根据样品不同选定不同工作曲线，调整仪器参数，使标样的坐标值落在工作曲线上	调整参数的过程复杂	
实时工作曲线	每次测试均利用标样图像建立工作曲线	在相同的条件下拍摄标样图像和试样图像即可，自动建立工作曲线	高

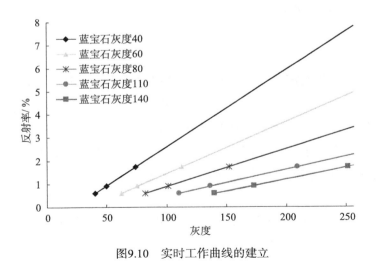

图9.10 实时工作曲线的建立

（4）镜质体自动识别模型。

图像法自动识别技术结合煤岩组分的反射率和形态参数，利用镜质体表面相对均匀的特征，利用图像识别程序严格界定并审核测试对象，实现与其他组分的分离；考虑煤岩组分的复杂程度采用不同的识别模式，保证识别结果准确。图像法自动识别技术可以避免出现光度计法自动测试技术仅考虑反射率单一参数产生的低阶煤易与黏结剂混淆、无烟煤易与惰质组混淆等问题，见图9.11。

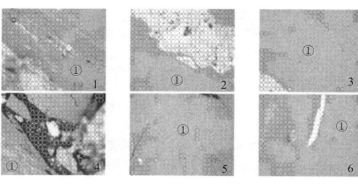

图9.11　镜质体自动识别界面
①为识别的镜质体

3. 应用实例

BRICC-M煤岩自动测试系统受到煤炭、冶金行业科研机构及焦化企业的广泛认可，在煤炭资源高效开采与洁净利用国家重点实验室、黑龙江科技大学等科研机构以及太原煤炭气化公司焦化厂、山西鹏飞焦化等国有大型焦化厂、独立焦化厂等企业均有应用，大大提高了煤岩测试人员的测试效率，降低操作者的劳动强度，减少组分识别的主观性，取得了很好的应用效果。

9.3.2　40kg炼焦试验焦炉

1. 工作原理

40kg试验焦炉的炭化室宽度接近工业焦炉，炉墙采用整体炭化硅砖，抗急冷急热性好，可实现对煤料真正的两侧加热，并可控制炉料内热传递方向，保证煤料的单向传热。试验焦炉采用底开门形式，严密不漏，控温精度高。其配备有完整的焦炭筛分系统和机械强度测定装置，试验可比性较好；兼顾了用煤量小、操作方便、对生产焦炉的模拟性好等优势，同时配备有先进的微机监控和配煤管理系统，控温系统配置精良，控温精度高，是国内试验焦炉的主流装备。

40kg试验焦炉主要用于配煤炼焦试验、验证配煤方案、预测焦炭强度等方面的科学研究和生产指导。其具体应用方向如下。

（1）为新建炼焦厂寻求供煤煤源，通过试验确定经济合理的用煤方案。

（2）了解新建煤矿的煤质情况，评定其在炼焦配煤中的效果。

（3）对于生产上已使用的炼焦煤料，进行加热制度、煤料干燥、预热处理、破碎加工粒度、掺入添加物、捣固装炉、配型煤炼焦等工艺条件试验，以考察它们对炼焦过程及焦炭质量的影响，并为提高产量、改善质量提供技术措施与方案。

（4）为现有炼焦生产厂改变供煤煤源、焦炭种类或提高焦炭质量标准提供技术保障。

2. 技术特点

在弥补国内小焦炉不足、吸收国外小焦炉优点的基础上，煤科总院自主研发的MHJ-40型40kg试验焦炉，是目前国内比较理想的一种试验焦炉。

1）MHJ-40型40kg试验焦炉结构及操作参数

MHJ-40型40kg试验焦炉主体结构如图9.12所示。

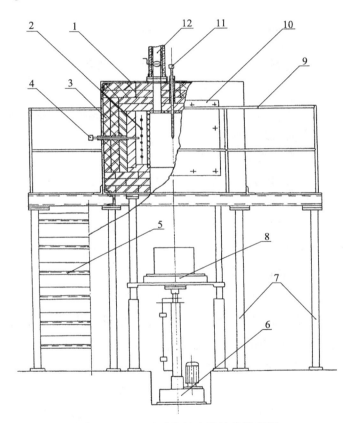

图9.12　40kg试验焦炉主体结构示意图

1.炉壳；2.硅碳棒；3.炉衬；4.控温热电偶；5.扶梯；6.电动缸；7.支柱；
8.升降炉门；9.护栏；10.检修门；11.焦饼中心热电偶；12.排气管道

MHJ-40型40kg试验焦炉主要由炉体、程序控温系统、电动传动系统、操作平台及出焦设备等部分组成，还包括焦炭筛分装置、转鼓、电动落下装置、专用捣固机等附属设备。其主要规格尺寸及操作参数如表9.4所示。

2）MHJ-40型40kg试验焦炉技术特点

（1）炭化室宽度接近工业焦炉，二者有着良好的相关关系。

表9.4　MHJ-40型40kg试验焦炉规格尺寸及操作参数

参数	规格
炭化室内部尺寸（长 × 宽 × 高）/mm × mm × mm	550 × 420 × 460
炭化室一次装煤量 /kg	40～60（干基），但要与装煤方式（散装、捣固）相匹配
装炉煤堆密度 /（kg/m³）	720～1050，一般散装时密度可达700～850，捣固装煤时密度≥900～1050（40kg焦炉专用捣固机）
装煤时炭化室墙温度 /℃	700 或 750
加热最终温度 /℃	1050～1100
焦饼中心温度 /℃	900～1000
结焦时间 /h	16～24

（2）炉墙采用整体碳化硅砖，抗急冷急热性好，导热系数高，节省能源，停炉、开炉操作简便，可实现对煤料真正的两侧加热。

（3）试验焦炉采用底开门形式，严密不漏，除做配煤炼焦试验研究外，经适当改装，还可进行化学产品回收方面的试验研究。

（4）正常情况下，装煤量为40～60kg。

（5）控温系统中关键部件均采用高品质、可耐用元件，并配有先进的微机监控系统和管理系统，自动测定，PID调节，可编程10步，曲线4条，一旦加热程序确定后，可重复1万次，保证每次炼焦加热条件不变，控温精度高，节省能源。

（6）采用特制硅碳棒加热元件，最高工作温度可达1300℃。当炉墙温度为1130℃时，焦饼中心温度为1000℃，结焦时间为16～24h。

（7）采用380V电源，正常运转时总功率不超过30kW。

（8）只需两人操作，劳动强度低，晚上可以不安排值班人员，下午装煤，次日上午出焦。

（9）装炉和炼焦过程中产生的煤气经燃烧后排放，改善了劳动环境，基本无污染。

3）MHJ-40型40kg试验焦炉技术优势

本试验焦炉结构合理、投资少、试验费用低、操作简便、自动化程度高、节能、高效、运行安全可靠、经久耐用、劳动条件好。主要用于进行配煤炼焦试验、验证配煤方案、预测焦炭强度等方面的研究和指导生产，是焦化厂提高焦炭质量、合理选择炼焦用煤所必需的新型设备，可完全替代200kg试验焦炉。

3. 应用实例

煤化工分院所研发的MHJ-40型40kg试验焦炉已被国内外钢铁厂、焦化厂广泛使用，如印度UTTAM公司、神华集团蒙西焦化厂、上海焦化厂、甘肃酒泉钢铁公司焦化厂、唐山达丰焦化有限公司、唐山钢铁集团公司等。煤科总院使用该试验焦炉与某生产厂的工业焦炉进行了大量对比试验，以探讨二者之间的相关性，试验结果如表9.5所示。

表9.5 40kg试验焦炉与生产焦炉（58型炉）对比试验

序号	配合煤质量指标								焦炭机械强度 /%					
	A_d/%	V_d/%	$S_{t,d}$/%	a/%	b/%	X/mm	Y/mm	G	M_{40}		M_{25}		M_{10}	
									40kg炉	58型炉	40kg炉	58型炉	40kg炉	58型炉
1	11.14	30.68	1.14	20	-13	23	14	70	74.6	71.8	85.7	87.4	10.5	7.8
2	11.68	30.71	1.08	20	-6	33	15	69	72.0	71.9	83.4	85.2	13.6	9.7
3	12.95	29.64	0.86	20	8	29	15	57	70.2	67.9	81.7	84.3	13.8	10.0
4	11.42	31.23	1.03	21	3	38	23	79	76.8	76.0	86.0	88.4	11.2	9.0
5	11.37	30.00	0.78	23	-15	24	10	69	80.0	77.7	86.4	88.8	10.4	8.0
6	10.92	31.31	1.00	25	23	27	14	83	82.4	78.8	88.4	88.9	10.0	7.2
7	10.78	29.86	0.87	21	1	26	16	71	84.8	81.8	88.8	89.8	9.6	7.7
8	10.18	32.00	0.99	22	12	26	15	82	78.8	74.4	86.6	87.9	11.0	8.9
9	9.38	32.13	1.10	23	36			83	81.1	78.2	87.1	88.6	10.3	7.6
10	9.10	32.09	0.99	26	20	21	19	80	79.6	76.6	85.6	86.9	11.2	9.0
11	9.57	31.56	1.12	28	31			80	76.8	74.0	85.6	87.4	11.4	7.7
12	10.50	30.82	1.13	25	32	9	18	77	79.2	77.7	86.4	88.1	11.6	8.5
13	9.60	31.33	1.22	23	38	30	16	84	76.6	74.1	86.7	88.3	10.9	8.4
14	9.99	31.26	1.01	28	5		20	74	78.2	75.4	85.8	86.8	10.8	8.9
15	9.80	32.08	0.98			26			78.9	75.1	86.6	88.1	10.8	8.6

注：a、b分别是奥阿膨胀计试验（GB/T 5450）测得的最大收缩度和最大膨胀度；
X、Y分别是胶质层指数测定（GB/T 479）测得的最终收缩度和胶质体最大厚度；
G是按烟煤黏结指数测定方法（GB/T 5447）测得的黏结指数。

依据表9.5中的数据进行一元线性回归分析，得到表9.6所列回归方程。

表9.6　40kg试验焦炉与58型焦炉对比试验数据回归

回归方程	相关系数 r	F	标准差
M_{40}（58型炉）=10.019+0.839M_{40}（40kg炉）	0.957	1.25	3.30
M_{25}（58型炉）=11.081+0.890M_{25}（40kg炉）	0.981	1.50	1.67
M_{10}（58型炉）=2.107+0.571M_{10}（40kg炉）	0.829	2.50	1.13

由表9.6可以看出，所建立的三个回归方程相关系数分别为0.957、0.981、0.829，均大于显著性水平的临界值。这说明40kg试验焦炉与生产焦炉之间具有十分显著的线性关系，而且标准差较小，试验结果具有较高的准确度。

9.3.3　焦炭热反应性和反应后热强度测定装置

1. 工作原理

焦炭反应性及反应后强度指标不仅是国内外评定焦炭品质的重要指标，而且在焦化企业控制焦炭质量和冶炼企业保证高炉稳定方面发挥着重要作用，是每个焦化企业和冶炼企业生产必须具备的检测能力，因此焦炭反应性及反应后强度测定装置的连续、稳定、高效运行是焦炭质量检验的重要保障。

焦炭反应性是指焦炭与二氧化碳等进行化学反应的活性，反应后强度则是指反应后的焦炭在机械力和热应力作用下抵抗碎裂和磨损的性质；焦炭反应性及反应后强度可以较好地反映出焦炭在冶炼高炉中的热态行为，二者缺一不可。其测定原理如下：称取200g左右的块焦试样，置于反应器中，在（1100±5）℃下与流量为5L/min的CO_2反应2小时，以焦炭质量损失的百分数表示焦炭反应性CRI；反应后的焦炭经I型转鼓试验后，以大于10mm粒级焦炭占反应后焦炭的质量分数表示焦炭反应后强度CSR。

焦炭反应性及反应后强度测定装置主要用于钢铁、焦化及焦煤焦炭期货贸易中对焦炭热反应性及反应后强度的检测，且应符合国家标准GB/T4000《焦炭反应性及反应后强度试验方法》中对仪器设备的要求。

2. 技术特点

煤化工分院在总结国内已有技术、借鉴国外先进技术的基础上，先后开发了拥有自主知识产权的MJF型系列焦炭反应性及反应后强度测定装置，目前已更新为MJF-VI双炉焦炭反应性测定仪。以下将着重介绍MJF-VI型双炉焦炭反应性测定仪主体结构、技术特点及优势。

1）MJF-VI型双炉焦炭反应性测定仪整机结构

MJF-VI双炉焦炭反应性测定仪整机结构如图9.13所示。

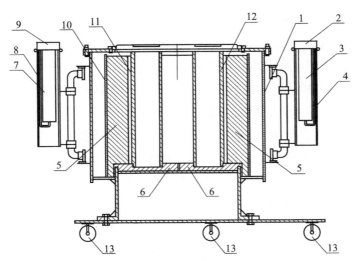

图9.13 MJF-Ⅵ型双炉焦炭反应性测定仪示意图

1.炉体外壳；2.2号反应器上盖；3.2号反应器；4.2号料框；5.保温砖（24块）；6.炉底砖；7.1号反应器；
8.1号料框；9.1号反应器上盖；10.保温砖外包筒体；11.1号炉膛（含外丝管和外套管）；
12.2号炉膛（含外丝管和外套管）；13.滚轮

该设备主要部件由测定反应性的电炉及高温反应器（材质为耐高温、耐腐蚀的高温合金钢）和测定反应后强度的Ⅰ型转鼓系统构成。同时，配备了完整的二氧化碳和氮气自动调节供给系统、温度自控系统，故障报警系统以及其他必要的实验辅助用具。

2）MJF-Ⅵ型双炉焦炭反应性测定仪技术特点

与传统的焦炭反应性测定仪相比，MJF-Ⅵ型双炉焦炭反应性测定仪具有以下显著特点，实现了技术和装备的集成创新。

（1）螺旋外丝管加热技术。

将单一的加热丝先加工成螺旋状再缠绕到外丝管外壁沟槽内的方式，使得外丝管加热时炉丝膨胀控制在一定的空间范围内，消除了因受热膨胀所带来的下滑、搭接等不利因素，解决炉丝短路、温度不均匀等难题，大幅度提高炉丝的加热稳定性和使用寿命。

（2）双炉体结构设计。

同一炉体内采用双炉加热体系，可同时进行2个单样试验，工作效率提高1倍以上；双炉高温炉体设有4个在同一直线上的反应器放置位；炉膛和料框上方均设置定位盘，实现精确限位。

（3）五轴机械臂。

采用"单臂双机械手"设计理念，包括一个Z轴，两个Y轴和两个X轴，以步进电机和伺服电机带动滚珠丝杠的机械结构为基础，配合高精度运动导轨，保证机械手运行平稳及精准定位；通过控制软件的嵌入式协助，最终完成双机械手的五轴机械臂设计。

（4）智能化自动控制系统。

开发出模糊PID炉温控制、直动式电磁截止阀和高精度质量流量计联合气体流量控制以及试验操作运行的智能化控制系统，实现"一机双控"和"一机双标"功能，一体化设计，集中控制，实时监控，从试样装炉至加热结束实现全自动控制。

3）MJF-Ⅵ型双炉焦炭反应性测定仪主要技术优势

（1）螺旋外丝管加热系统，其温度场分布均匀，恒温区可达到300mm；其结构设计合理，使用寿命长达180次，便于拆卸，可多次重复使用。

（2）同一炉体内采用双炉加热，同时进行两个单样试验，提高试验效率，满足GB/T4000《焦炭反应性及反应后强度试验方法》的相关要求。

（3）根据"单臂双机械手"设计理念，实现双机械手五轴机械臂一体操作，可同时或分别将两个反应器进行出入炉操作，操作过程实现全自动控制，亦可随时切换手动操作。

（4）控制系统通过人工智能温度控制器，精确控制升温速率以及恒定温度；通过先进的智能流量控制器，实现气体流量的准确控制；通过PLC程序，实现电磁阀及蜂鸣器自动开关。

（5）可满足国家标准（GB/T4000）和美国标准（ASTMD5341）"一机双标"同设备运行。

（6）全自动模拟检测功能，试验前检查系统运行状态；热电偶故障时超低温、超高温、超炉温的保护功能。

（7）程序控温，温度曲线自动记录、存储，历史记录可查可打印，可实现一人多操作。

3. 应用实例

焦炭反应性和反应后强度的检测已经受到焦化、钢铁、进出口贸易、现期货交割等多方面的高度重视。煤化工分院MJF-Ⅵ型双炉焦炭反应性测定仪的设计、加工和操作同时符合我国国家标准（GB/T4000）和美国标准（ASTMD5341）的相关要求，同时集成了硬件和软件的创新性设计，完全可以满足客户快速、准确、便捷的测定的需要。另外，设备具有高度的稳定性，可保证检验过程重复测试的结果可靠性，具有很强的技术优势，用户众多，现已在国家能源煤炭高效利用与节能减排技术装备重点实验室及国内部分焦化厂应用，客户反映良好，应用前景广阔。

9.3.4 吉氏流动度测定仪

1. 工作原理

煤的吉氏流动度是指煤样在干馏过程中形成胶质体时的可塑性。其原理在于将煤样隔绝空气加热至一定温度时，煤样软化并呈现胶质体状；随着热解反应的持续进行，胶质体不断增加，黏度下降而出现流动性，温度进一步升高，胶质体煤样的分解速度大于生成速度，因而不断转化为固体产物和煤气，直到胶质体全部转化为半焦状态。吉氏流动度测定仪是将吉氏搅拌桨插入装有煤样的煤甑内，煤甑浸入装有高温液态锡的炉体内，并以均匀的速度升温，搅拌桨在一恒定扭力矩作用下转动，记录每分钟相应的温度和搅拌桨转动速度。煤样受热软化后形成胶质体，搅拌桨在所受阻力不断降低的情况下旋转，随着胶质体的增加，黏度减小，流动性增加，搅拌桨的转动速度加快，直到胶质体煤样逐渐转变为半焦停止转动。

吉氏流动度测定仪主要用于炼焦煤黏结性指标的检测，且应符合国家标准 GB/T25213《煤的塑性测定　恒力矩吉氏塑性仪法》中对仪器设备的要求。吉氏流动度指标尤其适用于对变质程度较低炼焦煤种黏结性的表征及对易氧化煤黏结性测定，其结果要比 G、Y 值等指标更具区分性。

2. 技术特点

针对吉氏流动度测定仪国产化程度低、测试精度不理想、进口产品价格高等问题，煤科总院开发出了具有自主知识产权的 JS 型现代化吉氏流动度测定仪。以下将重点介绍最新一代 JS-Ⅱ型双炉吉氏流动度测定仪整机结构、技术特点及技术优势。

1）JS-Ⅱ型吉氏流动度测定仪整机结构

该仪器完全符合 GB/T25213—2010《煤的塑性测定　恒力矩吉氏塑性仪法》的各项技术指标和要求。

2）JS-Ⅱ型吉氏流动度测定仪技术特点

与国内外现有吉氏流动度测定仪相比，煤科总院所开发的双炉吉氏流动度测定仪具有以下 3 方面突出特点。

（1）恒定扭力矩自整定系统。

扭力矩自整定系统通过电压、电流的自动调节，提供一个稳定、均匀的电磁场，同时产生恒定的输出扭力矩，从而弥补永磁铁磁场衰减的不足。

（2）煤甑传动搅拌系统。

煤甑传动搅拌系统是由一个固定速度的电机和一个与之直接相连的电磁离合器或电磁制动器构成，同时下面连接一个带有搅拌桨煤甑，后者在一定力矩的作用下可以旋转。搅拌桨加工精度高，系统摩擦力小，实现了设备与标准的完美融合。

（3）双炉转换升温系统。

采用双炉双控设计，每一个炉体都是独立系统，在自动控制下两个炉体相互交换使用，在手动条件下单个炉可以独立运行，炉体在工作时独立转动，取代了传统的搅拌桨搅拌传热的设计，炉内锡金属与煤甑反应器接触更加充分，热交换条件充足，从而确保煤甑反应器内煤样温度与锡金属的升温速率一致，明显改善热交换效果。

3）JS-Ⅱ型吉氏流动度测定仪技术优势

（1）可用计算机灵活修改系统参数，在运行之前可设定各个仪器仪表所需要的参数，还可在运行时进行调整。

（2）动态显示系统各部分运行状态，通过运行指示系统判断各部分运行情况，可快速排查故障部位等；动态显示流动度的曲线，根据采集的流动度数据实时绘制出相应的流动度曲线图，同时自动判断是否出现所需的峰值；动态显示加热炉的中心温度，根据采集的温度数据实时绘制出相应的温度曲线图，可以读出其相应的软化温度、最大流动温度和固化温度；动态显示加热炉的升温速率，可实时监控炉体金属浴温度变化，查看升温速率是否符合标准；动态显示吉氏塑性仪搅拌桨的转速，可以显示搅拌桨在测试过程中运行是否异常。

（3）打印输出实验报告，试验结束时可自动打印测试报告，更加简单、便捷。

（4）可查看历史报告，数据库可存储上万个报表数据，根据煤样的名称、日期等可随时查询已测定的煤样数据。

（5）具有超炉温故障保护功能，当炉体金属浴温度不符合试验要求时，仪器自动报警，自动切断电源。

（6）具有热电偶故障保护功能。

（7）炉体内胆采用耐热合金钢，具有超长热使用寿命。

3. 应用实例

煤化工分院开发的双炉型流动度测定仪在煤炭资源高效开采与洁净利用国家重点实验室得到应用。与进口设备相比，自主研发的吉氏流动度测定仪测定数据相互之间的差值都在允许误差范围内，特征温度和最大流动度重复性很好，无论准确度还是精密度，都符合国家标准要求。

（本章主要执笔人：王岩，白效言，张飏，周琦，商铁成）

第三篇　高效煤粉锅炉与水煤浆技术

　　随着社会的发展，国家越来越重视节能减排工作，资源的合理高效利用成为一个十分重要的课题。煤粉燃烧作为行业内公认的煤炭高效燃烧利用技术，成为发展煤粉工业锅炉的最主要推动因素。煤粉燃烧与层燃技术相比，具有热效率高、煤质适应强、易于自动化的优点，广泛应用于发电锅炉，技术已比较成熟。目前，煤粉工业锅炉仍在发达国家大量使用，尤其是德国的大炉膛锅壳式火管煤粉工业锅炉，容量一般小于30t/h，大多在10t/h左右，典型技术如直吹式 HM 系列锅炉和中储式 Dr.Schoppe 锅炉等。锅炉系统技术指标为热效率大于90%，烟气排放符合德国标准。德国煤粉工业锅炉经过40多年的发展，目前已形成了完善的技术、标准、装备体系，完全实现商业化。

　　20世纪60年代起，我国也曾在煤粉工业锅炉技术开发与应用方面做过有益的探索，如90年代哈尔滨普华公司开发的旋流式小型煤粉燃烧器，存在效率低、污染物排放高、易结渣等问题；内蒙古金水通泰公司开发的出锅壳式煤粉锅炉，同样存在上述问题。煤炭科学研究总院自1999年开始启动煤粉工业锅炉系统研发工作，2004年建设了0.5MW煤粉工业锅炉试验系统，2006年，建设了3套规模为4～6t/h的工业系统。2007～2009年，完成了4～35t/h工艺系统的开发工作，建成20t/h以下示范系统20余套，系统平均热效率90.2%。近年来致力于煤种适应性拓宽和关键技术装备优化升级以及系统大型化、模块化、系列化的研究，形成30～100t/h、29～70MW 和250～1500万 kcal/h 共3个系列10个标准化产品，其中100t/h以下容量产品已全面进入市场，系统平均热效率达90%以上。高效煤粉工业锅炉技术系统获授权发明专利13项，并获得省部级奖多项。目前，在11省市共计建成系统200余套。其中神华集团神东公司6个锅炉房总容量514t/h系统投入运行，锅炉平均热效率达92%以上，各项环保指标也远优于国家标准。未来有望在污染物控制、热电联供技术等方面取得突破。

　　水煤浆是20世纪70年代发展起来的一种清洁、高效的煤基流体燃料和气化原料，历经30余年的科技攻关与生产实践，我国水煤浆生产与应用规模均居世界首位。国内主要应用于电站锅炉、工业锅炉和窑炉的代油、代煤燃烧、水煤浆气化领域。依托煤炭科学研究总院建设的国家水煤浆工程技术研究中心,从 2004 年开始至今,针对水煤浆技术存在浓度低、能耗高、煤种单一、添加剂适配性差等问题,开发了低阶煤分级研磨制备高浓度水煤浆的成套技术(第二代技术),煤浆浓度提高了 3～5 个百分点,并在 20 余家企业成功推广应用,取得可观的经济效益和社会效益。为了更清洁高效利用能源,中心研发了极具竞争力的间断粒度级配制备高浓度水煤浆技术(第三代技术),该技术可以使神华煤制浆浓度达到 68%～71%,已经完成中试规模验证试验,即将建立示范厂及推广应用。

第 10 章

高效煤粉工业锅炉系统技术

煤粉燃烧技术是当前最先进的燃煤技术之一。与层燃技术相比，具有热效率高、煤质适应强、易于自动化的优点，广泛应用于发电锅炉，且已比较成熟。该技术在国内外中小型工业锅炉的应用早已有研究和工程实践，是传统燃煤工业锅炉技术的一次突破性创新，使煤炭利用效率及污染物控制水平得到有效提高。在国家大力提倡节能减排的大背景下，其应用前景十分广阔。

10.1 技术装备体系

煤炭科学研究总院节能分院首先在国内提出了煤粉工业锅炉"岛"的概念，并创立了燃煤工业锅炉行业的系统集成运作模式。

煤粉工业锅炉技术装备体系，主要包括：成品煤粉安全储运，煤粉本地安全储存，煤粉浓相供料，煤粉浓相燃烧，辐射及对流换热，布袋除尘，灰钙循环脱硫，烟气再循环耦合空气分级燃烧，飞灰输送及仓储，水动力及汽、水品质，压缩空气制备，油气点火，惰性气体保护，智能化测控等技术装备单元。

全开式煤粉制备"岛"包括煤粉制备和煤粉安全储运等工艺，是一个相对独立的工艺组成；而智能化测控是辅助手段，以增强工艺系统的可靠性和便捷性；其他部分则构成工业锅炉"岛"，基本结构关系见图 10.1。

煤粉工业锅炉"岛"一般工艺流程为：清洁煤粉燃料由制粉站经密闭罐车统一配送至各锅炉房，罐车将煤粉气力输送至锅炉房本地煤粉储罐短期储存；煤粉由储罐卸入浓相供料器并经输送风送入煤粉浓相燃烧器点火燃烧，换热后低温烟气进入布袋除尘器进行干式过滤，除尘后的烟气进入灰钙脱硫反应器进行脱硫；收集的飞灰返回至灰钙循环脱硫系统作为脱硫剂。失活后的飞灰排入灰罐，经脱硫除尘后的清洁烟气部分循环回炉膛，其余洁净烟气排入大气。汽、水部分与常规锅炉相同。为保证足够的点火强度，点火系统采用油气两级点火。惰性气体保护装置保障煤粉的安全储存及应对突发事件。

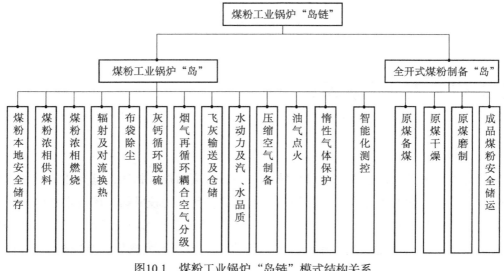

图10.1 煤粉工业锅炉"岛链"模式结构关系

10.2 煤粉储存与供料技术

10.2.1 煤粉安定储存技术

煤粉储存塔（罐）是系统的专有关键装置，是一种由多设备、多部件构成的组合体。参照德国 BGVc12（5）、TRD413（5）、VDI-Richtlinie2263（3673）等标准设计制造。储罐本体为耐压容器（设计压力不低于0.35MPa），在常压下使用。设置布袋过滤器、重力式防爆门、各类传感器（含温度、料位及 CO 浓度等）及其他附属设施。煤粉储存塔（罐）结构及其附属设施设置主要从煤粉的安全性考虑，安全保障措施应有冗余，包括静电接地、壳体耐压、防爆门泄爆、传感器监控及惰性气体保护等。

运行过程中，采取浓相气力输送，在煤粉塔内，煤粉靠自重下落，输送风则通过煤粉储罐顶部的布袋除尘器过滤，洁净排入大气。若发现罐内温度异常升高，并在超警戒温度或超 CO 浓度时能快速报警，立即启动惰性气体保护装置：先从罐体底部注入 N_2，置换罐内 O_2，再从顶部注入 CO_2，覆盖煤粉表面，起到隔绝空气的作用。

10.2.2 无脉动煤粉浓相供料技术

在不同的煤粉供料系统中，按照供料浓度的不同，可大致分为稀相供料、浓相供料和密相供料。其中，常见于电站锅炉的双层隔板式文氏管煤粉混合器由于受工艺参数、结构等的限制，供料浓度一般小于0.5kg（固）/kg（气），一般在0.3kg（固）/kg（气）左右，属于稀相供料；煤粉工业锅炉使用的引射流式文氏管煤粉混合器供料浓度为 2~3kg（固）/kg（气），流化转盘煤粉混合器供料浓度一般大于2.5kg（固）/kg（气），均属于浓相供料；

气化炉和高炉喷吹常用的容积式煤粉混合器供料浓度可以达到10kg（固）/kg（气）以上，属于密相供料。文氏管煤粉混合器供料系统工艺原理如图10.2所示。

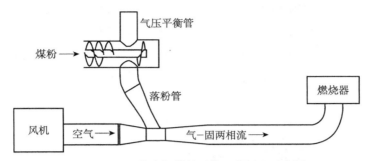

图10.2　文氏管浓相供料系统工艺原理示意图

煤粉工业锅炉的文氏管浓相供料系统的工艺原理为：煤粉经螺旋输送机定量输送进入落粉管，在文氏管喉部与来自一次风机的空气混合，形成气-固两相流，送入燃烧器供给燃烧。

其技术特点主要包括：供料量能实时、定量的调节；文氏管喉部负压微调；气力输送。运行结果表明，固气比一般达到 2.0～3.0kg/m³，是传统稀相供料的10倍，供料偏差小于 ±3%，输送距离最远达 50m，阻力损失小于30kPa。

10.3　煤粉燃烧与锅炉技术

10.3.1　煤粉浓相低氮燃烧技术

电站锅炉一般采用简单的稀相供料，其优点是风粉管径大，送粉沿程阻力和局部阻力小，稀相煤粉流易喷入炉膛；其缺点是燃烧室和炉膛很难实现浓相燃烧，不能随意启停，负荷调节性差。

煤粉工业锅炉具有显著区别于电站锅炉的运行特点，要求锅炉启停灵活，负荷调节范围宽，燃料适应性强。浓相供料技术可满足大多数工业锅炉的运行要求。运行结果证明，浓相供料结合煤粉中心逆喷、双锥前置燃烧室强制回流，煤粉着火迅速，锅炉启动时间一般控制在 1min 之内，而负荷低至 30% 时，锅炉稳定运行不受影响。

高效煤粉工业锅炉不同于传统意义上的煤粉直喷燃烧，在国内首次提出煤粉中心逆喷、二次空气无级分级及前置强化燃烧理念，并设计开发出全旋流、火焰加速喷射低氮燃烧器。煤粉工业锅炉的煤粉燃烧器采用了煤粉中心逆喷原理，如图10.3所示。具有独特几何形态的径向导流叶片结合双锥燃烧室，形成特殊的燃烧空气动力场。由于在加速喷口前的燃烧室腔体内，腔体的体积有限，又有回流保证，所以风粉混合气流全程为浓相燃烧，且逆喷的初级火焰与螺旋正喷的主火焰相互支撑，使燃烧器达到很高的燃烧稳定性。实测结果表明，当供粉量降至额定供粉量的 5% 时，主火焰消失，回流帽缝隙处独立的初级火焰仍然稳定存在。由于燃烧室内氧气、煤粉浓度很高，所以煤粉燃烧反应速度很快，出喷口时煤粉的燃烧进程一般达到40%以上，对褐煤和长焰煤，最高可达60%以上。燃烧器采用了特殊锥体结构，能产生很大的高温烟气回流量，同时，100m/s以上的高速螺旋火焰使燃烧室和炉膛形成相对独立的两个燃烧体系，后者压力振荡对前者几乎不产生影响。对于卧式布置的锅炉，火焰加速还有出色的炉膛自清洁作用。燃烧室内有很均匀的温度场及空气分级燃烧，保证了燃烧室后锥内为还原性气氛，有效降低了NO_x的生成。

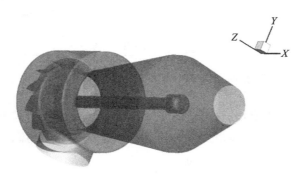

图10.3 燃烧器示意图

10.3.2 锅炉本体

高效煤粉工业锅炉与其他所有形式的锅炉一样，是"锅"和"炉"的有机结合体。"锅"主要涉及工质（如水）循环动力问题；"炉"主要涉及煤粉着火、燃烧及燃尽问题，"炉"也是稳燃室的自然延伸部分。

节能分院在长期生产实践的基础上，总结国内外经验，锅炉本体形成3种主要的结构形式：

（1）4～25t/h（含等效容量，下同）采用了WNS异型炉膛火管锅壳形式（稳燃室内置），膜式壁回燃室，本体无出灰口，单（或双）燃烧器水平或不小于8°倾斜前置。其特点是结构紧凑、强度高、气密性好。整装出厂，现场施工量很小，维护保养简单，可以取消引风机微正压运行。适用褐煤、长焰煤等低变质清洁煤粉。

（2）30t/h左右容量，采用了DZS膜式壁炉膛耦合锅壳对流换热面形式，单燃烧器呈水平或倾斜前置。最大特点是用90°全膜式壁整体水平弯头状回燃室，连接上游全膜式壁炉膛及下游锅壳式（烟）火管对流换热面。由于用高速（烟）火管取缔传统低速管廊，既提高了对流传热效果，又避免了低负荷积灰问题。模块化组装，现场施工量小。燃料可以扩展至不黏煤。

（3）40～160t/h容量，采用了DHS全膜式壁炉膛耦合蛇形管（或锅壳，用于大型热水锅炉）对流换热面形式，为全立式结构，单（或双）燃烧器垂直顶置，火焰下喷。低温过热器置于水平烟道内。燃料可以扩展至弱黏煤、气（肥）煤粉。

10.4 烟气净化技术

10.4.1 脱硫、除尘

炉内固硫耦合高倍率灰钙循环烟气脱硫（no gap desulfurization，NGD）除尘一体化技术是煤科总院煤粉工业锅炉系统的独有技术。该技术充分利用了煤粉快速升温及炉膛内温和的温度场，用煤粉中的原生钙质碳酸盐，在燃烧过程中吸附50%以上的SO_2，同时将剩余的石灰石煅烧成活性CaO。经温和燃烧生成的富含活性CaO的飞灰；通过富集、增湿，循环返回布袋除尘器上游一段立管式烟道做成的反应器，继续脱除烟气中剩余的SO_2、SO_3、HCl、HF等酸性气体，同时可脱除重金属Hg及As。

脱硫过程中，从锅炉系统来的温度为120℃左右的烟气，通过加速进入立管式圆形（或矩形）气力输送床脱硫反应器。在快速降温和潮湿的条件下，烟气中的上述酸性气体与从增湿（消化）混合器送入反应器的含钙飞灰在很短的时间（约1s）内发生反应，生成$CaSO_3$、$CaSO_4$、$CaCl_2$和CaF_2。携带飞灰的烟气出脱硫反应器依次进入旋风分离器、布袋除尘器。65～70℃的清洁烟气出布袋除尘器经引风机排入大气。从旋风分离器、布袋除尘器底部排出的飞灰靠自重汇入循环灰仓，仓内飞灰通过底部供料器按需连续、稳定送入增湿混合器。出增湿混合器的飞灰通过布料器，重新进入反应器开始下一个循环。

控制进入脱硫系统新鲜脱硫剂与烟气中硫的表观（或化学计量）物质的量比不小于2∶1，飞灰循环倍率（循环量与新鲜飞灰量的比值）不低于50，过程稳定后反应器内的有效Ca/S物质的量比始终保持在50∶1以上，实际脱硫率一般不低于90%。

与所有湿法脱硫工艺相比，NGD具有流程简单、占地面积小、耗水少、运行成本低等特点，是一种经济、实用的创新技术。如同煤粉供料器一样，NGD的关键与难点仍然在于含钙飞灰的连续稳定供料。

10.4.2 低氮燃烧

借鉴Dr.schoppe及Pillard低氮燃烧技术，煤炭科学研究总院开发了深度空气分级耦合烟气再循环低氮燃烧系统。

关键点包括：①低过量空气系数，总的α值不大于1.2；②助燃风深度分级，二次风为总助燃风量的60%～70%，使一级燃烧区内形成强还原性气氛（α_1=0.7～0.8），即稳燃室喷口喷出高温（半）煤气火焰；③三次风与20%的循环烟气混合，形成贫氧空气（O_2浓度不超15%），通过高压头及特制导向喷口，以60～70m/s的高速喷入炉膛，形成煤气火焰的缠绕助燃风，即CCOFA，达到拉长火焰，消减炉膛温度峰值，均衡温度场的目的。目前7MW热态试验台已取得突破性进展，可预见的目标是不采用SNCR或SCR，控制NO_x初始排放浓度至150～200mg/m³（折算O_2浓度6%）。

10.5 测控技术

测控是锅炉系统的"大脑和神经中枢",国内自主技术基本由 PLC(或 DCS)结合上位计算机完成。完整的测控系统由各种传感器、数据电缆、动力电缆、执行机构、逻辑运算模块、工程组态软件、配电柜、控制柜及开关柜组成。如同所有的锅炉系统一样,煤粉工业锅炉系统也是典型的多变量、非线性、时变、存在大时滞的复杂系统。测控主要以汽、水单元,燃烧单元,助燃风单元,引风单元,辅机等的控制为主。

由于受工艺合理性、设备可靠性、煤粉稳定性等的制约,自主测控系统实现完全自动控制及调节尚存在一定的风险。实际运行仍然停留在对设备及单回路的传统控制上,各控制系统相互独立,没有形成一个"牵一发而动全身"的有机的统一体。主控以 PLC(或 DCS)为主,各单元及子系统的微调及部分控制以手动为主。

10.6 节能与环保效果

10.6.1 神东矿区分布式供热

1. 工程概况

神华神东煤炭集团有限公司是中国神华能源股份有限公司的核心煤炭生产企业,地跨陕、蒙、晋三省(自治区),优质动力煤年产能力超过 2 亿 t。煤炭科学研究总院于 2010 年、2011 年及 2013 年,在其中 6 个矿区改造或新建 6 个锅炉房,共 24 台 4～40t/h 锅炉,总蒸发量 514t/h;两个制粉站,总生产能力 40 万 t/a。主要用途是冬季为矿区及井下供暖和供洗浴热水。自 2012 年陆续投入运行以来,合计产蒸汽 320 万 t。

以石圪台锅炉房为例,该工程于 2011 年 6 月初开始进行锅炉房的土建施工,一期项目已完成 2×20t/h 系统,10 月上旬,锅炉系统安装工作全面完成并进入系统调试、试运阶段;10 月下旬试运结束,系统正式为矿区及井下输出供暖蒸汽。二期 4×20t/h 系统于 2014 年完成。目前一期工程已经运行 4 年,二期工程运行 1 个采暖季,运行效果良好,锅炉系统平均热效率达到 90% 以上。

2. 节能效益

经统计,神东各锅炉房锅炉平均热效率达 90% 以上,用户认可的节煤率达 52%,相比之前的链条锅炉,在产同样热的情况下,一个供暖季实现节电 1000 万 kW·h,节煤 21.5 万 t,CO_2 减排 47.6 万 t,SO_2 减排 2700t,烟尘减排 1420t。

对比原燃煤链条锅炉与改造后煤粉锅炉 2011～2012 年、2012～2013 年两个采暖季运行效果,详见表 10.1。

表10.1　神东公司矿区煤粉锅炉改造前后经济效果对比

序号	项目	原链条锅炉	煤粉锅炉（2011~2012年）	煤粉锅炉（2012~2013年）
1	总装机容量/（蒸t/h）	281	310	350
2	员工人数/人	231	115	130
3	产汽量/万t	33.86	42.33	74.49
4	耗煤量/万t	14.06	5.1	8.85
5	总运行成本/万元	5980.36	5756.88	10130.64
6	吨蒸汽成本/元	176.61	136（核定价）	136（核定价）
7	经济效益/万元		5711.68	10091.01

其中，经济效益包括吨蒸汽成本降低而引起的总运行成本减少值，以及节省的燃料煤外销后额外产生的产值（原煤价格按320元/t计）。

10.6.2　江苏宿迁三明热力120蒸t/h新建工程

1. 工程概况

江苏宿迁三明新能源有限公司供热项目建成2套60t/h煤粉锅炉系统。煤粉锅炉选用DHS60-1.6/245-AIII型过热蒸汽锅炉，锅炉烟风系统采用平衡通风方式，除尘器采用布袋式除尘器，燃料煤粉由附近煤粉加工厂定期供给。给水系统软化水经热力除氧进入锅炉，软化水来自现有厂区内软化除盐水箱，消防及生活用水采用现有厂区内设备。并按照用户要求预留脱硫系统位置。

宿迁2×60t/h锅炉系统配置了煤粉塔、供料器、燃烧器、测控系统、除尘器等主要设备。锅炉结构形式为单锅筒横置式室燃锅炉，过热蒸汽温度245℃；炉膛辐射换热面采用膜式壁，强化传热、降低炉墙质量与漏风率；对流管束区和省煤器顶部配置声波吹灰器共4台，在线清灰。锅炉和省煤器一体化布置，锅炉和省煤器底部布置水封刮板机出灰。

该项目已于2014年4月建设完成并投入使用。第三方测试的锅炉热效率达90%，烟尘排放7mg/m³、SO_2排放23mg/m³、NO_x排放34mg/m³。

2. 节能效益

每吨蒸汽耗煤量，煤粉工业锅炉比链条锅炉节省94kg，园区蒸汽需求量约60万t/a，节煤5.64万t/a，节省运行成本约1032万元/a。

10.6.3　天津华苑5×58MW供热工程

该项目位于天津市西青区中北镇环外新技术产业园区，业主华苑供热管理所隶属于天津市热力有限公司。项目规划集中供热面积1100万m²，建设规模为5×58MW热水锅炉。

项目于 2015 年 3 月动工建设，2015 年 11 月建成投产。项目建设过程中，煤炭科学研究总院（拥有煤粉工业锅炉技术自主知识产权）负责该项目煤粉储供、锅炉本体、脱硝系统及配套控制系统的设计、制造与安装。目前，该项目已完成 2015 年一个供暖季的供热任务。锅炉热效率 93.32%，烟尘排放 4mg/m³、SO_2 排放 5mg/m³、NO_x 排放 23mg/m³，已达到甚至超过天然气锅炉的能效与污染物控制水平。

（本章主要执笔人：肖翠微，张鑫，程晓磊，王永英，牛芳）

第 11 章
分级研磨水煤浆级配制浆技术

水煤浆是 20 世纪 70 年代发展起来的一种清洁、高效的煤基流体燃料和气化原料，发达国家如美国、英国、加拿大和日本等先后开展了大量科学研究工作及一定规模的工业应用。但近年国外的水煤浆厂大多已经停产或技术发展处于停滞状态。

我国水煤浆历经 30 余年的科技攻关与生产实践，生产与应用规模均居世界首位。截至 2015 年年底，全国燃料水煤浆的设计产能已突破 5000 万 t/a，生产和使用量已达 3000 万 t/a，主要应用于电站锅炉、工业锅炉和窑炉的代油、代煤燃烧；在气化水煤浆领域，年耗浆量 1 亿 t 以上。随着国内多个大型煤化工项目的开工建设，未来几年水煤浆气化的用煤量将突破 2 亿 t。

国家水煤浆工程技术研究中心组织研发团队，依托国家科研院所专项基金、国家"863"计划等重大课题，从 2004 年开始在水煤浆级配制浆理论、低阶煤分级研磨制备高浓度水煤浆技术、低能耗水煤浆磨机、高效水煤浆添加剂以及污泥、污水制浆等方面取得了许多成果；研发的第二代煤浆制备技术-分级研磨高浓度制浆工艺技术，使制浆浓度提高 3～5 个百分点，是水煤浆制备技术的一项重大突破。

11.1 制浆工艺

传统水煤浆制备工艺技术一般为单磨机（棒磨或球磨机），存在主要问题有：水煤浆的浓度偏低（58%～60%），致使水煤浆气化煤耗和氧耗高；煤浆的粒度分布不合理，浆体的流变性与雾化性能差，致使煤炭转化率低；制浆工艺技术对原料煤的选择性和适应性相对较差。我国低阶煤储量大、低灰、低硫、活性好，是燃烧和气化的好原料，但用低阶煤制备的水煤浆质量难以满足气化用水煤浆质量要求。

经研究发现，造成低阶煤成浆质量差的主要原因有：低阶煤内水含量高，自由水含量少，影响水煤浆成浆浓度和流变特性；可磨性差，属于难磨煤种，采用常规单磨机制浆工艺难以获得较好的粒度级配，且研磨能耗较高；煤的 O/C 比值大，孔隙率高，极易吸附煤浆中的自由水，使得煤浆流变性差，这是造成燃料煤浆和气化煤浆浓度偏低的主要微观机理。针对国内外单棒磨机工艺制浆粒度级配不合理，成浆浓度低等问题，通过煤质特性分析及成浆性试验研究，确定造成煤浆浓度低的主要影响因素及微观机理；开展了以优化煤浆粒度级配，提高煤颗粒间的堆积效率的技术研究。以分形理论为指导，采用PFC2D/3D粒度级配模拟软件，模拟不同粒度分布煤颗粒的堆积率，建立分形粒度级配模型；形成"多破少磨"、"分级研磨"和"优化级配"的制浆理念，提出选择性粗磨合超细研磨有机组合的级配制浆工艺，实现水煤浆粒度分布的控制及优化。

粒度级配是关系水煤浆成浆浓度和流变性的重要因素，也是解决煤炭成浆性差问题的主要切入点，结合低阶煤破碎及研磨后的颗粒形貌，采用理论推导和PFC2D/3D计算机模拟相结合的方式进行研究，建立了适用于制备高浓度水煤浆的粒度级配模型。

水煤浆中心开发的低阶煤分级研磨高浓度级配制浆工艺流程见图11.1。从图中可看出，在粗磨机后分出一股浆料去细磨机，细磨机出料进入粗磨机进口，形成细煤浆的循环，这是分级研磨高浓度制浆工艺的创新和关键所在。

11.2 关键技术装备

为了与分级研磨高浓度制浆工艺相配套，又开发了专用高细破碎机、选择性粗磨机和超细磨机。

11.2.1 高细破碎机

破碎是水煤浆制备工艺中对制浆能耗影响较大的环节，出料粒径的大小直接决定后续研磨设备的研磨效率、能耗、产量与产品质量。以"分级破碎"为指导理念，开发了高细破碎机。该设备通过优化锤、板结构与速度，实现原煤粒的一级冲击式破碎，增设悬臂式粉磨组合装置，以剪切、挤碾等方式进行二级细碎，实现煤炭的分级破碎，提高破碎比，使出料中小于45μm颗粒占40%左右。开发了3种型号高细破碎机，分别是干煤处理能力20～30t/h、装机功率50kW的PFG750型，处理能力40～50t/h、装机功率90kW的PFG1250型和处理能力80～100t/h、装机功率150kW的PFG2000型。

11.2.2 选择性粗磨机

选择性粗磨机是气化煤浆制备过程中最核心的设备，在借鉴传统棒磨机结构设计的基础上，针对应用中存在的实际问题，重点是对设备的磨介运动形式的优化与改进，磨机筒体长径比的优化设计，磨介配比的优化设计，提出高效率研磨的磨介级配方案，选取规格以ϕ65mm、ϕ50mm、ϕ40mm、ϕ30mm的钢棒为磨介，并按一定比例进行配比。

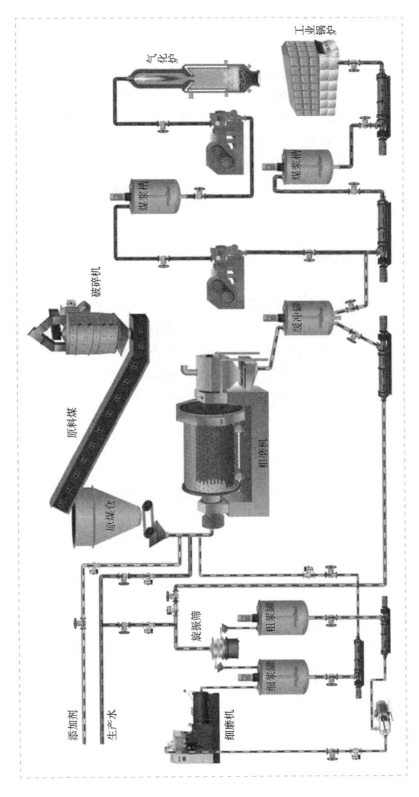

图11.1 低阶煤分级研磨高浓度级配制浆工艺流程

11.2.3 水煤浆超细磨机

超细研磨机是分级研磨级配制浆工艺的特有设备。通过设备整体结构研究与设计、筒体结构、搅拌形式（搅拌器类型、结构、转速等）、出浆筛网结构等一系列研究，研制出高效、节能的超细磨机。包括25万、50万和100万t/a配套单体容积分别为5000L、10 000L和12 500L，处理能力分别为8～10t/h、15～20t/h和20～25t/h三种规格的超细研磨机。超细磨机能将入料粒径80～100μm的煤浆，一次性研磨至平均粒径10～20μm的超细煤浆，电耗仅为球磨机的1/10，满足分级研磨级配制浆工艺对超细煤浆粒度分布要求。

11.3 水煤浆添加剂

为了使所制水煤浆达到高浓度、低黏度，并有良好的流变性与稳定性，必须使用少量化学药剂（简称"添加剂"）。添加剂的分子作用于煤粒与水的界面，可减小水煤浆流动时的内摩擦，降低黏度，改善煤粒在水中的分散性，提高水煤浆的稳定性。添加剂的用量通常为干煤量的0.5%～1%。添加剂可分为分散剂、稳定剂及其他一些辅助化学药剂，如消泡剂、调整pH剂、防霉剂、表面改性及促进剂等多种。在这些添加剂中，不可缺少的是分散剂与稳定剂。

11.3.1 分散剂

分散剂是最重要的化学添加剂，其主要功效是降低水煤浆的黏度。降黏用分散剂的作用机理包括润湿分散作用、静电斥力分散作用及空间位阻与熵斥力分散作用。这3种作用相互补充。水煤浆分散剂属表面活性剂，其一端是由碳氢化合物构成的非极性的亲油基（疏水基），另一端是亲水的极性基。分散剂溶于水后可以分为离子型（阳离子型、阴离子型、两性型）和非离子型两大类。由于阴离子型价格最便宜，所以制浆添加剂大多选择阴离子型分散剂。

11.3.2 稳定剂

稳定剂的作用是使煤颗粒能较长期地稳定悬浮在水中，防止产生硬沉淀，并使水煤浆具有剪切变稀的流变特性。分散剂可防止粒子间聚结加速沉淀的作用，因此，分散剂也兼有稳定作用。稳定剂主要有无机盐和一些高分子有机化合物，如聚丙烯酰胺、羧甲基纤维素（CMC）以及一些微细胶体粒子，如有机膨润土等。稳定剂的用量视煤炭性质、稳定剂类型及所需稳定期长短而定，一般为煤量的万分之几至千分之几。

煤炭科学研究总院开发了自主知识产权的专用添加剂（CCRI添加剂），它的合成选择

A、B、C三种原料和醛类化合物等单体在一定工艺条件下进行缩聚反应，使之形成具有亲水、亲油基团的链状结构磺酸缩聚物。产品的分子结构分散性能与各单体的性能、配比、反应温度、反应时间、助剂种类有关。添加剂分子憎水主链由萘基、苯基和亚甲基交替联结而成。磺酸取代基具有良好的亲水性，提高了添加剂分散性。

CCRI型水煤浆添加剂目前已应用于广东东莞水煤浆厂、福建石狮水煤浆厂、北京水煤浆示范厂和兖矿鲁南化肥厂，实现了工业应用，用户反映良好。对于燃料煤浆和气化煤浆，采用低阶煤制浆，添加剂加入比例分别为0.5%～0.7%和0.2%～0.25%，煤浆浓度维持在65%和63%以上，煤浆黏度为800～1200mPa·s，煤浆的粒度分布、流变性、稳定性和雾化性能完全满足煤浆燃烧和气化的各项要求。

11.4 成浆性试验及水煤浆质量评价

煤的制浆难易程度（即煤炭的成浆性）是影响水煤浆产品质量与经济性的重要因素。张荣曾教授采用多元非线性逐步回归分析方法，对不同煤阶有代表性煤样的工业分析、灰成分、煤岩显微组分、煤炭表面特性、表面积和孔特性、接触角、吸附特性、含氧官能团、表面电性、煤中可溶性矿物及红外光谱分析等34项煤质数据进行统计分析后，首次总结出其中的规律，建立了分析煤炭成浆性的模型和评定指标D，成功地用于预测煤炭制浆效果和优选制浆用煤。

为了适应不同条件的使用，建立了两个计算煤炭成浆性指标D的模型。式（11.1）为需要含氧量数据的模型，式（11.2）为不需要含氧量数据的模型。

$$D=7.5-0.051\text{HGI}+0.223\text{Mad}+0.0257\text{O}_{daf} \tag{11.1}$$

$$D=7.5-0.05\text{HGI}+0.5\text{Mad} \tag{11.2}$$

式中，HGI为哈氏可磨性指数；Mad为煤炭空气干燥基水分，%；O_{daf}为煤炭干燥无水基含氧量，%；D为煤炭成浆性指标。

根据煤炭成浆性指标D，可以按下式预测它的可制浆浓度C：

$$C=77-1.2D, \% \tag{11.3}$$

按照煤炭成浆性指标D，可将煤炭成浆性难易分成4档，如表11.1所示。指标D对成浆性评定具有指导意义。

表11.1 煤炭成浆性分类

成浆性难易	指标D	可制浆浓度/%
易	<4	>72
中等	4～7	72～68
难	7～10	68～65
很难	>10	<65

11.4.1　成浆性影响因素

影响成浆性的主要因素有煤质特性、煤的粒度级配及添加剂等。其中煤质特性是影响其成浆性和浆体流变性的首要因素，主要包括煤阶、煤表面的亲水性、孔隙率、煤岩相组成、可磨性、内在水分、含氧官能团等因素。由于各个因素不是独立变量，它们之间相互作用和影响。在诸多影响因素中，煤的内在水分是影响制浆的重要因素。内在水分越高，水煤浆的浓度越低，这是低阶煤成浆性差的主要原因。煤的哈氏可磨性直接表示磨矿的难易程度，直接影响煤的粒度分布，超细粒度所占百分比及平均粒度的大小，从而对成浆性产生影响。可磨性指数 HGI 值越小，煤的硬度越大，煤的制浆难度越大。煤的粒度级配是决定水煤浆浓度和流变性的重要因素，级配是控制水煤浆性能指标最重要的参数之一。水煤浆的浓度、黏度、稳定性和燃烧性都不同程度受其影响。煤成浆性好，浓度不必很高（如炉前制浆或炉温要求不高等情况），堆积率就可低些，这样有利于磨制。对易制浆煤即使单峰级配也能取得较好的结果。级配对水煤浆的成浆性影响也颇为重要。调整级配最主要的目标是在最大颗粒不堵塞喷嘴和兼顾稳定性的情况下，使煤粉达到最紧密堆积。

为了得到固体含量高、黏度值低且稳定期较长的理想水煤浆产品，在制备水煤浆时要选择合适的化学添加剂来改变其成浆性和流变性。高浓度水煤浆的流变性主要是受添加剂的影响。

11.4.2　成浆性试验

成浆性试验结果一般是以该煤种在合适的级配和添加剂下制备的水煤浆的性能特征指标来表征。通常水煤浆的性能特征指标包括浓度、黏度（流变性）、稳定性、触变性、抗剪切性、抗温变性、可雾化性、密度以及 pH 等，但最常用的有浓度、黏度、稳定性和流动性。此外，还包括一些水煤浆的质量指标，如工业分析、硫含量、热值等。这些水煤浆质量指标及测试方法均有国家标准，国家水煤浆工程技术研究中心参与了制定并在全国范围内实施。多年来，国家水煤浆工程技术研究中心每年为国内各拟建浆厂企业和已建浆厂企业进行了数百个煤种的成浆性试验，所提交的成浆性试验结果和评价报告为水煤浆的正常生产提供了可靠的技术支撑。

11.4.3　水煤浆质量评价

水煤浆性能指标主要包括煤中原有的物理特性指标（发热量、灰熔点、水分、灰分、挥发分、硫分等）和流体特性（浓度、表观黏度、稳定性、流动性等）。国家水煤浆工程技术研究中心参与起草了《水煤浆技术条件》国家标准（GB/T18855—2008），由国家质量监督检验检疫总局、国家标准化管理委员会于 2008 年 7 月 29 日发布，并于 2009 年 5 月 1 日实施。国家标准《水煤浆试验方法》（GB/T18856—2008）由国家水煤浆工程技术研究中心参与起草、国家质量监督检验检疫总局、国家标准化管理委员会于 2008 年 7 月 29 日发布，并于 2009 年 5 月 1 日实施。

11.5 水煤浆质量检测仪器

水煤浆质量检测在建立规范的、标准化的水煤浆测试方法的同时，建立和开展与之相关的检测仪器的研制和生产是不可或缺的。随着水煤浆质量试验方法和水煤浆技术条件国家标准的发布实施，煤炭科学研究总院与仪器生产企业合作，先后开发了水煤浆专用激光粒度仪（BT-2002 型）和水煤浆黏度计（NXS-4C 型）、水煤浆浓度仪等专用仪器，有力地促进了水煤浆质量检测专用仪器和设备的应用和发展。

11.5.1 BT-2002型水煤浆激光粒度仪

BT-2002 型激光粒度分布仪是国家水煤浆工程技术研究中心与丹东市百特仪器有限公司联合研制的水煤浆专用激光粒度分布仪。它是利用水煤浆颗粒能使激光产生衍射和散射现象来测量粒度分布的，具有速度快、操作方便、重复性好等优点，是水煤浆生产和应用企业理想的粒度测量仪器。

国家水煤浆过程技术研究中心已把该仪器作为水煤浆专用粒度仪，并以此仪器制定水煤浆粒度测试标准。

11.5.2 NXS-4C型水煤浆专用黏度计

NXS-4C 型水煤浆黏度计是国家水煤浆工程技术研究中心与成都仪器厂联合研制的带有微电脑的同轴圆筒上旋式黏度计。可绘出温度－时间、剪切速率－时间、剪切应力－时间、剪切应力－剪切速率等关系曲线；并可对实验数据做进一步处理，是水煤浆测试的必备仪器。目前全国大多数水煤浆生产厂都在应用这种水煤浆专用黏度计。

11.6 成果应用效果

低阶煤高浓度级配制浆成套技术自研发成功以来，在燃料和气化水煤浆领域进行了大规模的推广及应用。在燃料水煤浆领域已成功应用于东莞、汕头、杭州、福建、江苏等地的 5 家燃料浆制备企业，设计生产规模达 400 万 t/a，在建和规划建设的项目总规模达 1000 万 t/a，产品主要用于沿海地区中小型锅炉的代油及代煤燃烧。在气化水煤浆领域，已成功应用在兖矿鲁化、兖矿国泰等水煤浆提浓项目，投产总规模达 440 万 t/a，在建和计划建设总规模达 2455 万 t/a。工业应用结果表明，制浆工艺及关键设备运行稳定可靠，满足化工企业长周期、稳定运行的要求，煤浆浓度提高3个百分点以上，经济效益十分显著。

11.6.1 鲁南化肥厂提浓技术改造项目

1. 项目概况

项目实施前，该厂的生产规模为年产80万t尿素、20万t甲醇，采用水煤浆气化技术，以低阶煤为原料，年用水煤浆量约为90万t，制浆系统由两套$\phi 3.8m \times 5.8m$棒磨机和两套$\phi 3.2m \times 4.5m$棒磨机组成，正常生产时两套$\phi 3.8m \times 5.8m$的棒磨机和一套$\phi 3.2m \times 4.5m$的棒磨机常开，一套$\phi 3.2m \times 4.5m$的棒磨机备用，水煤浆浓度为57%～60%。煤浆浓度偏低，严重影响了后续气化与合成的效率，造成全厂生产成本较高。

基于此，为了提高低阶煤水煤浆的制浆浓度，国家水煤浆工程技术研究中心为兖矿鲁南化肥厂提供气化用高浓度水煤浆成套技术。先后完成高浓度制浆工艺、关键设备和系统设计的研究，并通过生产调试优化和改进提浓工艺和设备参数，项目取得了较好的应用和示范效果。

2. 提浓工艺

项目根据低阶煤高浓度水煤浆制备技术的要求，在原有生产系统上增加细浆制备系统，并对原有的棒磨机进行优化与改进，使其达到选择性粗磨机的设计要求。新增设备与原有设备（优化改进）形成闭路的自循环制浆系统，棒磨机出口煤浆槽的部分煤浆经过细磨机研磨后返回棒磨机，满足低阶煤水煤浆提浓工艺的技术要求。

3. 项目运行效果和取得的经济效益

兖矿鲁南化肥厂低阶煤水煤浆提浓项目于2011年1月进行运转调试并正常生产运行，至今仍在正常运转。项目采用低阶煤高浓度水煤浆制备成套技术，总投资为704.832万元。煤浆浓度提高3.2个百分点，棒磨机产量提高42.8%，节约电费126.15万元/a、气化炉氧耗降低6.7%，有效气含量提高1.3%，甲醇增产1.7t/h；项目实施后，每年为企业创造4708万元的经济效益。

11.6.2 内蒙古伊泰煤制油公司煤浆提浓改造项目

内蒙古伊泰煤制油有限责任公司一期工程16万t/a装置于2009年3月投产，水煤浆制备系统以当地长焰煤为制浆原料，由两条棒磨机（$\phi 3.4m \times 5.8m$）生产线组成，采用传统的单棒磨机制浆工艺，煤浆浓度偏低（仅为59.3%左右），致使气化煤耗和氧耗偏高；而且煤浆粒度分布不尽合理，浆体流变性及雾化性能差，煤浆粒度偏粗，致使煤浆管道、泵、阀门、气化炉喷嘴等磨损严重。

本项目制浆工艺采用煤科总院开发的"分级研磨低阶煤制备高浓度水煤浆工艺"技术，制备的水煤浆作为伊泰煤制油有限责任公司气化炉的原料。该工艺最显著的特点是将一部分粗磨后的煤浆稀释至一定浓度后，进行超细研磨，研磨成超细颗粒后再返回至粗磨机，形成自循环的闭路系统，以最简单的制浆流程实现了水煤浆粒度级配的控制及优化。

项目投产后，在生产条件基本不变的情况下，煤浆浓度由 59.49% 提高至 62.23%，提高 2.74 个百分点；水煤浆气化炉比煤耗由 624.8kg/km^3 降至 594.9kg/km^3，降低 29.9kg/km^3；比氧耗由 432.0m^3/km^3 降至 406.6m^3/km^3，降低 25.4m^3/km^3；有效气含量由原来的 79.41% 提高至 81.43%，提高 2.02 个百分点，产油量增加 1.4t/h，仅夏季 3 个月就可多产油品 3024t，直接经济效益达 1960 万元 /a。

（本章主要执笔人：王燕芳，李发林，王国房，孙海勇，蔡洪涛）

第12章
高倍率灰钙循环脱硫除尘一体化技术

从20世纪60年代开始，世界各国开发的控制SO_2的技术不下200余种，但能商业化的不到10%。目前，SO_2污染的控制技术可分为3类：燃烧前、燃烧中和燃烧后控制技术。

燃烧前控制技术（首端控制技术）有化学、物理、生物等方法，以及煤炭转化脱硫和多种技术联合工艺等方法。燃烧中控制技术主要指清洁燃烧技术，旨在减少燃烧过程污染物排放。燃烧中控制技术主要有循环流化床燃烧技术、型煤固硫技术和水煤浆燃烧技术等。燃烧后控制技术也就是烟气脱硫技术（FGD），是目前世界上唯一大规模商业化应用的脱硫技术。经过长期的研究、开发和应用，烟气脱硫工艺流程多达180种，然而具有工业应用价值的不过10余种。按操作特点将其分为干法、湿法和半干法。目前，烟气脱硫技术仍被认为是控制SO_2污染最行之有效的途径。湿法工艺较成熟但投资维护的成本高，干法工艺的脱硫效率及脱硫剂利用率较低，半干法烟气脱硫技术较适用于中小型工业锅炉。

高倍率灰钙循环脱硫技术作为一种适用于煤粉锅炉的新型半干法烟气净化技术，利用煤粉燃烧后飞灰中含量较高的活性钙与烟气中的二氧化硫发生化学反应（有一定的物理吸附）将其脱除，省煤器后的垂直烟道作为反应器并采用高倍率灰钙增湿循环使用，形成的技术可使得煤粉锅炉污染物排放达到燃气锅炉的环保标准。系统脱硫效率达到90%，SO_2排放浓度不超过100mg/m³。

12.1 工艺流程

煤粉工业锅炉脱硫工艺可分为炉内固硫和烟气脱硫两个部分（图12.1）。煤燃烧过程中可在炉内完成固硫（煤中钙不足可外加$CaCO_3$），固硫率可达40%～50%，燃烧后的粉煤灰富集后送入烟道反应器，经增湿活化后发生脱硫反应。

高倍率灰钙循环（NGD）烟气脱硫是利用高效煤粉工业锅炉飞灰中的活性CaO或$Ca(OH)_2$及补充生石灰，经加水增湿（消化）处理，浓相气力输送床快速吸收烟气中SO_2、HCl和其他酸性气体的过程。反应式为

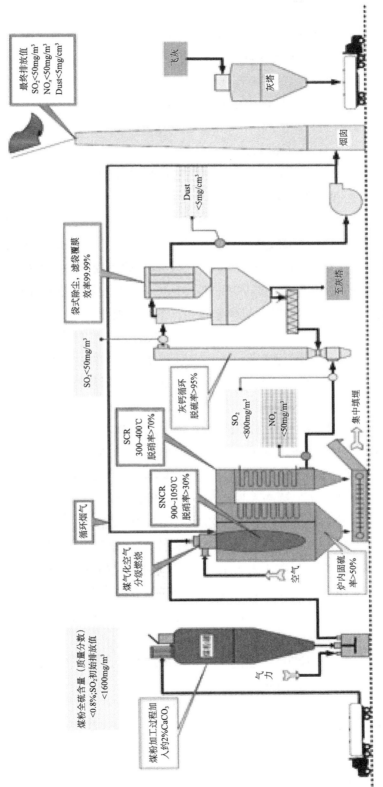

图12.1 煤粉工业锅炉脱硫技术路线图

$$CaO+H_2O \longrightarrow Ca(OH)_2$$

$$Ca(OH)_2+2HCl+2H_2O \longrightarrow CaCl_2 \cdot 4H_2O$$

$$Ca(OH)_2+SO_3 \longrightarrow CaSO_4+H_2O$$

$$Ca(OH)_2+CO_2 \longrightarrow CaCO_3+H_2O$$

$$Ca(OH)_2+SO_2 \longrightarrow CaSO_3 \cdot 0.5H_2O+0.5H_2O$$

$$CaSO_3 \cdot 0.5H_2O+1.5H_2O+0.5O_2 \longrightarrow CaSO_4 \cdot 2H_2O$$

$$Ca(OH)_2+2HF \longrightarrow CaF_2+2H_2O$$

高倍率灰钙循环烟气脱硫除尘一体化技术，充分利用煤粉快速升温及炉膛内温和的温度场，用煤粉中的原生钙质碳酸盐（原生钙不足可补充石灰石）在燃烧过程中吸附50%以上的SO_2，同时将剩余的原生钙质碳酸盐在燃烧过程中生成孔结构丰富的活性CaO。富含CaO的活性灰，通过富集、增湿，循环返回布袋除尘器上游一段立管式烟道做成的反应器，继续脱除烟气中剩余的SO_2、SO_3、HCl、HF等酸性气体，同时也可脱除重金属Hg及As。该方法不需要另加脱硫剂及配置庞大复杂的脱硫塔，仅靠锅炉系统的自脱硫即可达到理想的脱硫效果。

脱硫系统主要由管式反应器、初级分离器、布袋除尘器、储灰仓、增湿混合器、布料器、引风机、流化风机、工艺水系统、散装机、石灰储仓、仓泵等装置构成。

NGD工艺流程为：从锅炉省煤器（或空气预热器）出来的温度为120℃左右的烟气，进入下端为弯曲体的立管式圆形（或矩形）气力输送床脱硫反应器。在快速降温和潮湿的条件下，烟气中的SO_2、SO_3、HCl和HF等酸性气体与从增湿（消化）混合器送入反应器的含钙飞灰在很短的时间（约1s）内发生反应，生成$CaSO_3$、$CaSO_4$、$CaCl_2$和CaF_2。携带飞灰的烟气出脱硫反应器依次进入旋风分离器、布袋除尘器。70℃左右的清洁烟气（高于露点10～15℃）出布袋除尘器经引风机排入大气。旋风分离器、布袋除尘器底部排出的飞灰靠自重汇入循环灰仓，从脱硫剂储罐卸入脱硫剂仓泵的新鲜生石灰也定期补充汇入循环灰仓，仓内富含脱硫剂的飞灰通过底部电动插板阀送入螺旋式增湿（消化）混合器。出混合器的增湿飞灰（含水率从2%提高至5%）靠自重落入布料器，再经流化和负压作用，均匀送入脱硫反应器重新开始下一个循环。控制进入NGD脱硫系统新鲜脱硫剂及含硫烟气的表观（或化学计量）Ca/S物质的量比不小于2∶1，飞灰循环倍率（循环量与新鲜飞灰量的比值）不低于50，脱硫过程稳定后反应器内的有效Ca/S（物质的量比）始终保持在50∶1以上，NGD的实际脱硫率一般不低于90%。

煤粉锅炉运行过程中不断产生新的飞灰，当循环灰仓富集的飞灰超过高料位时，旁路卸灰阀开启，超过有效循环量的多余飞灰自动卸入出（输）灰系统。

12.2 工艺计算

在神东矿区保德锅炉房建设了20t/h煤粉锅炉配套烟气脱硫工业实验系统，系统主要工艺参数计算值或设计值如表 12.1 所示。

表12.1 基本工艺参数计算值或设计值

类别	项目	单位	给定值或计算值	备注
1. 基础数据	锅炉容量	t/h	20	
	排烟温度	℃	130	
	烟气量	m³/h	20 000	
	烟气密度	kg/m³	1.295	0℃（化工环境保护手册，552 页）
	烟气热容	kJ/（kg·℃）	1.043	0℃
	水气化潜热	kJ/kg	2 257.2	100℃，常压
	煤粉全硫	%	1.0	
	煤粉灰分	%	15	
2. 反应器	入口温度	℃	130	
	入口烟气量	m³/h	29 524	
	出口温度	℃	70	
	出口烟气量	m³/h	25 128	
	平均烟温	℃	95.39	几何平均值
	平均烟气量	m³/h	26 989	
3. 增湿水	增湿水量	kg/h	718	
	增湿水压力	MPa	最小 0.4	机械雾化
	增湿水流速	m/s	1.5	管路流速
4. 循环灰	循环灰最大含水	%	3	
	最小循环灰量	kg/h	23 936	
	最小循环固气比	kg/m³	0.89	
	推荐循环灰含水	%	2.5	
	推荐循环灰量	kg/h	28 723	
	推荐循环固气比	kg/m³	1.06	
5. 除尘	除尘烟气温度	℃	80	取 10℃余量
	除尘烟气量	m³/h	25 861	
	含尘浓度	g/m³	1 064	

12.3 关键设备

12.3.1 管式反应器

如图 12.2 所示，脱硫反应器主要由入口弯管段、文丘里管（气体分布器）、反应器直管管段、出口弯头等几部分构成，反应器主体按圆管设计。由于设计气速远高于流化物料的带出速率，反应器属于气体快速输送床（广义流化床）的范畴。

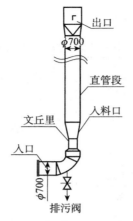

图12.2　管式反应器示意图

12.3.2　布袋除尘器

进口气量：25128m³/h。

尘浓度：100mg/m³。

过滤烟速：0.8m/min。

有效过滤面积：523.5m²。

设备：按标准设备选型。

12.3.3　循环灰仓

如图12.3所示，灰仓顶部设初级分离器、布袋除尘器及石灰进料3个接口，下部通过插板阀与增湿混合器相连，分别在仓壁上部及下部开两个卸料口。仓内设超高、高、低料位计。

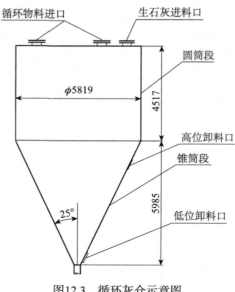

图12.3　循环灰仓示意图

12.4 成果应用效果

12.4.1 保德20t/h煤粉工业锅炉配套灰钙循环脱硫除尘一体化装置

保德20t/h锅炉系统配套灰钙循环脱硫除尘一体化系统建于神东保德矿洗煤厂，于2014年3月建成并调试运行，脱硫除尘系统主要设备参数如表12.2所示。

表12.2 设备参数及选型

单元	部件/部位	参数	单位	选型值	备注
1. 反应器	转角灰斗	直径	mm	835	
		容积	m³	0.29	
		有效高度	mm	430	
	立管反应器	设计烟速	m/s	19	
		直径	mm	740	
		出口烟速	m/s	16.24	
2. 循环灰	灰仓	循环灰量	kg/h	28 723	
		灰仓容积	m³	24	
		灰堆积密度	kg/m³	600	
		灰仓储灰量	kg	14 361	
	灰量控制	锥底流化气量	m³/h	最大 10	
		回转阀卸料量	m³/h	48	
	灰输送	增湿搅拌输送量	m³/h	50	
3. 增湿水	增湿喷嘴	增湿水量	kg/h	718	
		喷嘴数量	个	6	
4. 除尘	旋风除尘	入口尘浓度	g/m³	1 143	
		除尘效率	%	74	
		出口尘浓度	g/m³	300	
		阻力损失	Pa	1 200	
	布袋除尘	入口尘浓度	g/m³	300	
		除尘效率	%	99.993	
		出口尘浓度	mg/m³	20	
		阻力损失	Pa	1 500	
		过滤风速	m/min	0.55	
		过滤面积	m²	764	

系统运行情况如图12.4所示。在增湿灰循环的条件下，脱硫效率最高可以达到90%以上。经第三方测试，系统SO_2排放量小于100mg/m³，烟尘排放量小于10mg/m³。

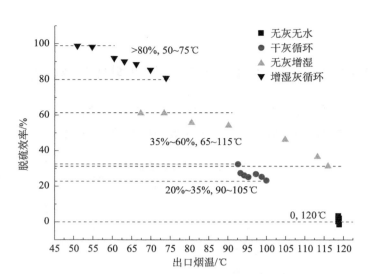

图12.4 四种工况下的脱硫效率与出口烟温对比

12.4.2 补连塔矿锅炉脱硫装置

为了进一步验证脱硫系统的稳定性及工艺参数，2014年11月在神东补连塔矿区建成40t/h锅炉系统配套脱硫装置1套。脱硫系统工艺参数如表12.3所示。

表12.3 工艺参数计算（配套40t/h锅炉）

类别	项目	单位	给定值或计算值	备注
1. 基础数据	锅炉容量	t/h	40	
	排烟温度	℃	130	
	烟气量	Nm³/h	40000	
	烟气密度	kg/m³	1.295	0℃
	烟气热容	kJ/(kg·℃)	1.043	0℃
	水气化潜热	kJ/kg	2257.2	100℃，常压
	煤粉全硫	%	1.0	
	煤粉灰分	%	15	
2. 反应器	入口温度	℃	130	
	入口烟气量	m³/h	59048	
	出口温度	℃	80	
	出口烟气量	m³/h	50256	
	平均烟温	℃	105	
	平均烟气量	m³/h	54652	
3. 增湿水	理论近似水量	kg/h	1376	

续表

类别	项目	单位	给定值或计算值	备注
4. 循环灰	循环固气比	kg/m³	1	按进、出口平均烟气量
	理论循环灰量	t/h	55	
5. 除尘	除尘烟气温度	℃	130	进口烟气
	除尘烟气量	m³/h	49048	进口烟气
	含尘浓度	g/m³	1000	进口烟气

装置进行连续实验，系统在平均增湿水量 600kg/h 的条件下，脱硫效率达到 90% 以上，SO_2 排放浓度的平均值为 77mg/m³。经工艺优化后，当地环保部门检测，SO_2 排放浓度平均值为 42.2mg/m³，脱硫率平均值为 91%。

12.4.3 技术经济性分析

1. 工艺比较

NGD 脱硫与典型湿法脱硫工艺比较见表 12.4。

表12.4 NGD脱硫与典型湿法脱硫工艺比较

比较项目	NGD 脱硫及除尘	钠钙双碱法脱硫
脱硫方式	半干法，耗水量小，整个系统为干态，无须废水处理，无二次污染	湿法，耗水量较大，需废水处理，石膏量少，处理困难
与煤粉锅炉系统匹配性	专用烟气净化系统，与上游燃烧系统无缝隙对接，工艺简单，易操作	工艺相对复杂，控制点多，系统操作水平要求高
脱硫效率	>90%	>90%
占地	系统紧凑，占地面积小	有脱硫池，系统附属设备多，占地面积大
尘排放	脱硫除尘一体化设计，配置旋风及布袋两级除尘，除尘效率 99.9%	有石膏雨等负面影响

2. 运行成本比较

NGD 脱硫与典型湿法脱硫工艺运行成本比较见表 12.5。

表12.5 运行成本对比

序号	比较项目		单位	NGD 脱硫		钠钙双碱法脱硫
				$CaCO_3$	$Ca(OH)_2$	
1	脱硫剂	脱硫剂用量	kg/t（蒸汽）	3.60	2.66	2.02（CaO）
						0.22（NaOH）
2		脱硫剂单价	元/t	300	800	700（CaO）
						2000（NaOH）
3		脱硫剂费用	元/t（蒸汽）	1.08	2.13	1.86

续表

序号	比较项目		单位	NGD 脱硫		纳钙双碱法脱硫
				$CaCO_3$	$Ca(OH)_2$	
4	电耗	耗电量	kW·h/t（蒸汽）	2		3
5		电单价	元/kW·h	0.59		0.59
6		电费	元/t（蒸汽）	1.18		1.77
7	水耗	耗水量	kg/t（蒸汽）	30		90
8		水单价	元/t	8		8
9		水费	元/t（蒸汽）	0.24		0.72
10	吨蒸汽运行成本		元	2.50	3.55	4.35

注：（1）按吨蒸汽耗煤量120kg，煤粉平均含硫量0.8%计；（2）Ca∶S物质的量比按1.2∶1。

上述分析表明，NGD脱硫除尘一体化技术与传统湿法脱硫技术相比，具有省水、省地、节电、无二次污染等优点，一次性设备投资略高于典型湿法工艺，但运行成本相对较低。

（本章主要执笔人：李婷，刘振宇，肖翠微，杨石，龚艳艳）

第四篇 煤与低浓度煤层气综合利用

现代煤质技术研究以煤化学及煤岩学理论为依据，在对煤炭资源赋存状况、煤的分类、煤的组成与结构以及煤的各种化学性质、物理性质和工艺性质等基本性质研究的基础上，对其适宜的加工方式和利用途径进行评价和研究，提出技术可行、经济合理的煤炭清洁高效利用途径、技术标准和政策建议。

从1956年起，煤化工分院就开始进行中国煤炭分类研究工作，1986年完成并发布了GB5751—1986《中国煤炭分类》，以煤的挥发分与黏结指数作为主要分类指标，将中国煤炭划分为14种类别。目前有关黏结指数测定方法的中国国家标准GB/T5447，已在中国专家的努力下，转化为国际标准ISO15585：2006《硬煤黏结指数测定方法》。自全国煤炭标准化技术委员会1986年成立以来，在煤质评价领域，共完成了40余项国家标准和50余项煤炭行业标准，基本形成了较为完整的煤质评价标准体系。

煤炭科学研究总院开发了褐煤流化床干燥与分级出料提质技术，并在北京市采育试验基地建立了0.5t/h褐煤流化床提质试验装置。

煤化工分院是我国从事型煤及其黏结剂技术开发的专业机构。民用型煤技术研发成果在保定唐县、保定雄县、丹东等10万t/a民用洁净型煤配送中心项目和陕西100万t/a洁净型煤生产项目得到应用。利用自主研发技术投资建设了天地王坡30万t/a环保洁净型煤示范工程。在工业型煤技术领域，煤化工分院开发出了适用于潞安贫煤的专用黏结剂技术和成型工艺技术，协助潞安集团进行了规模为2万t/a工业型煤生产试验线运行，工业型煤适用于加压移动床气化炉的气化，生产的5000t工业型煤成功完成了鲁奇气化炉工业性气化试验，效果良好。

煤化工分院20世纪90年代率先在国内成功开发了净水活性炭制备技术并成功在山西建成一条工业化生产线，运行良好。同时还开发了油气回收专用活性炭制备技术。开发的干法联合脱硫脱硝专用活性焦技术已在阿拉善盟科兴炭业有限责任公司进行商业化应用，形成了2×8000t/a的生产规模。活性焦产品在内蒙古巴彦淖尔紫金矿业完成了55万m^3/h

烟气处理，脱硫效率、脱硝效率分别为95%和70%。活性焦产品已销售到日本住友株式会社和上海克硫环保科技股份有限公司，应用于国内外电厂、钢铁和有色金属冶炼等领域的尾气净化，累计处理烟气量近2000万 m^3/h。

煤化工分院开发了低浓度煤层气浓缩专用碳分子筛和低浓度煤层气浓缩工艺，经过两级或三级提浓，甲烷浓度可以提高到90%以上，达到管道天然气的要求。2015年在阳泉盂县建成了一套低浓度煤层气浓缩制1万 m^3/d 液化天然气（LNG）示范装置，可将甲烷浓度为30%的煤层气浓缩至92%以上，氧气浓度从10%～15%脱除至1%以下，制得LNG产品符合国家标准，甲烷回收率90.2%。开发了煤层气利用技术的能效-经济-环境评价方法和模型，对各种煤层气利用技术进行了工程监测评估和潜力评价，提出了不同浓度煤层气利用技术路线图。

煤化工分院在煤质及标准化研究领域取得的成果在国内一直处于领先水平，研究成果具有权威性。基于这些成果在煤炭清洁利用方面提出的很多建设性措施已被国家有关部门采纳。煤层气利用是一个新的领域，"十三五"期间，将开展煤层气浓缩技术的升级示范，为该技术大规模推广奠定基础。

（本章主要执笔人：李婷，刘振宇，肖翠微，杨石，龚艳艳）

第 13 章 现代煤质技术

煤质技术研究是与煤化学研究、煤转化技术研究紧密相关的基础学科。自新中国成立以来，我国就开展了系统的有组织的煤质研究工作，近年来，随着煤炭洁净利用技术的蓬勃发展，煤质研究领域也在不断深化和拓展。现代煤质技术研究以煤化学及煤岩学理论为依据，在对煤炭资源赋存状况，煤的分类，煤的组成与结构以及煤的各种化学性质、物理性质和工艺性质等基本性质研究的基础上，重点对其适宜的加工方式和利用途径进行评价和研究，以更好地为煤炭生产和加工利用服务。

（1）煤质特征与工业利用匹配性研究。煤炭的合理加工利用与其资源特性和煤质特性密切相关，要最终实现对环境友好的煤炭高效转化，关键要围绕煤的组成结构（即煤质特性）如何影响其转化工艺特性等问题进行研究，在基础性质和工艺特性之间、工艺特性与工业利用之间、结构和功能之间搭建起科学合理的桥梁，这种关系的研究对煤的生产工艺、煤质评价和煤的合理化利用具有重要的意义。现代煤质研究和煤质评价的一个重要内容是，针对煤炭不同工业利用途径（炼焦、燃烧、高炉喷吹、气化、液化等）的要求，对煤炭的资源特点、煤质特征、煤质水平、与工业利用的适应性等各个方面进行全面、科学的研究和评价，为煤炭资源的开发利用提供依据。

（2）商品煤质量控制与利用技术研究。利用现代煤质研究及煤岩学研究技术，开展基于煤岩学的商品煤混煤判别技术、基于煤质学的质量控制理论和技术、煤中有害元素的危害评价及控制措施、动力配煤的优化理论、炼焦配煤的配伍性技术及相应的计算机专家系统、工艺及工程优化方案等的研究，将有效地控制和管理商品煤质量，指导煤炭资源在电力、冶金、化工、建材等领域的高效、洁净利用。

（3）褐煤及低质煤资源的提质、改性技术研究。针对我国褐煤及低质煤资源特点，以改善煤质及利用特性为目标，利用现代实验研究手段，结合工业应用实际，研究、开发褐煤及低质煤的提质、改性、成型及添加剂技术。其目的是提高褐煤及低质煤的品质和价值，改善褐煤长距离运输的经济性及其对气化、燃烧工艺的适应性，从而扩大褐煤及低质煤的利用途径。

（4）煤质标准化技术研究。煤质标准化工作在我国已开展了多年，为我国煤炭行业乃至国民经济的发展，尤其在合理利用煤炭资源方面作出了很大的贡献。从已有标准来看，目前我国有关煤质评价与综合利用方面的国家标准有40余项、煤炭行业标准近50

项，已基本形成了煤质评价标准体系，内容基本涵盖了煤炭分类、煤炭质量分级、商品煤质量要求、煤质管理、煤中有害元素分级及评价、各种工业用煤技术条件、煤制品等多个方面。这些标准对我国煤炭资源的科学评价和合理利用发挥了重要的指导作用。近年来，随着煤质研究的不断深入和各种煤炭综合洁净利用技术的迅速发展，也对煤质标准化工作提出了更新的要求。

13.1 煤的分类

13.1.1 技术原理

煤炭分类是根据煤的自然属性、加工利用特性等方面的差异，将煤进行类别划分及命名表述的过程。根据分类目的的不同，煤炭分类有应用分类和科学－成因分类两类。应用分类是从煤的转化工艺特征参数出发进行的分类，如《中国煤炭分类》（GB/T5751）等。科学－成因分类是基于煤的岩相组成和煤化程度等成因因素进行的分类，一般不用于商业目的，更多地用于煤炭资源特性描述和对比等方面，如ISO11760"Classification of Coals"、GB/T17607《中国煤层煤分类》等。

目前，我国主要采用《中国煤炭分类》（GB/T5751）国家标准作为煤炭分类方法。该方法是基于应用目的的煤炭分类方法，主要依据煤化程度参数与煤工艺性能参数进行分类。本方法首先按照煤的煤化程度将煤分为褐煤、烟煤、无烟煤3大类，再结合煤化程度及工业利用的要求，将褐煤分成两小类，无烟煤分成3小类，烟煤分为贫煤、贫瘦煤、瘦煤、焦煤、肥煤、1/3焦煤、气肥煤、气煤、1/2中黏煤、弱黏煤、不黏煤、长焰煤，共12个类别。我国煤炭分类中的煤化程度指标主要采用干燥无灰基挥发分（V_{daf}），煤工艺性能参数主要选用黏结指数（$G_{R,I}$）。干燥无灰基挥发分（V_{daf}）能较好地反映植物物质自泥炭转变至无烟煤的煤化程度变化，与镜质组反射率相比，测定简便、灵敏；同时，干燥无灰基挥发分是工业应用上最常用的指标之一，有利于推广使用，基于以上原因，将干燥无灰基挥发分作为煤化程度参数的主要指标。煤工艺性能参数主要选用黏结指数（G_{RI}）是因为该指标能准确表征烟煤黏结能力，同时相比于其他黏结性指标（罗加指数、胶质层最大厚度、坩埚膨胀序数等），其测定过程、设备、操作等简易，测定用煤样较少，指标测定速度快，精度较高，更能反映煤炭在热加工利用过程的实际情况。

《中国煤炭分类》用于判定煤炭类别，指导煤炭利用，根据煤质指标分析比较煤炭质量，指导选取适宜的煤炭分析测试方法等，是煤炭勘探、开采规划和合理使用煤炭资源的共同依据。

13.1.2 技术内容

《中国煤炭分类》主要规定了煤炭分类的总则、分类用煤样要求、分类参数、分类规则等主要内容。

1. 煤样要求

判定煤炭类别时要求所选煤样为单种煤（单一煤层煤样或相同煤化程度煤组成的煤样），对不同煤化程度的混合煤或配煤不应做煤炭类别的判定。

分类用煤样的干燥基灰分产率应小于或等于10%。对于干燥基灰分产率大于10%的煤样，在测试分类参数前应采用重液方法进行减灰后再分类，所用重液的密度宜使煤样得到最高的回收率，并使减灰后煤样的灰分为5%～10%。

2. 分类规则

煤炭分类主要按照表13.1规定的内容进行。

表13.1　中国煤炭分类简表

类别	代号	编码	分类指标					
			V_{daf}/%	G	Y/mm	b/%	P_M/% [2]	$Q_{gr,maf}$ [3]/(MJ/kg)
无烟煤	WY	01, 02, 03	≤10.0					
贫煤	PM	11	>10.0～20.0	≤5				
贫瘦煤	PS	12	>10.0～20.0	>5～20				
瘦煤	SM	13, 14	>10.0～20.0	>20～65				
焦煤	JM	24, 15, 25	>20.0～28.0 >10.0～28.0	>50～65 >65 [1]	≤25.0	≤150		
肥煤	FM	16, 26, 36	>10.0～37.0	(>85) [1]	>25.0			
1/3焦煤	1/3JM	35	>28.0～37.0	>65 [1]	≤25.0	≤220		
气肥煤	QF	46	>37.0	(>85) [1]	>25.0	>220		
气煤	QM	34 43, 44, 45	>28.0～37.0 >37.0	>50～65 >35	≤25.0	≤220		
1/2中黏煤	1/2ZN	23, 33	>20.0～37.0	>30～50				
弱黏煤	RN	22, 32	>20.0～37.0	>5～30				
不黏煤	BN	21, 31	>20.0～37.0	≤5				
长焰煤	CY	41, 42	>37.0	≤35			>50	
褐煤	HM	51 52	>37.0 >37.0				≤30 >30～50	≤24

[1] 在G>85的情况下，用Y值或b值来区分肥煤、气肥煤与其他煤类，当Y>25.00mm时，根据V_{daf}的大小可划分为肥煤或气肥煤；当Y≤25.0mm时，则根据V_{daf}的大小可划分为焦煤、1/3焦煤或气煤。
按b值划分类别时，当V_{daf}≤28.0%时，b>150%的为肥煤；当V_{daf}>28.0%时，b>220%的为肥煤或气肥煤。
如按b值和Y值划分的类别有矛盾时，以Y值划分的类别为准。
[2] 对V_{daf}>37.0%，G≤5的煤，再以透光率P_M来区分其为长焰煤或褐煤。
[3] 对V_{daf}>37.0%，P_M>30%～50%的煤，再测$Q_{gr,maf}$，如其值大于24MJ/kg，应划分为长焰煤，否则划分为褐煤。

13.1.3 应用实例

《中国煤炭分类》（GB/T5751）是我国煤炭类别判断和牌号核定的基础和依据，关系到地勘部门对煤炭资源的评价与储量计算，煤炭生产企业确定开采及洗选加工方案，供销部门制定煤炭销售体系与煤价，用煤企业制定合理的煤炭综合加工利用方案等。标准实施以来，广泛应用在煤田地质与勘探、煤炭生产、质检、电力、冶金、建材、化工等行业。

煤科总院自20世纪90年代开始进行矿井煤炭类别核定，对国内106个矿务局，1040座9万t/a以上的煤矿进行了煤炭类别核定工作。目前，煤科总院仍承担我国每年新开矿井和改扩建矿井煤的类别核定工作。此外，《中国煤炭分类》为煤炭贸易合同以及海关HS编码提供相应的技术支持，保证了煤炭供应过程中煤炭质量及煤炭贸易合同的制定和履行。《中国煤炭分类》根据煤的不同性质划分类别，最大限度地发挥了不同煤炭性质的优势，并有利于稀缺煤炭资源的保护性开发。

13.2 煤质标准

我国有关煤质评价与综合利用方面的标准涉及国家标准42项、煤炭行业标准近53项，内容上基本涵盖了商品煤质量、煤炭质量分级、煤中有害元素分级及评价、煤制品等多个方面。

13.2.1 技术原理

煤质评价与综合利用标准整体是以我国煤炭资源特性为基础，对煤炭资源及产品进行质量评价，并结合不同煤炭加工转化工艺的特点，以及煤炭勘查、开采、运销、环保节能等方面的要求进行的规范化工作。

本系列标准从煤炭利用的源头出发，分别提出煤炭质量的评价指标、有害元素的分级指标、不同转化利用工艺的原料煤煤质评价指标，进而规定了商品煤的评价和控制指标。通过对煤炭资源提出评价和控制，以限制劣质、低质煤炭资源的开采、运销、利用，淘汰部分低质煤炭产能，最终达到提高终端用煤质量，改善环境质量的目的。

13.2.2 技术内容

1.《商品煤质量评价与控制技术指南》（GB/T 31356—2014）

本标准主要按照商品煤的不同类别分别提出商品煤的质量评价指标和控制指标。

商品煤质量评价指标是指影响商品煤质量及其利用的重要煤质指标。商品煤按其不同利用类别，分别提出了动力用煤、冶金用煤、化工用煤的质量评价指标。

商品煤质量控制指标是指商品煤中对环境和人体健康、用煤设备以及煤炭利用效率影响较大的煤质指标，控制值则为商品煤在流通贸易中应达到的基本要求。商品煤按其不同利用类别分别提出质量控制指标和控制值。不同商品煤质量控制指标及控制值见表13.2、表13.3。

表13.2 动力用煤质量控制指标与控制值

商品煤类别	控制指标	单位	控制值			
			运距≤600km		运距>600km	
动力用煤[①]	煤粉含量[②]（$P_{-0.5mm}$）	%	≤30.0		≤25.0	
	灰分（A_d）	%	褐煤≤30.00	其他煤≤35.00[③]	褐煤≤20.00[④]	其他煤≤30.00[④]
	全硫（$S_{t,d}$）	%	褐煤≤1.50	其他煤≤2.50[⑤]	褐煤≤1.00	其他煤≤2.00
	煤中磷含量（P_d）	%	≤0.100			
	煤中氯含量（Cl_d）	%	≤0.150			
	煤中砷含量（As_d）	μg/g	≤40			
	煤中汞含量（Hg_d）	μg/g	≤0.600			

①动力用煤的煤类包括褐煤、非炼焦烟煤和无烟煤。
②煤粉含量指商品煤中粒度小于0.5mm的煤粉的质量分数，%。
③当动力用煤的灰分为 35.00 < A_d ≤ 40.00 时，其发热量（$Q_{net,ar}$）应不小于 16.50MJ/kg。
④当动力用煤的运距超出 600km 时，要求褐煤发热量（$Q_{net,ar}$）≥ 16.50MJ/kg，其他煤发热量（$Q_{net,ar}$）≥ 18.00MJ/kg。
⑤原产地为广西壮族自治区、重庆市、四川省、贵州省 4 个高硫煤产区的动力用煤，其全硫（$S_{t,d}$）应不大于 3.00%。

表13.3 冶金用煤质量控制指标与控制值

商品煤类别	控制指标	单位	质量要求
冶金用煤	灰分（A_d）	%	≤12.50[①]
	全硫（$S_{t,d}$）	%	≤1.50[②]
	煤中磷含量（P_d）	%	≤0.100
	煤中氯含量（Cl_d）	%	≤0.150
	煤中砷含量（As_d）	μg/g	≤20
	煤中汞含量（Hg_d）	μg/g	≤0.250
	煤中钾和钠总量[③]$[w(K)+w(Na)]$	%	≤0.25

①炼焦用肥煤、焦煤、瘦煤以及用于喷吹的无烟煤，其灰分控制要求为：A_d ≤ 14.00%。肥煤、焦煤、瘦煤及无烟煤的煤类判别按 GB/T5751 执行；
②炼焦用肥煤、焦煤、瘦煤的干基全硫控制要求为：$S_{t,d}$ ≤ 2.50%；
③煤中钾和钠总量的计算方法：

$$w(K)+w(Na) = [0.830w(K_2O)+0.742w(Na_2O)] \times A_d \div 100$$

式中：$w(K)+w(Na)$ 为煤中钾和钠总量，%；
   0.830 为钾占氧化钾的系数；
   $w(K_2O)$ 为煤灰中氧化钾的含量，%；
   0.742 为钠占氧化钠的系数；
   $w(Na_2O)$ 为煤灰中氧化钠的含量，%；
   A_d 为煤的干燥基灰分，%。

化工用原料煤质量控制指标与控制值基本参照表 13.2，同时在满足相关煤炭气化工艺或煤炭直接液化工艺基本要求且具备硫回收设施时，可使用较高硫分的原料煤。

2. 煤中有害元素含量分级（GB/T20475）

煤中有害元素含量分级划分为 4 个部分，分别对煤中磷、氯、砷、汞进行了含量范围分级，见表 13.4 至表 13.7。

表13.4　煤中磷含量分级（GB/T20475.1—2006）

级别名称	代号	磷含量范围（P_d），%
特低磷煤	P-1	< 0.010
低磷煤	P-2	≥ 0.010 ~ 0.050
中磷煤	P-3	> 0.050 ~ 0.100
高磷煤	P-4	> 0.100

表13.5　煤中氯含量分级（GB/T20475.2—2006）

级别名称	代号	氯含量范围（Cl_d），%
特低氯煤	Cl-1	≤ 0.050
低氯煤	Cl-2	> 0.050 ~ 0.150
中氯煤	Cl-3	> 0.150 ~ 0.300
高氯煤	Cl-4	> 0.300

表13.6　煤中砷含量分级（GB/T20475.3—2012）

级别名称	代号	砷含量范围（As_d），μg/g
特低砷煤	As-1	≤ 4
低砷煤	As-2	> 4 ~ 25
中砷煤	As-3	> 25 ~ 80
高砷煤	As-4	> 80

表13.7　煤中汞含量分级（GB/T20475.4—2012）

级别名称	代号	汞含量范围（Hg_d），μg/g
特低汞煤	Hg-1	≤ 0.150
低汞煤	Hg-2	> 0.150 ~ 0.250
中汞煤	Hg-3	> 0.250 ~ 0.600
高汞煤	Hg-4	> 0.600

对特定用煤中砷、汞含量限值要求如下：

动力用煤中砷的含量（As_d）不宜超过 80μg/g。炼焦用煤中砷的含量（As_d）不宜超过 35μg/g。特殊行业用煤中砷的含量（As_d）不宜超过 4μg/g。

动力用煤中汞含量（Hg_d）不宜超过 0.600μg/g。炼焦用煤中汞含量（Hg_d）不宜超过 0.250μg/g。特殊用煤行业煤中汞含量（Hg_d）不宜超过 0.150μg/g。

3.《高炉喷吹用煤技术条件》（GB/T18512—2008）

本标准规定了高炉喷吹用无烟煤、贫煤、贫瘦煤及其他烟煤的技术条件，见表 13.8 至表 13.10。

表13.8　高炉喷吹用无烟煤的技术要求和试验方法

项目	符号	单位	级别	技术要求	试验方法
粒度	—	mm		0～13 0～25	GB/T 17608
灰分	A_d	%	Ⅰ级 Ⅱ级 Ⅲ级 Ⅳ级	≤ 8.00 ＞ 8.00～10.00 ＞ 10.00～12.00 ＞ 12.00～14.00	GB/T 212
全硫	$S_{t,d}$	%	Ⅰ级 Ⅱ级 Ⅲ级	≤ 0.30 ＞ 0.30～0.50 ＞ 0.50～1.00	GB/T 214
哈氏可磨性指数	HGI	—	Ⅰ级 Ⅱ级 Ⅲ级	＞ 70 ＞ 50～70 ＞ 40～50	GB/T 2565
磷分	P_d	%	Ⅰ级 Ⅱ级 Ⅲ级	≤ 0.010 ＞ 0.010～0.030 ＞ 0.030～0.050	GB/T 216
钾和钠总量[①]	$w(K)+w(Na)$	%	Ⅰ级 Ⅱ级	＜ 0.12 ＞ 0.12～0.20	GB/T 1574
全水分	M_t	%	Ⅰ级 Ⅱ级 Ⅲ级	≤ 8.0 ＞ 8.0～10.0 ＞ 10.0～12.0	GB/T 211

①煤中钾和钠总量的计算方法

$$w(K)+w(Na)=[0.830w(K_2O)+0.742w(Na_2O)]A_d\div 100$$

式中：$w(K)+w(Na)$ 为煤中钾和钠总量，%；

0.830 为钾占氧化钾的系数；

$w(K_2O)$ 为煤灰中氧化钾的含量，%

0.742 为钠占氧化钠的系数；

$w(Na_2O)$ 为煤灰中氧化钠的含量，%；

A_d 为煤的干燥基灰分，%。

表13.9 高炉喷吹用贫煤、贫瘦煤的技术要求和试验方法

项目	符号	单位	级别	技术要求	试验方法
粒度	—	mm		<50	GB/T 17608
灰分	A_d	%	Ⅰ级 Ⅱ级 Ⅲ级 Ⅳ级	≤8.00 >8.00～10.00 >10.00～12.00 >12.00～13.50	GB/T 212
全硫	$S_{t,d}$	%	Ⅰ级 Ⅱ级 Ⅲ级	≤0.50 >0.50～0.75 >0.75～1.00	GB/T 214
哈氏可磨性指数	HGI	—	Ⅰ级 Ⅱ级 Ⅲ级	>70 >50～70	GB/T 2565
磷分	P_d	%	Ⅰ级 Ⅱ级 Ⅲ级	≤0.010 >0.010～0.030 >0.030～0.050	GB/T 216
钾和钠总量[①]	$w(K)+w(Na)$	%	Ⅰ级 Ⅱ级	<0.12 >0.12～0.20	GB/T 1574 GB/T 4634
全水分	M_t	%	Ⅰ级 Ⅱ级 Ⅲ级	≤8.0 >8.0～10.0 >10.0～12.0	GB/T 211

① 煤中钾和钠总量的计算方法同表13.8。

表13.10 高炉喷吹用其他烟煤的技术要求和试验方法

项目	符号	单位	级别	技术要求	试验方法
粒度	—	mm		<50	GB/T 17608
灰分	A_d	%	Ⅰ级 Ⅱ级 Ⅲ级 Ⅳ级	≤6.00 >6.00～8.00 >8.00～10.00 >10.00～12.00	GB/T 212
全硫	$S_{t,d}$	%	Ⅰ级 Ⅱ级 Ⅲ级	≤0.50 >0.50～0.75 >0.75～1.00	GB/T 214
哈氏可磨性指数	HGI	—	Ⅰ级 Ⅱ级	>70 >50～70	GB/T 2565
烟煤胶质层指数	Y	mm		<10	GB/T 479
磷分	P_d	%	Ⅰ级 Ⅱ级 Ⅲ级	≤0.010 >0.010～0.030 >0.030～0.050	GB/T 216
钾和钠总量[①]	$w(K)+w(Na)$	%	Ⅰ级 Ⅱ级	≤0.12 >0.12～0.20	GB/T 1574 GB/T 4634
发热量	$Q_{net,ar}$	MJ/kg		≥23.50	GB/T 213

续表

项目	符号	单位	级别	技术要求	试验方法
全水分	M_t	%	Ⅰ级 Ⅱ级 Ⅲ级	≤12.0 >12.0～14.0 >14.0～16.0	GB/T 211

①煤中钾和钠总量的计算方法同表 13.8。

13.2.3 应用实例

煤质标准发布实施后，为质监部门进行煤炭产品质量监管提供了依据，同时，也为国家有关法规的制定提供了技术依据。例如，《商品煤质量评价与控制技术指南》标准实施后，国家质检总局依据本标准进行了多次煤炭产品质量抽查，其中 2015 年第二季度动力用煤产品质量检验抽查结果显示，87 批次动力煤中，有 13 批次产品不合格。此外，标准实施后，对多个国家的劣质煤进口有明显的约束和控制作用，有效地控制了劣质煤在我国的流通和使用。

《煤中有害元素含量分级》系列标准发布后，被《煤炭资源勘查煤质评价规范》行业标准引用，广泛应用于资源量核算，矿井开采规划等环节，同时，《煤中有害元素含量分级》系列标准也被《商品煤质量管理暂行办法》等国家法规作为依据引用。

《高炉喷吹用煤技术条件》是我国钢铁企业使用高炉喷吹用煤、煤炭企业销售高炉喷吹用煤煤炭质量要求的唯一依据，被各大钢铁公司（如宝钢、首钢、武钢、包钢、马钢、攀钢等）及各大煤炭企业广泛采用。对钢铁企业规范和稳定高炉喷吹用煤质量、提高喷煤量，为实现钢铁企业节能降耗发挥了重要作用，而且使无烟煤、贫煤、贫瘦煤等煤炭资源由一般动力用煤转化为高价值、用途广泛的高炉喷吹用煤，为企业带来了良好的经济效益。以 2013 年为例，全国喷吹煤总量超过 6000 万 t，按喷吹煤煤价计，比动力煤煤价平均高出 150 元/t，则为煤炭企业增加效益达 90 亿元；此外，按煤焦置换比为 0.8 计，全国替代焦炭量为 4800 万 t，则为钢铁企业增加效益达 100 余亿元。

13.3 现代煤质评价技术

13.3.1 技术原理、适用条件

煤质是现代煤化工技术应用的一个重要的前置约束条件，煤的性质与质量对煤炭转化过程中系统设备能否安全、高效运转至关重要，项目用煤品质是煤炭能否洁净利用、煤化工项目能否实现预期经济和社会效益的决定性因素。

现代煤质技术是随现代煤化工技术发展而从传统煤质研究领域发展起来的学科，与传统的煤质技术研究对比，在煤炭产品质量的标准化、新型气化工艺条件下煤转化工艺性能

的表征以及煤的提质和均质化管理、项目用煤煤质预测等方面均提出了新的要求。

为规范现代煤化工建设项目环境管理，指导煤化工行业优化选址布局，促进行业污染防治水平提升，国家环境保护部发布了关于印发《现代煤化工建设项目环境准入条件（试行）》的通知（环办[2015]111号），明确强调现代煤化工项目要确保煤质稳定，严格限制将加工工艺、污染防治技术或综合利用技术尚不成熟的高含铝、砷、氟、油及其他稀有元素的煤种作为原料煤和燃料煤。

基于煤质指标之间的内在成因关系，相对稳定的矿井生产和加工工艺以及原料煤供应方式，为代表性煤质数据的确定提供了良好条件。代表性煤质研究是以项目服务年限为时间界限，综合考虑区域内煤质变化规律，以及开采工艺和加工洗选方案等因素对煤质的影响，提出一定服务年限内该供煤基地煤炭产品代表性煤质数据及其合理波动范围的过程。

代表性煤质数据确定应遵循如下原则：

（1）所提出的煤质应与未来项目服务周期内原料煤的煤质基本一致，经得起实践检验。

（2）煤质指标数据波动范围应根据资源禀赋特点和开采、加工工艺综合考虑来确定。

（3）所研究的煤质指标应满足煤化工等利用技术的选型、设计需要。

提出合理的项目用煤代表性煤质数据及波动范围后，综合考虑加工方式、环保要求、经济性及产业定位等多方面因素，设计单位与业主单位共同确定合理的设计煤种和校核煤种，作为全厂工艺设计、物料平衡、能量平衡、经济效益核算及设备选型的基础。这样才能满足煤化工项目建设本身及环办[2015]111号文件精神的要求，避免煤质不稳定或与所选技术不适应给项目运营带来的风险。

13.3.2 技术内容

基于现代煤质技术发展需求，煤科总院已承担完成多项国家课题研究工作，取得的标志性成果主要有《中国典型煤种资源数据库》、《煤中放射性元素及有害元素分布与评价》等；同时制定、修订了多项国家和行业标准，主要包括《中国煤炭分类》（GB/T5751）、《气流床气化用原料煤技术条件》（GB/T29722）等；已形成了完善的煤质技术评价体系，为国内多家企业大型煤转化利用项目提供了前期设计的煤种选择研究。

现代煤质评价技术服务的领域主要包括以下几个方面：

1. 样品采、制、化技术规范

（1）代表性样品采取工作流程设计。

（2）不同类型煤样采取。

（3）分析项目选取、测试与评价。

（4）煤质测试数据与资源数据的对比诊断。

2. 煤质与煤转化技术适应性评价

（1）煤质与煤气化技术的适应性评价。

（2）煤质与煤液化技术的适应性评价。

（3）煤质与煤焦化技术的适应性评价。

（4）煤质与低温热解技术的适应性评价。

（5）煤质与成型技术的匹配性评价。

（6）低阶煤提质技术评价。

3. 煤炭资源煤质特征研究与性能表征

（1）煤炭资源煤质特征及变化规律研究。

（2）煤岩学及其对煤工艺性能影响研究。

（3）煤中微量元素分布及其对煤炭开发利用影响研究。

（4）适用于不同转化过程的煤工艺性质指标构建。

（5）煤基础性质与工艺特性指标的关系模型构建。

（6）煤炭生产不同采区煤质指标预测。

4. 产品质量控制

（1）矿区生产配采、配洗方案规划与研究。

（2）矿区生产煤质对经济效益影响模式研究。

（3）矿区生产产品品种优化研究。

（4）商品煤检验及混煤鉴定、煤质评价。

（5）标准化煤质管理模式研究。

（6）各类煤炭产品质量标准制定。

（7）煤层煤及商品煤煤质牌号核定。

5. 煤质评价专家系统开发

（1）燃烧用煤质评价专家系统。

（2）气化用煤质评价专家系统。

（3）焦化用煤质评价专家系统。

（4）液化用煤质评价专家系统。

6. 煤化工项目资源代表性煤质数据

（1）供煤区资源及矿井生产商品煤代表性煤质数据研究。

（2）煤化工项目原料煤煤质变化规律预测。

（3）煤质指标关系模型构建与工艺性质预测。

（4）项目用设计煤种与校核煤种提出。

7. 煤灰特性改善研究

（1）煤灰熔融性及黏温特性机理研究。

（2）灰熔融性温度改善研究。

（3）煤灰黏温特性改善研究。

（4）煤转化利用项目煤源供应方案设计研究。

13.3.3 应用实例

煤质是煤炭生产、销售及煤转化利用项目运营的核心和关键因素。根据当前煤炭清洁高效利用技术发展需求，煤科总院率先开展的现代煤质技术研究和服务模式，已受到煤炭生产、经营及利用企业的认可与重视。国内众多煤炭生产和消费企业，如神华集团、华能集团、苏新能源集团等，为稳妥地实施煤转化工程项目，均开展了煤质技术评价研究工作，特别是煤化工项目原料煤代表性煤质研究工作。项目取得的成果为企业煤化工项目的前期决策、后期稳定运行及煤源质量控制提供了可靠的技术依据，有效地规避了技术和环保风险，提高了项目经济和社会效益，同时也为企业的现代标准化煤质管理体系建设提供了有力的保障。

13.4 褐煤干燥提质技术

我国已探明的褐煤储量约 1300 亿 t，随着开发规模的不断扩大，未来一段时间内，褐煤年产量将保持较高的水平。褐煤在能源和煤化工领域中的供给所占比例也将呈上升趋势。但褐煤直接用于发电或作为煤化工用煤具有明显的缺点：高水分褐煤直接燃烧发电时，水分蒸发损失大量的热量，导致火焰温度降低，热效率较低，CO_2 等污染物排放比例也较高，不利于环境保护；褐煤作为气化原料时，普遍存在热稳定性低、制粉、制浆、输送困难、转化效率低等问题。

采用低成本且易运行的干燥技术对褐煤进行提质，是褐煤资源开发和加工利用的重要技术措施之一。近年来，国内一些机构和企业，如神华集团、中电投蒙东能源有限公司、大唐集团、中国矿业大学、清华大学、煤科总院等单位先后研发了不同的褐煤脱水提质工艺。如唐山协力、唐山天和等公司先后开发了多种不同形式的滚筒式干燥系统，神州股份公司开发了可用于褐煤和低阶烟煤脱水的低温大风量振动混流干燥技术。长沙通发高新技术开发有限公司、山东天力干燥设备公司、秦冶重工集团等分别研制了褐煤流化床干燥技术。这些褐煤干燥技术在粉尘控制、产物均一化等方面存在诸多缺陷。煤科总院联合国内相关企业，在原有流化床干燥技术的基础上，研发出了卧式多室连续流化床干燥分级出料技术，通过粒度分级处理装置，可处理宽粒度范围的褐煤，显著降低了粉尘产生量，提高了产品均质化水平。该技术可以合理利用干燥热源，避免过度干燥，可将原煤水分从35%左右降低至10%～15%，发热量提高5MJ/kg以上。

我国褐煤提质在技术和设备方面已有所突破并开始工业应用示范。褐煤提质技术的主要路线在于通过干燥脱水，提高发热量，改善其对锅炉和气化炉的适应性。通过工艺优化及新工艺开发，提高褐煤提质过程中能源利用效率。如干燥尾气中热量回收利用、尾气中水分回收利用等。并在控制成本的前提下，解决提质过程粉尘量大、粉煤成型率低、提质煤易自燃等难题。

现阶段褐煤大多作为电厂燃料，部分褐煤提质的产品用于煤化工的原料。随着煤炭市场的价格波动，分质梯级利用技术越来越受到行业的重视。该技术通过多种煤转化技术的有机耦合，在获得最大经济效益的同时，减少环境污染。基于褐煤煤质的具体情况和提质后的具体用途（燃烧、气化、液化或其他化工原料），选择合适的提质技术路线，并按照下游工艺对原料的要求，分别进行转化。开发褐煤提质热解多联产工艺，延长褐煤提质加工利用的产业链，充分利用提质过程中产生的半焦、焦油、煤气，结合煤焦油加氢、煤气提纯、半焦气化等工艺，可以进一步提高整个产业链的经济效益。

13.4.1 技术原理

根据干燥工艺中褐煤性质变化过程，褐煤干燥技术可分为蒸发干燥技术、非蒸发干燥技术和热解干燥技术。其中，技术成熟度较高、工业应用较广泛的是蒸发干燥技术。

蒸发干燥技术主要是利用热介质（废热烟气、热空气、过热蒸汽等）通过直接或间接传热的方式加热褐煤，使褐煤中的水分以水蒸气的形式排出。干燥过程中无挥发分的析出，干燥后褐煤的水分减少，收到基低位发热量提高。蒸发脱水技术一般用于脱除褐煤中的外水，根据具体工艺的不同，原料煤适用的粒度为6～30mm，可将原煤的全水分降低至10%～20%。由于此方法仅能脱除褐煤中的外水，过度干燥的产品表层会有复吸现象产生，影响脱水效果。

褐煤流化床脱水技术属于蒸发干燥技术中的一种。流化床采用热烟气或过热蒸汽作为干燥介质和流化介质，热烟气在提供干燥所需热量的同时，使小颗粒物料发生流化，褐煤在流化过程中发生传热和传质。干燥后的褐煤小颗粒从流化床导风板进入出料室，而褐煤中的水分被热烟气带走。煤科总院研发的褐煤流化床脱水分级出料装置采用热烟气加热褐煤，脱除褐煤中部分水分；在干燥过程中采用分级出料技术，利用风力分级、筛孔分离等装置对原料煤进行处理。在干燥过程中实现了分级出料、分级干燥，大大降低了褐煤干燥细粉产生量。干燥过程中，褐煤中水分经蒸发进入热烟气中，干燥后尾气与冷空气进行热交换，回收部分热能，部分热烟气重新加热利用，以调节热烟气中烟气含量。剩余烟气经除尘处理后进行水、汽分离，粉尘含量满足排放标准后排入大气。经分级干燥后获得的小于 3mm 产品可直接作为型煤原料进入型煤生产线，降低了粉碎系统的负荷。其他颗粒物料根据下游用户需求，可作为型煤原料、气化原料或燃料使用。

13.4.2 技术内容

流化床干燥分级出料技术选择卧式多室流化床作为主干燥器，通过对干燥器内部结构优化，解决了细颗粒分离和大颗粒移动的难题。干燥热源一般选择热烟气，同时也作为流化介质。被干燥物料的粒度较小，一般小于 13mm，最大可适用于小于 30mm 的褐煤颗粒。干燥温度一般为 160～220℃，根据具体设计的要求，干燥后不同粒度的物料可从不同出料口排出。一般来说，干燥后产品分为细、中、粗 3 种粒度。细物料的粒度一般小于 3mm 或小于 1mm，中颗粒物料的粒度为 3～6mm，粗物料的粒度一般大于 6mm 或 13mm。根据褐煤煤质情况及下游工艺的要求，通过调整流化床的操作参数，可对各级物料出料的比例、粒度组成及全水分进行控制，对不同煤化程度的褐煤具有较好的适应性。干燥过程中通过热交换器回收部分尾气中的热能，提高了系统整体热效率。经热交换器后的尾气，部分排入大气，部分经水、汽分离后作为低温气体循环利用，与高温烟气混合后作为干燥用热烟气，以控制干燥用热烟气中的氧含量在 10% 以内。

褐煤经流化床装置脱水产生的粉煤（细颗粒产品和除尘器粉尘）产品具有外水分低、粒度细、易自燃的特点，不利于进行运输和长时间堆放储存。为提高粉煤的利用范围，一般采用成型工艺处理粉煤或将其作为气化原料使用。粉煤成型工艺中通过添加一定量的黏结剂，利用成型机将粉煤制成型煤。由于型煤具有一定粒度和机械强度，在堆放时各颗粒间存在一定的空隙，便于空气流通，不仅能够满足装卸和长距离运输的要求，同时大大降低了自燃的可能性。煤粉作为气化原料时，可利用制粉工艺进行粒度级配处理，作为水煤浆气化制浆原料或直接用于粉煤气化。通过上述利用措施，不仅提高了褐煤的利用率，也增加了褐煤的附加值，扩大了褐煤的使用范围。

褐煤流化床干燥技术可对矿区高水分末煤进行干燥处理。脱水后褐煤可作为燃料直接燃烧使用，或通过型煤技术压制型煤后利用。

在褐煤干燥提质过程中，不同变质程度的褐煤所适应的干燥条件不同。褐煤流化床干燥器操作条件的可调节范围大，可针对不同褐煤煤质条件的干燥需要进行灵活调整。在干燥过程中，关键操作变量主要包括平均干燥温度、风量、操作压力、干燥时间和出料粒度等。

1. 干燥温度

在褐煤干燥过程中，平均干燥温度越高，干燥过程中水分蒸发速率越快，最终产品的平均水分越低。但平均干燥温度升高会造成干燥器出口产品温度升高，尾气热交换器负载大，设备散热有所增加，整体干燥热效率会有所下降。对年老褐煤来说，流化床干燥技术的干燥温度以200℃左右为宜，根据干燥时间的长短，干燥温度可控制在200～240℃。年轻褐煤的干燥温度可适当降低，以降低干燥过程中物料氧化程度，可控制在180～220℃。但干燥温度不宜低于160℃，防止干燥后尾气温度过低，低于露点温度，除尘器中产生冷凝水，导致除尘器不能正常工作。同时，过低的干燥温度也会降低干燥效率，单位时间内干燥褐煤的质量也会下降。对于长焰煤或变质程度更高的弱黏煤，可选择在240～300℃温度下进行干燥处理。以缩短干燥时间，提高产能。但温度一般不宜超过300℃，防止温度过高，部分细颗粒过度干燥，引发自燃。过高的干燥温度同时会造成干燥后尾气温度过高，超过布袋除尘器的最高工作温度，造成安全隐患。

2. 风量及出料粒度

在流化床干燥过程中，干燥用热风在传输热量、携带水蒸气的同时也作为流化介质，对筛选小于3mm的物料起到重要作用。一般来说，主干燥器由4个或4个以上的风室构成，一般不超过8个风室。煤炭科学研究总院开发的褐煤流化床干燥系统采用4风室结构，在保证分离效果的同时简化了操作。物料入口下方为第1风室，物料出口处为第4风室，每个风室的风量均可控制在20%～100%。第1、第2风室风量增大时，小于3mm物料分离较完全。当风量偏小时，细颗粒出料占总出料比例减小，中颗粒出料中小于3mm物料增多。当第1、第2风室风量偏大时，细颗粒出料中大于3mm物料的比例增多，不能满足后续型煤生产对物料粒度的要求。第3、第4风室对中颗粒出料及大颗粒出料的水分影响较大。第3风室风量偏高时，中颗粒出料水分明显降低，其物料出口温度也升高，增加了自燃的可能性。第4风室适合提供较低的干燥风温，同时适当提高风量，在降低大颗粒物料水分的同时，降低粗颗粒物料的温度。

通过不同风室风温、风量的调节，使不同颗粒的褐煤在不同风室上方的停留时间和干燥强度有所区别，从而控制不同粒度褐煤干燥后水分。实际干燥试验表明，当第1风室至第4风室风量比例控制在2：5：3：5时，可分离出80%以上的小于3mm颗粒，同时可将粉尘量控制在2%左右。在实际生产中，需根据褐煤煤质特点和干燥产品用户的需求，确定流化床干燥装置的各个风室温度和风量。

3. 操作压力

为了保证褐煤在干燥过程中处于负压状态，避免干燥过程中细微粉尘溢出，流化床主干燥系统内的操作压力应低于大气压力0.5kPa左右。通过流化床干燥器内的压力传感器自动关联引风机、鼓风机的功率，自动调节气路中风压。当某风室的床层压力增加时，增大鼓风机风量以维持稳定的风压和风量，同时引风机发生联动动作，提高引风压力，以保证干燥器内压力状态的稳定。

4. 干燥时间

褐煤在干燥过程中，不同粒度的物料停留时间不同，其中小于 3mm 物料停留时间最短。煤科总院开发的流化床干燥系统，实现了不同颗粒物料在同一干燥器内经历不同的干燥时间。大部分小于 3mm 物料干燥时间在 200s 左右，3～13mm 物料约干燥 360s 左右，大于 13mm 物料干燥时间最长，可达 500s 以上。在其他干燥条件不变的情况下，物料干燥时间越短，干燥后物料水分含量越高。物料干燥时间越长，干燥后物料水分含量越低，出料口物料的温度也相应偏高。

在实际生产中，褐煤的干燥时间需依据产品需求的水分、粒度等来确定。需综合考虑原料煤质、条件试验结果，以确定适宜的流化床操作参数。

13.4.3 应用实例

通过多年研究积累，煤化工分院开发了褐煤流化床干燥多级出料技术，建成了 0.5t/h 褐煤流化床提质装置（图 13.1）。

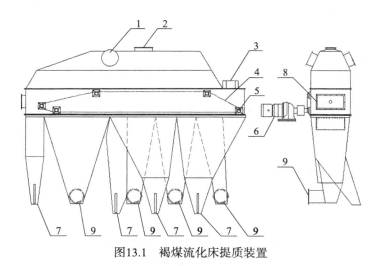

图 13.1　褐煤流化床提质装置
1.防爆膜；2.出风口；3.进料口；4.链板；5.传动轴；6.传动电机；7.出料口；8.观察窗；9.进风口

该技术采用 200℃左右的热烟气作为干燥热源，利用分级出料、逐级干燥的原理，控制不同粒度的褐煤在流化床内的停留时间，调节产物的水分。干燥流程有效降低了物料的粉化作用，除尘器中粉尘量仅占产品质量的 2% 左右。干燥器可处理小于 30mm 的物料，热烟气垂直通过物料层，小于 3mm 物料被热风带出；物料向尾部运动的过程中，3～13mm 的物料从流化床中部分离；大于 13mm 的物料在流化床内停留时间最长，从尾部出料口排出。

通过对 0.5t/h 的试验装置进行系统的试验研究，获得了系统的分级出料、分级干燥的试验数据。结果表明，流化床干燥多级出料系统可以将褐煤的全水分由 35% 左右降低至

10%～15%，发热量提高 5MJ/kg 左右。其中细颗粒全水分小于 10%，中颗粒和粗颗粒的全水分为 10%～15%。该设备可依据煤质情况及用户的需求，通过调整流化床的操作参数，调整各级出料的比例、粒度及干燥后水分。

经干燥后的褐煤产品，细颗粒可作为燃料直接燃烧，或作为气化水煤浆原料，或通过型煤技术压制型煤，提高附加值后再进行利用。中、粗颗粒的产品中粉尘含量较少，物料组成中大颗粒占多数，发热量有所提高，可经长途运输后再进行利用。

（本章主要执笔人：丁华，陈洪博，涂华，王越，蔡志丹）

第 14 章 型煤技术

型煤是将一定粒度组成的煤料以适当的工艺和设备加工成具有一定几何形状（如椭圆形、菱形和圆柱形等）、一定尺寸和一定理化性能的块状燃料。根据用途一般分为工业型煤和民用型煤。民用型煤主要是燃用蜂窝煤、民用煤球和烧烤炭等。工业型煤主要包括工业燃料型煤、工业气化型煤和工业冶炼型煤。

我国从 20 世纪 50 年代开始研究民用型煤，主要目的是节约能源和减少环境污染。80 年代，研制出以烟煤为原料的上点火蜂窝煤及易燃民用煤球、烧烤炭等，使型煤朝易燃、高效、洁净的方向迈进。工业型煤方面，20 世纪 60 年代，为解决化肥厂造气用焦炭和无烟块煤供应不足的问题，开发了多种型煤工艺，并在煤气发生炉、工业窑炉上推广应用。随着工业应用要求的提高，又研发了高强度、防水型煤并成功应用。

目前，我国实现工业应用的型煤技术主要包括：以无烟煤、兰炭为原料制备的民用型煤技术，以无烟煤和兰炭为原料制备工业燃料型煤技术（供工业锅炉和工业窑炉使用），以无烟煤、兰炭为原料制备的工业气化型煤技术，以无烟煤为原料制备的工业冶炼型煤技术。褐煤型煤和低变质烟煤型煤由于原料成型性较差、型煤指标不理想和加工成本较高等缘故，工业应用较少。

煤化工分院研发出针对不同煤种和不同用途的多种黏结剂产品，如 MK 系列民用型煤黏结剂、MJ 系列无烟煤型煤专用黏结剂、LT 系列兰炭型煤专用黏结剂和烧烤炭黏结剂、MT 系列气化型煤黏结剂等，多项型煤技术实现工业化应用。

14.1 民用型煤技术

14.1.1 技术原理

民用型煤主要用于民用炊事、取暖、畜牧养殖和大棚种植、烧烤、引火等用途，种类包括煤球、蜂窝煤、烧烤炭、引火型煤等。民用型煤成型原料煤多为无烟煤和兰炭（半焦）粉，不同用途产品的关键技术指标不同。

民用的煤球和蜂窝煤重点关注的指标包括灰分、挥发分、全硫、发热量、冷压强度、落下强度和限下率，见表 14.1。

表14.1　民用的煤球和蜂窝煤技术要求

民用型煤	灰分 A_d/%	挥发分 V_{daf}/%	全硫 $S_{t,d}$/%	发热量 $Q_{gr,d}$/(MJ/kg)	冷压强度 SCC/(N/个)	落下强度 DS/%	限下率 /%
煤球	≤25	≤12	≤0.54	≥24	>400	≥80	≤15
蜂窝煤	≤31	≤10	≤0.54	≥21	100mm>600,其他>700	—	—

民用煤球和蜂窝煤在实际应用过程中，仍需关注其性质和操作便利性，包括热强度和热稳定性，以避免燃烧过程中散裂；在运输途中以及仓储过程中应关注其防水和防潮；另外，还有点火难易、火焰高度、封火起火难易、残炭率等，都应关注。

引火型煤重点关注明火点燃、火焰旺盛程度、可燃时间等，烧烤炭则需重点关注引火性质、烟尘和异味、热强度、燃烧脱灰和飞灰状况、可燃时间、火焰长度等性质。

14.1.2　技术内容

1. 民用型煤黏结剂

黏结剂是型煤的技术核心。民用型煤使用的黏结剂多以淀粉类、腐殖酸类、黏土类黏结剂为主，主要用于提高型煤的机械强度。黏结剂不应局限于此，应更多地从改善型煤特性和应用便利性角度进行开发和研制，以满足不同产品的需求。

煤科总院煤化工分院研究并形成了针对不同用途、不同原料煤的一系列型煤黏结剂产品。部分产品如表14.2所示。

表14.2　民用煤球黏结剂类型

系列	用途	适应的原料煤种	添加量/%
MK-3	民用型煤	高变质无烟煤	1
MK-4	民用型煤	低变质无烟煤	1~1.5
MK-5	蜂窝煤	高变质无烟煤	10~15
MK-6	民用防水型煤	无烟煤	5~10
MK-8	民用型煤	兰炭粉	2~2.5
MK-10	烧烤炭	兰炭粉	5
MK-11	引火型煤	兰炭粉和木炭粉	30~50

其中，MK-3、MK-4、MK-8为有机黏结剂，可制备为干粉和液态黏结剂，其特点为冷强度较高，不增加煤的灰分，与部分无机黏结剂配合使用可起到固硫和提高煤灰融熔性温度的作用，成型效果理想。MK-5系列无机黏结剂，其特点为热强度相对较高，固硫和提高煤灰融熔性温度效果较好。MK-6系列无机黏结剂为防水黏结剂，其特点为免烘干，冷强度

较高。MK-8系列有机黏结剂主要为兰炭粉专门开发的有机黏结剂,其特点是冷强度较高,不增加灰分。MK-10系列黏结剂主要特点为热强度好,飞灰量低,无异味,火焰高度低。MK-11系列黏结剂主要特点为用明火即可引燃,无明显异味,火焰高度高,可燃时间长。

总的来说,与市场销售黏结剂相比,煤化工分院研制的黏结剂产品具有添加量适中、成型效果好、应用便利性高、黏结剂成本较低的特点。

2. 民用型煤工艺

民用型煤生产工艺流程见图14.1,主要的成型工艺包括破碎、混料、成型、干燥等。

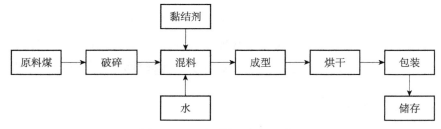

图14.1　民用型煤生产工艺流程

煤化工分院根据不同用途产品质量需求,从原料煤性质入手,有针对性地开发型煤生产工艺和黏结剂系列产品。例如,针对兰炭型煤的特殊性质,开发了与典型无烟煤成型工艺(尤其是破碎、成型、烘干工艺)有较大区别的兰炭成型新工艺。针对烧烤炭和引火型煤的特殊质量要求,开发了与典型工艺有较大区别的特殊煤制品工艺。

3. 应用实例

煤化工分院参与设计或建设的民用型煤工程包括保定唐县10万t/a民用洁净型煤配送中心、保定雄县10万t/a民用洁净型煤配送中心、丹东10万t/a民用洁净型煤配送中心和陕西神木100万t/a洁净型煤生产项目等。为多家型煤厂提供生产工艺优化技术服务,其中包括参与改进了霸州洁净型煤生产线的工艺,解决了兰炭水分和活性偏高、烘干窑易着火、产量低、粉尘量大的问题;改进了兰州辉华引火型煤技术和工艺,解决了其引火型煤难以引燃,原料和黏结剂效果不理想的问题;解决了山西浑源烧烤炭和引火型煤技术不理想、异味严重等问题。同时,煤化工分院开发的民用型煤黏结剂产品也在全国各地的型煤厂得到销售和使用。

14.2　工业型煤技术

14.2.1　技术原理

工业型煤主要分为工业燃料型煤、工业造气型煤和工业冶炼型煤。其中,工业燃料型煤主要作为工业锅炉燃料、工业窑炉燃料等；工业造气型煤主要作为固定床气化炉原料；工业冶炼型煤主要作为铸造化铁炉、高炉冶炼原料等。

工业型煤使用的成型原料煤种多，从褐煤、低变质烟煤到贫煤、无烟煤、半焦粉等，均可作为成型原料煤。不同原料煤的成型性能不同，所采用的黏结剂种类和成型工艺也不同，因而其成型加工成本差别较大。

不同工业用途对工业型煤的煤质指标和工艺指标要求不同，各种工业型煤应关注的关键指标概括如下：

（1）工业燃料型煤关键指标包括灰分、机械强度和发热量等。
（2）工业造气型煤关键指标包括固定碳含量、机械强度、热稳定性等。
（3）工业冶炼型煤关键指标包括全硫、机械强度、热强度和反应性等。

在工业型煤生产过程中，可以通过原料煤混配、掺入添加剂、热处理等成型工艺，对原煤起到明显的降黏、调整煤灰熔融性、增加反应活性与热稳定性、提高机械强度和固硫效果等改质优化作用，使工业型煤产品指标满足工业用途的需求。

14.2.2 技术内容

1. 工业型煤黏结剂

工业型煤使用的黏结剂种类较多，主要包括焦油沥青、淀粉、腐殖酸、黏土、高分子聚合物等。工业型煤使用的黏结剂多为复合黏结剂，用于综合提高型煤的机械强度和热强度，以满足不同用途的需求。

1）MJ 系列黏结剂

MJ 系列黏结剂适用于无烟煤型煤，具有添加量少、添加工艺简单、型煤机械强度高、基本不影响型煤发热量、无污染的特点。无烟煤型煤主要用于工业锅炉、工业窑炉燃料和固定床气化炉原料。

2）MT 系列黏结剂

MT 系列黏结剂是气化型煤专用黏结剂，具有机械强度高、热稳定性好、黏结剂无污染等特点。使用该黏结剂制备的型煤能够用作固定床气化用原料，以高变质烟煤为原料制备的气化型煤在鲁奇加压气化炉上成功地进行了工业试验。

3）L-T 系列黏结剂

L-T 系列黏结剂适用于兰炭型煤，是针对兰炭粉粒度细、成型性差的特点开发出的黏结剂产品。兰炭型煤能够用作工业锅炉、工业窑炉燃料和固定床气化用原料。

4）防水黏结剂

防水黏结剂是依据固定床加压气化炉对型煤的防水性能要求开发的，属于复合黏结剂。使用防水黏结剂制备的型煤冷热强度高，具有强防水性，浸水强度大于 300N/ 球，对型煤储存条件要求不高，可用作固定床加压气化用原料。

另外，通过对脱水褐煤的成型性能进行的专项研究，开发出脱水褐煤专用黏结剂，型煤产品指标能够满足工业锅炉和固定床气化炉的技术要求。还开发出了工业冶炼型煤的添加剂和生产工艺成套技术，并在贵州省某企业成功进行了工业性试验。工业型煤系列黏结剂产品汇总见表14.3。

表14.3 工业型煤系列黏结剂

编号	黏结剂系列	适用煤种	添加量/%	用途
1	MJ 系列	无烟煤	2~5	工业燃料、固定床气化
2	MT 系列	无烟煤、高变质烟煤	3~5	固定床气化
3	L-T 系列	兰炭	3~6	工业燃料、固定床气化
4	防水黏结剂	无烟煤	5~8	固定床气化
5	脱水褐煤黏结剂	褐煤	3~8	工业燃料、固定床气化
6	冶炼型煤黏结剂	无烟煤	8~15	高炉冶炼

2. 工业型煤工艺

由于成型加工工艺的不同，不同工业型煤的生产工艺略有不同。工业燃料型煤和工业造气型煤生产工艺见图14.2（a），主要包括破碎、混料、成型和烘干等工序，部分企业生产工业造气煤棒需要在混料机后设置沤制工艺，沤制24~48h后再进入成型机压制成型。煤化工分院开发出了工业煤棒免沤制黏结剂技术，简化了工业煤棒生产中的沤制环节，提高了生产效率。工业冶炼型煤生产工艺见图14.2（b），主要生产工艺包括破碎、混料、成型、烘干和炭化。

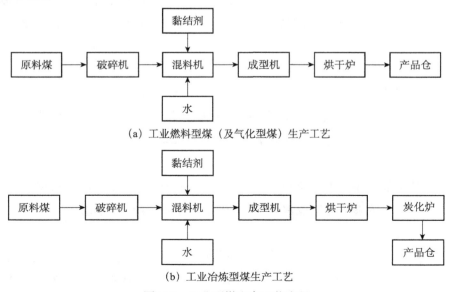

图14.2 工业型煤生产工艺流程

3. 应用实例

潞安集团利用煤化工分院开发出的加压气化型煤技术，以常村矿和屯留矿贫煤为原煤，制备出加压气化型煤，型煤落下强度大于 95%，热稳定性（BTS_{+13}）大于 90%，型煤指标优良，在潞安煤基合成油公司成功进行了鲁奇炉工业性气化试烧试验。

安徽、河南多家化肥厂利用煤化工分院开发出的免沤制黏结剂技术生产工业煤棒，减少了黏结剂沤制环节，提高了生产效率，工业型煤指标满足气化炉用原料技术要求。免沤制黏结剂成功替代了已有的黏结剂，还降低了黏结剂成本和生产成本。

贵州威宁某企业利用煤化工分院研发出的工业冶炼型煤技术，以贵州无烟煤为原料煤，生产加工工业冶炼型煤，建成 10 万 t/a 的工业示范工程，产品技术指标达到一级铸造焦水平，为企业带来了良好的经济效益。

（本章主要执笔人：王东升，刘明瑞，盛明，连进京）

第15章 煤基炭材料技术

煤基炭材料是以煤炭为主要原料，辅以其他原料经过特定生产工艺制得的以碳元素为主体构成的材料。人类对煤基炭材料的使用早在远古就已开始，并在使用过程中不断改进性能、创新品种。到21世纪的今天，煤基炭材料已被广泛应用在化工、环保、冶金、机械、航空、航天和半导体等领域，产品品种繁多、性质各异。其中，以活性炭、活性焦、碳分子筛等为代表的多孔煤基炭材料，具有优异的吸附性能和特殊的表面性质，在烟气脱硫脱硝、饮用水深度净化、气体分离等环保、化工、能源行业中发挥着越来越重要的作用，煤炭科学研究总院历经30余年的研发工作取得了一批科学实用成果。

煤化工分院自20世纪80年代开设炭材料专业以来，在国家科技重大专项、"863"计划、"973"计划、国家自然科学基金等重大课题的支持下，已陆续开发出煤制活性炭、活性焦、碳分子筛等多种炭材料产品。成功应用于烟气净化、饮用水深度净化、油气回收、煤层气浓缩等技术领域，部分产品（如烟气脱硫脱硝专用活性焦）已成功出口到日本、韩国等国家。

15.1 煤制活性炭技术

15.1.1 技术原理

煤基活性炭是一种以煤为主要原料制备的具有丰富孔隙结构和较大比表面积的碳质吸附剂。其外观为暗黑色，化学稳定性和热稳定性好，耐酸、碱腐蚀，不溶于水和有机溶剂，吸附性能失效后可再生恢复。基于这些特性，煤基活性炭被广泛应用于工业、农业、国防、交通、医药卫生、环境保护等领域。其需求量随着社会发展和人民生活水平的提高，呈逐年上升的趋势，尤其是近年来随着环境保护要求的日趋严格，使得国内外煤基活性炭的需求量逐年增长。

煤基活性炭的应用多以气相吸附和液相吸附作用为主，一些经过特殊处理加工的煤基活性炭还可作为高效的脱硫剂、催化剂及催化剂载体。

15.1.2 技术内容

1. 净水活性炭技术

将活性炭用于水处理，可以同时发挥活性炭吸附和微生物降解的双重作用。活性炭在水环境中经过一段时间后，活性炭成为生物活性炭，吸附质能够为微生物提供稳定的生息环境，而微生物的存在也为活性炭提供了生物再生功能，可收到非常显著的深度净化效果。因此活性炭已成为饮用水深度净化技术中必不可少的吸附材料。

20世纪90年代后期，煤化工分院率先在国内成功开发了煤基净水活性炭制备技术并在山西建成工业化生产线。随后，不断拓宽技术应用范围，并通过引进吸收国外先进的多膛炉活化技术，形成了日益完善的净水活性炭整套生产技术工艺。

净水活性炭制备流程如图15.1所示。向原料煤中加入一定数量的添加剂或催化剂（有时加入少量黏结剂），磨成煤粉［一般要求90%以上通过325目（44μm）］后，利用干法高压成型设备对混合均匀的粉料进行压块；成型的压块料破碎筛分，合格粒度的压块料再经炭化、活化过程得到活化料，再经破碎、筛分后得到破碎状颗粒净水活性炭成品。净水活性炭成品有时需按照市场需求进行酸洗、浸渍等处理，以达到低灰、低杂质的质量要求。

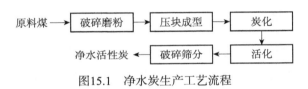

图15.1 净水炭生产工艺流程

该技术采用的是对磨粉后的原料进行干法造粒，一般要求原料煤具有一定的黏结性。该技术可生产高、中档类净水活性炭，产品强度较高，质量指标可调范围广，非常适合用于饮用水深度净化等液相处理。

2. 油气回收活性炭技术

汽油、柴油等油气物质易挥发，在运输、储存、倒运过程中易蒸发损耗，这不仅造成资源浪费，还造成VOCs类污染物严重污染环境，还极易引发火灾等安全事故。因此，对易挥发的油气资源进行回收再利用，不仅可以减少资源浪费、保护环境，也有利于达到使用或储存的安全要求。吸附法是进行油气回收的重要技术，其中活性炭的吸附性能是决定油气回收效果的关键因素。

煤化工分院以无烟煤、烟煤为主要原料，通过配煤和加入特殊添加剂的方式，成功开发了油气回收专用活性炭制备技术。其丁烷有效工作容量（butane working capacity，BWC）不小于12g/100mL，达到了国际先进水平。

油气吸附活性炭制备工艺流程与净水炭类似，采用的是柱状活性炭成型工艺。另外，在原料配方中需加入一定数量的特殊添加剂。首先将原料煤磨粉到一定细度［一般为95%以上通过180目（80μm）］，加入黏结剂和水，同时加入添加剂，在一定温度下捏合一定时间；待加入的黏结剂和水与煤粉充分的浸润、渗透和分散均匀后，通过成型机在一定压力下用一定直径的挤条模具挤压成炭条；炭条经风干后炭化，炭化好的炭化料经筛分成合格的炭化料，加入活化炉进行活化；活化好的活化料经过筛分、包装后就成为油气回收活性炭成品。

15.1.3　应用实例

2013年受大同煤业集团的委托，煤化工分院有针对性地开发了以大同煤为主要原料的净水活性炭制备技术，为大同金鼎活性炭有限公司设计并建成了生产规模10万t/a的煤基活性炭生产装置。该企业全部生产线均采用煤化工分院的活性炭生产技术，包括净水活性炭工艺、外热式回转炉炭化、多膛炉活化、炭活化尾气余热回收、全厂DCS自控等先进技术，目前是国内外单厂生产能力最大的活性炭企业。

15.2　煤制活性焦技术

15.2.1　技术原理

活性焦是一种专门用于干法烟气净化的特殊活性炭产品，目前工业使用的活性焦为直径5～9mm的圆柱状产品。相比于普通活性炭，活性焦具有颗粒大、堆密度大、机械强度高、表面官能团丰富、活化程度低、比表面积小等特点。活性焦在保持一般活性炭具有的孔隙发达、表面官能团丰富、较强吸附性能等优点的同时，重点提高了产品的机械强度和经济性。与一般活性炭生产过程类似，活性焦也是将煤和黏结剂混合成型后，经炭化、活化而制得，但工业化生产工艺和设备结构略有不同。活性焦烟气脱硫脱硝技术属于干法可资源化净化工艺，是目前具有市场应用前景的烟气净化主流技术之一。

活性焦脱硫是一个物理吸附和表面化学反应同时存在的过程。在烟气中具有足量的水蒸气和氧气的条件下，活性焦首先通过物理吸附将SO_2吸附于表面，然后在水蒸气和氧气存在的条件下将吸附态的SO_2催化氧化为H_2SO_4，并稳定存在于活性焦的孔隙中，物理吸附和表面化学反应共同决定了活性焦对SO_2的总吸附量。物理吸附能力与活性焦的孔隙结构等物理性质密切相关，表面化学反应过程与活性焦表面官能团的化学性质有关。化学反应式为

$$2SO_2 + O_2 + 2H_2O \longrightarrow 2H_2SO_4$$

活性焦脱硝的原理是以活性焦作为催化剂、以NH_3作为还原剂的选择性催化还原反应（selective catalytic reduction，SCR）。反应过程中活性焦作为催化剂可以有效地吸附NH_3，

降低了 NO_x 与 NH_3 的反应活化能,从而降低了反应温度,提高了反应效率。目前常规的 SCR 催化剂(如 V_2O_5/TiO_2)需在 300～400℃的温度区间才能保持较高的反应活性,而活性焦在烟气温度 100～200℃即可进行催化反应,不需要对工业生产中脱硫后已经降温的烟气重新加热。反应方程式为

$$4NO+4NH_3+O_2 \longrightarrow 4N_2+6H_2O$$

活性焦脱除烟气中汞等重金属则主要是利用活性焦的吸附性能,通过对重金属的吸附达到脱除的目的。

脱硫饱和的活性焦经再生恢复活性后可循环使用。将吸附 SO_2 饱和的活性焦加热到 350～450℃,蓄积在活性焦中的硫酸或硫酸盐分解脱附,其物理形态为高浓度的 SO_2 气体。国内外的应用实践已经证实,活性焦经过再生后可循环使用,其吸附和催化能力不但不会降低,反而在一定循环周期内还会逐渐提高。主要化学反应为

$$2H_2SO_4+C \longrightarrow 2SO_2+CO_2+2H_2O$$

15.2.2 技术内容

1. 活性焦制备技术

对于活性焦的制备,国内外均做了大量的研究。煤化工分院自主开发的干法联合脱硫脱硝专用活性焦制备技术,如图 15.2 所示。

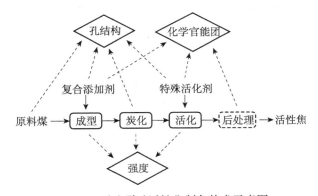

图15.2 脱硫脱硝活性焦制备技术示意图

以无烟煤为主要原料,加入少量烟煤和新型复合添加剂,采用特殊活化剂,以催化活化的方法制备的脱硫脱硝活性焦,其脱硫效率不小于 98%,脱硝效率不小于 70%,利用该技术,煤化工分院 2009 年控股成立了阿拉善盟科兴炭业有限责任公司,作为活性焦的生产基地。

在干法联合脱硫脱硝专用活性焦制备技术研究中,发明了一种含有氮元素和碱金属元素的复合添加剂,它们在活化而非炭化过程中分解,并在高温下与碳表面发生反应,有效提高了活性焦表面含氮官能团数量,并加速了活性焦孔隙结构的发育,提高了微孔比例。

在活化阶段又引入另一种含氮活化剂，继续对活性焦表面改性，进一步提高了含氮官能团数量。复合添加剂和含氮活化剂的共同作用，将活性焦的脱硝效率由常规工艺的43%提高到76.6%，效果显著。本技术与国内外同类技术的对比如表15.1所示。

表15.1 国内外同类技术对比

比较项目	本技术	国内外同类技术
原料配方	以无烟煤为主，配入烟煤、复合添加剂	褐煤、焦粉或炭化料粉，以烟煤为主
活化剂种类	水蒸气+特殊活化剂	水蒸气，CO_2
活化方式	催化活化法	物理活化法
活性焦性能评价体系	已形成体系，可指导应用	国内外未见报道
成套制备工艺	先进工艺	传统工艺

2. 活性焦联合脱硫脱硝脱汞技术

煤化工分院开发的活性焦联合脱硫脱硝脱汞技术采用的是串级移动床结构，烟气首先通过一级活性焦吸附床层，SO_2和汞被吸附脱除；烟气喷入氨气后进入二级活性焦吸附层，在活性焦的催化作用下发生还原反应，NO_x被还原成N_2和H_2O实现脱除，同时进一步脱除烟气中残余的SO_2和汞；净化后的烟气离开脱除塔进入烟囱排放。吸附饱和的活性焦经输送设备提升至再生塔，通过加热使活性焦再生，释放出高浓度SO_2混合气体。高浓度SO_2混合气体可采用现有成熟的工艺技术，用于生产商品浓硫酸。再生后的活性焦经筛选后由物料输送设备送入活性焦联合脱除塔循环使用，筛下活性焦焦粉可回收利用。工艺流程见图15.3。

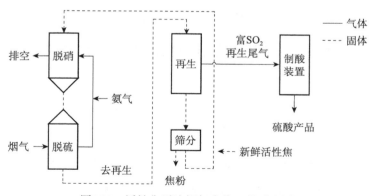

图15.3 活性焦干法烟气净化工艺示意图

15.2.3 应用实例

煤化工分院开发的干法联合脱硫脱硝专用活性焦在阿拉善盟科兴炭业有限责任公司完

成了工业化示范生产后，已转入商业化运行，形成了 2×8000t/a 的生产规模。应用本技术的项目有同煤集团 4 万 t/a、北车集团 1 万 t/a 等。

活性焦产品已在日本、韩国及国内相关企业的烟气脱硫脱硝工程中应用，还应用于国内外钢铁与有色金属冶炼等领域的尾气净化，累计处理烟气量近 2000 万 m^3/h。

在内蒙古巴彦淖尔紫金矿业完成了 55 万 m^3/h 烟气处理量的活性焦干法联合脱硫脱硝脱汞工业示范，经连续运转验证的脱硫效率、脱硝效率分别为 95% 和 70%，并实现了污染物的达标排放，图 15.4 为示范工程外观照片。

图15.4　55万m^3/h的活性焦干法联合脱硫脱硝脱汞工业示范装置

15.3　煤制碳分子筛技术

15.3.1　技术原理

碳分子筛（carbon molecular sieves，CMS）作为一种新型碳质吸附剂，主要由 1nm 以下呈狭缝状的微孔和少量大孔组成，孔径分布较窄，一般为 0.3～1.0nm。由于其相对均匀的孔径分布和较小的孔径，应用于变压吸附技术，可以实现混合气体的分离。

吸附分离的技术原理包括位阻效应、动力学效应和平衡效应。位阻分离是基于分子筛分特性，即能够扩散进入吸附剂的只有那些分子尺寸小于吸附剂孔径、具有适当形状的小分子，而其他较大尺寸的分子则被挡在外面；动力学分离是基于不同分子的扩散速率之差来实现；平衡吸附则是通过混合气的吸附平衡来完成。

15.3.2 技术内容

制备 CMS 的原料,有各种煤及煤基衍生物、树脂、果壳、碳纤维、石油焦、石油沥青等。制备煤基 CMS 主要步骤一般包括煤的破碎、预氧化、捏合成型、干燥、炭化、活化和碳沉积,其流程如图 15.5 所示。其中预氧化、二次炭化、活化、碳沉积是可选步骤,根据不同的应用需求而选择不同的制备工艺。

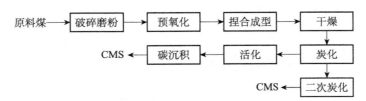

图15.5 制备碳分子筛的工艺流程

1. 炭化法

炭化法是将成型炭料置于惰性气氛下,在适当的热解条件下进行炭化的方法。该方法基于加热过程中各基团、桥键、自由基和芳环等复杂的分解缩聚反应,表现为炭化物孔隙的形成、孔径的扩大和收缩。该方法适用于高挥发分的褐煤,受热时析出的大量挥发物具有造孔作用,可以不经过活化而直接炭化制得 CMS。同时,它也是其他制备工艺的基础。根据需要该方法又可分为一步炭化法和两步炭化法。两步炭化法即在一步炭化的基础上进行二次炭化来制备 CMS。

2. 气体活化法

气体活化法是将成型炭化料在活性介质中加热处理的方法。基于含碳原料中部分碳的"烧失",从而发展其孔隙结构。该方法适用于气孔率低且挥发分较低的含碳原料。常用的活化剂有空气、氧气、水蒸气和二氧化碳等。烟煤和无烟煤常采用该方法活化,通过活化步骤可以进一步调整炭化料的孔径和孔隙分布。对于强黏结性的烟煤,在捏合成型前需先进行预氧化,预氧化有破黏、扩孔、增大比表面积的作用。

3. 碳沉积法

碳沉积法是在高温下将烃类蒸气通入多孔炭材料中,或将多孔炭材料浸以烃类或高分子化合物,然后在一定温度下热处理的方法,由此分为气相碳沉积和液相碳沉积两种方法。它基于利用烃类或高分子化合物调孔剂在碳分子筛中裂解积碳,从而缩小其大孔孔径。常用的调孔剂有沸点为 200～360℃的有机化合物如苯、乙苯和苯乙烯等,成型黏结剂(如石蜡、沥青等)还可起到调孔剂的作用。

15.3.3 应用实例

煤化工分院研发的煤层气提浓专用碳分子筛成功应用于阳泉盂县低浓度煤层气浓缩制 1 万 m^3/d 液化天然气项目，结合变压吸附工艺，可将甲烷浓度提升至 90%，煤层气中氧气浓度降至 1% 以下，实现了煤层气的安全提质利用。

（本章主要执笔人：熊银任，解炜，吴涛，李艳芳）

第16章
低浓度煤层气利用技术

2015年全国煤层气抽采总量180亿m^3，总利用量86亿m^3，其中地面煤层气利用量38亿m^3，井下瓦斯利用量48亿m^3。2010~2015年全国煤矿区煤层气井下抽采利用情况如图16.1所示。煤层气总体利用量上升，但煤层气利用率仍然偏低，目前仅占抽采量的三分之一左右。围绕提高煤层气利用率的目标，"十三五"期间主要发展的技术方向有低浓度煤层气高效集输利用技术、低浓度煤层气发电保障技术、移动式煤层气浓缩技术、低浓度煤层气冷热联供技术、低浓度煤层气规模化提质利用技术等。其中，移动式煤层气浓缩技术主要针对中小型煤矿低浓度煤层气的浓缩利用，具有小型化、模块化、随采随抽、移动方便、能耗低等优点，可实现煤层气的就地浓缩；冷热电联供技术利用煤层气进行发电，实现矿区供热、发电余热制冷对矿井井下进行降温、煤泥烘干等，可与乏风蓄热氧化技术相结合，实现热能的综合利用；规模化提质利用针对气源充足的中型或大型煤矿区，通过变压吸附除氧浓缩技术或深冷液化技术，将低于30%浓度的煤层气提浓至30%以上、将30%以上的含氧煤层气进一步浓缩至更高浓度，最终可发电、民用或制成CNG、LNG等产品，扩大利用半径，实现增产增收。以上几种技术相互结合相互补充，可形成较为完整的煤层气分级利用体系。

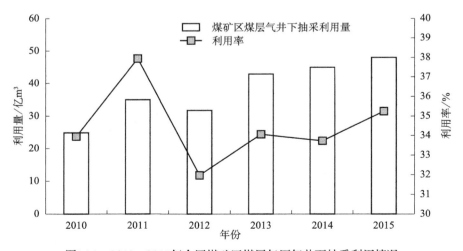

图16.1　2010~2015年全国煤矿区煤层气历年井下抽采利用情况

此外，在现有技术条件下，需采用技术、经济、环境相结合的方法，不断完善煤矿区煤层气各种利用技术的评价方法，要以定量分析为主，对各种煤矿区煤层气利用技术在技术、经济、环境三个维度进行更清晰的定量认识，以便更好地指导煤层气利用技术的研究和开发，明确煤层气利用技术的发展前景。

16.1 煤矿区煤层气除氧浓缩技术

16.1.1 技术原理

煤化工分院开发出了低浓度煤层气除氧浓缩技术。该技术通过变压吸附（pressure swing adsorption，PSA）浓缩分离的方式使低浓度煤层气转化为高浓度煤层气。变压吸附浓缩分离的技术原理是利用吸附剂碳分子筛对煤层气中各组分在不同分压下具有不同的吸附容量、吸附速度和吸附力，并且在一定压力下对被分离的气体混合物中各组分有选择性吸附的特性，从而使煤层气得到提纯且吸附剂获得再生。变压吸附浓缩主要为物理吸附，依据动力学效应和平衡效应原理，通过吸附平衡差异和分子动力学扩散速率差异来实现分离，被分离的两种气体的扩散系数之比达到3.0以上或平衡分离系数之比高于2是进行PSA分离的基本要求。

变压吸附浓缩分离工艺的关键技术包括吸附剂、吸附装置以及自动控制系统。碳分子筛吸附剂是低浓度煤层气除氧浓缩技术的核心，用于煤层气分离的吸附剂需要有良好的甲烷/氮气分离性能，组分间的分离系数尽可能高，同时吸附剂要有足够的强度和吸附容量。变压吸附塔是关键设备，其独特的气流分布器及最佳高径比使吸附装置内气流分布均匀，不易产生返混、偏流现象，吸附剂能够得到充分利用，吸附塔顶部气缸压紧装置能够延长吸附剂寿命，行程随吸附剂的位移而调整，自动压紧，减少吸附剂的粉化。自动控制系统用于保证变压吸附装置能够按照设定的变压切换程序连续运转。

16.1.2 技术内容

按照国家《煤矿安全规程》规定，对煤层气进行利用时，甲烷体积分数不得低于30%。可将低浓度煤层气提浓，甲烷浓度达到35%以上就可用作民用燃料和工业燃料，达到90%以上时可用作汽车燃料、工业原料，扩大了适用范围，提高了资源价值从而实现更广泛的用途和更大的资源价值。

低浓度煤层气中含有氧气和氮气，甲烷和氮气的气体分子动力学直径相差不大，而且这两种气体均是非极性气体，所以甲烷与氮气的变压吸附分离较为困难。而甲烷和氧气混合时，存在爆炸风险，除了直接作为燃料或发电外，如要加压输送或浓缩须将氧脱除，这样才能保证后续工序的安全运行。因此能否开发出适合矿区低浓度煤层气变压吸附除氧浓缩利用技术，已成为矿区低浓度煤层气浓缩利用的关键。

低浓度煤层气浓缩方法包括膜分离法、深冷液化法、变压吸附法、水合物分离法和溶剂吸收法等。其中，膜分离工艺仍处于开发阶段，膜的渗透选择性低制约了膜分离技术在 CH_4 和 N_2 分离领域的应用，研制出新型高选择性膜材料和探索合适的膜工艺条件，将是膜分离应用于煤层气中 CH_4/N_2 分离的关键。深冷液化技术的核心部分是制冷与液化分离，其推广应用需要解决如何进一步提高能量利用效率的问题。水合物法主要还处在实验室研究阶段，用于工业示范还需进一步研究。溶剂吸收法用于矿井煤层气浓缩还不具备工业应用的条件。而变压吸附分离技术具有工艺简单、能耗低、操作灵活、适应性强的特点，是目前工业化气体吸附分离中使用最为广泛的技术，比较适用于煤层气浓缩的利用和推广。

用于煤层气除氧浓缩的变压吸附技术是基于吸附剂碳分子筛对甲烷及其他组分气体进行吸附分离的技术。碳分子筛通常具有较大的微孔孔容，且孔径均一，用于变压吸附分离时大多基于动力学效应，目前已广泛应用于变压吸附制氮等领域。煤化工分院开发出的煤层气专用碳分子筛以煤为原料，通过成型、炭化、活化、调孔等工序，经过实验室研究、小试、中试放大以及工业化示范生产，最终得到微孔孔隙丰富、均匀、比表面积大、分离效果稳定的煤基碳分子筛产品，甲烷/氮气分离系数可达 4.0，耐磨强度达到 99%，浓缩效果与国内外销售的商品碳分子筛性能相当，产品质量基本满足工业应用要求。

煤层气除氧浓缩技术适用于煤矿区煤层气的提浓，既可用于低浓度煤层气，也可用于中高浓度煤层气的浓缩。应用于低浓度煤层气时，可将低浓度煤层气经过一级浓缩至甲烷浓度 40% 左右，用于民用燃气或工业用燃气，或经过二、三级浓缩，用于中高浓度煤层气发电，浓缩至 90% 以上可制成压缩天然气（CNG）或液化天然气（LNG）作为汽车燃料等。应用于中、高浓度煤层气浓缩时，可将较高甲烷浓度的煤层气进一步浓缩成符合要求的管道天然气，或者作为化工原料气生产化工产品等。

1. 煤层气除氧浓缩工艺

煤化工分院开发的低浓度煤层气变压吸附除氧浓缩工艺主要包括安全输送、压缩净化、变压吸附（一级变压吸附除氧、二级变压吸附脱氮、三级变压吸附浓缩）3 个单元。

低浓度煤层气变压吸附除氧浓缩工艺流程如图 16.2 所示。原料气在安全输送单元经过初步的除水、除尘后，进入压缩净化单元。在压缩净化单元，原料气的压力提升至 0.6～0.8MPa，成为高压原料气。随后高压原料气经过深度的除水、除油和除尘净化后，露点达到 2～10℃。经过深度净化的高压原料气进入一级变压吸附除氧单元，在一级变压吸附单元中甲烷浓度为 30%、氧气浓度约为 15% 的原料气经过吸附除氧后得到甲烷浓度高于 60% 的一级变压吸附产品气，同时解吸出甲烷浓度低于 5% 的一级变压吸附废气直接排空，在浓缩甲烷的同时进行除氧。一级变压吸附产品气依次经过二级、三级变压吸附单元的脱氮、再浓缩后得到浓缩产品气，产品气中氧气含量小于 1%。二级变压吸附脱氮和三级变压吸附浓缩的解吸气返回至压缩净化单元循环利用，从而提高整体工艺的甲烷回收率。

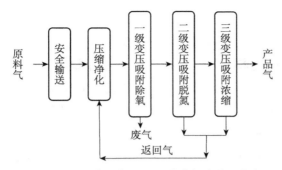

图16.2　低浓度煤层气变压吸附除氧浓缩工艺流程

低浓度煤层气变压吸附除氧浓缩工艺技术及浓缩专用碳分子筛吸附剂制备工艺技术具有安全、先进、稳定、可靠的特点。

2. 煤层气除氧浓缩装备

1）安全输送单元

安全输送单元由水封阻火泄爆器、α旋风除雾器和干式阻火器组成。水封阻火泄爆器既可以除去一部分原料气中携带的灰尘，也可以起到阻火泄爆的作用。α旋风除雾器可以进一步除去原料气中的液态水和粉尘，保证原料气的洁净，防止干式阻火器堵塞。当发生燃烧或爆炸事故时，干式阻火器可以分割原料气来源和工艺系统，防止事故的蔓延。

2）压缩净化单元

压缩净化单元由喷水螺杆压缩机、α旋风除雾器、油水分离过滤器、除油过滤器、冷干机、主管过滤器和活性炭罐组成。喷水螺杆压缩机在将原料气加压至所需压力的同时，向原料气中喷入大量的水雾，这样既可以保证低浓度煤层气在压缩过程中的安全，又可以保证压缩后的气体温度不会太高。带压的气体先后通过α旋风除雾器、油水分离过滤器、除油过滤器。α旋风除雾器可以除去气体中的液态水以及粉尘，油水分离过滤器可以除去气体通过喷水螺杆压缩机后所带的油滴，除油过滤器进一步除去气体中所带的油。通过这3个设备完成气体的初步净化过程，除去气体中携带的液态水和油。经过初步净化的气体进入冷干机和主管过滤器，在冷干机中气体完成深度除水，随后经过主管过滤器进一步除去气体中的水分。该单元最后的活性炭罐可以保证经过冷干机净化后的气体中的少量水和油不被带入变压吸附系统。

3）变压吸附单元

一级变压吸附单元由6个吸附塔，2个储气罐和1台真空泵组成。6个吸附塔按照时序的安排依次进行吸附、一次均压、二次均压、常压解吸、真空解吸、一次充压、二次充压和最终充压8个过程。两个储气罐分别为真空解吸气储气罐和常压解吸气储气罐。真空解吸气储气罐设置于吸附塔和真空泵之间，用于降低真空解吸过程开始阶段真空解吸气对真空泵的冲击。常压解吸气储气罐设置于排空口之前，用于降低常压解吸开始阶段常压解吸气的冲击力，从而降低排空口的噪声。在一级变压吸附系统，甲烷浓度为30%左右的原料气经过变压吸附分离后，一级产品气甲烷浓度达到60%左右。同时一级变压吸附系统通过常压解吸和真空解吸将废气直接排空，排空废气中的甲烷浓度小于5%，消除了爆炸风险。

二级变压吸附单元由6个吸附塔、3个储气罐和1台真空泵组成。6个吸附塔的设置与一级变压吸附相同。3个储气罐分别为真空解吸气储气罐、常压解吸气储气罐和产品气储气罐。真空解吸气储气罐和常压解吸气储气罐的作用和设置的位置与一级变压吸附相同。产品气储气罐用于储存二级变压吸附的产品气。经过变压吸附分离后，二级产品气甲烷浓度在82%左右，二级废气甲烷浓度在25%左右。二级变压吸附系统通过常压解吸和真空解吸将二级废气返回至压缩净化系统与原料气进行混合，达到提高系统甲烷回收率的目的。

三级变压吸附单元的设置与二级变压吸附单元相同，由6个吸附塔、3个储气罐和1台真空泵组成。经过变压吸附分离后变压吸附浓缩气甲烷浓度达到92%左右，同时氧气浓度小于1%，三级废气甲烷浓度在40%左右。三级变压吸附系统通过常压解吸和真空解吸将三级废气返回至压缩净化系统与原料气进行混合，达到提高系统甲烷回收率的目的。

16.1.3 应用实例

1. 低浓度煤层气浓缩制1万 m^3/d 液化天然气项目

2015年，利用本技术在山西阳泉盂县建成了一套低浓度煤层气浓缩制1万 m^3/d 液化天然气（LNG）示范装置，进行了连续运行试验，无故障连续运行时间不少于72h，低浓度煤层气经过压缩净化、变压吸附三级浓缩后，CH_4 浓度为30%的煤层气浓缩至92%以上，氧气浓度从10%～15%脱除至1%以下，LNG产品符合国家标准，甲烷回收率为90.2%。示范装置现场试验结果如图16.3所示。

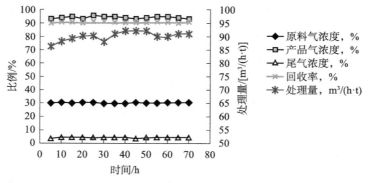

图16.3 示范装置PSA浓缩效果

2. 低浓度煤层气变压吸附除氧浓缩制1800万 m^3/a 压缩天然气项目

煤科总院与阳煤集团合作，在山西阳泉神堂嘴煤层气工业园区建设低浓度煤层气变压吸附除氧浓缩制1800万 m^3/a 压缩天然气（CNG）示范工程正在施工建设中。

16.2 移动式低浓度煤层气变压吸附浓缩装置

针对我国中小煤矿抽采煤层气甲烷浓度偏低，大多无法直接利用，需采用浓缩装置进行进一步处理，以及大型浓缩装置运行时间、服务年限、经济性与中小型矿井实际需求不符的实际情况，考虑到煤层气抽采过程中易受钻孔施工与管路密闭不严等因素影响，煤层气利用率低的现状，为适应中小煤矿煤层气随采随抽、移动抽采等特点而研发的单位能耗低、移动方便的低浓度煤层气浓缩装置。该装置可随气源地变化而移动，实现煤层气就地浓缩，主要应用于甲烷气体浓度不低于20%、原料气处理能力一般在1000m³/h左右的低浓度抽采煤层气的浓缩领域。

16.2.1 技术原理及特点

煤炭科学研究总院沈阳研究院开发的移动式低浓度煤层气变压吸附浓缩装置，采用碳分子筛两级变压吸附原理，即一级氮气与甲烷分离结构同二级氮气与甲烷分离结构相结合，同时利用小型化模块设计将每个模块整合在标准轨距矿用平板矿车上，形成由气体压缩、净化、变压吸附等7个撬块组成车载式低浓度煤层气变压吸附系统。整个浓缩过程首先是将煤矿井下抽采的低浓度煤层气通过防爆压缩机压缩产生高压气体，再通过活性炭过滤器、A～E五级过滤器进行除水、除油、除尘净化等净化处理，净化后的煤层气进入碳分子筛吸附塔，分离出低浓度煤层气中的氮气，初步提高甲烷气体浓度，形成新的原料气。新原料气经二级净化处理后再经二级浓缩，分离出 N_2 与 CH_4，进一步提高 CH_4 含量，最终完成煤层气浓缩，见图16.4。

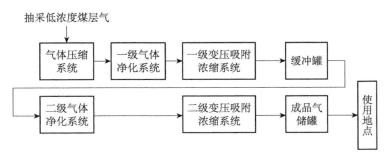

图16.4 移动式低浓度煤层气变压吸附浓缩技术流程

该装置的吸附塔是由两个内装吸附剂（吸附床）的压力容器和互连管道、阀门及自动控制分系统等构成，吸附塔运行过程中一个吸附床阀门打开并在高压下投入使用，以进行原料气的分离，而另一个吸附床进气阀门关闭、减压进行再生。一部分高纯度流出物降压后作为清洗气从停用吸附床中穿过，协助进行再生，清洗排出的气体从吸附装置排出，期间控制分系统确定吸附床的切换时间，并保证停用吸附床达到充分再生，而为了保证吸附床末端流出物的纯度和得到最高纯度的流出物，减压、清洗和升压气流的方向与工艺气流的方向相反。吸附塔变压吸附原理图如图16.5所示。

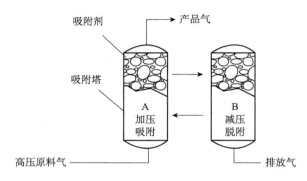

图16.5　吸附塔变压吸附原理图

16.2.2　技术内容

1. 移动式低浓度煤层气浓缩工艺

移动式低浓度煤层气浓缩工艺主要由移动式第一级气体压缩、移动式气体预处理、移动式第一级变压吸附浓缩、第一级缓冲、移动式第二级变压吸附浓缩以及控制系统等模块单元组成。其中：移动式第一级气体压缩模块单元作为初始动力，提供高压气源，技术参数设计出口压力0.8MPa，流量1200m³/h；气体压缩后进入移动式气体预处理模块单元，采用活性炭过滤、A～E五级过滤方式进行除水、除油、除尘净化，过滤原料气中粒径大于0.1μm的杂质；气体过滤后进入移动式第一级变压吸附浓缩模块单元，通过变压吸附分离出煤层气中的氮气与甲烷，除去氧气，使得原料气中甲烷气体浓度提高并形成新的原料气，变压吸附主体是变压吸附塔，变压吸附过程采用阀门在自动控制系统的控制下实现；新原料气通过第一级缓冲模块单元后进入移动式二级净化处理单元，先滤除一级变压系统产生的固态杂质等，随后进入移动式第二级变压吸附浓缩模块单元，采用甲烷氮气分离专用碳分子筛，从而有效实现了氮气与甲烷两种气体的分离，进一步提高煤层气中甲烷含量至80%以上，完成低浓度煤层气浓缩。

2. 移动式低浓度煤层气浓缩装备

1）移动式浓缩第一级压缩模块

该模块采用防爆空气压缩机对抽采的低浓度煤层气气体压缩，产生高压气源，原料气处理流量在1200m³/h左右，处理压力一般为0.8MPa。

2）移动式浓缩第一级净化预处理模块

该模块设计采用除水器、活性炭除油器、过滤器以及精密过滤器，其作用是滤除原料气中的水、油、尘等杂质，主要是过滤原料气中粒径大于0.1μm的杂质。

3) 移动式浓缩第一级变压吸附高压装置及控制系统

该模块设计采用立式两塔变压吸附塔结构设计，两塔交替进行吸附与解吸流程，主要分离原料气中的氮气与甲烷组分，系统结构简单，性能可靠。变压吸附塔充填结构进行了优化设计，其中填充物质从下至上分别由底托、椰垫、活性氧化铝、除氧碳分子筛以及压紧装置组成。吸附塔内进口椰垫用于上托活性氧化铝及碳分子筛，防止碳分子筛及活性氧化铝渗漏到管路中；活性氧化铝负责处理下部高压气体，避免高压气体从下部直接冲击碳分子筛；使用双层椰垫避免高压气体反复冲击出现渗漏分子筛现象；压紧装置位于吸附塔最上方，压紧吸附塔、避免碳分子筛受高压气体作用上下窜动而发生磨损与粉碎；吸附塔压紧装置具有高弹性、透气性并耐冲击与污染，本体具有伸缩性；背压阀可以保证吸附塔不受后部气体冲击。

4) 移动式浓缩缓冲模块

由于第一级浓缩系统压缩过程产生的高压气源供气并不平稳、连续，所产生的气体不能平稳地供给第二级变压吸附塔进行浓缩吸附，故在系统设计中使用气体储罐用以缓冲压缩半成品气，储罐在储存一部分变压浓缩后气体的同时，为二级气源的浓缩起到初步缓冲作用。

5) 移动式浓缩第二级净化处理模块

由于一级变压吸附浓缩过程甲烷与氮气分离专用碳分子筛会产生一定的碳粉杂质，可能随半成品气进入二级变压吸附浓缩系统，因此，为进一步提高第二级变压吸附系统的可靠性以及氮气与甲烷气体的分离效率，设计了第二级变压吸附净化处理预处理系统。

6) 移动式浓缩氮气与甲烷分离第二级变压吸附模块

该模块主要作用是在第二级净化处理后，通过设计的第二级变压吸附系统将半成品气中的氮气分离，最终实现对产品气中 CH_4 气体的浓缩。

7) 变压吸附集中控制模块

该模块主体是基于 PLC 控制的中央集中控制系统，其作用是保障除氧浓缩过程按照设计的预定程序平稳运行，由 PLC 控制器控制，通过 PLC 控制器控制第一级碳分子筛吸附塔以及第二级氮气与甲烷分离吸附塔的吸附与再生时间。

16.2.3 应用实例

2015 年，在抚顺矿业集团有限责任公司老虎台矿建立了一套示范装置并进行了连续运行试验，系统从 2015 年 7 月 10 日开始正式进入联合试运转阶段，截止到 2015 年 11 月 10 日，装备无故障连续运行最长时间突破 840h，装备累计运行时间超过 2360h，装置平均能耗为 1.05kW·h/m³。系统运行期间，老虎台矿提供的原料气甲烷平均浓度为 24%，应用阶段装备的原料气实际平均处理能力达到 2.9 万 m³/d，原料气中甲烷平均回收率达到 65%，浓缩后产品气中甲烷平均含量为 86%。

16.3 极低浓度煤层气蓄热氧化利用技术及装备

煤炭科学研究总院重庆研究院对极低浓度煤层气（矿井乏风）蓄热氧化工艺进行了近10年的深入研究，自主研制了处理能力为 10 万 m^3/h 的工业化蓄热氧化装置，在重庆松藻煤电有限责任公司建立了工业化示范系统。

16.3.1 技术原理

重庆研究院研制的五床式蓄热氧化装置，采用热逆流氧化原理，在高温条件下（850℃以上）将极低浓度煤层气中的甲烷氧化，其技术原理如图 16.6 所示。

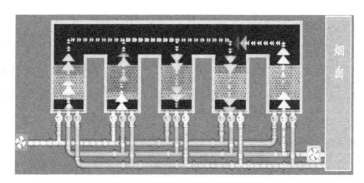

图16.6　蓄热氧化技术原理图

五床式蓄热氧化装置采用两进两出、一床吹扫的结构形式。装置启动时，处于燃烧室中的电加热元件将陶瓷蓄热床预热到所需的启动温度。掺混后的常温低浓度煤层气从蓄热床的低温侧（如陶瓷蓄热床 1、2）进入腔室并被预热过的陶瓷床加热到甲烷能被完全氧化的温度。随着气流被氧化而到达出气口，甲烷氧化释放出的热能又使得蓄热床吸热升温，变为高温侧（如陶瓷蓄热床 3、4）。与此同时，从排烟侧引入一股高温烟气通入陶瓷蓄热床 5 以对其进行反向吹扫净化。至此，装置完成上半周期的循环运行，此时的蓄热床 1、2 处于放热期，而蓄热床 3、4 处于蓄热期。随后，氧化装置将自动逆转气体流动方向，从而完成一个周期的循环运行。

随着极低浓度煤层气不断通入，氧化床温度场逐渐呈高温分布。此时，关闭电加热系统，实现装置的自平衡稳定运行。同时，可利用多余热量生产蒸汽，用于矿区发电、供热供暖、井筒进风加热及矿井降温工程等。

16.3.2 技术与装备特点

1. 五床立式蓄热氧化装置

研制出五床立式极低浓度煤层气蓄热氧化装置具有以下特点：

（1）该系统在传统的蓄热氧化工艺流程中增加了一个吹扫流程，可使甲烷氧化率提高至 98% 以上。

（2）在氧化装置预热启动时，采用的燃油启动系统，具有自动吹扫、自动点火、火焰燃烧状况监视等功能，能够保障预热过程的安全性。

（3）氧化装置的换向阀门动作时间小于 1s。当运行中出现甲烷浓度超限工况时，换向阀门能快速关闭，阻止气体进入高温的氧化系统内部，有效保证运行安全。

（4）在氧化装置本体上设置有两个泄爆口，当装置内部出现爆炸等极端情况时，能够有效泄爆，防止事故对装置的破坏。

（5）控制系统自动化程度高，设有安全报警系统、紧急停车系统等，安全可靠、智能化程度高。

2. 低阻力移动式乏风瓦斯收集系统

重庆研究院研制的移动式乏风收集系统具有以下特点：

（1）采用移动式结构，氧化炉不工作时完全移离扩散塔区域，避免对矿井主风机的影响。

（2）可根据风流流场和浓度分布，方便调整收集罩对扩散塔的覆盖位置，能更高效地收集乏风。

试验表明：收集罩在扩散塔上方时，煤矿轴流式抽风机电流、功率等参数增加量均小于 1%。引风机开启时通风阻力变化不大。

3. 低阻力煤层气掺混装置

极低浓度煤层气蓄热氧化利用技术在应用中需要使用掺混系统对气源浓度和流量进行调节。重庆研究院研制了低阻力煤层气掺混装置（如图16.7所示），采用双螺旋结构，形成了 DN300、DN800、DN1600、DN3500 等系列化产品，气体掺混均匀，解决了掺混过程中存在的压力损失较大、掺混精度低等问题，从而为极低浓度煤层气蓄热氧化利用技术提供稳定的气源。

4. 安全保障及综合监控系统

一体化综合监控系统：集低浓度瓦斯输送系统安全监控、蓄热氧化装置运行及安全监控、热能利用系统监控于一体，便于各环节联动快速反应。

安全防范措施设计如下。

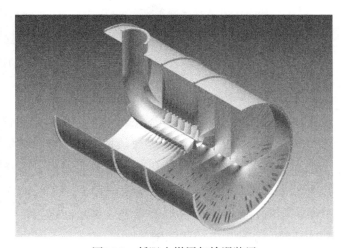

图16.7 低阻力煤层气掺混装置

（1）备用电源：UPS 电源保证意外停电时监控系统正常工作 30min，为快速反应、关断供气、打开排空阀提供电源。

（2）浓度监测：在掺混后管道中设置快速反应的瓦斯浓度传感器，且采用多点冗余设计，实现快速可靠监测；乏风远距离（井下总回）浓度监测，监测突出情况。

（3）快关阀门：DN400 抽采瓦斯管快关阀、DN1600 乏风总管道快关阀、氧化炉进气阀门，在停电或瓦斯浓度超限时快速关闭。

16.3.3 应用实例

研制的处理能力为 10 万 m^3/h 的工业化乏风蓄热氧化装置，2015 年在重庆松藻煤电有限责任公司建立了工业性示范系统（图 16.8）。试验表明，系统最大处理量达到 11 万 m^3/h，在混合气甲烷浓度 0.99% 时，甲烷氧化率 99.1%，过热蒸汽产量 9.15t/h。通过与多形式的热能利用形式相结合（将热能用于发电、矿区供热、供冷、煤泥烘干等），实现了对乏风瓦斯的高效氧化以及热能的综合利用。

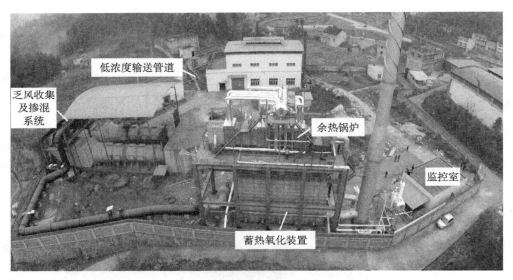

图16.8　10万m^3/h蓄热氧化试验系统全景图

该技术在阳煤五矿小南庄井筒加热项目进行了应用，项目利用瓦斯泵站排放的极低浓度瓦斯作为燃料，采用蓄热氧化技术将甲烷氧化，产生高温烟气加热空气用于井筒加热，替代现有 3 台 ZRL-2.8/W 型燃煤热风炉。该项目将极低浓度煤层气蓄热氧化技术成功应用于煤矿井筒加热，从蓄热氧化装置高温区域抽出部分高温烟气，输送至新风加热器内作为热源，将新风风机送入的低温空气加热至 70℃，送入进风井与低温空气再次掺混后输送至井下。同时，抽取部分高温烟气进入热水加热器，生产热水用于抽采泵站供暖，实现井筒防冻功能。系统工艺流程如图 16.9 所示。

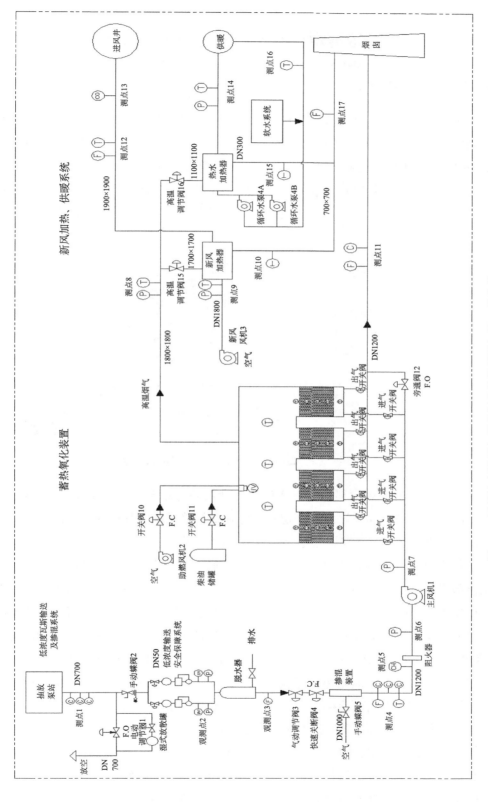

图16.9 极低浓度煤层气蓄热氧化井筒进风加热工艺流程

16.4 煤矿区低浓度煤层气深冷液化技术与装备

16.4.1 技术原理

由煤炭科学研究总院重庆研究院开发的煤矿区低浓度煤层气深冷液化技术主要针对煤矿区抽采的含甲烷浓度30%以上的含氧煤层气，进行甲烷分离提纯，并液化制成LNG产品。图16.10所示为相应的技术流程图，主流程部分主要包括原料气压缩、净化、液化与分离3个工序。净化由脱碳和脱水两部分组成，分别在吸收塔和吸附净化塔中进行；液化与分离工序在液化冷箱中进行，为本装置的核心工序，所需冷量由外部混合冷剂制冷系统提供。

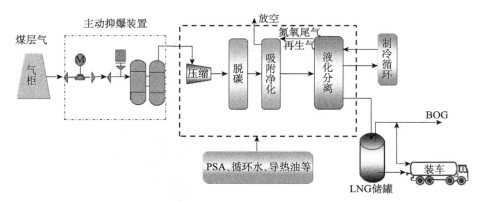

图16.10 低浓度煤层气深冷液化制取LNG技术流程

由煤矿区抽采的低浓度煤层气进入气柜，计量并稳压至105kPa后进入原料气压缩系统。气柜前后均设有自动抑爆装置，切实保障瓦斯抽采系统、气柜和现场深冷液化设备的安全。在压缩机中，原料气被压缩至500kPa后进入净化工序。

在净化部分，煤层气首先进入吸收塔，由塔底向上流动，再生后的一乙醇胺（MEA）溶液从顶部进入吸收塔，经液体分布器分配均匀后向下流动，与逆向流动的煤层气充分接触，CO_2等酸性气体充分溶于液体中，从而达到脱酸的目的。吸收塔顶流出的低浓度煤层气进入吸附净化塔，采用分子筛变温变压吸附（PTSA）工艺，深度脱除其中的水与残余的CO_2。吸附塔顶出来的气体，压力约430kPa，是甲烷、氮、氧三组分混合物。

净化后的煤层气进入液化冷箱降温。冷箱内有原料气与制冷剂两个通道，混合制冷工质通过主换热器与精馏塔顶冷凝器内的制冷剂通道为煤层气提供冷量。原料气通道内的含氧煤层气在主换热器内被冷却到-165℃后进入节流阀，节流后压力约320kPa，进入精馏塔。在精馏塔内，液体组分自上而下流动，气体组分自下而上流动，两相间进行物质与能量的相互传递。向下流动的液体被向上流的气体加热，其中的低沸点组分（氧、氮）先被蒸发；而向上流动的气体被流下来的液体冷却，其中的高沸点组分（甲烷）先被冷凝。于是，塔顶可以得到甲烷含量极少的氮氧组分，而塔釜内可得到液体燃料 LNG，甲烷纯度可达 99% 以上。

16.4.2 技术与装备特点

本装置的液化与分离在低温、低压下同步进行，一次完成。其优点是：省去了脱氧环节，占地面积小、投资及运行费用低，流程简单、产品纯度高、甲烷收率高（不小于 98%）、产品效益好，工艺中各单元设备成熟、可靠，可橇装化或固定工厂设计，自动化程度高，工艺流程中可能存在的危险环节均有相应措施设防，工艺安全性有保障，可根据当地市场需求灵活调整产品结构，可广泛应用于国内气源充足的各大煤矿区。

本项技术与装备的主要特点表现在以下两个方面：

1. 流程简单、运行能耗低

（1）净化过程充分考虑原料气中酸性气体及高沸点烃类可能存在的变化，采用活化 MEA 溶液吸收酸性气体（二氧化碳、硫化氢），脱除精度高，消耗低；脱除酸性气体后的原料气进入独特的分子筛脱水单元，该单元的 3 台吸附净化塔轮流操作，达到连续处理工艺气的目的；再生气为工艺气，闭路循环，操作弹性大，易于强化操作。整个工艺安全、稳定，轻松将水分脱除至 $1mg/m^3$ 以下，至此完成整个组合净化过程。该过程的特点是操作弹性大，净化效果稳定，在原料气组分发生较大变化时，均可确保冷箱不发生冰堵；再生气量少，大大降低运行能耗。

（2）液化流程混合冷剂末级压缩后气液分离，液相在压力下直接进冷箱过冷后节流制冷，简化了流程；气相冷到 -120℃ 左右，出主换热器进入精馏塔塔底再沸器提供热量后，进入三级主换热器吸收冷量，最后节流复热出冷箱；氮气循环则是氮气压缩后进入冷箱，分别经过主换热器和过冷器冷至约 -178℃，进入精馏塔塔顶冷凝器提供冷量，最后复热出冷箱。上述气、液相流体的处理方式，成功避免了正流气、液两相重进板式换热器需要均布的问题，也避免了过多的重烃过冷太多，减压后在返流的过程中行进缓慢不易气化的缺点；同时此处重烃减压后进入冷箱时，低压返流气体量很大，有利于气液夹带与气液均布。

2. 多措施保障运行中的安全

（1）采取低压流程。利用安全阀严格控制煤层气通道的压力和温度。

（2）气柜前后均装有主动抑爆装置，包括自动阻爆阀门、水封阻火泄爆装置，可有效防止事故扩大和火焰蔓延。

（3）严格按照国家有关标准规范采取防雷防静电措施，所有设备严格接地，形成良好的导体，精馏塔内部器件采用铜丝带连接，接地电阻不大于 4Ω。

（4）系统关键节点的安全阀和爆破片等进行泄压保护，严格防止超压。

（5）防爆区设备仪器、仪表均选用工厂防爆和煤矿井下防爆设备，所有置于室外危险场所的仪表均采用本安结构，因故不能构成本安回路时，选用隔爆型仪表并按dⅡCT4防爆级别配置。

（6）装置采用可靠的DCS分散集中控制系统和SIS紧急停车系统，控制室及现场仪表供电除设置一般电源（GPS）外，还设置仪表专用的不间断供电系统（UPS），不间断供电时间为30min，可有效消除因电网断电而造成的安全隐患。

（7）装备设置了火灾检测与报警系统，一旦隐患产生，均有报警，控制室操作人员会迅速作出反应。

本装置的爆炸点出现在精馏塔内部，根据爆炸三要素（可燃成分、助燃剂、点火源），应该从消除点火源入手，来解决该段的安全问题。然而，精馏塔本身为无电、低温操作，且在爆炸极限范围内的这一段没有任何带电仪器（如传感器）。此外，在设计与安装时采取如下措施：精馏塔采用不锈钢材质制作，换热器材质符合GB3836.1—2010规范的规定。对精馏塔的设计采取了可靠的防雷击、防静电措施，用铜编织带将精馏塔内外与接地装置可靠连接，并严格控制接地电阻不大于4Ω，以形成一个良好的导体。塔内填料采用高导热、导电性材料，从而大大吸收可能引起爆炸的外来能量。

此外，精馏塔还设置了多重泄爆装置，塔顶同时设置了安全阀和爆破片，一旦发生爆炸，爆破片能在瞬间发生动作，起到泄爆作用。同时在工程上对精馏装置设置了火灾报警与喷淋系统，以应对意外事故。通过中试装置4个月连续运行，证明精馏塔的安全措施是可靠的。

16.4.3 应用实例

重庆研究院在重庆松藻煤电有限责任公司逢春煤矿670风井矸石山场地建设了4800m³/d低浓度煤层气深冷液化中试基地（图16.11）。装置的连续运行情况表明：原料气组分为CH_4 29%～31%，O_2 14.72%～14.09%，N_2 55.74%～54.31%，CO_2 0.54%～0.6%，

图16.11　松藻4800m³/d低浓度煤层气深冷液化中试基地

净化后 CO_2 小于 $30mg/m^3$，H_2O $1\sim2mg/m^3$（露点 $-74.82℃$），液化后纯度 99.10%，甲烷回收率 98.75%，综合电耗为 $2.8kW\cdot h/m^3$（CH_4），LNG 产量 $1.1t/d$。

2016年7月建成了盘江10万 m^3/d 低浓度煤层气液化制 LNG 示范工程（图16.12）。综合能耗 $1.6kW\cdot h/m^3$（标准），甲烷回收率不小于 98%，液化后甲烷浓度不小于 99%。项目减少了温室气体排放，促进了煤矿瓦斯抽采，"以用促抽，以抽保安，煤气共采"，保障煤矿高效安全生产，预防瓦斯事故。

图16.12 盘江10万m^3/d低浓度煤层气深冷液化示范基地

16.5 煤矿区煤层气开发利用工程监测与评价技术

16.5.1 煤矿区煤层气开发利用工程监测

煤化工分院经过多年研究，开发了煤层气利用工程综合评价技术，建立了煤层气利用工程监测平台。主要解决各种浓度的煤层气利用工程实例的能效、环境等效果的监测评估，以及各类煤矿区煤层气利用技术路线合理性、经济和环境效益的科学客观评价，为煤层气利用工程化、规模化、产业化发展提供技术支撑。

1. 煤矿区煤层气利用工程能效、环境测试平台

1）测试平台作用

以能源环境监测和实验分析为主体、以物质流和能量流模拟和优化为辅助、以综合评价为目的的煤层气利用工程能效环境测试平台，可实现不同浓度、不同利用途径的煤矿区煤层气利用工程在统一平台下的能效、环境测试和评价，形成客观、科学、系统的评价结果。

2）测试平台功能

（1）利用工程能源环境同步监测和样品分析。测试平台形成煤层气利用主要工程的系

统框架以及系统监测点、模块监测点布点和监测方案，配置能源、环境监测设备；针对不能直接获取数据的样品，测试平台配置煤矿区煤层气、尾气、水等分析和化验设备，进行利用工程监测样品的实验分析，可进行煤矿区煤层气利用工程的整套系统的同步监测。

（2）利用工程物质流和能量流模拟。测试平台形成煤层气利用主要工程的物质流和能量流计算机模拟模型，按整体同步的要求，修正监测数据，形成利用工程整体同步数据，作为利用工程评价的基础。

（3）利用工程能源环境评价。形成以利用工程系统能量输入输出和环境测试结果为数据采集来源，以技术、能效、环境为主要指标的综合评价模型，可量化给出利用工程的综合评价结果。

3）测试平台系统构架

（1）同步监测和样品分析。配置能对利用工程物质流和环境值进行同时监测的整体监测装备，主要分系统监测和模块监测两部分。系统监测主要是利用工程外围监测，包括能源、物质的流入监测，产品、废气的流出监测。模块监测是利用工程内部监测，包括能量流监测、物质流监测。监测样品分析，主要包括煤层气分析、废水分析、废液分析等。

（2）物质流和能量流模拟。构建了煤层气利用工程物质流和能量流计算机模拟模型，量化利用工程物质和能量流向、流速、稳定性，通过模拟修正监测数据，得到能效环境评价的同步成套数据。主要包括煤层气浓缩系统模拟模型和煤层气发电系统模拟模型。

煤层气发电系统模拟模型：利用 Aspenplus 等流程模拟软件，构建煤层气发电系统各子单元——煤层气输送单元、内燃机发电单元、余热锅炉单元、蒸汽轮机发电单元模块的模型，根据利用工程的监测数据对系统进行集成，模拟物质和能量流向、流速和稳定性，修正监测结果，形成系统同步数据。

煤层气浓缩系统模拟模型：利用 Aspenplus 等流程模拟软件，构建煤层气浓缩系统各子单元——煤层气除氧单元、净化干燥单元、变压吸附单元、制 CNG（或 LNG）单元模块的模型，根据利用工程的监测数据对系统进行集成，模拟物质和能量流向、流速和稳定性，修正监测结果，形成系统同步数据。

（3）能效环境评价。构建以利用工程物质流和能量流模拟模型为数据采集来源的技术-能效-环境综合评价模型，主要包括数据采集、指标计算、指标评价等。

2. 煤层气利用工程能效、环境监测方法

针对煤层气利用工艺流程特点，制订系统监测和模块监测布点方案、监测频次、监测种类等。

1）监测布点方案

系统监测主要是利用工程外围监测，包括能源、物质的流入监测，产品、废气的流出监测。针对煤矿区煤层气利用工程，在系统能量输入口选择 3～5 个监测点，在系统能量输出口选择 5～8 个监测点。

模块监测是利用工程内部监测,包括能量流监测、物质流监测。

2)监测种类

监测种类包括煤层气的温度、压力、流量、浓度、电能、水耗、废气、废液、噪声等。

3)监测频次

对有明显生产周期、污染物排放稳定的建设项目,污染物的采样和测试频次一般为2~3个周期,每个周期3~5次。生产周期在8h以内,至少1~2h采一次样;生产周期大于8h,至少每2~4h采一次样。连续稳态排放的点位,监测频次以4次/d,连续监测3d为宜。对非稳定排放的点位,加大频次。

3. 主要应用

建成的煤层气利用工程能效环境监测平台和工程监测方案已应用于重庆松藻金鸡岩矿、淮北海孜矿、陕西彬长大佛寺矿、山西晋城寺河矿等煤矿的煤层气利用工程监测,并为矿区煤层气利用工程现场监测提供硬件支持。通过对工程物质流、能量流的现场监测,评价机组能效、辅助设备能效、噪声、烟气排放等,为企业进行节能改造、环保工程改造、工程工艺优化提供科学建议。

16.5.2 煤层气利用评价技术

煤矿区煤层气工程化评价采用技术、经济与环境相结合的多指标评价方法。一级指标包括技术指标、经济指标和环境指标;二级指标包括效率、资源消耗、技术成熟度、技术适应性、投入产出、节能效益和减排效益;三级指标包括能量效率、电耗、水耗、发展阶段、煤层气浓度适应性、煤层气资源适应性、投资、成本、净现值、内部收益率、节约资源量、二氧化碳减排等。

1. 技术指标

(1)能量效率:从系统中输出有用能量与所有输入系统能量之比的百分数。这是与利用技术直接相关的指标,先进技术的能量效率高。

(2)资源消耗:指所考察利用技术利用煤层气生产单位能量的所有资源消耗,包括水、电、其他资源等。

(3)技术成熟度:反映所考察技术当前的发展阶段,分为研发中、工业性示范、商业化示范和推广应用4个阶段。

(4)技术适应性:反映所考察技术的适应能力,包括煤层气浓度适应性、煤层气资源适应性等。煤层气浓度适应性,指煤层气利用技术对煤层气浓度的适应性要求。煤层气资源适应性,是指煤层气利用技术适应范围的煤层气资源情况。

2. 经济指标

(1)投资:反映所考察煤层气利用工程所需要的投资。根据实际工程数据或可行性研究报告数据建立技术装备数据库,根据煤层气量多少和技术工艺要求选择技术装备,以技术装备为基础估算投资。对于无法直接获得技术装备价格的情况,根据已建成的、性质类似项目的生产能力和投资额与拟建项目的生产能力来估算拟建项目投资额。

(2)成本:反映所考察技术在进行煤层气利用过程中的成本耗费。在成本计算工程中,总成本主要考虑经营成本、利息支出、折旧费、维简费和摊销费。经营成本主要考虑原料、燃料、动力费、工资及福利、修理费、管理费用以及其他费用。

(3)净现值:用一定的贴现率将项目寿命期间发生的效益与费用分别折算成现值,相减后得出项目的净现值。

(4)内部收益率:资金流入现值总额与资金流出现值总额相等、净现值等于零时的折现率。

3. 环境指标

(1)节能效益:煤层气利用实现的提供能量的效益,主要用节约煤炭量进行表征。

(2)减排效益:CO_2减排效益包括由CH_4转化为CO_2的当量减排和燃CH_4代替燃煤实现的减排两部分的效益。

16.5.3 煤层气利用工程评价软件

1. 软件功能

软件实现了对各种煤层气利用途径从技术、经济、环境三个维度进行量化评价,为国家、地方政府和企业布局煤层气利用发展规划、技术优选、政策制定等提供科学决策依据。

软件基本涵盖了现阶段所有煤层气利用技术,包括不同浓度煤层气发电技术、加工技术(制 LNG 和 CNG 技术)、供热技术(民用和乏风供热)和其他利用(锅炉掺烧、坑口助燃)等 11 项技术。具备以下三种功能:

(1)实现对 11 项煤层气利用技术的技术-经济-环境综合评价。

(2)实现多种煤层气技术之间的指标对比。

(3)实现不同政策情景下对煤层气利用经济性影响的评价。

2. 功能模块

(1)煤层气单项利用技术评价模块。煤层气单项利用技术评价模块以技术经济环境模型为基础,用户通过软件界面输入不同的数据参数,通过软件程序将数据写入技术经济环境模型中,再由软件读取出模型的运行结果,并显示到软件界面输出窗口,使用户便捷、直观地得到计算结果。

煤层气单项利用技术评价模块包含煤层气发电、加工、供热、其他利用 4 个方面、11 项煤层气利用技术。实现了各项利用技术在输入不同参数情况下,方便快捷得出计算结果并显示。其输入内容主要包括气源参数、经济参数、政策因素参数。输出内容主要包括产品指标、技术指标、经济指标和环境指标。

（2）多种煤层气利用技术比较模块。针对煤层气发电技术、加工技术、供热技术和其他利用技术的各项指标进行对比，包括技术指标（能源效率、单位能耗）、经济指标（单位投资、单位成本）、环境指标（CO_2减排）。软件保存单项技术的计算结果，并将技术结果进行加工处理，以柱状图和表格形式显示多项技术对比结果。

（3）不同政策情景下煤层气利用经济性评价模块。软件通过用户输入数据的变化（例如政策因素补贴数据的变化），掌握在不同政策补贴情况下，煤层气利用技术经济效益的变化，为政府部门制定合理的补贴政策提供科学决策依据。

3. 主要应用

煤层气利用评价技术体系包括以技术、经济、环境等主要指标的定量评价方法、评价模型、数据库及评价软件。该项技术已应用于国家层面煤矿区煤层气开发利用规划和布局（包括鄂尔多斯盆地矿产资源（煤炭、煤层气）开发利用技术经济评价、我国煤层气标准化工作有关情况的报告、煤层气产业发展前景研究等），对煤矿区煤层气开发利用的技术选择、规划布局给出明确建议，促进了国家层面煤矿区煤层气开发利用技术优选和布局优化；还用于主要煤层气产区和开发利用企业（包括庆阳市、两淮矿区、山西王坡煤业等）的煤层气开发利用规划，促进了区域煤矿区煤层气开发利用技术的优选和合理规划。

（本章主要执笔人：李雪飞，张进华，吴倩，于贵生，岳超平）

第五篇　矿区及煤化工过程水处理与利用

矿井水是在煤矿矿井建设和煤炭开采过程中产生的，由地下涌水、防尘用水、设备冷却用水、注浆用水等汇集而成，主要含有以煤屑、岩粉为主的悬浮物。大量矿井水直接排放，不仅浪费水资源，而且污染矿区环境。煤矿生活污水主要来自于两部分：一部分为与矿井配套的工人村排放的居民生活污水和少量公共服务设施排放的生活污水。另一部分为矿区工业广场排放的生活污水，包括办公楼冲厕、职工食堂、单身公寓及洗浴排放的污水。煤化工过程相应产生大量煤化工废水。煤化工废水成分复杂，有毒有害物质含量高，可生化性差，氨氮高，COD高，属于难处理的一种废水。做好矿区和煤化工过程水处理和利用，变废水为资源，是矿山企业建设资源节约型、环境友好型社会的重要途径，对矿区清洁生产，发展循环经济具有重要意义。

杭州研究院自建院以来，一直从事煤矿水处理技术开发和工程应用工作。1986年开始研究探索矿井水处理利用工艺技术，以唐山矿作为现场试验基地开展研究。1990～1992年，开发了一元化净水设备。这是一种集混凝、沉淀、过滤及反冲洗工艺于一体的新型、高效水处理设备，用以分离去除水中悬浮物和胶体杂质。1997年至今为技术成熟和推广阶段。1999年开发出的水力循环澄清与重力式无阀过滤相结合的矿井水处理工艺技术和成套装备，在山东、安徽、河北、山西、内蒙古等20余个矿区的矿井水净化处理工程中推广应用。随后煤矿生活污水处理利用、矿井水井下处理利用取得成功，标志着我国矿区水处理与利用技术达到了新的水平。杭州研究院在矿井水、煤矿生活污水处理研究方面一直处于国内领先水平。在矿井水净化及深度处理、矿井水井下处理、煤矿生活污水处理、煤化工废水生物强化脱氮和水处理自动控制技术方面，取得了丰硕成果，为矿区水处理利用提供理论和技术支撑。煤化工分院针对煤化工废水的特点，自主开发了含酚废水脱酚技术、高盐废水处理技术，可望在煤化工污水处理方面取得重大突破。

本篇根据目前矿区和煤化工过程水处理和利用的最新实用技术热点，结合近 20 年来的研究成果，介绍了矿井水净化处理及深度处理、矿井水井下处理、煤矿生活污水处理、煤化工废水强化脱氮、含酚废水脱酚、高盐废水处理的相关工艺和水处理自动控制技术，为实现矿区和煤化工过程的达标处理、资源化利用或零排放提供理论和技术支撑。

第17章
矿井水净化及深度处理技术

煤矿矿井水主要是在煤炭开采过程中的地下涌水,在井下巷道汇集过程中掺杂了大量煤粉、岩粉及少量乳化油、机油、有机物等形成的具有行业特点的工业废水。矿井水可以分为洁净矿井水、含悬浮物矿井水及高矿化度矿井水等多种类型,其中按照矿井水中溶解性总固体种类及含量的不同,高矿化度矿井水又可以细分为高氯化物、高硫酸盐、高硬度等不同类型的高矿化度矿井水。

含悬浮物矿井水是所有煤矿矿井排水中最具普遍性和代表性的一种。据统计,我国至少80%的煤矿为含悬浮物矿井水。去除含悬浮物矿井水中的悬浮物、色度、浊度、胶体物质的水处理工艺过程,称为矿井水净化处理,是达标排放及回收利用的基本处理工艺。

深度处理主要满足矿井水高品质回用及污染物零排放的要求,对矿井水中的溶解性总固体及其他特殊污染物进行处理。矿井水深度处理以反渗透工艺为主,同时需要针对不同的水质类型设计相应的预处理工艺,防止或者减缓膜污染及膜结垢,保证深度处理的长期稳定运行。

17.1 高效澄清过滤技术

17.1.1 技术原理

1. 水质特征

因受到煤矿开采条件、开采方式、水文地质条件、水动力学、地质化学及矿床地质构造条件等因素的影响,含悬浮物矿井水具有典型的煤炭行业水质特征。

1)悬浮物含量差异大

受水文地质条件和煤炭开采方式等的影响,不同矿区矿井水中的悬浮物浓度差异较大。如在我国的煤炭主产区内蒙古,矿井水中的悬浮物含量较高,悬浮物含量普遍为 500~1500mg/L;而同为煤炭主产区的两淮矿区,矿井水中的悬浮物含量一般只有 100~600mg/L。

表 17.1 所示为 128 个煤矿矿井水中悬浮物含量的实测统计资料。从表中可以看出,悬浮物含量低于 300mg/L 的矿井占 79.69%,而悬浮物含量高于 500mg/L 的矿井仅占 11.72%。

同一矿区各个矿井的矿井水中悬浮物含量也不尽相同。

表17.1　128个煤矿矿井水中悬浮物浓度统计

浓度范围/（mg/L）	≤100	101～200	201～300	301～400	401～500	≥500
矿井数/个	44	39	19	7	4	15
所占比例/%	34.38	30.47	14.84	5.46	3.13	11.72

2）悬浮物含量不稳定

受矿井排水周期和煤、岩层等的影响，煤矿在不同时段所排出的矿井水中的悬浮物含量经常发生波动，悬浮物浓度差异较大。如河南义马跃进煤矿矿井水中的悬浮物浓度平均在100mg/L以下，但最大时达到4182mg/L，为平均浓度的40倍以上。此外，煤矿在井下清理水仓时的悬浮物含量更高，有时甚至超过10000mg/L。

3）悬浮物形态存在差异

受煤炭开采进度的影响，煤矿在不同时期所排出的含悬浮物矿井水会呈现出两种不同的形态。在煤矿正常开采过程中，地下水主要与煤层接触，水中的悬浮固体以煤粉为主，此时的矿井水水体外观一般呈黑色，悬浮物含量高，景观性和感官性较差；而在煤矿井下巷道掘进及工作面延伸时，地下水受岩粉的影响变大，同时受一些巷道掘进及支护过程中所排出的废液污染，水中的悬浮固体就变得以岩粉为主，此时矿井水水体外观呈乳灰色，有时会伴有泡沫存在。

4）自然沉降性能差

由于矿井水在提升至地面处理之前已经在井下水仓中自然沉淀了一段时间，水中一些大颗粒的煤粉和岩粉都已去除，矿井水中悬浮固体的主要成分变为一些颗粒较为细小的煤粉和岩粉。表17.2列举了部分煤矿矿井水中悬浮物的颗粒分布状况，从表中可以看出，提升至地面处理的矿井水悬浮物中约85%的颗粒在50μm以下，而最小的仅为2～8μm，如此细小的颗粒物很难在短时间内自然沉降。而且煤粉属于有机物质，具有一定的疏水性，不容易被水包裹，难以自然沉淀。

表17.2　部分煤矿矿井水悬浮物粒径分布

矿井名称	悬浮物颗粒直径/μm					
	≤75	≤50	≤25	≤15	≤10	≤5
巩县上庄煤矿（1）	96.5	86.4	71.3	66.6	55.8	44.4
巩县上庄煤矿（2）	93.7	84.7	76.5	72.2	65.0	59.6
巩县大峪沟煤矿	90.1	86.6	76.0	72.6	70.5	69.3
刘桥一矿（1）	97.0	90.6	76.6	68.4	51.4	38.1
刘桥一矿（2）	97.4	95.5	84.3	80.7	66.4	54.7
水城葛店煤矿（1）	97.2	95.3	83.5	77.2	67.0	59.4
水城葛店煤矿（2）	97.6	94.2	81.8	75.2	62.9	55.0

5）有机成分复杂

含悬浮物矿井水中除了煤粉本身是有机物外，水体中还含有少量废机油、乳化油、腐烂废坑木、井下粪便等有机污染物。

6）混凝性能差

矿井水中悬浮固体多为有机物（煤粉）和无机物（岩粉）的复合体，且不同煤化阶段分子结构不尽相同，煤粒表面所带电荷数量也不相同，因而其亲水程度各异，低阶煤的大分子芳香缩合环周边有较多极性基团（—COOH，—OH 等），随着煤化程度增高而逐渐减少，最后完全失去这些极性基团而成憎水物质，因此矿井水中煤粉表面与水和无机混凝剂的亲和力要比地表水系中泥砂颗粒物的亲和力差很多，其混凝效果也不及地表水。

2. 技术原理

含悬浮物矿井水净化处理主要是去除原水中的悬浮物、色度、浊度、胶体物质等，使处理后的矿井水达到资源化利用的水质标准。混凝、沉淀、澄清、气浮和过滤是去除水中悬浮固体的最基本处理工艺，也是含悬浮物矿井水净化处理利用的核心技术。

由于含悬浮物矿井水中的微小悬浮固体（煤粉和岩粉）自然沉降的速度慢，胶体物质则根本不能沉淀，因此需要在原水进入沉淀（澄清）单元前投加混凝剂，以破坏水中杂质的稳定性，使其迅速凝聚形成大颗粒的矾花，以矾花本身的重力作用进行沉淀，然后再通过过滤单元来去除更细小的悬浮物，从而达到去除矿井水中绝大多数杂质的目的。根据水处理过程中悬浮物的去除机理及功能差异，含悬浮物矿井水净化处理技术主要有"预沉＋澄清＋过滤"，即高效澄清过滤技术。

3. 适用条件

传统矿井水净化处理工艺主要有两种：一是构筑物为主体的混凝、沉淀、过滤工艺；二是以钢制设备为主体的一体化净水器工艺。而高效澄清过滤技术克服了传统工艺占地面积大、处理效果差、水处理成本高、操作管理难度大、使用寿命短等缺点，适用于含悬浮物矿井水在地面的净化处理，其主要适用条件如下：

（1）矿井排至地面的矿井水，以去除矿井水中的悬浮物、色度、浊度、胶体物质等为目的。

（2）处理水量 1000～100000m^3/d。

（3）原水水质为 pH：6.5～8.5，悬浮物 30～3000mg/L，浊度 30～1000NTU。

（4）处理出水水质为 pH：6.5～8.5，悬浮物不大于 10mg/L，浊度不大于 5NTU。

17.1.2　技术内容

1. 工艺流程

矿井水净化处理高效澄清过滤技术工艺流程如图 17.1 所示。

矿井水原水 → 预沉调节池 → 高效澄清池 → 多介质滤池 → 清水池 → 外排或回用

图17.1 高效澄清过滤技术工艺流程

井下矿井水提升至地面后，先进入预沉调节池，进行流量调节和大颗粒预沉，预沉调节池可采用平流式或辐流式两种形式，预沉调节池上一般设置刮泥机或吸泥机；矿井水经过预沉调节池后，投加混凝剂，进入高效澄清池，混凝剂一般采用聚合氯化铝（PAC）和聚丙烯酰胺（PAM），高效澄清池可采用水力循环澄清池或机械搅拌澄清池两种形式；高效澄清池的出水进入多介质滤池，多介质滤池可采用无阀滤池或普通快滤池两种形式；过滤出水进入清水池，达标外排或回用作为煤矿生产用水。

2. 技术特征

1）平流式预沉调节池的技术特征

（1）一般为矩形水池，可用砖石或钢筋混凝土建造，也可用土堤围成。

（2）根据池内自然沉淀后煤泥的收集及排出方式，可分为平底和坡底两种类型。

（3）容积的确定必须要结合井下排水系统的能力和规律，水力停留时间不宜少于5h。

（4）数量宜为两座，当没有任何排泥设备而采用人工清理时，池数不得少于两座，通常两座并联布置，并采用合建的方式。

（5）有效水深一般采用3～5m，长度和宽度应根据实际情况确定，原则上长宽比不得小于2。

（6）当排泥设备采用吸泥机时，池底一般为平坡；采用刮泥机时，池底应放坡，坡度宜控制在1%～2%。

（7）采用重力方式排泥时，静水压不得小于0.02MPa，管径不得小于200mm，且后续受纳煤泥水的处理单元不能相距太远，应控制在20m内。当达不到上述要求时，应采用水泵加压的方式排泥，管径不得小于150mm。此外，排泥管上最好设置压力冲洗水管（水压不小于0.3MPa）。

2）辐流式预沉调节池的技术特征

（1）一般为圆形钢筋混凝土结构。

（2）表面负荷的选取应根据原水中悬浮物的浓度和期望获得的出水指标来确定，一般宜取$0.4～0.5m^3/(m^2·h)$。

（3）总停留时间为2～6h。

（4）池周边水深一般采用2～5m，径深比取6～12，池底坡向中心，坡度不得小于5%。

（5）刮泥机的转速为15～50min/周，外缘线速度为3.5～6m/min。

（6）池的超高一般取0.3～0.8m。

（7）一般采用泥浆泵排泥，应预留检修的空间和有相应的措施。

3）水力循环澄清池的技术特征

（1）本技术采用的改良型水力循环澄清池，见图17.2，在清水区增加斜管，加大澄清池泥渣回流循环比例，提高对矿井水中乳化油、机油等油类物质的去除效果，并充分发挥混凝剂和絮凝剂的药效，节省药剂的投加量。

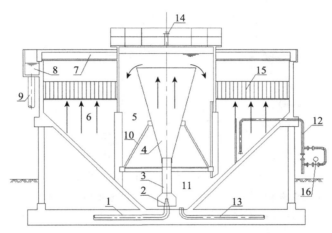

图17.2　改良型水力循环澄清池构造

1.进水管；2.喷嘴；3.喉管；4.第一反应室；5.第二反应室；6.分离室；7.辐射式集水槽；8.出水槽；9.出水管；10.锥形罩；11.泥渣浓缩室；12.排泥管；13.放空管；14.喷嘴与喉管距离调节装置；15.斜管；16.电动阀

（2）斜管的孔径一般为35mm，安装角度为60°，长度为1m。

（3）泥渣回流量一般为进水量的3～4倍。当矿井水原水悬浮物浓度高时，取下限值，反之取上限值。

（4）总停留时间为1～1.5h。第一絮凝室和第二絮凝室的水力停留时间分别为15～30s和80～100s。

4）机械搅拌澄清池的技术特征

（1）采用的改良型机械搅拌澄清池，见图17.3，在清水区增加斜管，澄清池底部设放空管，以备放空检修用。当泥渣浓缩室排泥不能消除泥渣上浮时，可用放空管加强排泥。

（2）斜管的孔径一般为35mm，安装角度为60°，长度为1m。澄清池顶可设冲洗水，斜管支架应牢固可靠。

（3）机械搅拌澄清池内总水力停留时间一般为1.2～1.5h。

（4）三角配水槽断面按照设计流量的一半确定。配水槽和缝隙的流速均采用0.4m/s。

（5）第二絮凝室的停留时间按提升流量的3～5倍计算时，为0.5～1.0min。第二絮凝室和导流室流速为40～60mm/s。第一絮凝室、第二絮凝室和分离室的容积比一般控制在2：1：7左右。

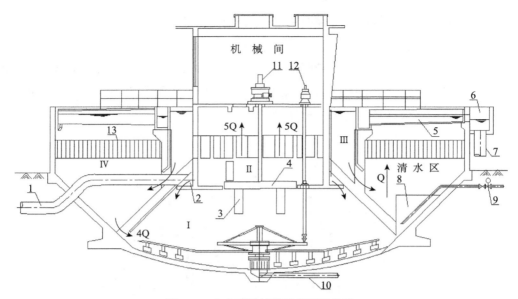

图17.3 改良型机械搅拌澄清池构造

1.进水管；2.三角配水槽；3.搅拌叶片；4.提升叶轮；5.集水槽；6.出水斗；7.出水管；8.泥渣浓缩室；9.电动阀；10.放空管；11.搅拌机；12.刮泥机；13.斜管；Ⅰ.第一反应室；Ⅱ.第二反应室；Ⅲ.导流室；Ⅳ.分离室

（6）机械搅拌澄清池中的搅拌设备采用变速驱动，可随进水水质和水量的变化来调整回流量。叶轮直径一般为第二絮凝室的 0.7～0.8 倍。叶轮外缘线速度为 0.5～1.5m/s，搅拌桨外缘线速度为 0.3～1.0m/s。

17.1.3 应用实例

1. 项目概况

黑龙江龙煤矿业集团股份有限公司鹤岗分公司某煤矿是一座核定生产能力 310 万 t/a 的大型矿井。煤矿井下矿井水排量约为 24000m^3/d，矿井水中悬浮物含量较高，平均为 200～600mg/L，除少部分经过简单处理直接供给选煤用水外，其余大部分矿井水未经处理便直接外排，给周边环境带来了严重污染。为了保护环境，提高矿井水处理后的水质，拓展矿井水利用途径，该矿于2007年建成了一座处理能力为 24000m^3/d 的矿井水净化处理站，处理后的矿井水除满足矿内生产用水外，其余都作为电厂循环冷却水补充水源。

2. 处理流程

该煤矿矿井水净化处理采用高效澄清过滤技术，工艺流程如图 17.4 所示。井下矿井水原水提升至地面平流式预沉调节池进行水质预处理和水量调蓄，然后自流进入吸水井，通过一次水泵提升，泵前投加絮凝剂 PAC，泵后紧接着投入助凝剂 PAM，并提升至水力循环澄清池。在水力循环澄清池里完成澄清处理后，矿井水流入无阀滤池进行过滤，进一步去除水中细小的悬浮颗粒。经澄清、过滤处理后的矿井水最终进入清水池，由供水泵加压供给煤矿生产用水和电厂循环冷却补充用水。

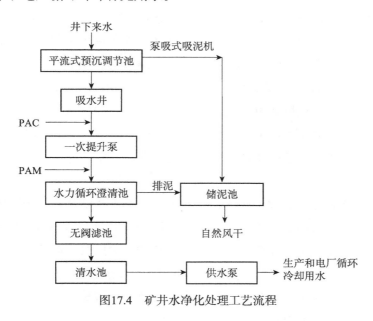

图17.4　矿井水净化处理工艺流程

3. 处理效果及经济效益

该煤矿矿井水处理站工程总投资为 1353.78 万元，矿井水处理成本为 0.49 元/t，经澄清、过滤处理后的矿井水出水水质达到了《生活饮用水卫生标准》（GB5749—2006）。处理后的矿井水除一部分作为矿生产用水外，每天约有 20000m³ 作为电厂循环冷却用水。

17.2　超滤及反渗透处理技术

17.2.1　技术原理

矿井水深度处理的主要目的是减少矿井水中过多的溶解性总固体（TDS），以满足煤矿生产、生活用水要求或者排放要求。从该技术发展及商业推广来看，反渗透技术无论在技术还是在经济方面都具有优势。对矿井水水质特性及成因的研究，可以有效指导矿井水深度处理的设计及污染预防、结垢控制。

1. 高矿化度矿井水的成因与分布

高矿化度矿井水是指含盐量（溶解性总固体）大于 1000mg/L 的矿井水。这类矿井水在全国煤炭矿区都有分布，尤其是北方矿区，其水量约占我国北方国有重点煤矿矿井涌水量的 30% 以上。主要分布在甘肃、宁夏、内蒙古的中西部、新疆的大部分矿井及陕西的中部和东部、河南的西部、江苏的北部、山东、安徽等的矿区。其成因主要是地表补给量少、煤层中盐分溶解、硫化物氧化反应、海水或地表咸水入侵等。按含盐量的不同，高矿化度矿井水还可以进一步划分为微咸水、咸水、盐水;按所含离子成分的多少,高矿化度矿井水可分为高硫酸盐型、高氯化物型、高永久硬度型(高钙、镁)、高暂时硬度型(高重碳酸盐)等。其中高暂时硬度型高矿化度矿井水深度处理以药剂法为主;高硫酸盐型、高氯化物型、高永久硬度型高矿化度矿井水深度处理以膜法处理为主。

据统计,我国煤矿高矿化度矿井水的含盐量一般为 1000~3000mg/L,少部分可以达到 4000mg/L 以上。高矿化度矿井水的溶解性总固体主要是 Ca^{2+}、Mg^{2+}、Na^+、K^+、SO_4^{2-}、HCO_3^-、Cl^- 等离子,其硬度往往较高,有些矿井水硬度可达 10 000mg/L。受采煤等作业的影响,这类矿井水还含有较高的煤粉、岩粉等悬浮物,浊度大。高矿化度矿井水的成因,主要有如下几个方面:

(1)西北地区降雨量少,蒸发量大,气候干旱,蒸发浓缩强烈,地层中盐分增高,地下水补给、径流、排泄条件差,使地下水本身矿化度较高,故矿井水的矿化度也高。

(2)当煤系地层中含有大量碳酸盐类岩层及硫酸盐薄层时,矿井水随煤层开采与地下水广泛接触,加剧可溶性矿物溶解,使矿井水中 Ca^{2+}、Mg^{2+}、HCO_3^-、CO_3^{2-}、SO_4^{2-} 增加。

(3)当开采高硫煤层时,因硫化物氧化产生游离酸,游离酸再同碳酸盐矿物、碱性物质发生中和反应,使矿井水中 Ca^{2+}、Mg^{2+}、SO_4^{2-} 等离子增加。

(4)有的地区地下咸水侵入煤田,使矿井水呈高矿化度,如山东龙口一些矿井,因海水入侵,使矿井水呈高矿化度。

根据矿井水中含盐量(水中各种离子的总数)的不同,高矿化度矿井水还可以进一步划分为:①微咸水,含盐量为 1000~3000mg/L,水质为碳酸氢钙型、硫酸盐型,较少为氯化物型;②咸水,含盐量为 3000~10000mg/L,水质介于微咸水和盐水型之间;③盐水,含盐量为 10000~50000mg/L,水质多为碳酸盐型及氯化物型。

大多数煤矿的高矿化度矿井水 pH 值呈中性或偏碱性,含盐量大多为 1000~3000mg/L,并以重碳酸盐和硫酸盐为主要成分。部分煤矿含盐矿井水离子组成及总含盐量见表17.3。

表17.3 部分煤矿含盐矿井水离子组成及总含盐量

煤矿	pH	TDS /(mg/L)	阳离子/(mg/L)			阴离子/(mg/L)			
			K^+、Na^+	Ca^{2+}	Mg^{2+}	SO_4^{2-}	HCO_3^-	Cl^-	F^-
内蒙古公乌素	9.00	2643.3	430.3	240.5	110.7	1026.3	421.6	412.7	1.2
徐州张集	7.50	1784.02	475.0	104.0	56.7	472.0	416.0	259.4	0.92
淄博双沟	7.70	1892.49	302.6	192.0	76.0	882.0	257.0	182.0	0.89
淮北临涣	8.05	3077.61	747.4	141.7	63.3	1589.6	320.3	213.0	2.31
新汶泉沟	7.97	1762.12	187.2	242.9	28.1	1094.5	98.8	107.7	2.92
宁夏灵新	8.20	3686.5	949.0	124.0	143.0	884.3	391.8	1193.6	0.80
淮北海孜	8.51	2298.2	647.5	78.0	41.9	1028.0	355.0	146.0	1.80

从表中可以看出，以上煤矿矿井水水质可以分为：①硫酸盐型高矿化度矿井水，例如内蒙古公乌素矿、淄博双沟矿、淮北临涣矿、新汶泉沟矿及淮北海孜矿；②重碳酸盐型高矿化度矿井水，例如徐州张集矿；③氯化物型高矿化度矿井水，例如宁夏灵新矿。

因高矿化度矿井水盐含量高，处理工艺除包括混凝、沉淀等净化处理工序外，还有一个关键工序，即脱盐处理。我国煤矿矿井水处理过程中，对于高硫酸盐型、高氯化物型及高硬度型高矿化度矿井水主要采用膜法处理。对于重碳酸盐型高矿化度矿井水主要采用药剂软化法，通过向水中投加石灰等药剂，使 HCO_3^- 转化为 CO_3^{2-}，与 Ca^{2+}、Mg^{2+} 等形成沉淀，从而达到降低矿井水硬度，进而降低矿化度的目的。目前研究的重点是膜法处理工艺在矿井水处理过程中的应用，主要包括高硫酸盐型、高氯化物型及高硬度矿井水。

高矿化度矿井水在我国北方矿区分布较广，这些煤矿大部分水资源缺乏，水价居高不下，将高矿化度矿井水深度处理成生产、生活用水，实现高矿化度矿井水资源化，是解决这些煤矿缺水问题的重要途径之一。

2. 高硫酸盐型高矿化度矿井水的水质特性

高硫酸盐型高矿化度矿井水在我国的分布范围很广，在严重缺水的原煤主要产地西北及山西地区，以及华北、东北、华东等广大地区都有分布。这类矿井水不宜用作工农业用水和生活饮用水，若长期饮用，消化系统、心脑血管疾病发病率普遍较高。高硬度水不仅不利于作物生长，而且会使土壤盐渍化。工业上用作锅炉用水，易使锅炉结垢，堵塞管路，浪费燃料，甚至发生锅炉爆炸。高硫酸盐硬度矿井水也不宜作建筑用水，因为会影响混凝土质量。在国内淡化水时应用最广的膜处理技术工艺过程中，由于 SO_4^{2-} 等离子较高，也会使膜产生顽固的硫酸盐垢，严重影响处理设施正常运行，甚至造成停产。表 17.4 所示为部分高硫酸盐型高矿化度矿井水的水质分析数据。

表17.4　部分高硫酸盐型高矿化度矿井水水质分析数据

煤矿	总硬度	TDS /（mg/L）	阳离子/（mg/L）			阴离子/（mg/L）			
			K^+、Na^+	Ca^{2+}	Mg^{2+}	SO_4^{2-}	HCO_3^-	Cl^-	F^-
山西姜家湾	2305	4635	—	—	—	1266	—	200.8	—
大同青磁窑	1364	2365	—	—	—	1310	0.6	81.4	0.34
济宁二号井	220	2306	—	—	—	737	—	109	0.9
新汶张庄	1056	2132	37	283	84	1078	203	157	0.37
张店沣水	1520	2446	191	405	124	1380	228	209	0.95
华丰煤矿	1880	4650	992	380	226	1190	—	1860	—
大屯孔庄	599	1517	241	121	38	667	—	174	—

高硫酸盐型高矿化度矿井水主要水质特点如下。

（1）硫酸盐含量高。高硫酸盐硬度矿井水来源于深层地下水，由于高硫煤矿区的煤及煤矸石中的硫含量高，经过复杂的化学作用后，造成该矿井水的硫酸盐含量高，一般为300～1600mg/L，最高可达2500mg/L，甚至更高。

（2）总硬度含量高。对于高硫酸盐硬度矿井水，其总硬度和钙的含量也很高，一般高出生活饮用水水质硬度标准2～3倍。

（3）总含盐量高。高硫酸盐硬度矿井水的总含盐量普遍较高，一般为1500～4000mg/L。

3. 高氯化物型高矿化度矿井水的水质特性

高氯化物型矿井水在宁夏、淮南及沿海的煤矿均有发现，其氯化物含量高，一般为300～1200mg/L；总含盐量较高，一般为1000～3000mg/L；其他离子含量较低。

淮南矿区由淮河南岸的老区和淮河北岸的潘谢新区组成，淮河以南有4对矿井，淮河以北有9对矿井。以淮河为界，其矿井水矿化度呈现南低北高的现象。淮河以南矿区，含盐量一般为600～850mg/L，水质较好；而淮河以北矿区，矿井水含盐量普遍较高，一般为1000～3000mg/L，Cl^-含量为350～1200mg/L，SO_4^{2-}绝大部分小于250mg/L，属于较为典型的高氯化物型高矿化度矿井水。淮南矿区矿井水水质分析如表17.5所示。矿井水含盐量对比如图17.5所示。

表17.5 淮南矿区部分矿井水水质分析

水质指标	潘一矿	潘二矿	潘三矿	张集矿	谢桥矿	顾桥矿	丁集矿	顾北矿	潘北矿
pH	8.70	8.91	8.06	9.80	8.57	8.53	8.71	8.74	8.65
总硬度/(mg/L)	128	125	151	50	46	96	92	110	51
硫酸盐/(mg/L)	220	211	277	154	244	141	155	282	152
氯化物/(mg/L)	879	582	835	412	895	354	514	69	610
TDS/(mg/L)	2348	1443	1760	1512	1932	1196	1508	1838	1506
氟化物/(mg/L)	2.34	1.92	1.58	2.93	<0.20	2.34	2.74	2.64	2.08
电导率/(μS/cm)	3600	2250	2590	2300	—	1900	2470	3100	2530

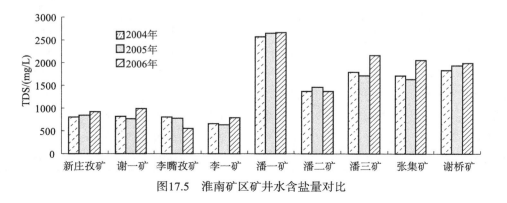

图17.5 淮南矿区矿井水含盐量对比

4. 高永久硬度型高矿化度矿井水的水质特性

高永久硬度矿井水主要分布在甘肃省、宁夏回族自治区、内蒙古自治区、山西省、新疆维吾尔自治区、陕西省、青海省、河北省、山东省的龙口和新汶、江苏省的大屯和徐州以及安徽省的淮南和淮北部分矿区等，部分与高硫酸盐型、高氯化物型高矿化度矿井水伴生。高永久硬度矿井水是由于地下水与煤系地层中碳酸盐及硫酸盐层接触，该类矿物溶解于水，使矿井水中的 Ca^{2+}、Mg^{2+}、HCO_3^-、CO_3^{2-}、SO_4^{2-} 增多。有的是酸性矿井水与碳酸盐类岩层中和，导致钙镁含量增高，水的硬度升高；有的矿区气候干旱，年蒸发量远大于降水量，造成地层中盐分较高，地下水的硬度也相应增高；也有少数矿区由于处在海水与矿井水交混分布区，因而矿井水盐分增多。高永久硬度型高矿化度矿井水，阳离子主要为 Ca^{2+}、Mg^{2+} 离子，阴离子主要为 SO_4^{2-}、Cl^-。

这类矿井水不宜用作工农业用水和生活饮用水，若长期饮用，消化系统、心脑血管疾病发病率普遍较高。高硬度水不仅不利于作物生长，而且会使土壤盐渍化。工业上用作锅炉用水，易使锅炉结垢，堵塞管路，浪费燃料，甚至发生锅炉爆炸事故。这些煤矿矿井水中总硬度一般高达 500～1000mg/L 以上，且以永久硬度为主。这类矿井水的特点如下：

（1）总硬度较高，且永久硬度较高。总硬度一般高达 1000mg/L，有的甚至高达 2000mg/L，且永久硬度占比大。

（2）同时伴有含量较高的硫酸盐或氯离子，一般为 300～1600mg/L，最高超过 2500mg/L。

（3）总含盐量高。高硬度矿井水的总含盐量普遍较高，一般超过 1500～4000mg/L。

我国高永久硬度矿井水除了 Ca^{2+}、Mg^{2+} 离子超标外，多数矿区的硫酸盐含量较高，也有少部分矿区的氯化物含量较高，这些煤矿多分布在我国缺水矿区，给矿井水的利用带来一定困难。

5. 技术适用条件

矿井水超滤、反渗透深度处理过程中面临的主要问题是膜污染和膜结垢。

膜污染主要是由于被处理矿井水中的煤粉、乳化液和机油等细小颗粒形成的胶体粒子、溶质大分子和微粒，与膜存在物理化学作用或机械作用而引起的膜表面或膜孔内吸附、堵塞，使膜产生透过通量减少的不可逆变化的现象，表征指标为 SS、浊度、石油类、COD_{Cr} 等。其与浓差极化密切相关，多数情况下浓差极化导致了膜污染。防止膜污染的措施除采用合适的膜的材料、制造工艺外，在行业应用中主要是通过优化预处理工艺来实现。

膜结垢主要是由于矿井水在浓缩过程中，溶解性总固体浓度成倍增加，当其中的离子浓度大于其离子平衡常数 K_{sp} 时，便会结晶析出，在膜面形成结垢，主要表征指标为 TDS、

LSI（朗格里尔饱和指数）等。行业应用中主要通过投加阻垢剂、控制回收率、软化和化学沉淀等来减缓膜面结垢。

煤矿矿井水超滤、反渗透深度处理工艺包适应我国主要煤矿产区的高矿化度矿井水，尤其针对高硫酸盐型、高氯化物型及高永久硬度型矿井水进行了优化设计，通过工艺模块及膜组件的变换可以很好地满足水质要求。煤矿矿井水超滤、反渗透深度处理工艺包出水满足煤矿一般工业用水、景观消防用水、循环冷却水及一般生活杂用水的要求，也可以作为坑口电厂化学软化水的一级除盐工艺及矿井水零排放的一级处理工艺。

17.2.2 技术内容

1. 工艺流程

由于反渗透对进水水质要求较高，主要指标 SDI_{15}（污染指数）≤5、浊度≤1NTU、余氯≤0.1mg/L（醋酸纤维素膜要求余氯≤0.5mg/L）。一般矿井水净化后要求悬浮物≤50mg/L，通常工程实践可以达到20mg/L以下，浊度大约在30NTU以下，有时可以达到5NTU以下。这与反渗透进水要求有较大差距，需要预处理系统进一步处理，以满足浊度≤1NTU、余氯≤0.1mg/L的要求（通常浊度≤1NTU，可以保证 SDI_{15} ≤5）。

矿井水深度处理的完整工艺过程包括前处理、预处理、深度处理和后处理四部分，如图17.6所示。对于矿井水来说，前处理即矿井水净化处理，高效澄清过滤技术具有明显的优势；后处理根据利用或者排放要求，包括消毒、深度脱盐等。针对矿井水的水质及煤矿生产组织特点，杭州研究院在超滤预处理工艺和反渗透、反渗透/纳滤结合深度处理工艺方面进行了深入研究，开发了以超滤、反渗透为主要技术的煤矿矿井水深度处理工艺包，获得多项发明专利授权。

图17.6　矿井水深度处理全过程框图

完整的煤矿矿井水深度处理工艺包流程如图17.7所示。经过净化处理的矿井水由原水泵从净化水池打入板式换热器，经过适当加热后进入增强过滤器、自清洗过滤器、超滤装置，出水送入超滤水池。其中增强过滤器根据矿井水水质类型，可以装填锰砂除铁除锰，也可以装填活性炭去除油类等有机物，过滤器前需要投加絮凝剂、氧化剂，超滤水池前投加还原剂。经过超滤水池缓冲，矿井水由增压泵打入保安过滤器，再由高压泵加压送入反渗透装置，反渗透出水（即成品水）进入成品水池；反渗透浓水流入浓水池。保安过滤器前投加阻垢剂，延缓溶解性总固体结晶，提高系统回收率。

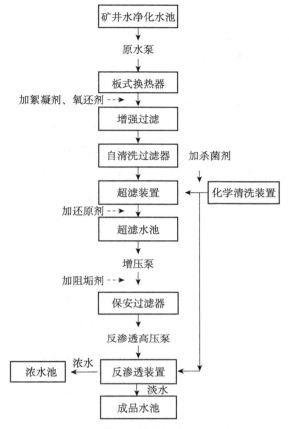

图17.7 煤矿矿井水深度处理工艺

2. 技术特征

1）工艺完善、灵活，针对性强

煤矿矿井水深度处理工艺包充分考虑了煤矿矿井水水质复杂、类型多样的特点，以及煤矿生产组织的特殊性。随着井下工作面从掘进、安装、开采、撤收到掘进的循环，矿井水主要污染物发生规律性的变化，为此，工艺包设置有增强过滤、自清洗过滤器和超滤相结合的完善预处理系统，可以有效去除矿井水净化处理后残留的煤粉、岩粉、油类等，满足反渗透对进水水质的要求，有效防止膜面污染；根据矿井水TDS的不同，结合回用要求，设计了反渗透膜与纳滤膜相结合的反渗透处理系统，实现了出水水质可调，同时还提高了对进水水质波动的适应能力，降低了进水压力，减少了增压环节，省略了pH调节装置，极大地完善了煤矿矿井水深度处理系统，提高了系统灵活性和稳定性。

增强过滤+自清洗过滤+超滤预处理工艺，安全可靠、稳定实用。各系统运行正常时，各个处理单元可以按设计分担处理负荷，减少偶发事故；当净化系统发生事故或来水负荷过高而过滤效果变差时，增强过滤会分担处理负荷，保证超滤长期稳定运行和出水水质优良；当净化系统完全失效时，增强过滤短时间可以承担绝大部分处理负荷，超滤系统处理出水水质略有变差，但仍可以满足反渗透或纳滤系统进水要求。

反渗透/纳滤联合处理工艺如图 17.8 所示。一段采用反渗透膜组件，二段采用纳滤膜组件。高压矿井水经过反渗透膜组件后，一部分水分子和极少的溶解性盐类进入产品水管路，一部分水分子和绝大部分的溶解性盐类通过反渗透膜组件的浓水口进入纳滤膜组件；在纳滤膜组件中，大部分水分子和极少的溶解性盐类进入产品水管路，小部分水分子和绝大部分的溶解性盐类通过浓水调节阀排放。反渗透膜组件的产品水和纳滤膜组件的产品水混合后作为产品水供煤矿生产用。由反渗透膜组件产生的产品水中极少的溶解性盐类主要是一价离子和二价以上的高价离子；而由纳滤膜组件产生的产品水中则含有相对较多的一价离子及相对较少的二价以上的高价离子，渗透压力较低，不需要段间增压。设计阶段通过统筹协调，可以通过二者混合比例调节出水水质以满足煤矿用水需求，并且具有工艺简单、适用性强、运行稳定可靠、投资及处理成本低的特点。

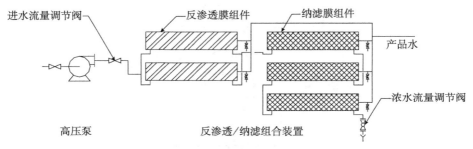

图17.8　反渗透/纳滤联合处理工艺示意图

2）超滤装置效率高，清洗方便

超滤是需要频繁反冲洗的过滤系统，运行过程中一般每 30～60min 需要反冲洗一次，反冲洗时间为 2～5min。反冲洗时需要整个超滤系统停止进水，启动反冲洗水泵、过滤器等进行强制反冲洗。这在一定程度上降低了超滤系统的运行稳定性和连续性，对设备冲击较大。针对常规超滤的这一特点，该工艺包进行了优化设计，采用自清洗膜处理工艺（图 17.9）。

经过自清洗过滤器的矿井水通过进水三向阀组进入超滤膜系统，经过处理后通过切断阀供用户使用或者继续处理；含有较多悬浮物或颗粒物的废水通过止回阀、排水背压阀排放。膜元件污染后，只需改变相应进水三向阀组的方向并关闭相应切断阀，在膜系统产水压力的作用下，其他膜元件的产品水透过膜孔冲洗膜内部，完成污染膜元件的反冲洗。冲洗干净后，只需改变相应进水三向阀组的方向，打开相应切断阀，即可实现正常过滤。如此循环进行。该装置不需要传统膜处理系统中的中间水池、反冲洗水泵等，并且简化了阀组，具有结构简单、操作管理方便、连续运行、出水水质可靠等特点，非常适合煤矿矿井水处理及运行管理。

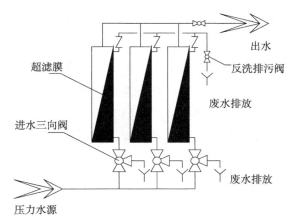

图17.9 自清洗超滤装置工艺示意图

3）加药系统准确、可靠

加药是矿井水反渗透深度处理必需的工艺步骤，涉及絮凝剂、氧化剂、还原剂、阻垢剂和杀菌剂等，是保证反渗透深度处理系统正常稳定运行的关键措施。根据煤矿矿井水的特点及运行控制水平，工艺包采用了独立开发的加药装置及系统和阻垢剂投加装置，有效提高了煤矿矿井水反渗透深度处理的加药准确性、可靠性、安全性和自动化程度。开发的相关加药设备如图17.10所示。

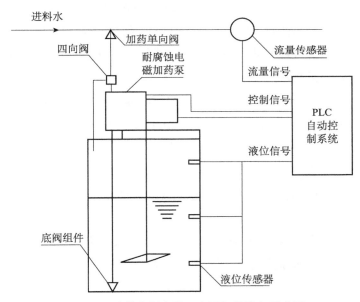

图17.10 矿井水深度处理专用加药设备示意图

矿井水深度处理专用加药设备由储药箱、搅拌系统、定量加药系统、信号采集和自动控制系统组成。根据系统大小，储药箱可以灵活选择，一般保证3个班次以上的用药量。搅拌系统可以根据药剂属性进行程序设定，保证配药及加药过程中的药剂均匀。定量加药系统由耐腐蚀电磁加药泵、底阀组件、保安四向阀和加药单向阀组成。可以手动或自动控制，根据进料水流量实现定量及实时加药，并具有超压旁路功能，保证系统安全可靠运行。信号采集系统主要包括液位和流量信号采集，对于自动化程度要求高的系统还可以加入水质信号。自动控制系统一般为整个反渗透自控系统的一部分，通过对液位信号的感知，适时做出配药提示及报警，并根据药剂属性对搅拌系统进行控制；通过对流量信号的感知，根据事先确定的公式、数据对加药量进行调整，通过控制系统对加药泵进行连续控制。

4）节能高效

反渗透是压力驱动的膜分离工艺，运行电耗占整个运行费用的60%以上。它与所需渗透压有正比关系，而渗透压与水温又有正相关性。根据煤矿生产组织特点，工艺包利用煤矿锅炉余热对矿井水进水进行旁路加热，在满足反渗透运行要求的前提下，提高进水温度，降低渗透压力，从而节省运行电耗，保证整个煤矿矿井水深度处理系统的节能、高效运行。

17.2.3 应用实例

1. 工程概况

黄陵矿业集团一号煤矿现有矿井水净化处理站出水的浊度、色度等感观指标，可达到《工业循环冷却水的水质标准》（GB50050—2007）的要求，但是电导率、含盐量、硫酸根等离子指标达不到工业循环冷却水的水质标准要求，不能直接作为电厂循环冷却水及化学软化水水源，必须进行深度处理。

原水水质：pH8.32；K^+20.72mg/L；Na^+1161.99mg/L；Ca^{2+}27.05mg/L；Mg^{2+}14.58mg/L；Cl^-239.69mg/L；HCO_3^-909.15mg/L；SO_4^{2-}1510.48mg/L；总硬度2.55mmol/L；暂时硬度2.55mmol/L；溶解性总固体3485.2mg/L；电导率3980μS/cm；浊度12.53NTU，属于高硫酸盐型高矿化度矿井水。

矿井水深度处理出水（即成品水）水质达到《工业循环冷却水的水质标准》（GB50050—2007）要求。

矿井水深度处理产水量为210m³/h；其中，预处理系统进水320m³/h，回收率95%；反渗透系统回收率70%，浓水水量为90m³/h；预处理废水不外排，送至矿井水净化处理系统处理再利用。

2. 工艺流程

工艺流程如图17.11所示。

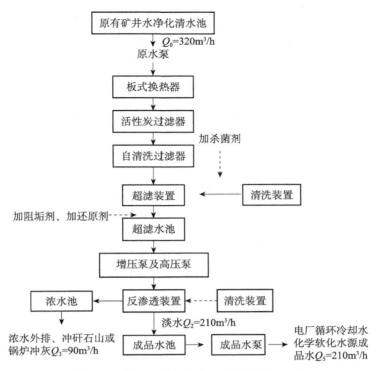

图17.11　黄陵一号矿井水深度处理工艺流程

净化后的矿井水由原水泵打入换热器，再进入活性炭过滤器、自清洗过滤器、超滤装置，出水进入超滤水池，由增压泵、高压水泵打入反渗透装置，反渗透浓水出水流入浓水池，浓水由浓水泵送至洗煤厂等地回用，反渗透淡水出水流入成品水池，再由恒压供水装置供给电厂用户；超滤装置及反渗透装置，定期由清洗系统进行化学清洗。

3. 处理效果及经济效益

煤矿矿井水深度处理效果如表17.6所示。

表17.6　黄陵一号矿深度处理进出水对比

水质指标	进水	产品水
K^+/（mg/L）	21.00	0.30
Na^+/（mg/L）	1162.00	12.39
Mg^{2+}/（mg/L）	15.00	0.07
Ca^{2+}/（mg/L）	34.73	0.16
HCO_3^-/（mg/L）	906.00	13.39
Cl^-/（mg/L）	240.00	3.05
SO_4^{2-}/（mg/L）	1510.00	12.26
TDS/（mg/L）	3934.39	41.75
pH	8.30	6.45

产品水水质完全达到《工业循环冷却水的水质标准》（GB50050—2007）要求；系统总装机功率750kW（含原水和供水），实际消耗功率210kW，吨水电耗1.0kW·h；成品水产量4620m^3/d；成品水处理成本1.89元/t。

（本章主要执笔人：毛维东，高杰）

第 18 章
矿井水井下处理技术

煤矿井下条件复杂，环境恶劣。尽管早在 20 世纪 90 年代就有人提出将矿井水在井下处理复用，但至今仍未形成规模，大多数矿区仍然沿用传统的地面处理方式。近几年，随着国家政策的要求越来越严格，矿井水水处理工艺技术的不断发展和煤矿企业节能环保意识的不断增强，矿井水在井下处理复用已经成为矿井水利用的一种新形式。矿井水通常由煤矿井下排水泵排至地面矿井水处理厂（站），经处理后通过供水泵送到静压水池，依靠静压供给煤矿井下作为生产用水。随着煤矿开采深度的增加，不仅矿井水从井下排至地面的能耗越来越高（吨水百米提升能耗约 0.425kW·h），而且从井下到地面提升和回用的管道也越来越长。将矿井水在井下直接处理利用，可以节省排水费用，减少地面处理设施占地面积，实现绿色开采，具有特殊的优势，经济、环境和社会效益明显。杭州研究院根据煤矿井下巷道条件、原水水质和井下用水水质要求，研究开发了两种井下水处理技术。一种是以去除悬浮物为目的的采空区预沉淀及压力式互冲洗过滤技术；另一种是以去除盐分为目的的井下乳化液配制用水处理技术。

18.1 压力式互冲洗过滤技术

18.1.1 技术原理

煤层开采后形成的采空区空间巨大，具有较大的纳污能力。将矿井水引导流经采空区时，水流速度缓慢，由于采空区内的充填物的特殊构造，在沉淀、过滤、吸附等作用下，矿井水中的悬浮物和胶体物质被截留在采空区内，从而使矿井水中的悬浮物和浊度得以有效降低。

由于采空区中缺少溶解氧，矿井水在流经采空区的过程中，与采空区内的岩石、煤矸、残煤等矿物质之间在物理化学作用下，矿物质中的铁以二价铁的形式进入矿井水，使流经采空区后的矿井水出现铁含量较高的情况。水中的铁含量高时，有铁腥味，易出现黄色沉淀物，阻塞管道，有时会出现"红水"，严重影响矿井水的利用。

曝气氧化池依靠煤矿井下巷道中的压缩空气，通过在曝气氧化池底部铺设的穿孔曝气管，使流出采空区的矿井水进行充氧曝气。曝气后的矿井水经泵提升后进入压力式气水相互冲洗滤池，在滤池滤料表面的铁质活性滤膜的催化作用下，将矿井水中的 Fe^{2+} 迅速氧化

成 Fe^{3+}，并水解生成 $Fe(OH)_3$，形成新的催化剂，从而去除矿井水中的铁离子。处理后的矿井水作为生产用水。

采空区预沉淀及压力式互冲洗过滤技术主要适用条件如下。

（1）处理水量 300～6000m³/d。

（2）原水水质：pH 6.5～8.5，悬浮物 30～3000mg/L，浊度 30～1000NTU。

（3）处理出水水质执行井下消防洒水水质标准要求，如表 18.1 所示。

表18.1　井下消防洒水水质标准

序号	项目	标准
1	悬浮物含量	不超过 30mg/L
2	悬浮物粒度	不大于 0.3mm
3	pH	6～9
4	大肠菌群	不超过 3 个 /L

（4）井下巷道需要通过强制通风来实现空气流通。井下巷道交错复杂，井下水处理构筑物设计尺寸应不影响巷道通风，以保证井下生产安全。由于井下空间有限，井口口径大小有限，运输设备的绞车或罐笼的大小固定，因此矿井水处理所选设备尺寸不能过大，设备的长、宽、高要符合井下运输及安装空间要求。

18.1.2　技术内容

1. 工艺流程

矿井水的采空区预沉及压力式互冲洗过滤技术工艺流程如图 18.1 所示。

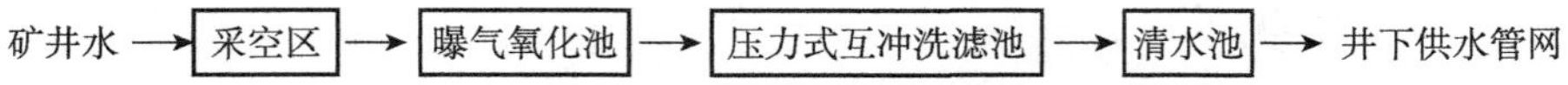

矿井水 → 采空区 → 曝气氧化池 → 压力式互冲洗滤池 → 清水池 → 井下供水管网

图18.1　采空区预沉及压力式互冲洗过滤技术工艺流程

该流程说明：矿井水在井下汇集后通过水泵或自流一部分进入中央水仓，由排水泵提升至地面矿井水处理系统，处理后作为地面生产用水或达标排放；另一部分进入采空区，经过采空区的沉淀、过滤、吸附等作用后，出水进入曝气氧化池，再进入压力式互冲洗滤池，滤池出水进入清水池，最后由供水泵通过管网供给井下各用水点，作为防尘洒水、设备冷却水、乳化液配制用水等。

2. 技术特征

1）采空区的技术特征

（1）煤层开采后形成的采空区，作为井下矿井水预沉处理单元。

（2）利用采空区处理矿井水，主要是利用其预沉淀作用，辅助其过滤和吸附等作用，去除矿井水中的大部分悬浮物和胶体物质。

（3）采空区的选择，一般要充分论证其储水后的安全性。

（4）为了保证矿井水的充分停留时间，采空区积水面积一般要求在 5 万 m^2 以上，积水空间要求在 25 万 m^3 以上。

2）压力式互冲洗滤池的技术特征

（1）压力式相互冲洗滤池由多个密闭的滤格组成，如图 18.2 所示。采用压力式进出水，可保证过滤和反冲洗时所需要的水压。因此，该滤池可以在保证过滤和反冲洗效果的基础上，降低滤池的高度，减小滤池的占用空间，从而节省工程造价。

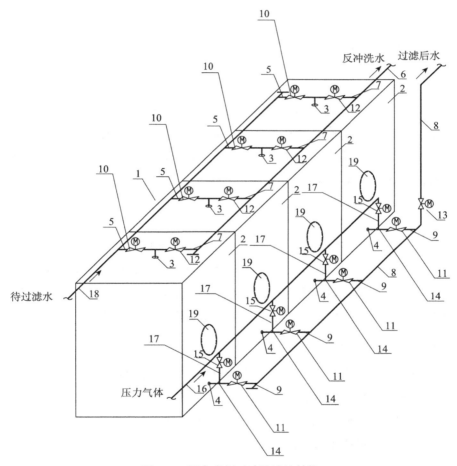

图18.2　压力式相互冲洗滤池结构

1.池体；2.滤格；3.进水口；4.第二流水口；5.进水支管；6.反冲洗出水总管；7.反冲洗出水支管；8.出水总管；9.出水支管；10.进水阀；11.出水阀；12.反冲洗排水阀；13.出水总阀；14.进气口；15.进气阀；16.进气总管；17.进气支管；18.进水总管；19.检修口

（2）在对某一滤格进行反冲洗时，先通过压缩空气进行气反冲洗，然后进行水反冲洗。由于首先通过压缩空气对滤格中的滤料层进行气反冲洗，压缩空气产生的冲击气流在上升过程中对滤层的扰动作用使截留在滤料层中的杂质从滤料颗粒上脱落，进而再通过水反冲洗，将被空气反冲洗后分离出来的物质带走，可以降低单独水反冲洗的冲洗强度和缩短冲洗时间，提高反冲洗时的效率，避免滤料层中滤料板结，同时节省反冲洗所需的水量。

（3）进行水反冲洗时，反冲洗水来自其他滤格的过滤后水。与快滤池相比，省去了快滤池进行水反冲洗时所需的冲洗水泵或高位冲洗水塔和管路系统；与重力式无阀滤池相比，也不需要上部巨大的冲洗水箱。

（4）该滤池内外部结构简单，因此检修维护工作量小，特别适合于中、小处理规模且空间狭小的场所，尤其适合煤矿井下巷道断面尺寸和工作环境，用于对煤矿矿井水进行过滤处理。

18.1.3 应用实例

1. 工程概况

山东某煤矿采用压力式相互冲洗过滤技术在井下巷道对矿井水进行了处理及就地利用。处理水量 $200m^3/h$，满足井下生产需求；原水水质：pH 为 6.5～8.5，SS $\leq$ 20mg/L，Fe $\leq$ 2mg/L；处理后的水质达到《煤矿井下消防、洒水设计规范》（GB50383—2006）水质的要求，外观清澈透明，无悬浮物。

2. 工艺流程

矿井水通过引导进入采空区，在采空区沉淀、截留和吸附等作用下，大部分的悬浮物和胶体物质得以去除。采空区出水自流进入曝气氧化池，氧化池出水经提升泵加压后进入压力式气水相互冲洗滤池，滤池出水进入清水池，最后由变频供水系统通过管网供给井下各生产用水点。在氧化池内通入空气将铁氧化，氧化后的絮状物在氧化池和滤池中去除。

3. 处理效果及经济效益

该矿井水井下直接处理利用工程自投产运行以来，运行稳定可靠，取得良好效果。进出水水质如表 18.2 所示。处理前原水浊度为 15～20NTU，铁为 1.46～1.97mg/L，锰为 0.14～0.32mg/L；处理后出水浊度为 0.3～0.8NTU，铁为 0.02～0.13mg/L，锰为 0.02～0.04mg/L，均远远优于目标值。

表18.2 实际运行中进出水水质

指标	进水	出水	目标值
浊度／NTU	15～20	0.3～0.8	＜3
铁／(mg/L)	1.46～1.97	0.02～0.13	＜0.3
锰／(mg/L)	0.14～0.32	0.02～0.04	＜0.1

18.2 多级过滤耦合膜处理技术

18.2.1 技术原理

井下综采工作面的配制乳化液等用水量较小，但其对水质要求较高，尤其是对水中硬度、硫酸盐与氯化物要求较高。根据目前国内相关标准要求，水质要达到《煤矿企业矿山支护标准—液压支架（柱）用乳化油、浓缩物及其高含水液压液》MT76 中的有关要求，硫酸根＜400mg/L，氯离子≤200mg/L。而我国煤矿多处于北方地区，大部分煤矿的矿井水都属于高矿化度、高硬度矿井水，即使经过去悬浮物的净化处理也无法满足井下综采工作面用水水质要求。需要进行深度处理，降低水中溶解性盐类的含量后才能利用。

杭州研究院开发的以多级过滤耦合膜处理技术为核心的井下乳化液用水处理装置。在乳化液配制用水前端对原水进行深度处理，降低其中的悬浮物、胶体、硬度和溶解性总固体等，使出水满足乳化液配制用水水质要求，解决了煤矿矿井水用于井下生产过程中出现的设备腐蚀、结垢和堵塞等问题。

结合煤矿井下的工作条件，井下乳化液配制用水处理装置采用以叠片过滤、介质过滤、软化除硬和反渗透脱盐相结合的工艺方法。反渗透技术作为本装置的核心工艺，对进水有较高的要求，其中胶体污染和难溶盐结垢是影响反渗透系统稳定运行的关键性因素。为此，本装置设计采用叠片过滤与介质过滤相结合的工艺，降低原水中的悬浮物和胶体物质，预防胶体污染。在常规反渗透处理过程中通常采用阻垢剂来防止原水中 Ca^{2+}、Mg^{2+} 等离子所致的难溶性盐类结垢，但在煤矿井下特殊环境中，投加阻垢剂面临计量、控制等较多困难，若能在反渗透之前去除原水中的 Ca^{2+}、Mg^{2+} 等离子，就可以省去阻垢剂投加系统。本装置采用全自动离子交换器，充填钠型强酸性阳离子交换树脂，无须动力消耗即可去掉原水中 Ca^{2+}、Mg^{2+} 等离子，从而降低原水在反渗透处理过程中结垢的可能性，离子交换树脂采用饱和工业食盐水再生，对井下环境不会造成酸碱污染。

多级过滤耦合膜处理技术主要适用条件如下。

（1）适合煤矿井下工作面供水压力，根据深度不同，一般为 2.0～6.0MPa。

（2）适合井下的原水水质要求：pH 为 6.5～8.5，悬浮物≤30mg/L，硫酸根≤3500mg/L，氯离子≤3500mg/L。

（3）适合处理水量为 3～20m³/h。

（4）出水水质为 pH 为：6.5～8.5，硫酸根≤400mg/L，氯离子≤200mg/L。

（5）安装方式有移动安装和固定安装两种。

18.2.2 技术内容

1. 工艺流程

井下乳化液配制用水处理装置的工艺流程如图 18.3 所示。

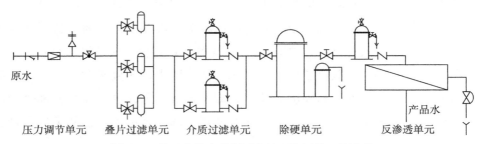

图18.3 井下乳化液配制用水处理装置的工艺流程

原水首先经过管道过滤器去除铁锈、煤渣等较大的颗粒物，之后通过压力调节单元设置的减压阀将原水压力降低到 1.0～2.5MPa 后进入叠片过滤单元。减压压力根据水质情况计算反渗透所需压力，并叠加各个处理单元损失压力及富余压力确定。叠片过滤单元通常包括 3 台并联运行的 20μm 精度叠片过滤器及相应的液压三通阀。工作时，待过滤矿井水分别经过液压三通阀的进出水口进入 3 台叠片过滤器，随着滤出杂质的增多，叠片过滤器前后压差不断升高，当达到 0.05MPa 时，通过控制阀，切断某台液压三通阀进水与出水通道，打开出水与排放通道。由于系统内维持 1.0MPa 以上的压力，当排放通道打开时，另外两台叠片过滤器的滤过水便在压力作用下反向流过叠片过滤器，并携带滤出杂质通过液压三通阀的排放通道排出，实现反冲洗。

2. 技术特征

（1）根据井下供水管网的原水水质特点，设计叠片过滤与介质过滤结合的预处理工艺，去除水中的悬浮颗粒物及胶体物质，保证除硬单元及反渗透单元的长期稳定运行。

（2）经过叠片过滤和介质过滤的工作面给水可以达到浊度小于 1NTU，满足离子交换除硬和反渗透的进水要求。

（3）除硬单元采用全自动离子交换器，填充 C100E 强酸阳离子交换树脂，用饱和工业食盐水再生。全自动离子交换器采用水力自动控制软化、再生、冲洗流程，无须电力设备及人工干预。经过离子交换去除绝大部分 Ca^{2+}、Mg^{2+} 离子后，进入反渗透系统进一步降低 SO_4^{2-}、Cl^- 等盐类的含量，使出水满足乳化液配制用水的有关要求。各个处理单元进出水水质控制指标见表 18.3。

（4）通过全自动离子交换器降低水中的 Ca^{2+}、Mg^{2+} 离子，有效防止了反渗透过程中的结垢，并且避免了投加阻垢剂对井下环境的影响，以及具有"MA"认证的计量、控制系统

表18.3 各处理单元进出水水质控制指标

项目	系统进水	叠片过滤出水	介质过滤出水	除硬出水	反渗透出水
pH	—	—	—	6~9	6~9
SS/(mg/L)	<50	<10	—	—	—
浊度/(NTU)	—	—	<1	<1	—
Ca^{2+}/(mg/L)	<500	—	—	<5	—
Mg^{2+}/(mg/L)	<500	—	—	<5	—
SO_4^{2-}/(mg/L)	—	—	—	—	≤400
Cl^-/(mg/L)	—	—	—	—	≤200
LSI	—	—	—	<0	—

注：LSI为朗格里尔饱和指数。

的设计、选用等难题，降低了整套设备的安全风险及运行操作难度。

（5）整套处理装置利用井下供水压力作为动力，没有任何用电设备，整体安全可靠，操作简便，运行稳定。

18.2.3 应用实例

山东某煤矿采用经过净化处理后的矿井水作为井下用水，由于矿井水中的离子指标超标，影响了井下综采工作面的乳化液正常工作，采用井下乳化液配制用水处理装置后解决了乳化液配制用水的水质问题。

1. 设备概况

井下乳化液配制用水处理装置的整体结构紧凑，经过优化集成，全部设备置于不锈钢壳体内。出水量6t/h的设备，外形尺寸（长×宽×高）不大于3800mm×1300mm×1630mm，可以满足大部分井下巷道运输、用水要求；结构强度满足相关煤矿安全规程要求。全部的结构部件及绝大部分工艺部件采用不锈钢材质，满足防腐及井下安全要求；极少数工艺部件采用满足煤矿安全生产要求的非金属材料。

2. 处理水量和出水水质

该矿工作面乳化液配制用水的最大瞬时用水量为400L/min，持续时间小于20min，井下乳化液配制用水处理装置设计处理能力为5m³/h，另外配备容积为3m³的缓冲水箱。

原水及处理后的水质分析结果见表18.4。进水属于高硫酸盐硬度的高矿化度矿井水，SO_4^{2-}、Cl^-等指标均未达到乳化液配制用水水质要求，经井下乳化液配制用水处理装置处理后，出水水质各项指标均优于上述标准要求，满足了井下工作面配制乳化液及液压支架、电液阀等的工作要求。

表18.4 原水及处理后的水质分析结果

检测项目	进水水质	出水水质	标准要求
外观	浑浊	清澈透明	无色，无异味，无悬浮物和机械杂质
pH	8.2	7.4	6～9
K^+/（mg/L）	10.1	0.9	—
Na^+/（mg/L）	202	21.3	—
Ca^{2+}/（mg/L）	123	5.5	—
Mg^{2+}/（mg/L）	51.0	2.3	—
HCO_3^-/（mg/L）	307	15.5	—
SO_4^{2-}/（mg/L）	595	35.8	≤400
Cl^-/（mg/L）	310	23.9	≤200
TDS/（mg/L）	1842	135.2	—
浊度/NTU	25	0.12	—

3. 应用效果

井下工作面乳化液配制用水处理装置投入运行3年多，运行稳定可靠，出水水质优良，工作面液压泵站、支架、电液阀等设备结垢、堵塞情况明显减少，维护工作量显著下降。

（本章主要执笔人：肖艳，杨建超）

第19章 矿区生活污水处理技术

针对矿区生活污水不同水质要求，杭州研究院开发了化学氧化吸附技术和同步生物氧化技术。化学氧化吸附技术主要适用于煤矿区生活污水深度处理厂，将生活污水深度处理回用于电厂循环冷却水和锅炉用水。该技术已在大屯煤电公司及兖矿集团推广应用。同步生物氧化技术是针对矿区氨氮超标开发的一种同步去除水中有机物、氨氮和悬浮物的生活污水处理工艺，既适用于矿区二级生活污水处理厂，也适用于污水处理厂的提标改造，已在我国淮南矿业集团、淮北矿业集团、兖矿集团、冀中能源等几十个矿区推广应用，取得了良好的环境、经济及社会效益。

19.1 矿区生活污水化学氧化吸附技术

19.1.1 技术原理

化学氧化吸附技术是在生活污水二级处理出水中投加高锰酸钾氧化剂，氧化后通过强化沉淀单元，最后通过臭氧活性炭吸附单元。高锰酸钾是一种强氧化剂，在酸性条件下，氧化还原电位高达1.51V，能降解污水中难生物降解的有机物（如酚类），杀灭水中90%以上的藻类，其氧化反应生成的水合二氧化锰在水中发生脱质子反应，具有表面配位性及极大的比表面积，有很强的吸附作用，与水中颗粒物产生凝聚共沉，具有除色絮凝的作用。投加高锰酸钾可去除水中绝大部分有机物，产生的絮体通过强化沉淀单元去除，沉淀单元进水端投加助凝剂，增强混凝效果，出水区敷设斜管，从而提高液面负荷，提高处理效率。臭氧氧化活性炭过滤单元进一步吸附水中有机物和悬浮物。

矿区生活污水根据污水来源不同可分为工人村生活污水和工业广场生活污水。工人村生活污水和城市生活污水相比，BOD_5较低，可生化性差。工业广场生活污水和工人村生活污水相比，洗浴废水占比大，BOD_5较低，SS较高。工人村生活污水二级处理一般采用活性污泥法，工业广场生活污水处理一般采用生物膜法或低负荷活性污泥法，出水可满足《城镇污水处理厂污染物排放标准》（GB18918—2002）一级B或二级标准，通常出水COD_{Cr}为30～50mg/L，NH_4^+-N为8～25mg/L，SS为20～30mg/L。生活污水深度处理后作为电厂用水时，要求$COD_{Cr} \leq 10$mg/L，浊度≤10NTU，NH_4^+-N≤1mg/L，采用常规的生物法虽能进一步去除水中 COD_{Cr} 和 NH_4^+-N，但很难满足电厂用水要求。

化学氧化吸附对污水可生化性要求不高，适用于矿区工人村生活污水和工业广场生活污水的深度处理，尤其适用于对出水水质要求较高的场合，例如矿区生活污水深度处理后作为电厂循环冷却水或锅炉用水，作为井下消防洒水，作为南水北调水源，要求达到地表水环境质量标准三类。

19.1.2 技术内容

1. 工艺流程

化学氧化吸附技术深度处理矿区生活污水二级出水典型的工艺流程见图19.1。生活污水二级出水进入格栅井前投加高锰酸钾氧化剂，将水中难生物降解的有机物和氨氮去除后进入吸附池，吸附池前投加粉末活性炭，当进水 COD_{Cr} 不高时，可不投加。吸附池出水由提升泵提升至强化沉淀池，泵前投加混凝剂，通过混凝沉淀过滤后去除水中悬浮物和胶体后，出水进入氧化池，通入臭氧进一步氧化水中有机物和微生物，最后进入活性炭滤池，吸附过滤去除水中残余有机物和悬浮物。产生的清水储存在回用水池由供水泵供给用户使用。

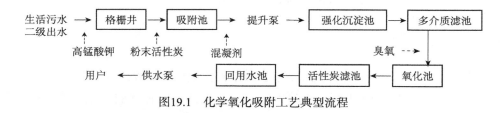

图19.1 化学氧化吸附工艺典型流程

2. 技术特征

（1）高锰酸钾可以破坏胶体颗粒表面的有机涂层，降低胶体颗粒表面负电荷和双电层排斥作用。使水中胶体颗粒易于脱稳，从而达到有利于去除有机物和浊度的目的。且高锰酸钾氧化反应的中间产物水合二氧化锰具有良好的吸附性能，结合活性炭吸附，不仅能够去除污水中难生物降解的有机物，还具有脱色除臭的作用，能彻底杀灭藻类微生物，避免藻类的生长。

（2）强化沉淀过滤可去除水中悬浮物、胶体及微生物絮体，投加混凝剂增加微生物絮体之间的凝聚性，是强化沉淀过滤单元的关键环节。混凝剂确保了较好的混凝效果，强化了沉淀效果。强化沉淀单元中设加速沉淀装置，提高了处理效率。

（3）臭氧活性炭组合先采用臭氧氧化后进行活性炭吸附，能有效地去除残存的大分子有机物。在活性炭前投加臭氧后，一方面可使水中大分子转化为小分子，改变其分子结构形态，提供了有机物进入较小孔隙的可能性；另一方面可使大孔内的炭表面的有机物得到氧化分解，减轻了活性炭的负担，延长活性炭的使用寿命，使活性炭可以充分吸附未被氧化的有机物，从而达到深度净化的目的。

（4）化学药剂氧化结合活性炭吸附较常规生物法去除COD_{Cr}的效率高，可保证出水$COD_{Cr}<10mg/L$，结合强化沉淀过滤可确保出水浊度小于10NTU，满足电厂循环冷却水和锅炉用水要求。

（5）化学氧化吸附靠调节加药量来确保处理效果，系统耐冲击负荷强，稳定性高。

（6）工程实践证明，吨水处理成本低于0.7元，比膜法处理成本低。

19.1.3 应用实例

1. 工程概况

大屯煤电公司中心区污水处理厂二级处理工艺采用氧化沟工艺，主要处理煤电公司居住区及办公楼排污水。矸石热电厂用水量较大，地区缺水严重，将中心区污水处理后作为电厂用水，不仅解决了电厂缺水问题，而且减少了污染物的排放。污水处理厂二级出水COD_{Cr}、NH_3-N、SS及细菌学指标，均与电厂用水指标差距较大，且必须保证100%供水水质的安全，对水质的要求高。

工程设计水量10000m³/d，设计水质如表19.1所示。

表19.1 大屯煤电公司污水处理厂水质指标

指标	COD_{Cr} /(mg/L)	BOD_5 /(mg/L)	SS /(mg/L)	浊度 /NTU	pH	备注
二级出水	60	20	70	—	7.74	
深度出水水质	≤10	≤10	≤5	10	6～9	（GB18918—2002）一级A

2. 工艺流程

根据二级出水水质和目标水质要求，设计采用化学氧化吸附工艺。工艺流程见图19.2。

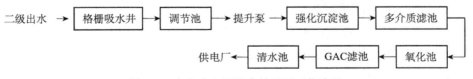

图19.2 大屯中心区污水处理厂工艺流程

其中，调节池用于调节水量、水质，并根据需要在调节池（吸附池）内投加粉状活性炭，以去除部分有机物；强化沉淀池集混合、絮凝、沉淀于一体，在反应过程中有部分污泥回流，使水中颗粒物质的浓度提高，在其清水区安装生活污水深度处理专用KOP加速沉淀装置，有利于悬浮物质和絮体间的相互碰撞，增大絮体的粒度，加快絮凝体的沉降速率，提高混凝、沉淀处理效果；多介质滤池主要去除水中悬浮物和胶体，能够实现水力自动反冲洗；氧化池内投加臭氧，去除水中部分残留有机物；颗粒活性炭 GAC 滤池，吸附过滤去除水中残余的有机物及悬浮物。

3. 处理效果及经济效益

进、出水水质检测如表 19.2 所示。

表19.2 实际运行水质分析

项目指标	COD_{Cr}/（mg/L）	BOD_5/（mg/L）	SS/（mg/L）	浊度/NTU	pH
实际进水水质	60	20	70	—	7.74
设计出水指标	≤10	≤10	≤5	10	6～9
实际出水水质	8	5	3	5	7.6

采用化学氧化吸附工艺深度处理矿区生活污水，出水水质清澈，效果稳定。从表 19.2 可以看出，出水 COD_{Cr} 能够满足《地表水环境质量标准》中三类的要求，浊度小于 10NTU，自 2003 年稳定运行至今，吨水运行成本为 0.61 元。

19.2 矿区生活污水同步生物氧化处理技术

同步生物氧化技术是针对煤矿区生活污水氨氮不达标研发的。该技术在一个单元内通过硝化/反硝化同步实现氧化有机物、去除氨氮。适用于矿区生活污水二级处理和深度处理对出水氨氮要求较高的场合。具有流程简单、投资省、占地面积少、易于维护管理等特点。

19.2.1 技术原理

同步生物氧化（SBOT）技术是一种新型脱氮技术，其原理见图 19.3。它是在低溶解氧（1.0～2.0mg/L）、适宜的 pH（7.3～8.3）条件下，抑制硝化菌生长，富集亚硝化菌，实现亚硝酸盐氮的积累，而亚硝酸氮又以氨氮或有机基质作为电子供体直接转化为氮气，实现短程硝化反硝化，同步去除水中有机物、氨氮及 SS。

该技术适用于以下条件：

（1）适用于各种水量的煤矿生活污水处理厂，其水量从每天几百立方米到上万立方米。每天水量几百立方米的可采用钢制集装箱式处理装置，灵活方便。

（2）适用水质范围广，不仅适用于高浓度的煤矿工人村生活污水处理，也适用于低浓度的煤矿工业广场生活污水处理。

（3）对污水有机物浓度的变化适应范围宽，当有机物浓度低于 100mg/L，采用其他活性污泥法或生物膜法效果较差时，采用 SBOT 工艺技术能取得良好的处理效果。

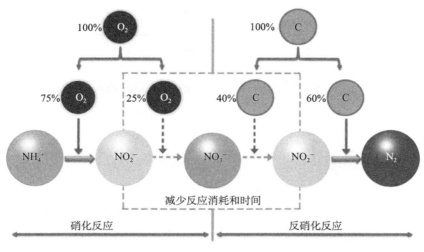

图19.3 脱氮原理示意图

（4）适用于煤矿生活污水二级处理，去除水中 COD_{Cr}、氨氮和 SS；同时也适用于煤矿生活污水提标改造，去除水中氨氮。

（5）水力停留时间短，占地面积小，适用于土地资源紧张的新建、改扩建或提标改造工程。

19.2.2 技术内容

1. 工艺流程

利用 SBOT 工艺技术处理生活污水原水时，其工艺流程见图 19.4。SBOT 生活污水收集后进入格栅集水池，将污水中悬浮或漂浮物拦截去除，出水由提升泵提升进入初沉池，一般初沉池设在 SBOT 池前端作为 SBOT 的一个单元，去除水中密度较大的颗粒物，中间为生物氧化单元，同步去除水中 COD_{Cr}、氨氮和 SS，末端为出水消毒单元，消毒后出水达标排放。

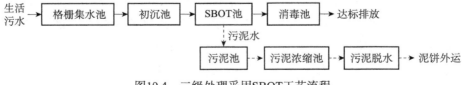

图19.4 二级处理采用SBOT工艺流程

利用 SBOT 工艺技术处理生活污水二级出水作为深度脱氮时，一般不设初沉池和格栅集水池，其工艺流程见图 19.5。

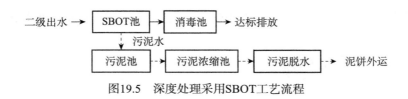

图19.5 深度处理采用SBOT工艺流程

SBOT池产生的污泥水收集至污泥池，经过污泥浓缩池浓缩后脱水处理，产生的泥饼外运利用。

2. 技术特征

（1）SBOT池内低溶解氧和适宜的pH为同步硝化/反硝化提供良好条件，易于实现短程硝化/反硝化脱氮，氨氮去除率可达95%以上。

（2）SBOT工艺采用新型填料，具有比表面积大、挂膜容易、生物膜更新快等优点。由于比表面积较大和挂膜容易，因而生物量大，可以达到10～20g/L，比普通活性污泥法高出5倍以上；而且由于生物膜更新比较快，因而微生物具有较高的活性，大大提高了处理效率和污水处理效果。

（3）处理过程中无动力提升。由于填料在水中一直呈流化状态，填料不断地与气泡进行接触并不断切割，因而其充氧效率高，动力效率在$3kg/(kW·h)$以上，相比于其他污水处理工艺，可提高30%，节省曝气能耗。

（4）填料在池中一直处于流化状态，空气搅动使整个反应池内污水和填料充分接触，生物膜和水流之间产生较大的相对流速，加快了细菌表面的介质更新，增强了传质效果，加快了生物代谢速度。生长的生物链长，污泥量少。

（5）生化池水力停留时间短，运行过程中无须污泥回流，与常规生活污水处理工艺相比，可省去二沉池和过滤装置，流程简单，投资省，占地面积少，易于维护管理。

（6）SBOT技术还可应用于小型厢式污水处理装置，水量为20～50m^3/h，具有工程实施快、安装位置灵活、运行管理方便等特点。

19.2.3 应用实例

该技术已在淮南矿业集团新庄孜煤矿、泊江海子矿、丁集煤矿、顾北煤矿，淮北矿业集团童亭煤矿、海孜煤矿、临涣煤矿、桃源煤矿，兖矿集团东滩煤矿、济三煤矿，冀中能源邢台、邢东煤矿，大屯能源徐庄煤矿、中心区污水处理厂等推广应用。下面以童亭煤矿为例，介绍SBOT工艺技术在煤矿生活污水处理中的应用。

1. 工程概况

童亭煤矿工业广场生活污水仅包括煤矿单身宿舍的生活排水、煤矿办公洗排水、食堂洗涤水、澡堂洗浴水等，其中洗浴废水占比最大。污水有机物浓度较低，设计前污水未经处理直接外排,被地方环保部门约谈,要求必须处理达到《城镇污水处理厂污染物排放标准》一级 B 后才能外排。设计规模为 1500m³/d,设计水质见表 19.3。

表19.3 童亭煤矿生活污水水质指标

项目指标	COD_{Cr}/(mg/L)	BOD_5/(mg/L)	SS/(mg/L)	NH_4^+-N/(mg/L)	备注
原水水质	100～200	60～120	80～150	15～25	
设计出水水质	≤60	≤20	≤20	8(15)	(GB18918—2002)一级 B

2. 工艺流程

生活污水排放后自流进入站内格栅井,格栅井中大的悬浮物和漂浮物得以去除,格栅井出水自流进入调节池,以缓冲不均匀排水,调节池出水由提升泵提升进入初沉池,密度较大的颗粒在初沉池中沉降下来,初沉池出水进入 SBOT 池,SBOT 池中有机物好氧分解,脱落的生物膜及污泥随污水一起进入沉淀池,在沉淀池中沉淀,出水达标排放。工艺流程见图 19.6。

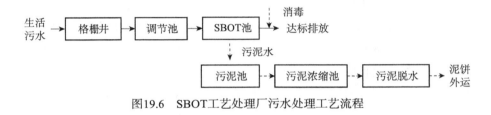

图19.6 SBOT工艺处理厂污水处理工艺流程

3. 处理效果及经济效益

工程自 2010 年运行以来,运行效果良好,吨水运行成本为 0.36 元。出水水质检测见表 19.4。

表19.4 实际运行水质分析

项目指标	COD_{Cr}/(mg/L)	BOD_5/(mg/L)	SS/(mg/L)	NH_4^+-N/(mg/L)
实际进水水质	158	92	85	22
设计出水指标	≤60	≤20	≤20	8(15)
实际出水水质	26	5	10	0.8

SBOT 工艺解决了煤矿区生活污水氨氮不达标问题,以简单、高效的优势逐渐取代传统煤矿生活污水脱氮工艺,目前已在国内十几个矿区推广应用。

(本章主要执笔人:肖艳,吴雪茜)

第20章 煤化工废水处理技术

煤化工废水来源于煤炼焦、制气、化工产品精制以及回收等过程,主要包括焦化废水、热解废水、液化废水和气化废水。煤化工废水成分复杂,毒性大,氨氮、有机物和悬浮物浓度高,部分有机污染物很难降解,可生化性差,是一种典型的高浓度、有毒有害、难生物降解的工业废水。由于原煤组成和生产工艺条件的不同,废水中污染物含量和种类不尽相同,污染物浓度高,因而无法采用单一工艺进行有效处理。针对煤化工废水水质特性,国内外在处理工艺路线选择上重点考虑难降解有机污染物、酚、氨氮等污染物的去除。一般采用物化处理与生物处理相结合的强化处理工艺,主要由预处理、生物处理和深度处理三个阶段组成。煤化工废水中高浓度酚、氨及油类物质的存在都会对后续生化处理产生不利影响。在预处理阶段,油类物质一般可以通过气浮法或隔油池得到有效去除,而酚、氨的去除一直是鲁奇气化废水预处理技术的研究重点,氨的预处理一般采用蒸氨法,常用的脱酚技术主要是溶剂萃取脱酚。经过预处理后的煤化工废水主要污染物为氨氮和COD,进入后续的生化处理步骤,应用较多的工艺包括SBR、A/O和A^2/O,难降解有机物的存在会对生化处理效果产生不利影响。煤化工废水经过预处理及生物处理后,氨氮及大部分有机物得到有效去除,但废水中仍含有一定的难降解有机物、悬浮物,总溶解固体含量高,需要通过深度处理才能达到排放和回用要求。在国内已应用的深度处理技术有高级氧化法、吸附法、混凝沉淀法及膜分离技术。

20.1 生物强化脱氮技术

煤气化废水、焦化废水经过物化预处理后,需要通过生物处理技术进一步去除氨氮及有机污染物。虽然SBR、A/O、A^2/O等常规生化处理工艺对煤化工废水具有一定的处理效果,但都是采用传统的脱氮工艺将硝化和反硝化限制在不同的空间或时间上进行,在构筑物设置及运行管理上存在诸多问题。本节介绍杭州研究院开发的生物强化脱氮技术采用一体化生物处理装置,通过同步硝化反硝化作用来高效脱除氨氮。

20.1.1 技术原理

生物强化脱氮工艺采用一体化生物处理装置及同步硝化反硝化技术,通过对环境因素的协同控制，在同一反应器中实现氨氮、总氮、有机物的深度去除。所用载体为网状合成高分子立方体，一定孔径范围内的微孔共同构成载体的多孔结构，微生物培养成熟后会在载体表面形成一层稳定的生物膜，适量曝气并不会使溶解氧完全深入到载体内部的所有微孔，而是在载体内部的一定范围内形成缺氧环境，使同步硝化反硝化成为可能。反硝化菌为异养兼性厌氧菌，在生物强化脱氮反应器中，池底均匀分布的微孔曝气管使反应器中的溶解氧分布均匀，给好氧的硝化细菌创造了一个相对稳定的生长环境，同时也强化了微生物对有机物的降解能力。由于氧气扩散的限制，载体由外向内形成溶解氧浓度梯度，载体内部形成缺氧的微环境。好氧的亚硝化菌和硝化菌，以及厌氧的反硝化菌都能在载体上的不同区域良好生存，硝化与反硝化反应能够同步进行，从而保证了 NH_4^+-N 的高效去除。一般活性污泥法实现反硝化反应要求溶解氧不大于 0.5mg/L，而硝化细菌为好氧菌，这一溶解氧范围无法满足硝化反应对好氧环境的需要，所以活性污泥法难以通过同步硝化反硝化实现高效脱氮，而生物强化脱氮工艺能够利用载体的特殊结构同时为硝化细菌及反硝化细菌提供适宜的氧环境，通过同步硝化反硝化反应达到理想的脱氮效果。

高氨氮废水去除 NH_4^+-N 的过程中会消耗大量碱度，同时导致 pH 的持续下降。如采用常规脱氮工艺，硝化反应与反硝化反应被控制为两个相对独立的过程，原水中的碱度不足会导致硝化细菌无法正常进行同化作用而影响硝化反应的继续进行。但是如果通过同步硝化反硝化反应完成整个脱氮过程，反硝化反应中释放的碱度可在同一反应器中直接补充硝化反应消耗的碱度，原水中的碱度即可基本满足脱氮反应要求。

同步硝化反硝化的反应程度与溶解氧、水温、pH 及碳氮比等环境因素有密切关系，生物强化脱氮工艺通过多参数协同控制使环境因素维持在合理区间，促进了同步硝化反硝化作用的稳定进行。

20.1.2 技术内容

生物强化脱氮流程如图 20.1 所示。由 N（$N \geqslant 2$，以 $N=4$ 为例）个好氧反应单元串联而成，经过物化预处理后的煤化工废水进入生物强化脱氮装置，废水依靠高程差在装置中呈折流状态逐级流动（C1 → C4），由风机提供的空气经曝气管路向各单元进行持续供气。各单元由上至下依次设置上部水流通道、上部拦截网、生物载体、下部拦截网和靠近反应器底部的下部水流通道，下部拦截网和下部水流通道之间设置有微孔曝气管，反应器底部设置与外界相通的排泥管。载体在处理过程中呈悬浮状态，各单元底部曝气装置所产生的微气泡在上升过程中被大量高密度悬浮载体进一步切割分化，氧利用率逐渐提高，而空气压力及流速逐渐降低。在适当的曝气强度下，载体表面的硝化细菌和异养菌对溶解氧保持着较高的消耗速率，反应器中的溶解氧不足以穿透以杆菌为主体的表层生物膜进入载体内部所有孔道，因而在好氧反应器中形成局部厌氧微环境，促使反应器在碳源充足的条件下进行同步硝化反硝化。载体上脱落的老化生物膜可沉积至污泥斗，通过穿孔排泥管定期排出反应器。

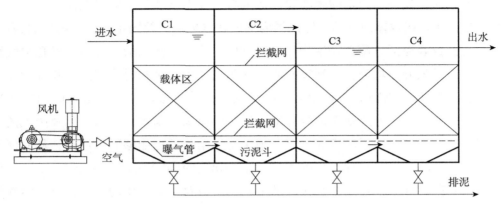

图20.1　生物强化脱氮流程示意图

生物强化脱氮工艺与常规生物处理工艺的技术特征比较见表20.1。

表20.1　生化处理工艺技术特征比较

项目	A/O	A^2/O	曝气生物滤池	SBR	生物强化脱氮工艺
脱氮能力	差	一般	好	好	好
占地面积	较大	较大	较大	大	小
容积负荷	低	较低	高	较低	高
产泥量	较大	较大	较小	较大	较小
运行特点	需污泥回流	需污泥回流	滤料易堵塞，需反冲洗	间歇运行，需滗水器	无污泥回流、无反冲洗、无二沉池
运行管理问题	污泥易膨胀	污泥膨胀	滤料易堵塞	污泥上浮	无
能耗	较低	较低	高	高	低

生物强化脱氮技术是以高效、节能、全程控制和整体优化为特色的系统化工艺，具有以下技术特征：

（1）采用一体化生物处理装置，抗冲击负荷能力强，工艺流程简单，占地面积小，能耗低，无须反冲洗，无须二次沉淀池实现泥水分离，无须滤池进一步去除悬浮物，无须污泥回流及硝化液回流，无须预处理措施，无须循环泵及滗水器，操作管理方便。

（2）以同步硝化反硝化的方式脱氮，容积负荷高、水力停留时间短，可同步去除氨氮、总氮和COD，对氨氮及有机物具备深度脱除能力。

（3）采用改性网状多孔高分子载体作为微生物附着床，使硝化细菌及反硝化细菌高度密集并保持较高的生物活性，生物浓度易控制，提高了硝化负荷和抗冲击负荷能力；在连续、适度供氧的条件下，载体表层附着好氧微生物，载体内部的微生物往往处于厌氧状态，好氧区与厌氧区在同一反应器中共存，使得同步硝化反硝化作用成为可能。

（4）传质效率高。通过空气搅动和载体的切割作用使废水和载体表面充分接触，生物膜和水流之间产生较大的相对流速，加快了细菌表面的介质更新，增强了传质效果，加快了生物代谢速度。

（5）针对煤化工废水水质特点，将具有处理难降解有机物特性的微生物固定化，对有毒有害物质的承受能力强，稳定性好。

（6）不发生污泥膨胀，污泥产生量少，固液分离简单，减轻了后续污泥处置的负担。

生物强化脱氮工艺可作为模块化技术应用于煤气化废水、焦化废水及其他高氨氮煤化工废水的二级生化处理或深度处理，适用于新建、扩建或改建工程，特别适用于占地面积小且出水氨氮要求高（NH_4^+-N < 5mg/L）的煤化工废水的处理。生物强化脱氮工艺一般需要与物化预处理工艺联用，为保证稳定的脱氮效果，进水水质需满足如下要求：$B/C > 0.2$；NH_4^+-N $\leqslant$ 600mg/L；SS $\leqslant$ 200mg/L。

20.1.3 应用实例

生物强化脱氮工艺已成功应用于兖矿国宏化工有限责任公司污水深度治理工程，设计处理规模为1000m³/d。该公司污水处理站始建于2007年，当时的处理规模为4800m³/d，主要采用SBR处理厂区综合废水。该公司采用德士古气化炉及低温甲醇洗工艺生产甲醇，气化废水占废水总量的85%~90%。另外，还有煤浆系统冲洗水、甲醇充装站冲洗水、精馏废液及生活污水。随着公司生产规模的扩大，需要将污水处理能力提升至6000m³/d。公司地处南水北调东线工程南四湖流域。2012年地方政府要求流域内所有污染源，不分行业，排放水质需达到COD $\leqslant$ 30mg/L，NH_4^+-N $\leqslant$ 5mg/L的要求。为减少污染物排放量，提高污水处理能力并达到新的排放标准，公司在原污水处理站的基础上新建了一套处理能力为1000m³/d的生物强化脱氮工艺，与原SBR工艺并联运行。该项目于2013年3月开工建设，2013年11月建成并开始试运行，2014年6月通过环保验收。

生物强化脱氮反应池平面布置如图20.2所示，为半地下式钢筋混凝土结构，由污水站原缓冲池改造而成，原缓冲池外形不变，内部增加隔墙及过水通道，尺寸（长×宽×高）为36.4m×15.4m×5.5m，有效水深为5.1m，总有效容积为2300m³，总水力停留时间为55.2h，生物强化脱氮反应器共分为24格，并联3组，每组串联8格，每格尺寸基本相同。配套设备有：高分子多孔生物载体1套，曝气系统1套，排泥系统1套，离心式风机两台，

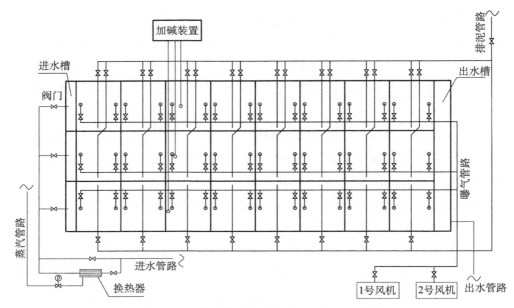

图20.2 生物强化脱氮反应池平面布置示意图

自动加碱装置1套，管壳式换热器1套。

2014年4月投入运行以来，生物强化脱氮工艺出水 NH_4^+-N < 5mg/L、COD < 30mg/L、SS < 10mg/L，NH_4^+-N 平均去除率为99.6%，出水水质达到《污水综合排放标准》（GB8978—1996）一级标准和《山东省南水北调沿线水污染物综合排放标准》（DB37/599—2006）重点保护区标准，每年可减少的 NH_4^+-N 排放量约150t，处理效果明显优于国内常规生化工艺处理水平。据应用单位测算：生物强化脱氮工艺与原SBR工艺相比，可节约占地面积38%，节约运行成本40%，节约耗电量55%。

20.2 含酚废水脱酚技术

煤在固定床气化炉中有一个升温250～350℃过程，煤的大分子端部分含氧化合物开始分解，酚便是其中的主要产物。它随煤气一起产出，经过煤气净化与煤气/水分离进入废水，其中含单元酚2900～3900mg/L，多元酚1600～3600mg/L。酚类物质抑制微生物生长，难以生化处理，因此煤气化废水属于高浓度难降解有机废水，必须先进行酚的脱除。而酚类物质可以作为工业副产品回收再利用，实现废弃物的资源化，同时还可提高煤气化废水的可生化性。

萃取技术是处理难降解有机含酚废水的主要途径。该技术是选择易于生物降解或回收的有机溶剂萃取出有机废水中的难降解酚类污染物，这不仅能够回收有价值的物质，而且使废水的生物降解性得以显著改善，降低废水处理难度。溶剂萃取脱酚法是目前处理煤化工含酚废水的主要方法，已在国内外多个厂家不同体系的含酚废水中应用，并取得较为显著的效果。萃取法主要分为物理萃取法和络合萃取法。

20.2.1 物理萃取

1. 技术原理

物理萃取脱酚就是利用酚在废水和萃取剂（与水互不相溶）中溶解度或分配系数的不同，使酚从废水内转移到萃取剂中，再经过反复多次萃取，将绝大部分的酚提取出来。其萃取步骤可概括为：将萃取剂与含酚的废水充分接触混合，溶解在水中的酚转移到萃取剂中，直到在两液相中达到平衡，分离有机相和水相，此时废水得到净化，酚类物质再从溶剂中反萃出来，实现溶剂的重复利用。

废水中的酚类化合物根据其在互不相溶的萃取剂和水两相中的溶解度不同，按照一定的分配律成比例地进行分配，最终达到分配平衡。萃取过程可以看作是被萃取物在水相和有机相中两个溶解过程中的竞争。由于酚类物质在萃取剂中的溶解度比水中大，从而把大部分废水中酚提取出来。

萃取剂的优劣可用酚类物质在两相中的分配系数表示：

$$K=y/x \quad (20.1)$$

式中，K 为酚类物质在两相中达到溶解平衡时的分配系数；y 为酚在萃取剂中的浓度，mol/L；x 为酚在水相中的浓度，mol/L。

萃取剂分配系数的大小，与萃取剂和酚类物质结构相似性、范德华作用力和氢键作用力强弱等有关。要使萃取得到满意的结果，必须选择分配系数大的萃取剂和萃取工艺。萃取剂的选择关系到萃取剂的用量、两液相的分离效果、萃取设备的大小等技术经济指标。

溶剂萃取法过程简单，溶剂循环使用，过程中不易造成二次污染。但物理溶解萃取脱酚法主要的不足是溶剂对酚类化合物专一选择性差，多元酚萃取率偏低。此外，由于一些溶剂在水中有一定的溶解度，必须从萃取后的水中回收溶剂，由此造成能耗高、耗水量大。

2. 技术内容

1）工艺流程

溶剂萃取脱酚流程一般包括三个部分：溶剂萃取、萃取相中溶剂回收和萃余相残留溶剂的回收。简易流程如图 20.3 所示。含酚废水经萃取处理后，绝大部分酚类物质转移到萃取相，萃余相（水相）经残留溶剂回收后进入到生化处理阶段，萃取相进入到溶剂回收部分进行溶剂和粗酚的分离，回收的溶剂返回萃取装置循环利用。

图 20.4 所示为溶剂萃取脱酚精馏回收溶剂流程。含酚废水与萃取塔顶出来的萃取相混合进行预萃取后，经油水分离器分层，水相进入萃取塔与高纯萃取剂进一步完成萃取。从萃取塔底部出来的萃余液中含有一定溶解性的萃取剂，为满足生化处理要求需送入溶剂汽

提塔脱除溶剂。萃取塔顶出来的萃取相对含酚废水预萃取完后进入到酚精馏塔（溶剂回收塔）进行溶剂和粗酚的分离，塔釜获得粗酚产品，塔顶获得的纯萃取剂返回溶剂储槽供萃取塔循环利用。

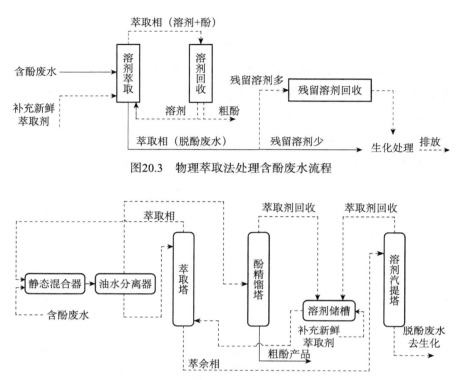

图20.3　物理萃取法处理含酚废水流程

图20.4　溶剂萃取脱酚精馏回收溶剂流程

精馏塔有以下优点：溶剂回收塔塔顶精馏回收得到的溶剂纯度高，回收的溶剂再次使用基本不影响萃取脱酚效果；塔釜获得的粗酚产品杂质少，不需要另外加酸。精馏法适用于烃类、酯类、醚类和酮类等低沸点的萃取剂。但精馏法的缺点是能耗高。

2）技术特征

开发的离心萃取脱酚工艺，其主要技术特征是，在转鼓或桨叶旋转产生剪切力的作用下，两相液体兼有膜状与滴状分散，强化混合、促进传质，提高脱酚效果。又在转鼓高速旋转产生的离心力作用下强化两相分离，显著提高分离因数，减少水相夹带造成的萃取剂损失，减少水相萃取剂回收装置投资和能耗。同时，具有萃取级数明确且灵活可调，抗水质波动能力强，萃取装置相对独立，可实现不停车清洗、检修，保证连续稳定运行等优点。

3）适用条件

萃取脱酚的效果受到很多因素的影响，要达到较好的萃取脱酚效果，应该选择合适的萃取脱酚条件。

（1）pH。在 pH 大于 8 时，随 pH 增大，酚的分配系数显著降低。由于酚类物质属于 Lewis 弱酸，只能在酸性或中性条件下稳定存在。在酸性条件下，酚以分子的形式存在，几乎不发生电离；而当水相 pH 大于 8 时，酚开始发生电离，pH 大于 9 时，萃取率会降得更低。因此应尽量在 pH 较低的条件下进行萃取。

（2）温度。温度升高，萃取剂对酚的萃取率降低，因此应综合考虑工程条件，尽量在温度较低的环境下进行萃取。

（3）相比。相比（萃取剂与废水的体积之比）增大，萃取剂对酚的萃取率提高，但萃取酚的成本将会增加。综合考虑，相比选择在 1:4～1:7 的条件下萃取较合理。

（4）萃取级数。萃取级数增大，萃取剂对酚的萃取率提高，但相应的设备及操作费用将会增加。综合考虑，萃取级数选择在 3～6 级下萃取较合理。

20.2.2 络合萃取

20 世纪 80 年代初，King 等提出了一种基于可逆络合反应的极性有机物萃取分离方法——络合萃取法。在络合萃取的工艺过程中，溶液中待分离溶质与含有络合剂的萃取溶剂相接触，络合剂与待分离溶质反应生成络合物，并使其转移至萃取相内。由于络合萃取法对于极性有机物的分离具有高效性和高选择性，因此萃取脱酚成为近年来的研究热点。

1. 技术原理

相比于物理萃取过程的"相似相容"原理，络合萃取法通过酚与萃取剂之间发生化学反应，生成的络合物转移到有机相，从而实现分离的目的。萃取过程发生解离或缔合。

相间发生的络合反应可以用简单的反应萃取平衡方程式加以描述：

$$溶质 + n 络合剂 \xrightleftharpoons{K_s} 络合物 \quad (20.2)$$

络合萃取的表观萃取平衡常数 K_s 的表达式为：

$$K_s = \frac{[络合物]}{[溶质][络合剂]^n} \quad (20.3)$$

如果式（20.2）或式（20.3）中的 n 值为 1，而且假设未参与络合反应的溶质在水相与萃取相之间的分配符合线性分配关系，则可以获得典型的平衡曲线，如图 20.5 所示。可明显看出，利用通常的萃取平衡分配系数为参数进行比较，络合萃取法在低溶质平衡浓度条件下可以提供非常高的分配系数值。当待萃取溶质浓度越高时，络合剂就越接近化学计量饱和。因此，络合萃取法可以实现极性有机物在低浓区的完全分离。

2. 技术内容

1）工艺流程

图 20.6 为煤化工分院开发的络合萃取脱酚的工艺流程图。

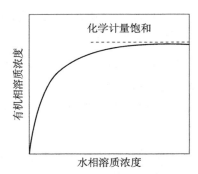

图20.5 络合萃取的典型相平衡关系

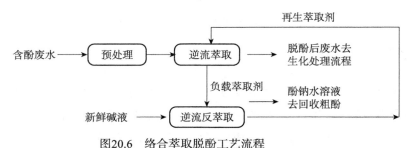

图20.6 络合萃取脱酚工艺流程

流程说明：

（1）将待处理含酚废水通过泵打入预处理工序，对废水进行调节、脱气和除油。脱除废水中的溶解气体和经过破乳、静止分层析出废水中乳化的焦油。

（2）去除油和悬浮物的清液进入萃取脱酚工序。采用煤科总院自主研发的 MK 型高效络合萃取剂，通过计量后送入高效离心萃取器中，进行多级逆流萃取脱酚，然后用碱液对含酚负载溶剂进行反萃取，脱酚后的废水进入生产工序回用或进入下一级生化处理工序。反萃取后的溶剂回到溶剂罐循环使用，反萃脱出的酚钠液体收集储存。收集到一定数量后，经统一处理提取出粗酚作为化工原料或者进行进一步的精制。由于高效离心萃取器可进行大流比的萃取与反萃取，最后效果是反萃取获得的酚钠水溶液中酚浓度浓缩到了原水中的 30～40 倍。

（3）脱酚后的废水经过脱氨工序等进一步处理，最后进入生化处理系统处理，达到排放标准。

2）技术特征

（1）离心萃取工艺。技术特点见 20.2.1 节，这里不再赘述。

（2）MK 型高效络合萃取剂。MK 型高效络合萃取剂由煤化工分院自主研发。该络合萃取剂针对废水中酚处理的特点，主要表现为高效性、高选择性及低的损失率。与物理萃取相比，MK 型高效络合萃取剂对多元酚的萃取率（90%）远高于常规萃取剂二异丙醚（萃取率 65% 左右）和甲基异丁基甲酮（萃取率 80% 左右），从而提高废水的可生化性。同时

MK 型高效络合萃取剂在水中的损失率 0.01%，远小于二异丙醚的 0.87% 和甲基异丁基甲酮的 1.7%，从而减少了因溶剂损失导致的成本增加的问题。

3）适用条件

络合萃取脱酚效果受多种因素影响，其中主要的萃取影响因素有 pH、温度、相比、萃取级数等，主要的反萃取影响因素有温度、相比、反萃取级数等。为达到最佳的处理效果，以 MK 型高效络合萃取剂为萃取剂，合适的工艺条件如下：

a. 萃取脱酚条件

（1）pH。在 pH 小于 4.5 及 pH 大于 8 两个范围内，随 pH 增大，提供给酚的分配系数将显著降低，原因是萃取剂萃取酚的过程中存在两个过程（即离子缔合过程及氢键缔合过程），当 pH 小于 4.5 时，萃取剂以离子缔合为主，pH 越低，体系提供的分配系数越大，随 pH 增大，由于 [H^+] 的减小导致分配系数降低；当 4.5＜pH＜8 时，萃取剂以氢键缔合为主，pH 对萃取分配系数影响不大；当 pH 大于 8 时，由于酚发生解离，萃取分配系数将随 pH 增大显著下降。因此应尽量在 4.5＜pH＜8 的条件下进行萃取。

（2）温度。温度升高，酚的萃取率降低，说明络合萃取脱酚的过程为放热反应，因此应尽量在温度较低的环境下进行萃取。

（3）相比。相比（萃取剂与废水的体积之比）增大，酚的萃取率提高，但萃取酚的成本将会增加。综合考虑，相比选择在 1∶3～1∶6 的环境下萃取较合理。

（4）萃取级数。萃取级数增大，酚的萃取率提高，但相应的设备及操作费用将会增加。综合考虑，萃取级数选择在 3～6 级下萃取较合理。

b. 反萃取条件

为了保证 MK 型高效络合萃取剂在工业上的循环利用，络合萃取剂在萃取后需通过碱洗方式（反萃取）实现再生，保证络合萃取在工业上的经济可行性。所以反萃取过程也相当重要。采用 10% 的 NaOH 溶液在 50℃，反萃取相比为 1∶5 时，经过 3 级反萃取，反萃取率高达 92%。

20.2.3 应用实例

以 MK 型高效络合萃取剂为萃取剂，结合上述的适用条件，煤化工分院水处理实验室对国内具有代表性的含酚废水企业的高浓度含酚废水进行了系统研究，并取得了较好的效果。

采用 MK 型高效络合萃取剂对催化裂化汽油碱渣酸化液进行了大量的络合萃取脱酚研究，得到了稳定的运行参数。在 pH 为 4、温度为 25℃、相比为 1∶5 的条件下，经过三级逆流萃取，挥发酚萃取率达到 99.5%，COD 脱除率高达 90%，处理后 COD ≤ 2500mg/L。处理后的废水达到企业回用标准后回到生产流程或者进入生化的后处理工序。萃取后的负载萃取剂经过反萃取再生循环使用，反萃取液中的酚可以直接通过酸化回收利用。该技术具有较好的运行可靠性，抗冲击负荷强；动力消耗小，便于操作控制，适合于推广使用。

对加压固定床气化废水进行了大量的络合萃取脱酚研究。在 pH 为 6，温度为 28℃，相比为 1∶5 的条件下，经过四级逆流萃取，总酚含量由 5300mg/L 降至 300mg/L 以下，总酚萃取率达到 94%，COD 由原先的 15000mg/L 降至 3000mg/L 以下。处理后的废水大大减轻了后续生化处理的负荷。萃取后的负载萃取剂经过反萃取再生循环使用，反萃取液中的酚可以直接通过酸化回收利用。该技术具有较好的运行可靠性，抗冲击负荷强；动力消耗小，便于操作控制，适合于推广使用。图 20.7 所示为 MK 型络合萃取剂多次反萃取再生重复利用的效果。

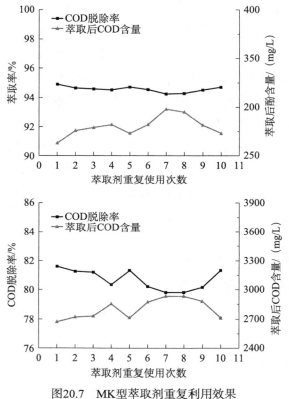

图 20.7　MK 型萃取剂重复利用效果

对煤气发生炉含酚废水也进行了络合萃取脱酚试验。在 pH 为 6、温度为 30℃、相比为 1∶5 的条件下，经过五级逆流萃取，挥发酚脱除率≥99.9%，脱酚后的废水挥发酚含量≤10mg/L，COD 去除率≥90%，处理后 COD≤3000mg/L。

利用该技术建立的中试装置见图 20.8。

图20.8 MK离心萃取脱酚中试装置

20.3 高盐废水处理技术

高盐废水蒸发结晶形成杂盐且含有有机物杂质难以再利用，堆存处置环境风险非常大。针对煤化工高盐废水有机物难以去除、蒸发结晶能耗大的问题，煤化工分院开发的高盐废水耐盐臭氧催化氧化脱除COD以及电渗析提浓工艺，解决了高盐浓度对臭氧催化剂的抑制和煤化工高盐废水浓缩倍率低等关键技术难题，具有广阔的应用前景。

20.3.1 技术原理

高盐废水中COD难以去除。煤化工分院自主开发的多相臭氧催化氧化技术，很好地解决了这一问题。多相臭氧催化氧化技术利用专用耐盐催化剂优先与臭氧发生作用生成羟基自由基（·OH），它的氧化电位达2.8V，仅次于最强的氟（3.06V），是臭氧的1.35倍，·OH非常活泼，与大多数有机物反应时速率常数为$10^6 \sim 10^9 L/(mol \cdot s)$，能够将废水中大分子有机物、长链及环状大分子等有机污染物断链、开环降解为小分子有机物以及CO_2等，从而提高COD去除率和臭氧利用效率。多相臭氧催化氧化技术特别适合于含有难降解有机物废水的处理。多相臭氧催化氧化技术原理包括以下3个方面。

（1）吸附富集：催化剂比表面积和吸附容量高，当废水与催化剂接触时，水中残余有机物快速被富集在催化剂表面，与臭氧接触快速氧化，使废水中有机杂质降解更快，去除率更高，臭氧利用率也更高。

（2）催化活性：催化剂表面密布活性物质及活性点，大幅度降低有机物断链降解反应活化能，在臭氧攻击下快速降解。另外，臭氧分子和水在催化剂活性物质表面作用下易于产生羟基自由基，从而提高臭氧的反应活性和利用率，提高COD去除率，降低系统运行成本。

（3）吸附和催化协同作用：催化剂既能高效吸附水中有机污染物，又能催化活化臭氧分子，高效产生大量具有氧化活性的自由基，同时大幅度降低有机物降解活化能，实现有机污染物的吸附和氧化剂的活化协同作用，取得更好的催化臭氧氧化效果。

由于蒸发结晶能耗很大，高盐废水在进入蒸发工艺之前宜进一步提浓。电渗析（ED）技术是指在电场力的作用下离子通过具有选择性的离子交换膜的膜分离过程。它利用离子交换膜对阴阳离子的选择透过性能，在直流电场的作用下使阴阳离子发生定向的迁移，从而达到溶液分离、提纯和浓缩的目的。相比反渗透技术（RO）、ED 技术能够选择性地分离带电离子，尤其适合于物料分离和高盐废水浓缩等领域。

20.3.2 技术内容

1. 臭氧氧化催化剂及催化氧化工艺

高盐废水多相臭氧催化氧化的核心是耐盐多相催化剂。催化剂由过渡金属活性组分（如 Mn、Fe、Cu 等）和载体（如 Al_2O_3、陶粒、活性炭等）通过高温煅烧而成。通过调控活性组分种类和表面性质使其具备耐盐性能。催化剂在高盐废水中优先与臭氧发生作用生成具有更强氧化性能的·OH，可以快速、无选择性、彻底氧化各种有机与无机污染物。

臭氧催化氧化塔是实现臭氧高级氧化反应的关键装置。目前主要采用射流器、曝气头、气液混合泵等设备，实现臭氧与废水的混合。射流器根据文丘里管原理，当水流通过管喉口时的流速提高和损失增加，产生真空度吸入臭氧，使气-水混合，射流器产生的臭氧气泡尺寸较大，不利于臭氧溶解在水中。曝气头采用具有大量微孔的粉末金属烧结材料，臭氧通过曝气头释放出大量微小气泡。通常以提高反应池或塔的高度来增加池底的水压从而提高臭氧的溶解度和延长臭氧和水的接触时间。气液混合泵利用负压吸入臭氧气体，气液在泵内加压混合，提高了臭氧的溶解度。

煤化工分院开发的臭氧催化氧化装置，弥补了现有臭氧氧化技术的不足，提供一种气水混合效率高、结构合理、使用安装方便、适用性广、耐腐蚀性强的催化氧化塔，可以大大提高臭氧的氧化效率，有效减少运行费用。该臭氧催化氧化塔主要由氧化塔壳体、专有塔内组件及专有臭氧催化剂填料组成。专有塔内组件实现了臭氧与废水的高效混合，装置的气水混合系统采用气液混合泵投加臭氧，增大了臭氧在废水中的溶解度，结合煤化工专用臭氧催化剂系列产品，保证了臭氧的高效利用率。

2. 离子交换膜及电渗析提浓工艺

电渗析提浓工艺，已有 40 余年浓缩海水制盐的应用历史，可将高盐废水深度浓缩至 200g/L，具有浓缩效率高、能耗水平低、工艺流程简单、自动化程度高等显著优点。

电渗析提浓工艺的核心是离子交换膜，膜的性能优劣直接影响电渗析过程。按其作用可分为阳离子选择透过性膜（阳膜）、阴离子选择透过性膜（阴膜）和特种离子选择透过性膜（特种膜）。按其制造工艺和膜体构造可分为异相膜、均相膜和半均相膜。用于电渗析的离子交换膜应具有如下特点：离子选择性高、渗水性极低、导电性优异、化学稳定性好、机械强度高。电渗析工艺的主要问题在于电耗高，异相膜与均相膜相比，在膜电阻、厚度、水渗透量、溶胀性能等方面差距较大。

膜堆内部的极化沉淀和阴极区的沉淀一直是电渗析装置运行的主要障碍，而1、-1价选择性均相离子交换膜的研制成功很好地解决了这个问题，使得电渗析提浓工艺具有更广阔的应用前景。1、-1价选择性离子膜是在朝向脱盐隔室的阳膜面和阴膜面分别涂着与膜固定基团相反电荷的高分子材料，形成对多价反离子较强的静电排斥作用，以阻止多价离子通过膜而具有一价离子选择性的功能。其作用原理如图20.9所示。

煤化工分院开发的电渗析提浓工艺，采用1、-1价选择性离子交换膜，在高盐废水提浓的同时实现NaCl和Na_2SO_4有效分离，减小后续蒸发结晶分盐的负荷，从而获得高纯度的NaCl和Na_2SO_4盐产品。

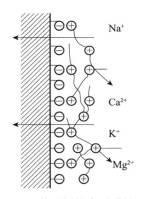

图20.9　1、-1价选择性离子膜的迁徙原理

20.3.3　应用实例

高盐废水臭氧催化氧化工艺在宁夏某煤化工企业进行了中试。该企业采用中高压膜法对废水进行浓缩减量化，系统回收约90%的水量，用作循环水或一级脱盐水补充水，同时产生10%体积的高盐废水（TDS约20～50g/L，COD>400mg/L），水质特征见表20.2。

表20.2　宁夏某煤化工企业浓盐水基本水质特征

项目	COD/（mg/L）	TDS/（mg/L）	电导率/（ms/cm）	pH	Cl^-/（mg/L）	Ca^{2+}/（mg/L）
浓度	260～430	28500	30.9	6.9～8.0	4620～9430	628～800

废水先经过软化除硬和混凝工艺预处理后，进入催化氧化塔处理。软化混凝现场中试结果见表20.3，高盐废水经软化除硬和混凝工艺后达到后续工艺的入水要求。

表20.3 软化混凝现场中试结果

项目	原水/(mg/L)	软化混凝出水/(mg/L)	去除率/%
Ca^{2+}	410.8	65	84.2
COD	380～435	335～360	10～20

臭氧催化氧化工艺过程如下：废水经过保安过滤器进入溶气泵，与臭氧在溶气泵中混合均匀后从下端进入催化氧化塔，从上端出水。催化塔体积约280L，催化剂填充量为180L，O_3流量为1L/min。采用循环运行模式，废水循环通过催化反应塔，循环流速为240L/h，当循环次数大于6次时，COD去除率大于50%，达到了工艺处理的要求。

（本章主要执笔人：郑彭生，段峰，高明龙，杜松）

第21章 煤矿水处理自动控制技术

煤矿水处理的控制系统除具有一般控制系统所具有的共同特征（如有模拟量和数字量，有顺序控制和实时控制，有开环控制和闭环控制）外，还有不同于一般控制系统的个性特征（如最终控制对象是 SS、COD、pH 和浊度）。为使这些参数达标，必须对众多设备的运行状态、加药量、排泥量以及各段工艺的运行逻辑等进行综合调整和控制。

本章将介绍由杭州研究院开发的矿井水净化处理工艺过程中混凝剂投加的自动控制技术、矿井水净化处理工艺过程中反应沉淀池（或澄清池）排泥的自动控制技术、煤矿水处理工艺过程监控技术和煤矿水处理系统远程网络监控技术等。

21.1 自动加药技术

21.1.1 技术原理

煤矿矿井水净化处理过程中，混凝剂投加量的多少直接影响到矿井水的处理成本及出水水质，是矿井水净化处理工艺过程的关键环节。在水处理工艺过程中，药剂投加系统常用的技术有：转子流量计投加控制技术、计量泵投加控制技术、单因子流动电流投加控制技术等。在矿井水净化处理工艺过程中，采用转子流量计或计量泵控制药剂的投加量，当处理水量和水质变化时，药剂的投加量不能及时改变，从而影响矿井水净化处理的效果；采用单因子流动电流药剂投加控制系统，由于矿井水中含有一定数量的油类，使单因子流动电流传感器产生较大的误差，从而阻碍了该技术在矿井水净化处理中的应用。矿井水净化处理自动加药装置，是一套非常适合矿井水净化处理的药剂自动投加装置。

通过模拟试验得出矿井水中的悬浮物和浊度之间、矿井水中的悬浮物和加药量之间存在相关性，在试验的基础上得出相关的工艺技术参数，并建立数学模型（矿井水的浊度和加药量之间的相关性），最终将数学模型转化为控制程序，将控制程序写入 PLC 系统的存储单元中，通过采样、在线传感器、变送器、PLC 系统、变频器、计量泵等获取来自工艺过程中的工艺参数，同时控制加药计量泵来实现自动加药的控制。矿井水净化处理自动加药系统技术原理如图 21.1 所示。

ADSDM 混凝剂自动投加控制技术是在进行矿井水净化处理模拟试验和建立数学模型的基础上，通过在线传感器、变送器、PLC、上位机和计量泵来实现。具体步骤和方法为：

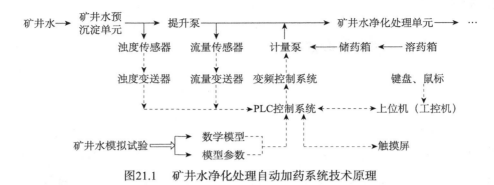

图21.1 矿井水净化处理自动加药系统技术原理

（1）煤矿矿井水中主要含有以煤屑、岩粉为主的悬浮物，色黑，不同的煤矿、不同的煤种、不同的开采方式、不同的地质条件，矿井水中的悬浮物的种类、粒径各不相同。对某一特定煤矿的矿井水水质，不同的悬浮物含量，混凝沉淀所需的混凝剂投加量不同。由于测定悬浮物比较麻烦，可采用测定矿井水浊度的方法来代替。通常矿井水中的浊度和悬浮物含量存在正相关关系。对某一特定的矿井水水质，矿井水模拟试验主要确定不同浊度条件下，混凝剂的最佳投加量。

（2）对某一特定矿井水水质根据试验结果建立数学模型，该模型为不同浊度对应的最佳混凝剂投加量表格模型。

（3）对表格模型进行编程，并输入 PLC 和上位机，在表格模型中浊度中间值对应的最佳混凝剂投加量采用插值法实现。

（4）在提升泵前（混凝剂投加点前）取矿井水水质数据，通过浊度传感器在线检测矿井水中的浊度；在提升泵后通过流量传感器在线检测矿井水处理水量，再通过浊度和流量变送器将信号传输至 PLC。

（5）PLC 根据浊度值、流量值、表格模型中对应的数值计算后得出的频率输送给变频器，由变频器控制计量泵，实现矿井水净化处理混凝剂量的自动投加。上位机可以实时修改 PLC 中表格模型中各参数值。

21.1.2 技术内容

1. 系统结构

自动加药系统由以下单元组成：溶药箱（带搅拌机）、储药箱、计量泵、转药泵、液位计、浊度传感器、浊度变送器、流量传感器、流量变送器、电控柜、PLC 系统、触摸屏、工控机、鼠标键盘等。矿井水净化处理自动加药系统结构如图 21.2 所示。

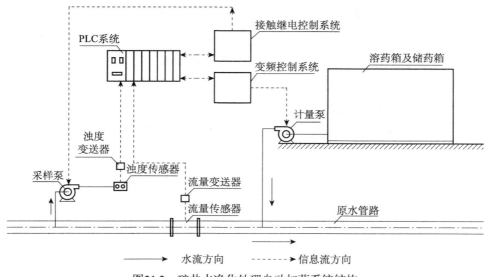

图21.2 矿井水净化处理自动加药系统结构

自动加药系统的具体运行过程为：将采样泵及其管路设置于原水管道上，用于将原水采样到浊度传感器中，再通过浊度变送器对水样进行分析，并将浊度信息发送到PLC系统；流量传感器设置原水管道上，采集原水的流量信息，传送到流量变送器并经变送后传至PLC系统；PLC系统根据得到的流量信息判断水处理系统是否在运行，若运行，则发送指令到接触继电控制系统开启采样泵，浊度仪同时对水样进行浊度分析，得出浊度信息，并传送到PLC系统；PLC系统根据流量和浊度信息以及实验所得的数学模型，计算出系统的实时加药量，并发出控制指令到变频控制系统，开启加药计量泵，通过安装于原水管路上的加药管路对水处理系统进行加药，并实时的根据采样信息自动调节加药量。

2. 系统功能

（1）实现矿井水净化处理的水质和水量参数自动采集。
（2）实现矿井水净化处理过程中混凝剂的自动投加，投加量根据水质和水量自动调节。
（3）实现准确投加混凝剂，稳定性好，适应性强。
（4）实现工人劳动强度降低，运行成本降低。
（5）实现出水水质有保证，水处理系统运行在最佳状态。

21.1.3 应用实例

山东某煤矿矿井水处理厂，矿井水处理量为10000m^3/d，主体工艺采用钢筋混凝土结构的混凝反应澄清池。其工艺流程为矿井水自井下提升进入地面的预沉调节池，预沉调节池进行水质和水量的调节，并将沉降速度较大的悬浮物去除，矿井水再由提升泵加压提升到混凝反应澄清池，其出水自流进入滤池，过滤后的清水自流进入清水池。在该工艺过程中，需要在提升泵前的吸水管路中投加混凝剂，利用泵叶轮的高速旋转进行混合，其加药量的多少就是工艺过程中的关键环节,通过对该矿的矿井水进行水质分析和药剂投加量试验,可以得出其加药量的表格模型,其药剂的投加量为 30～70mg/L。因此,采用矿井水净化处理自动加药技术,通过检测矿井水的进水浊度和进水流量,并利用试验得出的表格模型,就可以计算出药剂的实时投加量,再通过变频控制系统控制计量泵的转速,进而控制药剂的投加量,实现药剂的自动投加。

使用该自动加药装置后,实现了矿井水净化处理过程水处理药剂的自动投加,不需要人工调节和干预,不但保证了系统的出水水质,而且提高了整个水处理系统的自动化水平。

21.2 自动排泥技术

21.2.1 技术原理

矿井水净化处理过程中污泥主要在反应沉淀池(或澄清池)中产生,矿井水中悬浮物含量变化比较大,使得加药后的混凝反应、沉淀(或澄清)后形成的污泥量变化也比较大。如果不及时排泥,会造成在反应沉淀池(或澄清池)已沉淀的絮体(矾花)重新被出水水流带走的现象,从而影响出水水质;如果排泥过于频繁,则会造成排泥的污泥浓度较低,排泥量较大,从而增大矿井水净化处理系统的自用水率,增大污泥压滤处理单元负荷。在现有矿井水净化处理过程中,反应沉淀池(或澄清池)的排泥采用的方法有人工手动排泥和定时自动排泥等。人工手动排泥存在排泥次数和时间随意性比较大,易产生出水水质变差,影响处理效果等问题;定时排泥不能根据矿井水中悬浮物含量的变化及时增加或减少排泥量来保证处理后的水质。矿井水净化处理自动排泥装置适用于矿井水净化处理系统反应沉淀池(澄清池)的自动排泥。

针对悬浮物与浊度存在正相关关系,且矿井水的浊度比悬浮物容易实现在线检测,对某一特定煤矿的矿井水,通过模拟试验的方法确定不同浊度数值和悬浮物数值之间的对应关系,两个浊度之间的悬浮物可采用插入法计算求得,再根据水处理的流量,建立数学模型,模型的各个参数通过试验、调试和计算得出,最终将数学模型转化为控制程序,将控制程序写入 PLC 系统的存储单元中,再通过在线浊度和流量传感器、变送器、PLC、上位机、排泥控制柜和电动控制阀等来实现。

其中,数学模型的建立和模型参数的确定是该技术的关键,矿井水净化处理沉淀(或澄清)单元产生的污泥体积可根据处理水量、沉淀(或澄清)污泥区的平均污泥浓度、某时刻进水悬浮物含量和某时刻出水悬浮物含量等参数,通过积分的方式来计算产生的污泥体积 $V_{泥}$。计算 $V_{泥}$ 时,由于数学模型是一个积分式,PLC 和上位机编程时可根据原水中悬浮物的变化情况,dt 可用 Δt 取一个时间段(如 3min、5min、10min 或更长时间段)代替,原水浊度波动大时,时间段取小值,波动小时,取大值。由此可以计算出产生的污泥体积 $V_{泥}$,其数学模型可用下式表示:

$$V_{泥} = \frac{1}{\overline{C}} \sum_{i=1}^{n} Q_i (S_{i1} - S_{i2}) \cdot \Delta t_i \tag{21.1}$$

式中，$V_{泥}$ 为 0 至 t 时段内沉淀（或澄清）过程中产生的污泥体积，m³；$\overline{C}$ 为沉淀（或澄清）污泥区平均污泥浓度，mg/L；Q_i 为 t 时刻矿井水处理水量，m³/min；S_{i1} 为 t_i 时刻矿井水进水中（提升泵前）悬浮物含量，mg/L；S_{i2} 为 t_i 时刻矿井水沉淀（或澄清）出水中悬浮物含量，mg/L；n 为把 [0, t] 时段分成 n 个小区间；Δt_i 为第 i 个时间区间，min。

矿井水净化处理沉淀（或澄清）单元产生的污泥需要及时排出，当沉淀（或澄清）单元产生的污泥量 $V_{泥}$ 达到沉淀（或澄清）池内污泥区的总容积 $V_{污泥区}$ 的一定范围时，需要进行排泥，即 $V_{泥} = \alpha V_{污泥区}$，一般情况下，污泥区容积富余系数 α 取 0.8，即当水处理系统产生的污泥达到沉淀（或澄清）池内污泥区的总容积 $V_{污泥区}$ 的 0.8 倍时，水处理系统开始排泥。因此，排泥间隔时间：

$$T_{间隔} = \sum_{i=1}^{n} \Delta t_i \tag{21.2}$$

矿井水净化处理沉淀（或澄清）单元产生的污泥需要排出的历时时间 $t_{历时}$，可以根据排泥管的数量和每根排泥管单位时间的排泥量确定。

数学模型中的模型参数进水悬浮物含量可用浊度值来替代，即利用在线浊度检测仪表来实现数据采集。由于沉淀（或澄清）池出水中的悬浮物含量较低，可根据调试阶段沉淀（或澄清）池实际出水水质情况用某一定值代替，从而只需在线检测进水浊度，即可确定 S_{i1} 和 S_{i2}。Q_i 通过在线流量传感器确定，$V_{污泥区}$ 通过施工图计算得出，$\overline{C}$ 在调试阶段取样确定，所有排泥管单位时间内的排泥总量在调试阶段实测或计算确定。矿井水净化处理自动排泥系统技术原理如图 21.3 所示。

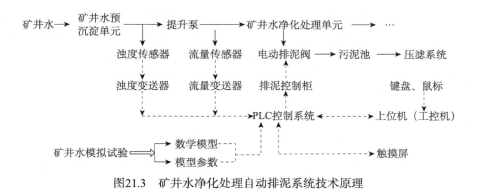

图21.3 矿井水净化处理自动排泥系统技术原理

21.2.2 技术内容

1. 系统结构

自动排泥系统主要由以下单元组成：浊度传感器、浊度变送器、流量传感器、流量变送器、电动排泥阀、排泥控制柜、PLC 系统、触摸屏、工控机、鼠标键盘等。矿井水净化处理自动排泥系统结构如图 21.4 所示。

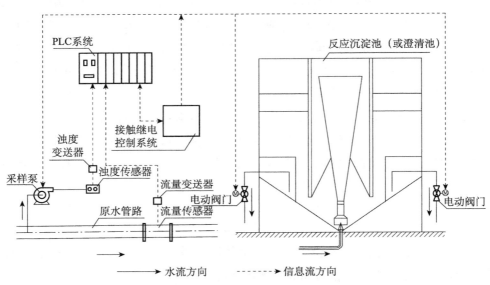

图21.4 矿井水净化处理自动排泥系统结构

具体的运行过程为：采样泵及其管路设置于原水管道上，用于将原水采样到浊度传感器中，对水样进行分析并通过浊度变送器将浊度信息发送到 PLC 系统；流量传感器设置在原水管道上，采集原水的流量信息，传送到流量变送器并经变送后传至 PLC 系统；PLC 系统根据得到的流量信息判断水处理系统是否在运行，若运行，则发送指令到接触器和继电器控制系统开启采样泵进行采样，同时浊度仪对水样进行分析，得出系统的原水浊度信息，并传送到 PLC 系统，PLC 系统根据流量和浊度信息以及实验数学模型，计算出系统的污泥含量，根据反应沉淀池（或澄清池）的污泥区的体积和排泥管路管径及数量计算出系统的排泥时间，由 PLC 控制系统发出控制指令到接触器和继电器控制系统，控制设置于反应沉淀池（或澄清池）的电动阀门进行排泥。

2. 系统功能

（1）实现矿井水净化处理的水质和水量参数自动采集。

（2）实现矿井水净化处理过程中反应沉淀池（或澄清池）的自动排泥，排泥量根据水质和水量自动调节。

（3）实现准确控制排泥量，稳定性好，适应性强。

（4）实现工人劳动强度降低，运行成本降低。

（5）实现出水水质有保证，水处理系统运行在最佳状态。

21.2.3 应用实例

山东某煤矿矿井水处理厂，矿井水处理量为 30000m³/d，采用混凝澄清工艺，其中澄清池作为水处理过程主要构筑物，其排泥的好坏直接影响着澄清池的出水水质。每座澄清池设有 3 根 DN100 排泥管，每根管道上安装有气动排泥阀，澄清池出水浊度控制在 10NTU，矿井水净化处理自动排泥装置采用 ASDT 技术。

首先，实测出澄清池污泥区平均污泥浓度 C，程序编制时 Δt 取 5min，通过进水浊度仪测得进水浊度，出水浊度已知，即可计算出污泥产生的体积 $V_{泥}$，然后，根据澄清池的设计图纸，计算出澄清池内污泥区的总容积 $V_{污泥区}$，进而计算出两次排泥的间隔时间 $T_{间隔}$，根据排泥管的管径和设计流速计算出每根排泥管的排泥流量，再根据排泥管的数量以及沉淀（或澄清）单元产生的污泥量即可计算出排泥历时时间 $t_{历时}$。这样就实现了澄清池根据 $T_{间隔}$ 和 $t_{历时}$ 两个参数进行自动排泥，当一次排泥结束时，计算机将数据进行清零，开始进行下一个周期的计算。

使用该自动排泥装置后，实现了矿井水净化处理工艺过程中主要水处理单元澄清池的自动排泥，不但保证了系统的出水水质，而且提高了整个水处理系统的自动化水平。

21.3　水处理工艺过程监控技术

21.3.1　技术原理

水处理工艺过程中有许多机电设备和工艺参数检测仪表，例如水泵、阀门、风机、吸泥机和刮泥机等机电设备，流量、浊度、液位、pH、温度和压力等工艺参数检测仪表。这些机电设备和检测仪表基本都是分散布置在各个水处理单元，相对距离较远。同时，各种机电设备常常需要根据一定的程序、时间和逻辑关系来进行开停，以及根据相关的工艺参数调整水处理系统的运行参数。因此，工艺过程监控系统不仅要性能稳定、运行可靠、操作简单、维护方便，而且要易于扩展、运行经济、维护性价比高。同时，监控系统应满足水处理厂运行管理和安全处理的要求，即生产过程自动控制、自动报警、自动保护、自动操作、自动调节，提高运行效率、降低运行成本、减轻劳动强度，对水处理厂内各工艺流程中的重要参数、重要设备进行计算机在线集中实时监控，确保水处理厂的出水水质合格、达到设计标准。水处理过程中的液位、流量、压力、浊度、pH、温度、COD、溶解氧等工艺参数，通过相应的检测仪表，将各工艺参数转换为 4～20mA 模拟量信号，并传送至工艺过程控制 PLC 系统，通过 PLC 中预先编制程序模块计算分析，以及上位机监控平台给定的控制方式和控制参数，由 PLC 系统发出控制指令至电气控制单元，电气控制单元执行指令，启动或停止相应动力设备，完成对各类水泵、电机、电动阀等设备的开停及加药泵的转速控制，实现控制功能，达到自动控制目的。同时，电气控制单元将设备的运行状态反馈给 PLC，再传输到上位机监控平台和工艺模拟屏或屏幕投影仪，对整个工艺过程的设备运行工况和所有工艺参数进行显示，上位机监控系统对系统所产生的所有数据进行存储和记录，形成各类数据报表，方便以后查询。

21.3.2 技术内容

1. 系统结构

工艺监控系统由现场检测仪表单元、电气控制单元、PLC 控制单元、上位机监控单元 4 部分组成。

现场检测仪表单元包括液位传感器和变送器、流量传感器和变送器、浊度传感器和变送器、压力传感器和变送器、温度传感器和变送器、pH 传感器和变送器，用于对水处理工艺过程中的液位、流量、浊度、压力、温度和 pH 进行监控。

电气控制单元包括断路器、接触器、继电器、变频器、软启动器、按钮、指示灯。电气控制单元为系统的基础控制层，用于对水处理过程中的水泵、阀门、搅拌机和刮泥机等机电设备进行直接手动控制，同时电气控制单元与 PLC 控制单元连接有控制线，用于接受来自 PLC 控制单元的远程自动控制信号对设备进行控制，最后再将设备的运行状态反馈到 PLC 控制单元，从而实现远程控制的功能。

PLC 控制单元包括电源模块、CPU 模块、模拟量输入输出模块、开关量输入输出模块、开关量隔离继电器和模拟量信号隔离器。这些模块用于接收外部传输来的模拟量和开关量信号，经过 CPU 预先存储的程序，对信号进行处理，然后通过模拟量和开关量输出模块发出控制指令来对设备进行控制；开关量隔离继电器用于隔离外部输入的开关量信号与模块之间的隔离，防止干扰产生误动作；模拟量信号隔离器用于隔离外部输入的模拟量信号与模块之间的隔离，防止干扰对信号的影响。

上位机监控单元由上位机（工业控制计算机）和显示器组成系统的上位人机界面监控平台，利用组态软件设计出与现场相对应的工艺流程画面和数据库，并组态系统的操作画面、参数画面、报表画面、趋势图等，使得在中央控制室可以总览现场机电设备的运行状况和工艺运行参数，并对现场的机电设备进行控制。

水处理工艺过程监控系统结构如图 21.5 所示。

2. 系统功能

（1）监控系统要完成对生产设备的启动 / 停止控制和运行状态检测，例如水泵、搅拌机、阀门等，控制上可以单独启动 / 停止，或由计算机实现自动启动 / 停止，要求不同的控制方式可以无故障切换。

（2）监测主要模拟量参数的值，如浊度、液位、流量、pH 等信号，并全部通过计算机屏幕显示给操作员。

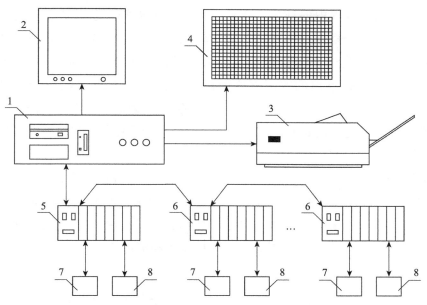

图21.5 水处理工艺过程监控系统结构图

1. 上位机；2. 显示器；3. 打印机；4. 工艺模拟屏；5. 主PLC控制单元；
6. 从PLC控制单元；7. 现场检测仪表单元；8. 电气控制单元。

（3）生产过程报警、故障处理，要求对现场以下情况做报警处理：现场故障停车，模拟量超限。报警信号同时驱动现场和控制室的声、光报警，并由计算机自动记录。

（4）显示器上系统趋势调用显示，通过趋势按钮或切入趋势页面，用鼠标选中要显示的标签，即可显示趋势。

（5）显示器上报警显示，通过报警按钮或切入报警页，可以调用报警显示功能。

（6）显示器上报表显示，可以通过菜单或按钮查询当前报表、日报表、月报表和年报表。

21.3.3 应用实例

安徽某煤矿矿井水净化处理厂，水处理量为18000m³/d，矿井水处理后主要作为煤矿生产用水。工程要求在净化处理厂内实现自动加药、自动排泥、工艺过程监控，其工艺流程如图21.6所示。

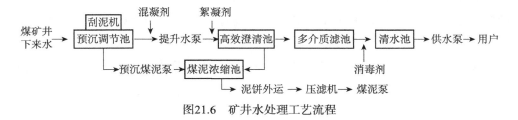

图21.6 矿井水处理工艺流程

矿井水净化处理过程中的液位、流量、压力、浊度等工艺参数，通过相应传感器采集模拟量信号，部分模拟量信号传送至自动加药 PLC，其余模拟量信号传送至工艺过程监控 PLC，经工艺过程监控 PLC、自动加药 PLC 和自动排泥 PLC 中的程序模块计算分析，以及工控机给出的控制方式和设定参数，由 PLC 发出指令至电气控制单元，电气控制单元执行指令，启动或停止相应的动力设备，达到自动控制的目的。同时，电气控制单元将设备的运行状态反馈给 PLC，再到工控机监控平台和工艺模拟屏或屏幕投影仪。

工艺过程监控系统硬件主要由水处理工艺模拟屏或屏幕投影仪、工控机（包括液晶显示器和打印机）、PLC（包括工艺过程监控 PLC、自动加药 PLC 和自动排泥 PLC）、控制柜、在线传感器（包括浊度、流量、液位、压力和温度）、显示和报警仪表、动力设备（包括污水泵、刮泥或吸泥机、污泥浓缩机、污泥压滤机和消毒装置等）等组成。系统结构如图 21.7 所示。

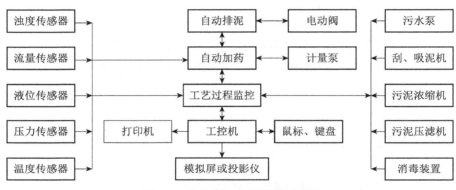

图21.7　矿井水净化处理系统结构

系统实现的功能包括：

（1）实现水质和水量参数自动采集。

（2）实现水处理过程中混凝剂投加量的自动调节，投加量根据浊度、水量和试验数学模型自动调节。

（3）实现水处理过程中反应沉淀池（或澄清池）的自动排泥，排泥量根据浊度、水量和试验数学模型自动调节。

（4）实现水处理整个工艺的全过程监控，包括工艺流程、工艺参数、设备状态的显示，故障信息的报警，实时报表和历史报表，各种工艺参数的修改，设备控制方式的切换等。

（5）实现工人劳动强度降低，运行成本降低，出水水质有保证，水处理系统在最佳状态运行。

21.4 水处理系统远程网络监控技术

21.4.1 技术原理

有些大型煤矿先后建设有矿井水净化处理厂、矿井水深度处理厂、生活污水一级处理厂、生活污水二级处理厂等。一般各污水处理系统之间有一定的距离，单独分开管理和运行，就会造成各系统之间的运行协调管理比较复杂，因此，有必要借助网络通信监控技术，实现各个污水处理系统的远程通信集中监控，使其相互协调运行，保证整个污水处理系统的正常运转，同时可以使得管理层可以直接了解污水处理系统的运行状况，不必再进行人工汇报，解决各个污水处理系统成为信息"孤岛"的问题，大幅度提升煤矿污水处理的自动化和信息化水平。

水处理远程网络监控系统采用工业光纤以太网作为主要传输网络，利用开放式的 OPC 通信技术，以及上位机组态软件技术，构建由监控子单元（各水处理监控系统）、综合监控单元（综合监控信息中心）和远程终端（客户端）组成的水处理网络监控系统。

监控子单元由 PLC、监控机、下级通讯模块组成。PLC 负责采集来自各种检测仪表的工艺过程参数和来自电控系统设备的运行状态。同时，PLC 接受来自监控机的指令，对设备进行控制和工艺运行参数的调整。PLC 作为直接参与设备控制的单元，为最底层的控制单元，同时，PLC 与监控机通过屏蔽电缆连接，采用 RS232 或 RS485 协议进行通信，监控机利用通用组态软件组态相应的数据变量和画面信息，形成系统的各种运行画面和数据报表等。通过这些画面和报表直观地反映整个矿井水处理系统的运行情况，同时对矿井水处理系统的机电设备进行控制，从而形成单独的控制系统，实现对各水处理系统的就地化自动控制。

综合监控单元包括上级通信模块、数据交换机、中心服务单元、监控主机和打印机，综合监控单元的上级通信模块与各监控子单元的下级通信模块之间形成数据通道，上级通信模块与数据交换机之间通过屏蔽双绞线连接，数据交换机作为系统数据的转发器；综合监控单元的中心服务单元与数据交换机进行通信，实时采集来自各监控子单元的数据，对数据进行整理和分析，并利用 SQL2000 数据库软件形成系统的原始数据库，存储记录各监控子单元的数据；综合监控单元的监控主机也通过数据交换机与各监控子单元采用 OPC 协议进行通信，利用组态软件组建系统的监控信息平台，完成对各监控子单元的数据采集、数据分析、数据存储、设备状态监测、设备运行控制等功能，实现对各矿井水处理监控子单元的综合监控和信息化管理，同时监控主机通过 WEB 发布，将系统的实时运行画面和数据画面等在网络上发布；综合监控单元的打印机采用网络打印机，完成系统各种报表的打印。

远程终端为用户系统的计算机，远程终端可以通过 IE 浏览器浏览监控主机 WEB 发布的各种画面和数据，从而为管理人员提供可靠的运行数据和信息，实现对各水处理系统的信息化管理。

21.4.2 技术内容

1. 系统结构

从水处理网络监控系统的技术原理可以看出，其组成包括多个监控子单元、综合监控单元和远程终端等。其中监控子单元包括 PLC、监控机、下级通信模块等，综合监控单元包括数据交换机、中心服务单元、监控主机、打印机和上级通信模块等。监控子单元和远程终端的数量根据系统的实际情况决定。

水处理网络监控系统结构如图 21.8 所示。

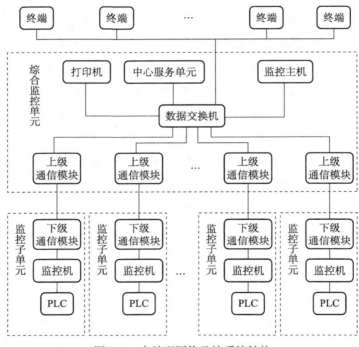

图21.8　水处理网络监控系统结构

2. 系统功能

水处理远程网络监控系统实现了各水处理系统的集中远程调度管理和信息共享。具有以下功能。

（1）数据采集：采集各污水处理站的工艺参数和设备运行工况。

（2）数据处理：对采集到数据进行分析和整理，形成各种归档，并永久存储。

（3）报警：对采集到的数据进行判断和分析，确定数据达到的报警级别，系统发出相应级别的报警，同时对报警发生的时间、内容、处理方式等进行记录。

（4）数据报表：对采集到的数据形成各种报表，以方便管理人员查询。

（5）数据显示：对采集到的数据进行实时显示，并应用动态流程图模拟现场时间情况。

（6）WEB 功能：支持 IE 远程浏览，实现信息共享。

（7）控制功能：可以对各分站的设备进行实时的控制。

（8）设定参数修改：可以对人工设定的参数在线修改。

21.4.3 应用实例

山东某煤矿先后建设了 4 个污水处理系统。分别为矿井水处理系统、生活污水处理系统、矿井水深度处理系统和生活污水深度处理系统。4 个污水处理系统比较分散，相距较远。各污水处理系统均作为一个独立的单位，没有全面的数据信息记录系统，大多为人工记录，相互之间没有信息交流，管理难度较大，查询不便，难以对污水处理的数据进行整理和分析。该煤矿污水处理集中联网监控系统主要是实现信息采集、传输、处理和应用，以达到提升污水系统运行稳定性和提升管理水平的目的。

根据该煤矿污水处理系统的现状，集中联网监控系统采用分布式三层网络结构，自下至上第一层是基础控制层，第二层是传输层，第三层是监控管理层。

基础控制层为各个监控分站，系统中将每一个污水处理的控制系统作为一个监控分站，各监控分站采用上位机 +PLC 的方式组成，PLC 单元与仪器仪表检测系统和电气控制系统进行信号的对接，完成各水处理系统的就地集中监控，实现基础过程控制自动化，同时保证各个监控分站控制的独立性和完整性。

传输层采用工业光纤以太网络，主要是将基础控制层的各监控分站数据信息传输到信息管理层。

监控管理层为系统的核心，作为数据信息处理的平台，通过采集各监控分站的数据信息，对各个污水处理系统的设备运行工况和工艺运行参数进行实时监控，数据信息中心的设备包括中心服务器，工业控制计算机、打印机、交换机、投影仪、不间断电源等，系统结构如图 21.9 所示。

4 个污水处理系统集中联网监控具有以下特点：

（1）采用了先进的 OPC 技术进行数据通信，实现可靠的数据传输功能。

（2）采用工业以太网，传输介质采用单模光纤，通信距离最远可达 15km，传输速率为 100M/1000M。

（3）各个单元之间的功能相辅相成，构成一套完整的工业自动化和信息化系统，为煤矿的节能减排提供了有力的保证。

（4）采用成熟的 WEB 技术，数据信息中心为用户提供了良好的人机界面，客户端通过浏览器方式访问系统资源。网络上的任何一台微机 / 笔记本电脑只要安装了监控系统的

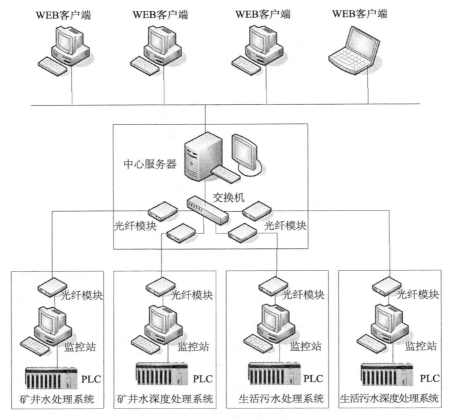

图21.9　水处理网络监控系统结构

客户端图像控件之后,即可成为一个功能完备的监控客户终端,客户端可以随时随地查看现场实际运行情况和运行工艺数据。

（本章主要执笔人：崔东锋,洪飞）

第六篇 土地复垦与生态修复

据统计测算，截至 2015 年年底我国煤炭开采沉陷土地累计约 195 万 hm^2，土地复垦率约 40%。土地复垦与生态修复是实现矿区耕地和环境保护、生态宜居城镇建设、工农业可持续发展的重要途径和手段。我国土地复垦科学技术研究始于 20 世纪 80 年代，矿区土地复垦与生态修复技术的快速发展，推动了矿区生态环境的改善与矿业城市的发展。

煤炭科学研究总院唐山研究院 1983 年在我国率先开展了采煤沉陷区土地复垦与生态修复科学研究工作。30 余年来，先后开展了从工程复垦到生物复垦、农业复垦到建筑复垦、稳定沉陷区复垦到动态沉陷区复垦、单一地块复垦到区域景观构建、复垦耕地到改善生态等全方位的矿区土地复垦与生态修复技术研究开发及推广应用。研究范围涵盖了矿井建设、稳定生产、煤矿关闭的矿山生命周期与全过程。攻克了多项技术与工艺难题，形成了完整的煤矿土地复垦与生态修复技术体系，推动了我国矿区土地治理利用与生态建设的科技进步。

我国采煤沉陷区土地复垦与生态修复是从土地复垦开始的。20 世纪 80 年代初，唐山研究院针对采煤沉陷面积巨大、地表积水和耕地破坏严重等问题，结合我国人多地少、矿区农民几乎无地可耕的现实，提出了采煤沉陷区造地还田的构想，在我国率先开展了"采煤沉陷区造地复田综合治理"专题研究。首次提出了煤矸石充填采煤沉陷区复垦、电厂粉煤灰充填采煤沉陷区复垦、沉陷区挖深垫浅综合治理技术。这些基本技术和治理途径为我国采煤沉陷区土地复垦技术体系的形成奠定了的基础。

煤矿多种经营与压煤村庄就地搬迁用地需求促进了采煤沉陷区建筑复垦的技术发展。由于采煤沉陷区复垦资金需要量巨大，国家资金投入又很少，再加上煤炭行业当时发展不景气，1990 年后农林复垦技术与治理工程研究陷入低谷。唐山研究院针对煤矿多种经营与压煤村庄就地搬迁用地需求，将研究重点转移到采煤沉陷区建筑复垦技术方面。结合建筑物下采煤技术深入开展了在采煤沉陷区内扩大工业广场和工人村用地、复垦煤矿多种经营建设场地与压煤村庄搬迁用地等建筑复垦技术与理论研究，推动了采煤沉陷区低层和多层建筑用地复垦技术的发展。

我国 18 亿亩（1 亩 ≈ 667m^2）耕地保障红线与加强耕地保护政策促进了采煤沉陷区农业复垦技术的发展。2000 年国家加大了基本农田的保护与耕地治理资金的投入力度，并将土地有偿使用费和出让金用于土地复垦和土地整理，促进了土地复垦工程的开展和复垦技术的研究。唐山研究院结合承担的土地复垦与整理项目，引进了环境、生态、土壤、植被、遥感等方面人才，深入研究了采煤沉陷区农林生态复垦，特别是土壤剖面构建、宏观农业生态系统与景观构建及其生物多样性保护技术，形成了采煤沉陷区农业复垦、生态恢复、区域景观再造等技术体系。

我国实施的生态建设及宜居城市建设政策促进了采煤沉陷区人工湿地建设的发展。唐山研究院针对我国创建新型能源生态宜居城市与生态文明建设的需要，深入开展了采动区沉陷次生湿地水域构建与水维系以及污染综合治理、煤炭开采不同稳沉程度与城市次生湿地协调建设的多功能区规划、城市次生湿地适生植物品种综合筛选方法等技术研究，重点开展了采煤沉陷矿业城市次生湿地生态构建技术研究与应用，为促进矿业城市生态系统协调有序发展、改善城市生态环境质量、城市生态建设与绿色转型提供了科技支撑。

采煤沉陷区城市建设技术破解了矿业城市建设用地瓶颈制约。近几年，随着城市建设的迅猛发展，理想的工程建设用地日趋紧张，将采煤沉陷区开发为建设用地是破解矿业城市建设用地瓶颈制约的有效途径。同时，由于受条件制约，一些工业与民用建筑、交通设施等必须建在或穿越采动区之上。针对采煤沉陷区岩体结构的特殊性及复杂性、建（构）筑物特点和要求以及开发建设过程中涉及一系列理论与技术问题，唐山研究院深入研究了采煤沉陷区工程建设的"老采空区探测－地表残余变形预测－采动地基稳定性评价－采空区地基加固－建筑物抗变形措施一体化技术"，创新研究了煤炭开采沉陷区域地基稳定与控制、建筑群抗变形、城市发展规划等技术体系，解决了采煤沉陷区城市建设与规划的关键技术问题，实现了采煤沉陷区直接建设高层建筑群和工业园区的技术突破。

我国压缩煤矿产能政策促进了煤矿转型与资源再开发利用。近几年，针对采矿废迹地及废弃矿山的资源特点，结合区域经济、社会发展、环境需求，开展了采矿迹地综合整治利用技术研究、煤矿废弃资源与空间再利用研究、废弃矿山开放式转型模式研究，初步形成了区域环境相协调的可持续发展的矿山转型利用新模式。

考虑到尽量避免与第三卷特殊开采篇"三下采煤"内容的交叉重复及篇幅所限，本篇主要介绍采煤沉陷区土地复垦与生态修复、采煤沉陷区湿地生态构建、采矿迹地综合整治与废弃资源再利用等重点技术内容和应用实例。

第22章
采煤沉陷区土地复垦与生态修复

土地复垦与生态修复可以有效提高采煤沉陷区土地利用率、改善沉陷区的生态环境。几十年来，唐山研究院针对我国东部高潜水位矿区采煤沉陷地采用就地取土、疏排、挖深垫浅和固体填充等方法进行复垦，综合应用农业种植技术、林业生产技术和水产养殖技术等，遵循因地制宜的基本原则，同时结合沉陷区土壤质量和成分变化，开发了集种植业、渔业、家禽养殖业于一体的采煤沉陷区综合治理模式。这些技术和方法已在淮南、淮北、徐州、兖州、唐山等矿区进行了成功应用。本章将介绍采煤沉陷区土地复垦与生态修复的农业复垦技术，主要包含采煤沉陷区土地利用/覆盖变化规律研究，复垦土壤构建技术与土壤改良方法、预垫高动态预复垦技术及采煤沉陷区农业景观构建与生物多样性保护技术研究。

22.1 采煤沉陷区土地利用/覆盖变化规律研究

对于矿业型城市来说，随着城镇化进程的加快和城镇人口急剧增加，城市用地紧张的局面日益凸显，科学合理地利用沉陷区的土地就成为重要的发展方向。因而，有效掌握采煤沉陷区土地资源的覆盖变化规律并为制定科学的城市规划提供决策服务就变得非常重要。

土地资源是否得到有效利用可以通过覆盖变化的监测来了解，最主要的方法是遥感监测。它已广泛应用于国土、交通、地质和采矿等领域，随着高分辨率影像的出现和推广，其应用范围将更加广泛。

矿业城市由于采煤时间长、开采面积大，地表形成的采煤沉陷区范围较广，沉陷区内的地形、地貌和植被特征变化明显，采用遥感技术进行土地覆盖变化规律研究，具有探测范围广、成本低和可靠性高、形象直观等优势。

土地覆盖变化监测主要涉及遥感影像处理技术和信息提取技术。遥感图像常见的处理方法包括：辐射校正处理（即系统辐射校正、太阳高度角校正、大气校正）、图像配准处理（包括几何粗校正和几何精校正）、投影变换和自动分类（监督分类方法主要有最小距离法、平行六面体法和最大似然法等；非监督分类方法主要有混合等距离法和循环集群法）等。常用的信息提取技术有目视解译、自动发现（光谱特征变异法、主成分分析法、假彩色合成法、图像差值法、分类后比较法和波段替换法）和综合提取技术。

土地覆盖变化监测的步骤如下：①遥感影像获取；②遥感影像预处理；③遥感影像信息提取（包括自动分类、特征提取、动态检测等）；④遥感数据分析；⑤土地覆盖变化模型建立；⑥结果分析及阐释。

22.1.1 遥感监测方法

该研究方法涉及的主要内容包括项目区和监测时段的选择，遥感影像的获取与预处理，遥感图像的自动分类和土地利用变化特征分析。

1. 项目概况与监测时段的选择

某项目区为采煤沉陷区，经过半个多世纪的煤炭开采，产生了大面积的采煤沉陷地。为了采取科学合理的治理和规划措施，需要充分了解采煤沉陷土地的覆盖变化特征。项目区范围见图22.1。

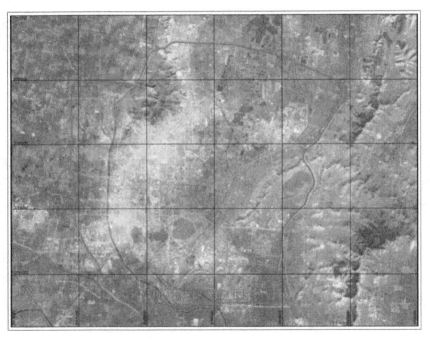

图22.1 项目区范围

综合考虑项目所在地区的季节、气候、植被变化等情况，选择了4个时相的遥感图像，时间分别为1990年10月、2002年10月、2009年10月、2014年10月。

2. 遥感影像的获取与预处理

遥感影像类别有多种，根据任务需要，该项目选择的数据源LandsatTM轨道号为122-36的多光谱遥感图像。在对各影像进行辐射校正处理、图像配准处理和切边处理后，得到项目区域各年份的 TM 影像（假彩色合成），见图 22.2。

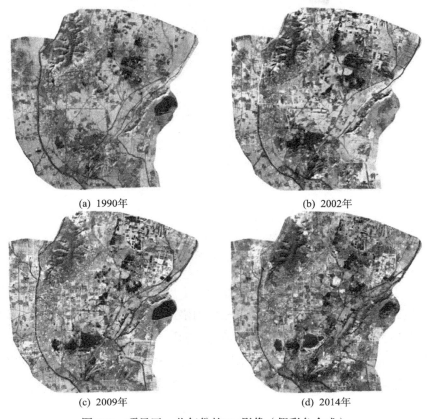

图22.2 项目区一些年份的TM影像（假彩色合成）

3. 遥感图像自动分类

遥感图像分类是指利用计算机通过对遥感图像中各类地物的光谱信息和空间信息进行特征分析，并用一定的手段将图像中各个像元划归到互不重叠的特征子空间（地类空间）。遥感图像分类的理论依据是：遥感图像中同类地物在相同的条件（纹理、地形、光照以及植被覆盖等）下，应具有相同或相似的光谱和空间信息特征，从而表现出同类地物的某种内在相似性，即同类地物像元的特征向量将集群在同一特征空间中；而不同的地物，其光谱特性和空间信息特性不同，将集群在不同的特征空间中。遥感图像分类按照是否有已知训练样本的分类数据可分为监督分类和非监督分类两类。

目前，常用的监督分类方法有最小距离法、平行六面体法和最大似然法等。非监督分类的算法主要有混合等距离法（ISOMIX）和循环集群法（ISODATA）等。

为充分利用多种分类方法的优点，该项目采用的是多层次分类法，即首先分析各地类（训练样本）的光谱特征，根据各地类光谱的可分性，选择对某个或某几个地类分离度最好的波段进行最大似然法监督分类。从分类结果中将分类精度较高的地类信息提取出来，并利用掩膜法将原始影像上的这些地类所对应的相应区域掩膜掉；然后再对掩膜后的原始影像进行上一步类似操作，提取另外一类或几类信息。如此反复进行，直至需要的所有地类信息都提取出来为止。分类方法流程如图22.3所示。

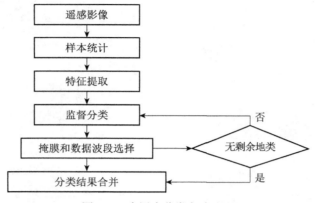

图22.3 多层次分类方法流程

由于该项目所在区域经过多年的资源开采，土地资源产生的动态演变引发了多种生态环境问题，主要表现在地面沉陷、土地资源利用格局变化、水土流失及建设用地扩展引发土地覆盖的根本变化。考虑到项目区的地类特征和遥感图像的可解译条件，把土地资源要素分为耕地、林地、草地、水域、建设用地、裸地6种，水质差别水域分为两类，建设用地最初也分为城镇建设用地和乡村建设用地，但最终统计时将两者合并。

采用多层次分析方法，利用 ENVI 遥感影像处理软件，对不同时相的遥感波段组合数据进行分类处理，分别得到了4个时相遥感影像的分类结果图，见图22.4。

通过采用随机抽样的方法，对4期分类图像进行精度评价，4期遥感影像的总体分类精度分别为84.5%、86.3%、87.2%、91.0%。Kappa系数分别为0.81、0.88、0.85、0.89。分类结果均达到允许的最低判别精度，可满足后续工作的需要。

4. 土地利用变化特征分析

根据分类结果图，统计出历年来不同地类的占地面积，见表22.1。

根据计算数据，绘制了建设用地、水体、裸地、耕地及林草地历年来的变化折线图，见图22.5。

由图22.5可以看出，项目区的土地利用类型发生了较大的变化。以建设用地和耕地为主导的景观格局被打破，形成了建设用地、生态绿地和水体多元共生的区域景观格局，沉陷区也由生态退化、功能单一的系统向多功能城市生态湿地型复合生态系统演变。

由此可见，采煤沉陷区的土地经过土地复垦和生态治理，可以得到充分的利用，在增加城市建设用地的同时，提高了城市的生态功能，很好地缓解了城市建设用地紧张、生态系统功能不足的矛盾,为城市的可持续发展提供了动力。

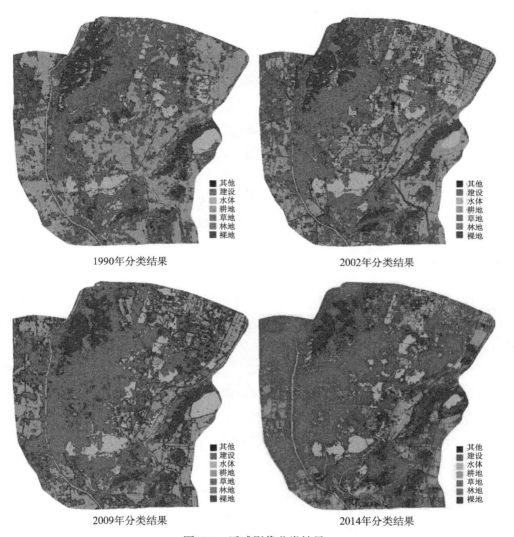

图22.4 遥感影像分类结果

表22.1 历年来土地利用面积结果统计 （单位：hm²）

类别	1990 年	2002 年	2009 年	2014 年
建设用地	12844.62	13426.11	15863.31	17081.19
水体	4331.97	2958.21	3350.34	3124.53
裸地	3329.01	4409.19	5229.18	3395.25
耕地	8680.32	8395.83	5422.86	4362.93
草地	2395.98	2250.99	1519.92	3618
其他	0	141.57	196.29	0

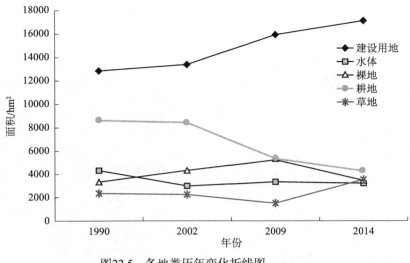

图22.5　各地类历年变化折线图

22.1.2　应用实例

项目区位于淮北市主城区，该市是皖东北中心城市，地处苏、鲁、豫、皖四省交界，是华东地区重要的能源基地。项目区内采煤沉陷面积约 300km²，东西方向和南北方向最大长度约 20km。

为了解淮北市对采煤沉陷区土地的利用情况，掌握土地覆盖变化规律，利用遥感影像，通过数据提取与对比分析，研究了淮北市主城区的土地利用变化特征。结果表明，淮北市采煤沉陷区得到了充分的利用，建设用地增加，生态功能进一步完善，但耕地面积有所减少。图 22.6 所示为不同年份各地类的覆盖变化数据。

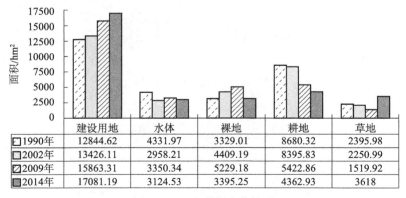

图22.6　土地利用变化情况

由图 22.6 可以看出，建设用地占地面积是逐年增加的。其中 1990～2002 年建设用地面积增加较慢（每年约 40hm²），这是因为主城区受采煤的影响，产生了大面积的积水坑和沉陷盆地，致使主城区可建设用地面积大大减少；而 2002～2009 年增加较快（每年数百公顷），这是因为实施了采煤沉陷地综合治理工程，采煤沉陷地被规划利用，正是在此基础上制订了新的城市发展规划方案，通过采煤沉陷地恢复治理，释放了大量的建设用地。2009～2014年，建设用地面积增加速度略有减小，主要是由于前期的部分建设项目已经完成，且受到经济的影响，房地产市场略有降温，再加上主城区的可建设用地逐渐趋于饱和，大范围的建设工程有所减少。

耕地面积逐年减小，1990～2002年尽管在淮北市已形成大面积的采煤沉陷区，但沉陷量相对较小，大部分耕地还未受到严重破坏，只是部分减产，但2002年之后，除了煤矿的多煤层开采导致地表沉陷量增大，使耕地积水而无法耕种外，还由于城市建设快速发展，因建设用地紧张而需要征用部分耕地，致使耕地面积减少的速度较快。2009～2014年，耕地减少的速度降低，这是因为在此期间进行了大量的土地复垦工作，恢复了部分耕地的作业功能，但仍然无法完全弥补耕地的减少量。因此，严格控制耕地红线，防止耕地不断减少仍然显得十分重要。

22.2 采煤沉陷区复垦土地评价

采煤沉陷区复垦土地质量一直缺乏评价标准，已有的土地复垦技术标准也缺乏针对性，导致复垦土地质量参差不齐。通过分析总结近20年来东部高潜水位矿区土地复垦经验，形成东部平原矿区采煤沉陷地复垦土地评价技术，可为提高采煤沉陷区复垦耕地质量水平和完善复垦耕地验收标准提供可靠的科学依据。

采煤沉陷区复垦土地评价技术是针对东部平原矿区采煤沉陷地复垦土地质量实现复垦耕地分等定级而专门研发的。该技术既体现复垦土地特点，又符合复垦耕地生产力评价要求，指标可度量或可测量，数据易于获得，评价稳定性好。

22.2.1 技术原理与技术内容

采煤沉陷区复垦土地评价技术包括评价指标体系选择、评价模型构建和复垦耕地生产力等级划分。

1. 评价指标体系选择

确定参评指标选定的基本原则：①体现采煤沉陷区复垦土地的特点；②选取对复垦耕地生产力具有重大影响的主导性因素；③选择稳定性高或较高的指标，使评价结果相对稳定；④选择差异较大、相关性小的指标；⑤数据易于获得可度量或可测量特征。

一般选择对复垦耕地生产力有重要影响的土壤养分和外部环境条件两个方面确定评价指标体系。土壤养分指标主要选取与土壤肥力密切相关的有机质、pH、全氮、速效磷、速效钾等指标；外部环境条件主要选取既能体现复垦工程特征，又与农作物生长密切相关的土层厚度、地下水埋深、农田水利配套设施、坡度等指标。

2. 评价模型构建

1）评价方法确定

评价模型构建主要是确定评价方法及指标权重，土壤是一个十分复杂的动态系统，复垦土地生产力的高低是由土壤生产力构成诸因素共同决定的。这些因素对土壤生产力的作用存在着很多不确定的模糊特性，可采用模糊综合评价法对复垦耕地生产力进行评价，也易于获得较为科学的评价结果。

2）评价指标权重确定

根据构建的评价指标体系特点，采用层次分析法获得各评价指标权重值，并通过判断矩阵一致性检验。结果见表22.2。

表22.2 复垦耕地生产力评价指标权重值

因素	权重计算结果	指标	权重计算结果
外部环境条件	0.50	地下水埋深	0.195
		土层厚度	0.117
		土壤质地	0.117
		农田水利	0.048
		坡度	0.023
土壤肥力	0.50	土壤有机质	0.207
		土壤pH	0.131
		土壤全氮	0.080
		土壤速效磷	0.054
		土壤速效钾	0.029

3）评价指标隶属度函数的建立

（1）地下潜水位。地下潜水位埋深与在一定范围内对农作物产量的影响呈正相关关系，超过一定值后其值变化对农作物产量影响较小。据此，建立的地下潜水位埋深隶属度函数公式为

$$U(x) = \begin{cases} 1 & x \geqslant x_1 \\ \dfrac{x}{x_1} & x < x_1 \end{cases} \tag{22.1}$$

式中，$U(x)$为地下水位隶属度函数；x为地下水埋深，m；x_1为地下水埋深临界值，m。

（2）土层厚度。复垦耕地土层厚度关系到农作物根系生长，一般来说，在一定范围内土层厚度与农作物产量呈正相关关系，超过一定值后对农作物产量影响较小。因此，建立

的土层厚度隶属度函数公式为

$$U(x)=\begin{cases} 1 & x \geqslant x_0 \\ \dfrac{x}{x_0} & x < x_0 \end{cases} \quad (22.2)$$

式中，$U(x)$ 为土层厚度隶属度函数；x 为复垦耕地土层厚度，m；x_0 为土层临界厚度，m。

（3）土壤质地。土壤质地为定性指标，通过定性向定量转换并由经验评定给出其作用分值。一般来说，壤土对农作物的适宜性最高，其次为砂壤土或黏壤土，细砂土或粉黏土，黏土或砂土最差。因此，建立的隶属度函数公式为

$$U(x)=\begin{cases} 1 & x\text{为壤土} \\ 0.75 & x\text{为砂壤土或黏壤土} \\ 0.50 & x\text{为细砂土或粉砂土} \\ 0.25 & x\text{为黏土或砂土} \end{cases} \quad (22.3)$$

式中，$U(x)$ 为土壤质地隶属度函数；x 为土壤质地。

（4）农田水利。农田水利设施是保障复垦耕地生产力正常发挥的基础条件，可用灌溉保证率来评估。一般来说，在一定灌溉保证率范围内，灌溉保证率与作物产量呈正相关关系。因此，建立的相应隶属度函数公式为

$$U(x)=\begin{cases} 1 & x > x_2 \\ \dfrac{x-x_1}{x_2-x_1} & x_1 \leqslant x \leqslant x_2 \\ 0 & x < x_1 \end{cases} \quad (22.4)$$

式中，$U(x)$ 为农田水利设施隶属度函数；x 为设计灌溉保证率，%；x_1、x_2 为灌溉保证率临界值，%。

（5）坡度。坡度是耕地质量的一个参考指标。一般来说，耕地质量越高，对地面坡度的要求也越高。根据耕地分类标准和土地复垦要求，建立的隶属度函数公式为

$$U(x)=\begin{cases} 1 & x \leqslant x_2 \\ \dfrac{x-x_1}{x_2-x_1} & x_1 < x < x_2 \\ 0 & x \geqslant x_1 \end{cases} \quad (22.5)$$

式中，$U(x)$ 为坡度隶属度函数；x 为坡度实测值；x_1、x_2 为坡度临界值。

（6）土壤pH。对于常见的大田作物来说，pH在6.5～7.5范围内比较适宜，当pH低于5或高于8.5时，农作物生长较为困难。建立的土壤pH隶属度函数公式为

$$U(x) = \begin{cases} 1 & 6 \leqslant x \leqslant 7.5 \\ \dfrac{8.5-x}{8.5-7.5} & 7.5 < x < 8.5 \\ \dfrac{x-5}{6-5} & 5 < x < 6 \\ 0 & x \geqslant 8.5 \text{或} x \leqslant 5 \end{cases} \quad (22.6)$$

式中，$U(x)$ 为土壤 pH 隶属度函数；x 为土壤 pH 测定值。

（7）土壤有机质、全氮、速效磷、速效钾。这些养分指标值在一定范围内与作物产量呈正相关，而低于或高于此范围，评价指标值对作物产量影响很小。据此，建立的隶属度函数公式为

$$U(x) = \begin{cases} 1 & x \geqslant x_2 \\ \dfrac{x-x_1}{x_2-x_1} & x_1 < x < x_2 \\ 0 & x \leqslant x_1 \end{cases} \quad (22.7)$$

式中，$U(x)$ 为土壤养分隶属度函数；x 为养分实测值；x_1、x_2 为养分临界值。

3. 复垦耕地生产力综合分值计算与等级划分

复垦耕地生产力状况是各评价指标综合作用的结果，因此在对各评价指标进行单独评价之后，根据加乘法则，获得耕地生产力破坏程度的综合性指标值 IFI。其计算公式为

$$\text{IFI} = \sum_{i=1}^{n} (W_i \cdot U_i) \quad (22.8)$$

式中，W_i 为表示第 i 评价指标的权重；U_i 为第 i 评价指标的隶属度值。

根据式（22.8）计算结果，再按表22.3所列 IFI 值范围确定各评价样本的耕地生产力。

表22.3 复垦耕地生产力评价划分等级

复垦耕地生产力等级	IFI	备注
Ⅰ	> 0.80	好
Ⅱ	0.60 ~ 0.80	较好
Ⅲ	0.40 ~ 0.60	中等
Ⅳ	0.20 ~ 0.40	较差
Ⅴ	< 0.20	差

22.2.2 应用实例

以山东兖州矿区为例，对采煤沉陷地复垦耕地生产力评价模型进行验证。兖州矿区位

于山东省西南部，属于湖东山前冲积平原，地势平坦，土壤类型为潮棕壤。采煤沉陷地复垦方式主要有煤矸石充填复垦和就地取土复垦两种。复垦利用方向以耕地为主，主要种植小麦、玉米等大田农作物。

首先，选取就地取土复垦、矸石充填复垦等典型复垦耕地为研究样地，同时选取相邻正常农田作为对照。通过现场调查和室内实验的方式获取地下水埋深、土层厚度、农田水利、坡度、土壤质地、土壤有机质、pH、全氮、速效磷、速效钾等评价指标数据（表22.4）。

表22.4 兖州矿区复垦耕地评价指标值

评价单元		地下水埋深/m	土层厚度/cm	土壤质地	农田水利/%	坡度/(°)	有机质/(g/kg)	pH	全氮/(g/kg)	速效磷/(mg/kg)	速效钾/(mg/kg)
正常耕地		>1.5	>1	砂壤土	75	<2	17.22	7.48	0.77	16.67	100.34
矸石充填复垦	覆土28cm	1	28	细砂土	75	<2	10.58	8.1	0.27	5.23	89.07
	覆土48cm	>1.5	55	砂壤土	75	<2	5.48	8.05	0.76	5.19	85.55
	覆土96cm	>1.5	86	砂壤土	75	<2	6.34	7.84	0.73	5.93	75.21
	覆土145cm	>1.5	148	砂壤土	75	<2	7.55	7.81	0.94	5.73	103.25
就地取土复垦	2008年复垦	>1.5	>1	细砂土	75	<2	6.37	8.32	0.65	5.24	82.34
	2007年复垦	>1.5	>1	砂壤土	75	<2	5.88	8.15	0.74	4.98	79.55
	2006年复垦	>1.5	>1	砂壤土	75	<2	8.95	7.86	0.95	7.25	93.48
	2005年复垦	>1.5	>1	砂壤土	75	<2	10.21	7.75	0.98	9.45	92.76
	2004年复垦	>1.5	>1	砂壤土	75	<2	11.55	7.77	1.15	10.08	100.25

根据东部平原矿区的气候条件、农作物种类、全国第二次土壤普查的分级标准以及土地整理规范要求，同时参考复垦专家的长期现场实践和唐山研究院科研成果，最终确定评价指标的临界值，如表22.5所示。

表22.5 各评价因素的临界值

评价因子	农田水利/%	有机质/(g/kg)	全氮/(g/kg)	速效磷/(mg/kg)	速效钾/(mg/kg)	坡度/(°)	潜水埋深/m	土层厚度/m
上界	75	20	1.5	20	150	6	1.5	0.7
下界	40	6	0.5	3	30	2		0.3

根据评价指标的适应性函数和临界值（表22.5）对不同评价指标进行适应性评定，得到复垦耕地及正常耕地各评价指标的适应性分值，如表22.6所示。

表22.6 复垦耕地生产力评价指标作用分值

评价单元		地下水埋深/m	土层厚度/cm	土壤质地	农田水利/%	坡度/(°)	有机质/(g/kg)	pH	全氮/(g/kg)	速效磷/(mg/kg)	速效钾/(mg/kg)
正常耕地		1.00	1.00	0.75	1.00	1.00	0.81	1.00	0.27	0.80	0.59
矸石充填复垦	覆土28cm	0.67	0.00	0.50	1.00	1.00	0.24	0.40	0.00	0.13	0.49
	覆土48cm	1.00	0.63	0.75	1.00	1.00	0.03	0.45	0.01	0.13	0.46
	覆土96cm	1.00	1.00	0.75	1.00	1.00	0.09	0.66	0.03	0.17	0.38
	覆土145cm	1.00	1.00	0.75	1.00	1.00	0.17	0.69	0.24	0.16	0.61
就地取土复垦	2008年复垦	1	1.00	0.50	1.00	1.00	0.09	0.18	0.15	0.13	0.44
	2007年复垦	1	1.00	0.75	1.00	1.00	0.06	0.35	0.24	0.12	0.41
	2006年复垦	1	1.00	0.75	1.00	1.00	0.26	0.64	0.45	0.25	0.53
	2005年复垦	1	1.00	0.75	1.00	1.00	0.35	0.75	0.48	0.38	0.52
	2004年复垦	1	1.00	0.75	1.00	1.00	0.44	0.73	0.65	0.42	0.59

依据表22.6和综合性指标值IFI计算公式，获得采煤沉陷区不同复垦耕地生产力综合指标值和评价结果，如表22.7所示。

表22.7 复垦耕地生产力综合评价值及等级

正常地	矸石充填复垦耕地（2005年）				就地取土复垦耕地（2004～2008年）				
	覆土28cm	覆土48cm	覆土96cm	覆土145cm	2008年	2007年	2006年	2005年	2004年
IFI	0.85	0.38	0.49	0.60	0.64	0.52	0.57	0.67	0.71	0.75
等级	I	IV	III	II	II	III	III	II	II	II

为了验证评价模型的可靠性，在进行评价单元各评价指标实地调查的过程中，同步对评价单元的农作物（玉米）实地取样结合调查农民的方法获得耕地产量数据，见表22.8。

表22.8 复垦耕地农作物（玉米）产量　　　　　　　　（单位：kg）

正常地	矸石充填复垦耕地（2005年）				就地取土复垦耕地（2004～2008年）				
	覆土28cm	覆土48cm	覆土96cm	覆土145cm	2008年	2007年	2006年	2005年	2004年
产量 615	—	298	391	543	319	295	368	408	463

将计算获得的复垦耕地生产力综合评价值与玉米产量进行相关性分析。相关性分析结果为 $r=0.825$，达到显著相关水平（$p<0.05$），评价结果与评价区实际情况高度吻合，表明复垦耕地生产力评价模型方法可行。

22.3 采煤沉陷区复垦土壤构建技术

采煤沉陷积水区复垦耕地必须要抬田、进行复垦土壤和剖面构建，采煤沉陷区耕地复垦土壤剖面构建技术就成为煤矿区土地复垦质量的关键。

根据沉陷和积水程度、充填物料来源、沉陷区附近是否有承泄区等，可采用矸石充填复垦、就地取土复垦和疏排法复垦等土壤剖面构建技术方法。矸石充填复垦是用煤矸石、粉煤灰等固体废弃物作为充填材料构建土壤基层、再覆土构建土壤表层的方法。就地取土复垦方法是利用复垦区剖面上不同土壤层次质地间的差异，通过合理的调配措施，构建复垦土壤。疏排法复垦是通过设计合理的排水系统，使沉陷水淹地得以恢复利用。

22.3.1 技术内容

1. 矸石充填复垦

矸石充填的主要技术内容包括覆土厚度确定和土壤水分维持技术。

1）矸石充填覆土厚度

利用矸石充填复垦构建土壤剖面时，必须保证一定的覆土厚度。通过田间模拟试验方法，从土壤学和植物营养学角度出发，对矸石充填覆土厚度进行了研究。

试验采用田间试验和模拟试验的方法。首先剥离试验地耕作层土壤（0～30cm）存放，然后继续将试验地挖成深1.5m的坑，以模拟采煤沉陷坑，再用隔离材料将其分成4个小区，分别充填不同厚度的煤矸石（取自开滦煤矿），构建土壤基层，然后在煤矸石上部覆土，完成采煤沉陷区土体重构。覆土厚度共设 4 个处理方式（图 22.7），即覆土 30cm（处理 1）、50cm（处理 2）、70cm（处理 3）、100cm（处理 4），附近正常耕地作为对照（CK）。覆土层的理化数据见表 22.9。

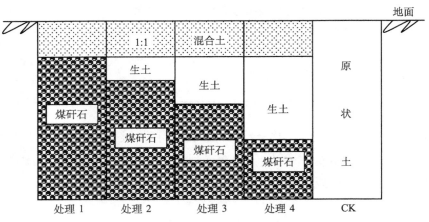

图22.7　不同处理的土体重构剖面示意图

表22.9　重构土壤表土本底值

pH	有机质/（g/kg）	全氮/（g/kg）	碱解氮/（mg/kg）	全磷/（g/kg）	速效磷/（mg/kg）	全钾/（g/kg）	速效钾/（mg/kg）
7.51	6.75	0.80	59.74	0.26	2.07	15.20	59.00

在构建小区和对照小区种植玉米，玉米株距 0.5m，行距 0.55m。正常耕作，统一进行常规管理。在农作物生长的整个生育期内观察其长势长相，待作物收获后，测量玉米的产量。

2）土壤水分维持技术

通过设置矸石充填土壤剖面模拟试验，结合农作物（玉米）种植试验，定期监测矸石充填复垦土壤剖面水分动态、植物长势，综合分析不同处理复垦土壤剖面构建方法的优劣，以完善充填复垦土壤剖面构建方法。下面介绍某实验样地所做的试验。

（1）试验设置：采用模拟沉陷坑小区试验的方法，设置不同矸石充填剖面构建处理，构建长 × 宽 × 高分别为 2m×2m×1.2m 的实验小区模拟沉陷坑，下层充填矸石并适当压实，其上充填厚度不等的土壤物质，并采取不同压实度处理作为压实层，然后覆盖正常土壤构建耕作层，同时设置无充填矸石和无压实层的完全土壤充填区作为对照，模拟试验小区设计参数（表 22.10）。试验用充填土壤为砂质壤土，初始土壤理化性质见表 22.11 和表 22.12。

表22.10　不同复垦处理剖面构建参数

处理	矸石厚度/cm	压实厚度/cm	容重/(g/cm³)	覆土厚度/cm
CK	—	—	1.12	100
TF10-1	80	10	1.20	30
TF10-2	80	10	1.41	30
TF10-3	80	10	1.52	30
TF20-1	70	20	1.22	30
TF20-2	70	20	1.42	30
TF20-3	70	20	1.55	30
T30	90	—	1.12	30
T50	70	—	1.13	50

表22.11　试验用土壤颗粒组成

黏粒含量/%（小于0.002mm）	砂粒含量/%（大于0.05mm）	粉砂粒含量/%（0.002~0.05mm）	美国制土壤质地分类
0.08	59.89	40.02	Sandy Loam

表22.12　试验用矸石颗粒组成

矸石/mm	>100	>50	>25	>13	<13
含量/%	7.58	34.58	12.82	11.97	33.05

（2）作物种植：种植农作物选择的是夏玉米（邯郸农科院选育的邯丰79），2008年6月30日种植，种植密度为行距50cm、株距40cm，50000株/hm²，田间管理采用常规大田管理方法。

（3）测定方法：①水分测定。预先在实验小区中埋设预埋探管，避免长期定位测定对实验小区的扰动。土壤剖面水分测定采用英国Delta-T生产的PR2/6土壤剖面水分速测仪测定。在农作物整个生育期内（7~11月），定期（间隔20d左右）对不同处理复垦土壤剖面水分进行测定。②株高测定。株高测定在成熟收获期进行，采用米尺测定，从地面至雄穗顶端的距离，每小区从第3株起连续调查6株，取小区平均数为株高调查值。

2. 就地取土复垦

1）土壤质地改良调配方法

根据土壤质地分类标准要点和旱作物对土壤质地的要求，在进行表土构建时通过调配使构建的表层土壤达到较优的壤土标准，即控制黏土含量小于15%、砂粒含量不超过85%为宜。较优的表层土壤质地构建调配方法公式如下：

$$\begin{cases} \dfrac{d_1 x_1 + t d_2 x_2}{d_1 + t d_2} < 15\% \\ \dfrac{d_1 y_1 + t d_2 y_2}{d_1 + t d_2} < 85\% \end{cases} \quad (22.9)$$

式中，d_1、d_2 为表层土壤和调配土壤的容重；x_1、y_1 分别为表层土壤的黏粒、砂粒含量；x_2、y_2 分别为调配土壤的黏粒、砂粒含量；t 为调配系数，即表土调配土体积比。

当表土偏黏，即 $x_1 > 15\%$，且底土偏砂时，调配系数 t 应满足下式条件：

$$\frac{x_1 - 0.15}{0.15 - x_2} \cdot \frac{d_1}{d_2} < t < \frac{0.85 - y_1}{y_2 - 0.85} \cdot \frac{d_1}{d_2} \quad (22.10)$$

当表土偏砂，即 $y_1 > 85\%$，且底土偏黏时，调配系数 t 应满足下式条件：

$$\frac{y_1 - 0.85}{0.85 - y_2} \cdot \frac{d_1}{d_2} < t < \frac{0.15 - x_1}{x_2 - 0.15} \cdot \frac{d_1}{d_2} \quad (22.11)$$

需要说明的是，调配系数 t 的取值不是一个具体的值，而是一个取值区间，t 值的选取应在综合考虑土源和表土保护的原则下进行选取。

2）就地取土复垦土壤的剖面构造方法

排除积水后，在取土区挖土壤剖面（土壤剖面深度要求不低于项目施工的取土深度），确定表土层、心土层和底土层厚度数据；同时获取各层次土壤容重数据；同步采集剖面各层土壤样品，分析土壤粒级组成，确定各层次土壤质地数据。

根据取土区域和回填区域的大小及其土方量，将取土区和回填区分别划分成 3 的倍数关系的取土、回填区段，且取土区段和回填区段的数目相等，如图 22.8 所示。

取土区	A_1	A_2	A_3	...	A_{n-2}	A_{n-1}	A_n
回填区	B_1	B_2	B_3	...	B_{n-2}	B_{n-1}	B_n

图22.8　就地取土区域区段划分

图 22.8 中，A_n 表示取土区划分区段，B_n 表示回填区划分区段，$A_n = B_n$，且 A_n、B_n 是 3 的倍数。其挖、填顺序设置为：首先，将取土区 A_1 的表土层、心土层分别挖置一边按从下往上顺序堆积，将其底土层垫至回填区 B_1 的区段作为其底土层；其次，将取土区 A_2 的表土层挖置一边，将其心土层和底土层分别垫至回填区 B_1 底土层之上作为其心土层、回填区 B_2 的区段作为其底土层；接着，将取土区 A_3 的表土层、心土层、底土层分别垫至回填区 B_1、B_2、B_3 上，即分别作为回填区 B_1、B_2、B_3 的表土层、心土层、底土层。

为了改良表层土壤质地，在将取土区 A_3 的表土层回填至 B_1 作为表土层的同时，就近从取土区 A_1 的底土层区域取相应比例（以 A_3 表土层体积量为参照）的土壤回填到 B_1 的表土层，达到改良复垦耕地表土层土壤质地的目的。

如此循环往复，直至取土区 A_n 的底土层为止。最后，将取土区 A_2 置于一边的表土层和相应比例的 B_{n-1} 的底土混合回填至 B_{n-1} 上作为其表土层。将取土区 A_1 置于一边的心土

层垫至回填区 B_n 之上作为其心土层，A_1 置于一边的表土层和相应比例的 A_n 的底土混合回填至 B_n 之上作为表土层。至此，整个就地取土工作结束。上述挖、填顺序用数学模型表示如下：

耕作层：$B_i=A_i+2+tA_i$（底土），$i<n-1$，

$B_{n-1}=A_1+tA_{n-1}$（底土），$B_n=A_2+tA_n$（底土）

式中，t 为表示和底土达到壤土标准的调配系数。

心土层：$B_n=A_{n+1}$；

底土层：$B_n=A_n$；

如果待复垦区表层土壤质地没有偏砂、偏黏的不良性状，则调配系数 t 为 0，即在构建表土层时不需要进行混合底土的复垦措施。

3）就地取土复垦土壤剖面构建标高

就地取土复垦时，应根据煤矿沉陷地的现场实际情况以及农业生产的要求，选择复垦地最佳标高。应满足以下条件：

$$H \geqslant H_0+h \tag{22.12}$$

式中，H 为复垦地设计标高；H_0 为复垦地潜水位（地下水位）高度；h 为潜水位上覆土层的厚度。

3. 疏排法复垦

疏排法复垦属于非充填复垦，是解决高潜水位矿区沉陷地大面积积水问题的有效方法。

1）疏排法复垦的关键

疏排法复垦的关键是设计合理的排水系统。排水系统由排水沟和蓄水设施、排水区外承泄区和排水枢纽等部分组成。排水系统设计的关键是选择适当的承泄区和设计标准，标准过高造成浪费，标准太低达不到治理目的，而没有适当的承泄区就谈不上采用疏排法复垦。

承泄区通常采用复垦区以外洪水位相对较低的河道，当采用强排法复垦时，承泄区洪水位也可高于复垦区农田标高。选择合适的承泄区是疏排法复垦的基础。选择承泄区的依据如下：

（1）距离远近。承泄区距复垦区越近，排水费用越低，一般应就近排水。

（2）尽量自排，避免强排。自排可免除修建排水站费用，日常排水费用也很低，但自排要求承泄区水位必须满足下式：

$$H_r \leqslant H_t - \sum l_i i_i - h_k - \Delta h \tag{22.13}$$

式中，H_r 为承泄区水位；H_t 为复垦后农田标高；l 为各级排水沟长度；i 为各级排水沟坡度；h_k 为保证作物正常生长的地下水临界深度；Δh 为地下水位与排水沟水位之差。

（3）遵循经济合理、便于实施的原则。项目区受现状地形和标高的限制，有时就近排水需要强排，适当开挖一段排水沟至下游承泄区，然后再进行自排。

2）疏排法复垦的重点

沉陷区复垦为农业用地，通常要求防止外围地表径流或洪水侵入，排除沉陷区内积水和降低地下潜水位。即疏排法复垦的重点是防洪、除涝和降渍。防洪就是防止外围未沉陷地的水汇入沉陷洼地；除涝就是要排除沉陷洼地的水；降渍就是排除水后，挖沟使地下水位降到临界值以下。

22.3.2 应用实例

在山东兖州采煤沉陷地复垦工程中，应用矸石充填复垦技术、就地取土复垦对北宿镇810hm²、平阳寺镇400hm²采煤沉陷地进行了复垦治理。通过因地制宜的综合开发整治，改变了原有沉陷区土地沉陷、积水、荒芜的状态，将其治理改造为耕地、林地、养殖水面等，使沉陷荒废地得到合理利用。既增加了耕地面积，又缓解了地区人多地少的矛盾，调整了农业生产结构，保证了农业

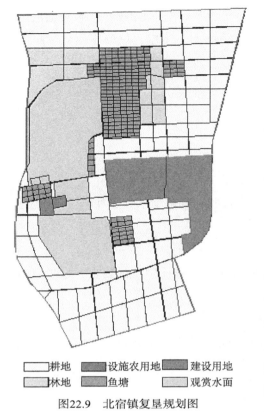

图22.9 北宿镇复垦规划图

的稳定持续发展，保证了农民安居乐业，维护了社会稳定和安定团结。通过生态立体养殖区的建设，解决了常年积水区的积水问题，对调节区域内的光、热、水、土资源具有明显的作用。兖州北宿镇复垦规划图见图22.9。

22.4 采煤沉陷区复垦土壤改良技术

复垦土壤培肥改良技术是土壤重构的重要组成部分。它在提高复垦土壤质量方面具有极其重要的作用。工程复垦后的土壤结构差、养分含量低，需要改良才能用于农林生产。这是因为土地复垦后，由于复垦工艺或施工问题不可避免地导致底层的生土被翻上来，上、下层土壤混合在一起，土壤失去原有自然土壤的层次和结构，土壤养分空间变异大，土壤理化特性发生较大改变，导致土壤基础肥力下降。另外，由于施工中使用推土机等重型机械，土地平整后还存在一定程度的土壤压实问题，压实后土壤孔隙度降低，容重增大，土壤通透性变差，土壤的保水、保墒、保肥能力下降，不利于植物的生长。因此，复垦后的土壤往往肥力较低，需要改良。

土壤的自然发育过程是极其缓慢的。人类有目的地采取培肥与改良措施，可使复垦土壤加速分化，在较短时间内改变复垦土壤不利于农作物生长的理化性质，提高复垦土壤质

量和经济产出，因此，采取一定的土壤培肥改良措施是必要的。

一般来说，土壤培肥改良的根本目的是增加土壤有机质，提高土壤养分含量，改善土壤结构，提高土地产出率。主要技术措施有施用化肥、有机肥、种植绿肥以及通过施用微生物肥料等方式，提高土壤肥力、改善土壤结构；采取适宜的农业措施（如轮作、套种等）促进土壤各肥力要素的形成，提升土壤肥力水平，恢复土地生产力。

22.4.1 技术原理与技术内容

1. 复垦土壤特性

1）材料与方法

（1）试验地概况。在某煤矿区对复垦土壤特性进行了研究。该矿区因采煤导致地表下沉，下沉深度因煤炭开采厚度不同而异，变幅为2～9m。矿区地下潜水位较高，一般埋深3～4m。因此，低于潜水位部分沉陷区域形成积水或沼泽。从1998年至今，该矿区陆续开展了沉陷地的土地复垦工作。复垦方式主要有煤矸石充填和就地取土两种，复垦后主要进行大豆、小麦和玉米等农作物的种植。

（2）试验设计。①样品采集：选择有代表性的沉陷地和不同复垦方式的复垦地（矸石复垦的南屯沉陷地，就地取土复垦的东滩沉陷地）。复垦地采样选取不同复垦年限（1～5年）地块。每个取样地设置5个采样点，采样点间距大于10m。在每个采样点挖60cm深的土壤剖面，分0～20cm、20～40cm、40～60cm三层取样。土壤样品在去除动植物残体和石块后，风干、研磨、过1mm筛、储藏，以备室内分析使用。②分析方法：有机质测定采用重铬酸钾外加热法，全氮采用半微量凯氏法，全磷采用氢氧化钠熔融法，全钾采用火焰光度法，速效氮采用碱解扩散法，速效磷采用钼锑抗比色法，速效钾采用火焰光度法。

2）结果与分析

（1）矸石复垦对土壤特性的影响。表22.13所示为矸石复垦土壤有机质和氮、磷、钾养分含量随复垦时间变化的情况。可以看出，土壤有机质及养分含量在土壤剖面分布特征不同复垦年限间差异明显，且土壤不同肥力指标间也有差异。

从土壤有机质和养分的土壤剖面层次分布来看（表22.13），除了钾元素含量在整个剖面分布层次性差异不大且受复垦年限影响有限外，土壤有机质、氮、磷、钾等在初期（复垦1年、复垦2年）复垦地中没有明显的层次性差异，在后期（复垦4年、复垦5年）复垦地中层次分化较为明显，其含量在表层（0～20cm）相对较高。这种变化产生的原因一方面与元素本身特性相关，另一方面则与复垦地耕作相关，钾元素地区含量相对丰富，导致各土壤层含量均较多，没有层次性差异，可能与成土母质矿物组成有关。有机质、氮、磷含量在复垦初期没有明显层次性差异，主要是因为初期复垦地复垦活动严重扰动了土壤的原有结构层次，复垦后的土壤主要由小部分耕作层熟化土和大量未经耕作熟化的深层土以及非土壤成分不均匀混合形成，最终造成各剖面土壤有机质和养分含量的无规律分布。

表22.13 矸石复垦土壤特性随时间变化的情况

复垦年限	深度/cm	有机质/%	全氮/%	全磷/%	全钾/%	速效氮/（mg/kg）	速效磷/（mg/kg）	速效钾/（mg/kg）
1年	0~20	0.553	0.036	0.01	0.98	2	1.4	82.9
	20~40	0.647	0.039	0.009	1.05	10.6	1.1	42.8
	40~60	0.622	0.033	0.012	0.99	8.1	1	83.1
2年	0~20	0.609	0.019	0.014	1.08	4.6	2.5	79.9
	20~40	0.69	0.031	0.012	1.12	5.9	1.6	81.2
	40~60	0.604	0.035	0.013	0.72	10.2	0.9	61.7
3年	0~20	0.836	0.036	0.017	1.05	4.4	2.1	77.9
	20~40	0.617	0.043	0.012	1.11	7	1.7	76.9
	40~60	0.475	0.035	0.017	1.07	5.9	1.3	79.8
4年	0~20	1.02	0.062	0.022	1.14	7.4	2.8	53.1
	20~40	0.703	0.027	0.013	1.06	5.1	2.1	69.3
	40~60	0.592	0.035	0.012	0.96	4.3	1.2	81.5
5年	0~20	1.082	0.073	0.031	1.24	11.7	3.6	83.5
	20~40	0.979	0.053	0.015	1.09	7.4	2.3	85.1
	40~60	0.46	0.042	0.016	1.16	4.7	1.5	84.8

土壤表层（0~20cm）一般是农作物根系的主要分布层，其肥力状况对于农作物生长具有非常重要的意义。试验验结果表明，表层土壤有机质、氮、磷、钾等养分含量随着复垦年限变化的规律各异，除全钾、速效钾含量受复垦年限影响较小外，其他肥力指标基本上随着复垦年限的增加表现出逐步增加的趋势，这与农业耕作逐步改善了土壤的理化性质相关。

（2）就地取土复垦对土壤特性的影响。表22.14 所示为就地取土复垦土壤有机质和氮、磷、钾养分含量随复垦时间变化的情况。

对比表22.13 和表22.14 可以看出，就地取土复垦地土壤肥力指标（有机质、氮、磷、钾）的时空分布规律与矸石充填复垦地基本一致。除了钾元素养分在整个剖面含量较为均一，受复垦年限影响较小外，其他土壤肥力指标随着复垦年限增加逐渐产生分层现象，且表层土壤肥力随着复垦年限的增加逐渐恢复，体现了耕种过程中土壤剖面不同层次土壤的熟化程度差异的结果。

表22.14 就地取土复垦土壤特性随时间变化的情况

复垦年限	深度 /cm	有机质 /%	全 N/%	全 P/%	全 K/%	速 N /(mg/kg)	速 P /(mg/kg)	速 K /(mg/kg)
1年	0~20	0.912	0.059	0.02	1.04	2.6	2.5	59.5
	20~40	0.774	0.047	0.026	0.92	10.5	2.2	70.8
	40~60	0.707	0.043	0.025	1.17	11.3	2.1	47.4
2年	0~20	0.986	0.058	0.051	0.86	6.4	4.2	84.2
	20~40	0.84	0.044	0.051	1.19	1.1	4.1	79.0
	40~60	0.924	0.063	0.045	1.09	3.1	2.6	83.9
3年	0~20	1.103	0.061	0.041	1.08	5.0	6.5	87.6
	20~40	0.995	0.062	0.042	0.77	8.4	5.4	93.5
	40~60	0.888	0.059	0.043	1.06	7.9	1.7	71.9
4年	0~20	1.693	0.064	0.07	1.13	14.7	8.1	71.8
	20~40	1.195	0.067	0.042	0.98	3.1	4.5	86.6
	40~60	0.809	0.055	0.037	1.13	1.5	1.9	77.1
5年	0~20	2.055	0.098	0.091	1.16	19.9	9.3	77.5
	20~40	1.275	0.067	0.067	1.18	4.0	4.3	76.0
	40~60	0.972	0.051	0.036	1.12	3.6	2.8	74.5

但从两种复垦方式的土壤肥力状况对比来看，就地取土复垦各项土壤肥力指标除了钾以外，均优于矸石复垦地。这主要是因为就地取土复垦保留了大部分的表层熟土，而矸石复垦方式所覆表层土壤更多来源于取土区未经耕作熟化的生土。从研究结果来看，在复垦过程中采取保护表层熟土的措施，有利于提高复垦土壤质量。

2. 复垦土壤培肥技术

1）试验设置

采用田间试验方法，将0~50cm土壤层均匀混合模拟充填重构土壤。通过种植绿肥（GF）、施用化肥（F）、有机无机配合施用（FM）、有机肥施用（M）等方法对重构土壤进行改良，同时设置不施任何肥料处理作为空白（CK）。通过连续3年种植后的土壤性质监测对复垦土壤培肥效果进行评估，从而确定快速培肥土壤的措施。试验用重构土壤本底值见表22.15。

表22.15 重构土壤表土本底值

pH	有机质 /(g/kg)	全氮 /(g/kg)	碱解氮 /(mg/kg)	全磷 /(g/kg)	速效磷 /(mg/kg)	全钾 /(g/kg)	速效钾 /(mg/kg)
7.96	6.09	0.074	36.95	0.22	2.4	22.14	96.10

试验供试植物为玉米，邯郸农科院选育的"邯丰79"；豆科作物为紫花苜蓿。无机

肥料：复合肥（16∶16∶16），尿素；有机肥为猪粪（全氮0.17%、全磷0.03%、全钾0.16%）。肥料在播种前撒施并翻入土中，田间管理同大田。各处理的施肥量见表22.16。

表22.16 不同处理的施肥量 （单位：kg/hm²）

施肥方式	基肥				追肥
	N	P₂O₅	K₂O	有机肥	
F	90	75	75	—	150
FM	90	75	75	30 000	150
M	—	—	—	30 000	150
CK	—	—	—	—	150
GF	90	75	75	—	—

2）样品的采集与分析测定

玉米收获后进行土壤表层（0～20cm）、亚表层（20～40cm）样品采集，3次重复，土样拣根自然风干，分别过1mm和0.25mm筛备用。测定项目为土壤有机质、全氮、碱解氮、速效磷、有效钾。

玉米株高测定方法：在成熟期进行玉米株高测定，测定从第四株开始，以避免受边缘效应的影响。

玉米产量：对各小区玉米进行收获、风干、计产，最后折算成公顷产量。

22.4.2 应用实例

本技术在山东兖州矿区和河北开滦矿区进行了应用，主要采用种植绿肥、施用化肥、有机肥、有机无机配合施用等方法，对矸石充填复垦、就地取土复垦等不同工程复垦的重构土壤进行改良应用，改善土壤结构，提高土壤养分；同时，采用轮作、套种、间作等耕作方式，促进了土壤各肥力要素的形成，提升土壤肥力水平，恢复土壤生产力。应用效果如图22.10所示。

图22.10 土壤改良区

22.5 采煤沉陷区动态预复垦技术

采煤沉陷区土地复垦一般是待下沉稳定后才进行，而采煤沉陷区动态预复垦是对多煤层或厚煤层开采区，在采煤沉陷未稳定、地表形成积水前进行的沉陷区预先剥离、取土、回填的复垦或固废充填的复垦。

待地表沉陷稳定后才进行复垦时，往往平原高潜水位矿区地表沉陷已形成大范围积水，导致复垦工程难度大、费用高、效果差。具体表现在：①地表积水致使工程测图和工程实施困难，土方工程多为水下工程，施工难度大；②水下取土工程费用比无积水区大幅提高；③因采煤沉陷使复垦区交通、水利、电力设施破坏，工程施工运输条件变差；④采煤沉陷地表积水后土壤特性变差，使复垦的耕地质量下降；⑤采煤损毁土地不能得到及时复垦，地表积水、淤泥还使复垦施工周期变长，工程效率低、效益差。

采煤沉陷区动态预复垦可避免一般复垦方法的缺点。动态预复垦是在采煤沉陷未稳定、积水未形成时进行，因此施工相对简单，施工条件好，易于工程布置和方案设计，缩短了复垦施工周期，提高了复垦效益。此外，还可与地下采煤同时进行，使采煤沉陷损毁的土地得到及时复垦利用。该方法主要是针对我国平原高潜水位矿区多煤层或厚煤层开采未稳沉区或待开采区提出的预回填复垦的技术方法。

采煤沉陷区动态预复垦的基本做法是依据煤矿开采规划、地质采矿条件、开采推进情况、地表沉陷程度、项目区沉陷前地貌、区域地形地貌、地表水系等具体条件，预计采煤沉陷范围及程度，确定项目区范围、复垦规模及主要目标；进行预回填复垦物料（无污染矸石或就地取土）选择、工程布局、回填方法、工程安排、施工参数等工程设计；进行控制田块和施工区块划分、施工顺序选择及工程施工。全部就地取土回填和矸石回填动态预复垦如图 22.11、图 22.12 所示。

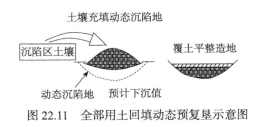

图 22.11　全部用土回填动态预复垦示意图

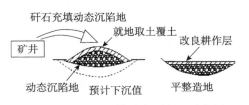

图 22.12　矸石回填动态预复垦示意图

采煤沉陷区动态预复垦方法的优点：一是可在地表大面积沉陷积水之前取出宝贵的耕作层土壤，从而减少治理成本，保证了较好的土壤质量；二是破坏的耕地能够得到提前治理，使耕地资源得到有效保护；三是实现了采矿与复垦的充分有效结合，即"采矿-复垦"一体化。主要特点是"边采矿、边复垦"，降低复垦投入，缩短复垦周期，增加复垦效益。并促进矿区土地资源的可持续利用及矿区的可持续发展，能有效减缓矿区因采煤沉陷植被破坏、水土流失等造成的生态环境恶化，最大限度地保护土壤资源。

22.5.1 技术内容

1. 地表变形预计

首先进行采区水文、地质条件调查，根据工作面开采情况及矿区地表移动观测站实测资料，确定适合于该矿区的地表沉陷预计所需的下沉系数、主要影响角正切、拐点偏移距等主要参数值，预计地表沉陷范围、程度及时间，同时作出下沉量等值线图，作为复垦规划的依据。

2. 施工田块划分

根据等值线进行施工田块划分，将预计下沉量小于2m、预计下沉量为2～4m、预计下沉量大于4m分为不同的施工田块，如图22.13所示。

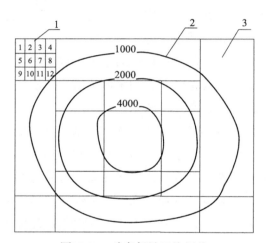

图22.13 动态复垦田块划分

1.施工参数计算区域；2.等值线；3.施工田块

3. 确定施工参数

将划分的施工田块再划分为边长为10～20m的矩形或方形施工参数计算区域，该区域也是施工过程中的施工控制区域，每个施工参数计算区域的施工参数计算公式如下：

$$\overline{B}_{总}=H-H_0+\overline{W}_{预} \tag{22.14}$$

式中，$\overline{B}_{总}$为施工参数计算区域回填平均厚度；H_0为下沉前地面标高；H为稳沉后复垦设计标高；$\overline{W}_{预}$为该施工参数计算区域预下沉量的算术平均值。

当复垦回填材料采用无污染矸石填充时，矸石平均充填厚度（$\overline{B}$）的计算公式如下：

$$\overline{B}=\overline{B}_{总}-覆土厚度 \tag{22.15}$$

充填矸石标高（$H_{矸}$）的计算公式如下：

$$H_{矸}=H+W_{预}-W_{已}-覆土厚度 \tag{22.16}$$

式中，$W_{\text{已}}$ 由现场实地测得，耕作层厚度为 0.4m，矸石充填时，矸石上部覆土厚度包括耕作层厚度不小于 1m。

4. 施工方案

工程实施阶段以上述划分的施工田块为单元进行分区施工，以上述划分的矩形或方形施工参数计算区域进行施工参数控制，实测施工区域已下沉量，根据所计算出的回填平均厚度、充填标高等施工参数进行施工，施工时首先将复垦施工田块（1号区域）与取土田块（2号区域）的表土剥离厚度为 0.4m 移至别处，将无污染矸石或从取土田块取土充填于施工区域至充填设计标高 $H_{\text{矸}}$ 或 $H_{\text{土}}$ 处，然后将剥离的表土覆于表面，各施工区域依次进行直至该项目中所有施工田块充填覆土完毕，最后将所有施工田块按当地地表倾斜趋势进行整体一次平整。

22.5.2 应用实例

该技术在邹城市中心店镇进行了应用。项目区为东滩煤矿四采区沉陷地，地下潜水位埋深 4m 左右。该项目区因煤层开采地表已发生程度不同的沉陷，属于非稳定沉陷地，地表还将随井下开采而不断发生沉陷，地形地貌也将随之发生变化。受排水条件的限制，项目区在雨季易发生季节性积水，从而对沉陷地的利用产生极大影响，部分沉陷地已成为杂草丛生的低洼沼泽地。本区域当时 $3_{\text{上}}$ 煤层正在开采，$3_{\text{下}}$ 煤层后期开采，如不进行规划治理，整个沉陷区将随着不断的采煤沉陷而渐变为积水沼泽地或深水区。

为了实现地表沉陷积水前取土及损毁土地提前复垦利用，减少复垦工程量，降低复垦工程投资，有利于农田保墒、保水、保肥及农作物生长，应用预复垦技术实施了采煤沉陷区动态预复垦。东滩煤矿当时 $3_{\text{上}}$ 煤层开采尚未结束，并计划开采 $3_{\text{下}}$ 煤层，通过地表变形预计 3 煤全部开采结束后，地表最大下沉还有 3～5m。考虑到项目区西部有白马河，具有良好的排水条件，根据白马河的河床标高和河堤标高，确定项目区稳定后的复垦标高为 +41.7～+42.2m，项目复垦区分年度向东部扩大，根据动态沉陷区预测结果，各年度动态预复垦标高设计值见表 22.17。复垦标高值已考虑到矸石回填后，因自重等因素所产生的沉缩量。

表22.17　各年度动态预复垦标高设计值

复垦年度	2000年	2001年	2002年	2003年	2004年	2005年
复垦标高/m	+45.7	+46.2	+45.7～+46.7	+46.7	+46.7	+45.2～+46.7

根据预计结果确定复垦标高以上的未积水区平整后形成耕地；积水区采用煤矿排放的煤矸石预回填，其上部覆土后形成耕地，最终复垦总面积为 198.84hm^2。

22.6 采煤沉陷区景观构建与生物多样性保护

采煤沉陷区景观构建与生物多样性保护就是根据沉陷区现状及其周边景观特征，合理设计物流通道、物种栖息地，采用各种技术手段，完善物种生态位，建立食物链，实现能量与物质的良性循环，达到可持续利用的目的。

在矿区生态恢复和重建的过程中，建立形成生物多样性保护工作体系，系统开展沉陷区生物资源调查，制定科学的生物多样性保护管理措施；合理开发和利用沉陷区内各种资源，促进生物种类的增加，最终将沉陷区建设成为生物多样、结构合理、可持续发展的生态景观。

22.6.1 技术原理与技术内容

1. 沉陷区农田生物多样性保护

1) 合理设计农业景观格局

采煤沉陷区生态重建涉及景观格局的重新设定，直接影响着农田生态系统的生物多样性。景观异质性可以降低稀有的内部物种的丰富度，增加需要两个或两个以上景观要素的边缘物种的丰富度。利用这个特性，可以通过调整景观的异质性，改变物种的构成。在农田生态系统中，作为廊道的树篱，对动物群落尤其重要，在农业景观中动物区系大部分可在树篱中看到。设计好树篱的位置、宽度，既可以为益鸟和益兽提供栖息的条件，又可以在自然和城市生态系统之间，为野生动物在两地间迁移提供一条通道。这对于保护野生动物、提高城市的生物多样性程度都是有益的。

由于农田生态系统的特殊性，其中的生物多样性的构成和物种的种群密度应该以既不影响农作物的生长和管理，又能保证一定的经济、环境和社会效益为出发点。要针对具体的系统，确定合适度。

2) 根据食物链原理设计生物多样性

食物链结构的多样性是生态系统多样性的另一种表现形式。利用物种之间共存互惠关系与自克、他克作用关系，或利用能流食物链关系进行切断或增加食物链，对生态系统的组分进行重新组装，是生物多样性设计的主要手段。通过这一方法，可以调整系统的组分与结构，从而增加物种的多样性，维持系统稳定，增加或增强系统的功能。

3) 积极引种，增加栽培品种，但要避免盲目引种

为了增加粮食产量，提高农业生产效率，农田系统过分依赖于少数几个耐肥水、产量高的作物类型和栽培品种。这在大幅度提高农作物产量的同时，也造成了一些近乎毁灭性的灾难。如毁灭性病虫害的大面积暴发，主要就是因为忽略了对丰富的古老地方品种的利用而造成的遗传基础狭窄所致。种内丰富的遗传多样性是物种适应外界环境变化的物质基

础,农业生产上应用的物种品种类型越丰富,越能抵御变化莫测的自然灾害,如果作物类型和品种过于单一,遗传背景狭窄,遗传多样性降低,就会使整个农业生产系统在灾害面前显得无能为力。大幅度利用远源物种育种栽培,可以提高农业生态系统内农作物遗传多样性,且增加了农田系统的生产力和抗灾能力。

4）改善植物生长的土壤环境

农田生态系统中以农作物为主体的生物群落的结构和动态方面的多样化受到由气候、土壤、水文等环境因素形成的生境多样化的影响。生态环境的多样化导致了生态位的多样化。农作物的生态位与其他物种所占的生态位之间的重叠程度,直接影响到它们的生长。在制定保护农田生物多样性策略时,应充分考虑当地气候、地形地貌、植被类型及覆盖度、作物种类及茬口、土壤等因素的变化,以有效控制其对农田生物多样性和害虫发生动态的影响。而改善土壤物理性状,逐步控制化肥用量,配方施肥,增加有机肥、生物肥的使用量,这不仅可以减少过量使用化肥对土壤及水质的污染和破坏,还能增加土壤中有益微生物及蚯蚓等软体动物的活动空间,使耕地的产出能力进一步提高,农产品的品质进一步改善。

5）根据复垦土壤特性合理耕作,实行少耕、免耕或刈割的方法

耕作主要是由于改变土壤物理环境（如水分、空气、紧实度、孔隙度和温度等）,从而对土壤野生物的种群产生影响。研究表明,免耕可使无脊椎动物在土壤中的垂直分布不受干扰,因而其种类和数量增加；免耕也使农田中的一些风媒杂草免受伤害。采煤沉陷区修复后的农田,土壤结构较差,土壤肥力较低,采取免耕法是改良土壤的有效措施之一。适当减少耕作次数,既减小了杂草与农作物对养分和水分的竞争,减小了对土壤中无脊椎动物和放线菌等微生物的伤害,又可以实现提高目标作物产量的目的。

可以采用刈割的方法管理田间杂草,既保持了田埂植物的多样性,又可避免杂草对作物的危害。

6）采用科学合理的种植方式,增加轮作、间作和套作

打破单一的作物结构,科学合理地安排多种作物的混合种植及其时空分布,因地制宜的轮作、间作和套作种植,作物多样性提高,对昆虫种类和数量的增加以及农田生物多样性的提高起着直接的积极作用。不同的作物具有不同的播种期和收获期。轮换种植不同的作物是防止单一杂草蔓延、控制病虫害和减少某些植物病害发生的有效途径。例如,将玉米连作改为玉米—大豆轮作,可以减少对玉米食根虫的防治次数。

7）改变防治病虫害的方法

在农业生产中,综合应用各种防治措施,用害虫种群的"生态控制"代替"综合防治"对害虫进行管理,创造不利于病虫害滋生的条件,保护农业生态系统的平衡与多样性。首先是选择抗性品种,采取挂捕虫灯等物理方法,施用低毒农药、生物农药,使用人工除草等方法,营造一个有利于发展"生态农业"的良好环境,这一举措不但可减少土壤、水质、

农产品受高毒农药的污染，而且使农田害虫的天敌增加了幸存的机会。

8）正视作物与杂草的关系，科学管理杂草

杂草与病虫害一样，也是影响农作物生长和导致农作物产量和质量下降的重要因素，是农业生产上需要加以控制的有害生物之一。人们一直努力寻找防治杂草的有效方法。近年来，除草剂的使用对生物多样性的影响日益被人们所关注。

9）发展有机农业

有机农业有利于农田杂草生长、有利于地表节肢动物的繁殖和生长。研究表明，有机种植能提高步甲科和隐翅甲科的物种多样性，有利于农田蜘蛛和其他节肢动物的生长。步甲科动物是农田中较为丰富的一类节肢动物，对于维持农业生物多样性具有潜在的作用，对农田土壤质量也具有指示作用。研究表明，农田杂草的物种丰富度或者盖度与地表步甲科种类呈正相关。由于有机农业应用非化学手段进行病虫害防治，不使用化肥和农药，而且粪肥施用量较高，都增加了地表节肢动物的生长和存活机会。

有机农田与常规农田相比，拥有更多的蚯蚓种群数量。土壤微生物生物量和微生物活性要高于常规农田。有机农田中鸟类种类和数量更多。主要是由于有机农场具有较大的树篱和更多的树，有机农田各种田间管理措施和田边生境特征使得田内及其周围拥有更多种类和数量的无脊椎动物和植物。

2. 采煤沉陷区湿地生物多样性保护的主要内容

1）合理设计，对沉陷区景观进行整体保护

生物多样性保护一般有以物种为中心的传统保护和以生态系统为中心的景观保护两条途径。前者强调对濒危物种本身的保护，是一种"亡羊补牢"的方法；而后者则强调对景观系统和自然栖息地的整体保护，力图通过保护景观多样性来实现物种多样性的保护，是从根本上解决问题的方法，能收到事半功倍的效果。因为要长期保存一个物种，不仅要考虑物种本身，还要考虑其所在的生态系统及有关的生态过程；不仅要考虑保护区，还要考虑其背景基质等。因此，采煤沉陷区湿地生物多样性保护应选择对整个生态系统进行整体保护，因地制宜、合理规划，通过保护景观多样性来保护生物多样性。

2）保护湿地生态环境、适度开发利用

保护湿地生态环境，集中力量搞好水源涵养区保护、防护林建设等生态工程，以提高森林覆盖率，改善气候条件，涵养水源，防止水土流失。就地建立不同地带、不同级别和不同范围的湿地生态类型保护区，在许多宝贵的湿地生态环境和水禽资源未遭到毁灭性破坏之前，就建立起保护小区或保护点，保护好现有的湿地环境和湿地资源。保护渔业生物资源生态系统，达到资源的恢复发展和持续利用，从而保障渔业生态能获得长期的经济效益。

发展多元经营，适度、合理开发湿地资源。要采取措施充分发掘和积极发挥湿地资源的各种潜在价值，变资源优势为经济优势，利用湿地景观优势，大力发展湖泊观光、生态旅游、科学研究、生态教育等经营活动，通过多元经营，带动对湿地生态系统和生物多样性保护的重视，走可持续资源利用之路，自觉适度地开发利用湿地资源。

3）加强生物多样性科学研究，建立监测体系

加强沉陷区水生生物多样性保护的关键技术研究、建立相应的技术体系是实现水生生物多样性保护的强有力保证。生物多样性保护的决策必须以充分、准确的信息为依据，而必要的信息只有通过监测才能取得。因此，生物多样性监测是生物多样性保护工程必不可少的环节。随着经济建设的发展，采煤沉陷区水质逐渐恶化，为保护渔业环境生态的良性循环，应建立沉陷区水环境的监测和水污染治理系统。加大投入力度，加强科学研究，建立水域水生生物多样性监测队伍，进行长期监测，随时了解和掌握水生生物多样性变化规律和特点并加以调整，加强湿地生物多样性保护、湿地生境与生物多样性关系、湿地价值（包括生物多样价值）、湿地恢复、湿地保护政策、湿地立法等方面的研究，从而制定相应措施，保护沉陷区水资源和渔业资源。

4）加强立法与宣传教育，提高沉陷区湿地生物多样性保护意识

保护湿地是直接造福于全社会和子孙后代的公益事业，要真正从湿地保护是保护自然资源和促进社会经济可持续发展的战略高度来认识。同时，要加强对领导和群众的双向宣传，从而带动、促进与提高社会各界和全体公民的湿地保护意识，推动湿地保护事业的稳步发展。并且，建立一些湿地生态环境保护与持续发展的示范区，使人们认识到保护湿地和合理地发展养殖业及旅游业的经济效益。

5）设置机构、科学管理

建立生物多样性保护机构，统一组织和协调林业、水产、农业、水利、土地、环保等主管部门之间的湿地保护管理工作，制定科学的生物多样性保护规划，编制生物多样性保护行动计划，为各级政府、有关部门和广大群众提供一个良好的指南。

此外，国家和各级政府以及地方各级财政，都应进行必要的投资，多方筹措资金，加大对生物多样性保护的资金支持力度，从而巩固与促进国家和地方湿地保护事业的长足发展。

22.6.2 应用实例

该技术在兖州矿区北宿镇进行了景观生态示范区建设，对沉陷区进行田、水、路、林的综合开发，将采煤损毁的农田、生态系统，恢复重建成具有较高生产能力的农业生态系统，生态环境彻底改观。同时在土、水、空间和动植物群落等生态系统内部能量的转化率和物质良性循环利用率等方面，呈现出良性生态经济平衡的农业生态系统模式。

治理后的试验区内，塘坝坡面全部进行了绿化；在水产养殖区周围，修建了观光凉亭3座，浅水区域栽植了挺水观赏荷花；建养殖场1处；葡萄种植园2处；食用菌大棚1处；蔬菜大棚98个，形成了集农、林、牧、副、渔、观光旅游于一体的高效农业生态园区。治

理后的沉陷地呈现出了水里鱼鸭戏莲藕、岸边垂钓扶杨柳的田园美景，被誉为邹城的小江南和孟子故里的小西湖（图 22.14～图 22.16）。

图22.14　治理后的观光风景区　　图22.15　治理后的精养鱼塘　　图22.16　治理后的养殖场

（本章主要执笔人：张广伟，鲁叶江，郭友红，李幸丽）

第 23 章
采煤沉陷区湿地生态构建技术

我国东部平原矿区普遍存在采煤沉陷后地表出现大面积积水的问题。将采煤积水沉陷区开发建设成具有城市服务功能的人工湿地是实现国家提出的生态文明建设和宜居城市发展的重要举措。唐山研究院在国内率先开展了采煤沉陷积水区构建次生湿地的研究,研发了采煤沉陷区生态演变规律、采煤次生湿地水资源保护与维系、湿地生境与植被景观构建、污染治理与防控及矿业城市生态景观建设规划等技术。将景观生态学、恢复生态学等理论引入到采煤沉陷治理中的景观生态复垦中,更加注重沉陷区的景观生态协调和社会的可持续发展,使得治理后的沉陷区不仅具有较强的生态修复功能,而且具有很强的景观价值。在唐山和淮北的采煤沉陷区内建设了集生态保护、休闲娱乐、旅游度假、文化会展于一体的次生湿地公园,成为采煤沉陷区治理的典范。

23.1 采煤沉陷区生态演变规律

采煤导致的地表沉陷,严重破坏了土地资源,在地下水位埋藏浅的矿区,沉陷区积水使陆地转变为水体,显著改变了土地利用方式、植被覆盖条件与景观格局,成为生态演变的重要驱动因子。

生态系统是在一定的时间和空间内,生物组分与非生物环境之间通过不断的物质循环和能量流动而相互联系、相互作用、相互依存并具有一定功能的统一整体。自然状态下,生态系统受气候、水文、地质等因素的影响,其演变过程是缓慢和渐进的。生态演变主要体现在各种人类活动与自然条件变化导致的土地利用/覆盖变化(land use and land cover change,LUCC)。土地利用/覆盖既包含了土地开发、资源利用等人类活动信息,又包含了植被覆盖类型、景观格局等自然状态信息,土地利用/覆盖变化(LUCC)与区域水循环、养分循环、能量循环等生态过程息息相关,是陆地生态系统变化的主要表现。

LUCC 研究的方法主要是通过遥感(remote sensing,RS)影像应用图像处理技术提取土地利用/覆盖信息及变化信息,在地理信息技术(geographic information systems,GIS)支持下进行空间分析、统计,采用数理统计、系统分析等方法建立驱动机制模型,定量分析各因子的驱动力大小,预测未来土地利用变化情况。

在人类密集、高强度的干扰下，生态系统结构和生态过程在短时期内发生了剧烈的变化，如水电开发、森林砍伐、城镇扩张、矿山开发等造成了水土流失加剧、植被覆盖减少、生物多样性丧失、自然灾害频发等一系列生态问题，导致生态系统逐渐退化。在煤炭资源蕴藏丰富的地区，采煤导致的地表沉陷，严重破坏了土地资源，在地下水位埋藏浅的矿区，重度沉陷后积水使陆地转变为水体，显著改变了土地利用方式、植被覆盖条件与景观格局，成为生态演变的重要驱动因子。

在采煤沉陷区建立采煤沉陷区生态要素监测站和数据库，结合 3S 技术是研究大尺度和跨尺度上生态演变的有效手段。

23.1.1　技术内容

研究采煤沉陷区生态演变规律的主要技术内容包括建立采煤沉陷区生态要素监测站和数据库，利用 3S 技术研究采煤沉陷区土地利用/覆盖变化（LUCC）规律。

1. 建立采煤沉陷区生态要素监测站和数据库

在高潜水位矿区设置生态要素监测站，重点监测沉陷区土壤、水域、水质及水域生物多样性变化情况，并构建管理数据库。通过采煤沉陷区监测站长期监测发现我国东部采煤沉陷区农业生态系统要素演变特征：

（1）采煤沉陷地有机质和氮、磷含量从上坡到沉陷中心逐渐升高，出现上坡土壤贫瘠化、中坡土壤盐碱化、下坡土壤沼泽化的分区现象（图 23.1），沉陷区域土壤退化现象显著。

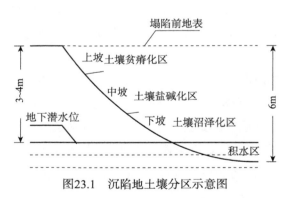

图23.1　沉陷地土壤分区示意图

（2）沉陷水域浮游植物总密度为 2.13×10^{-6} ind/L，底栖动物以水栖寡毛软体动物为主，其优势种为中华颤蚓、霍甫水丝蚓、奥特开水丝蚓、苏氏尾鳃蚓等，Shannon-Wiener 指数为 2.82；养殖水域浮游植物总密度为 3.21×10^{-8} ind/L，底栖动物以水栖寡毛类为主，其优势种为中华颤蚓、霍甫水丝蚓等，Shannon-Wiener 指数为 1.99。监测的沉陷区水域、底泥生物量、水生生物多样性的数据分析表明，沉陷形成的自然水域水质好于人为改造的养殖区域。

（3）原有的用地结构和土地资源配置发生了很大变化，水生动植物、林草植被、农作物和水产品种增加，生物多样性显著提高，沉陷区原有陆生生态系统演替为水陆复合型生态系统，为沉陷区生态农业发展和景观再塑提供了条件。

2. 利用 3S 技术研究采煤沉陷区土地利用/覆盖变化（LUCC）规律

利用 3S 技术分析了某矿区 1993～2013 年多时相遥感影像数据，建立了一种优于普遍常用的分类方法，即多层次分类方法，进行了高精度遥感数据解译，得到了研究区域土地利用的空间、时间及数量变化规律（图 23.2）：

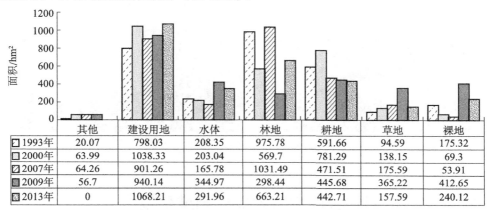

图23.2　沉陷区土地利用变化图

（1）1993～2000 年建设用地增长最大。这是因为城区向南扩展所致。后期先减少再增加，是受到采煤影响导致部分建筑物损坏搬迁引起建筑物减少，后经采空区地基稳定性评价及地基处理，能够将废弃沉陷地复垦利用为建设用地。由于房地产的发展，沉陷区进行了多功能区域建设，增加了建设用地面积。

（2）1993～2007 年水体面积不断减少。2007～2009 年水体有增长，是因为在此期间实施了扩湖工程及其他一些整治措施，使得水面有大幅度增加。2009～2013 年，水面面积有小规模减小。分析原因，一方面是临近城区部分水面消失而变为建设用地，另一方面是水域周边绿地、亲水廊道等增加，遮盖了部分水面所致。

（3）近 20 年林地面积数量波动较大。1993～2000 年沉陷区侧重于农业复垦，小部分由于转变成了建设用地；2000～2007 年南湖发展方向转变，由于开展了义务植树，林地面积增加；2007～2009 年，根据规划需要实施了扩湖、垃圾山整治等工程，扩大了水域面积，部分林地被破坏，部分变成了水域；2009～2013 年，引进了许多园林观赏树种，恢复了大规模林地。

23.1.2　应用实例

应用"采煤沉陷区生态要素监测站和数据库"技术，在邹城矿区建立监测站，并成功示范 1450hm²，其中耕地 870hm²、林地 72.5hm²、养殖水面 507.5hm²。

应用"采煤沉陷区土地利用/覆盖变化规律"技术，在开滦集团唐山矿业公司的采煤沉陷地共建成 28km² 的城市湿地公园（图 23.3）。

图23.3　唐山南湖城市湿地公园

23.2　采煤沉陷区湿地水资源保护与维系技术

水是人工湿地构建的核心所在，是维持湿地生态系统稳定的第一要素。采煤沉陷区湿地水资源保护与维系技术主要是针对采煤沉陷积水区人工湿地构建过程中的水域不稳定、水源不足而专门研发的综合水资源维持技术。该技术立足于湿地生态对水的需求，从区域水资源平衡角度出发，构建稳定水域面积和连通水系系统，为人工湿地生态系统的稳定提供保障。

23.2.1　技术内容

采煤沉陷区湿地水资源保护与维系技术主要包括水域构建、水系沟通、水资源平衡分析等技术。

1. 水域构建

针对开采沉陷积水区普遍存在的积水水域比例低，单个水域面积小又分散封闭，平均水深浅又变化大，水体难以维系及易污染等问题，为了使沉陷积水区实现基本的人工湿地生态系统结构功能，根据人工湿地生态对水的需求，对采煤沉陷积水区进行扩湖改造，扩大稳定水域面积。根据沉陷积水现状，设计不同湿地水深，满足多样湿地生物生长需求。水域构建是人工湿地建设的基础。为防范开采变形区对扩湖水域水体渗漏的风险，对倾斜煤层开采变形区采取了铺设 300～500mm 厚黏土分层压实的防渗措施，急倾斜煤层开采变形区基底处理后铺设土工膜进行复合防渗处理（图23.4、图23.5）。

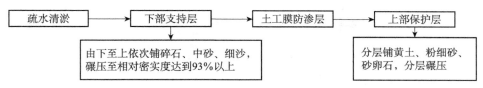

图23.4　急倾斜区土工膜防渗处理工艺

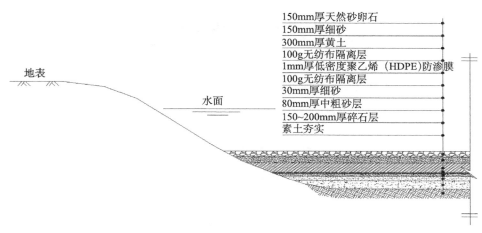

图23.5　急倾斜区防渗剖面图

某矿区采煤沉陷地通过扩湖和防渗水域构建整治，沉陷积水坑数由49个合并为5个大的湿地水域，水域面积从303.03hm²增加到467.78hm²，新增水域面积164.75hm²（表23.1），为湿地功能稳定奠定了基础。

表23.1　扩湖前后水域面积变化

项目	坑数/个	总面积/hm²	最大/hm²	最小/hm²	平均水深/m
扩湖前	49	303.03	24.91	0.33	1.2
扩湖后	5	467.78	266.71	20.95	2.3
变化	-44	164.75	+241.80	+20.62	+1.1

2. 水系沟通

采煤沉陷积水区构建人工湿地存在自身相对封闭的先天不足，易导致水体水质恶化的倾向，需要构造相对流通的水系系统。有必要从区域的角度上构建以人工湿地为核心的水系系统和水利设施，将周边可利用的水资源与人工湿地进行区域间连通（图23.6），以及将人工湿地间的水源进行区域内连通（图23.7）。这种水源连通使湿地生态结构稳定和生态功能正常发挥得到了水源保证。

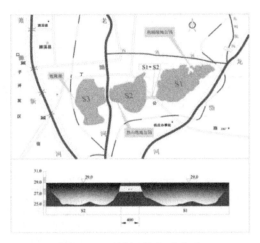

图23.6 区域间的水系连通

图23.7 区域内的水系连通

通过对某采煤沉陷区实施水系沟通后的6号人工湿地及8~10号人工湿地的水体稳定性进行长达6年的跟踪监测（图23.8），湿地水深整体波动不大，湿地水位变幅在20%以内，表明采煤沉陷区湿地水资源保护与维系技术的应用对湿地水体稳定性的作用显著。

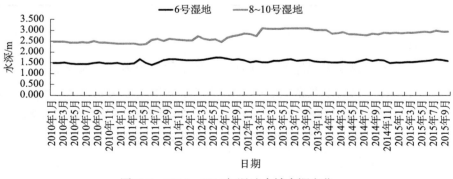

图23.8 2010~2015年湿地水域水深变化

3. 水资源平衡分析

收集采煤沉陷积水区周边水库、河流等水资源资料和气候水文资料，分析人工湿地可利用的水资源分布与水资源量，从水资源输入（地表水源可补给量、降水量）、水资源输出（大气蒸发、生态耗水、地下渗漏）分析人工湿地水资源平衡，制定确保人工湿地水资源输入不低于水资源输出的水资源补给措施。

通过某矿区现状资料和规划资料分析，湿地可供水源主要有污水处理厂中水、矿井排水、河道引水和大气降水，水源损失主要为蒸发、地下径流渗漏损失。通过水平衡分析（表23.2），人工湿地水源补给量每年可达3460.84万 m^3，而每年损失量为2411.96万 m^3，供给量大于损失量。通过分析可知，人工湿地建设有可靠的水源保障。

表23.2　水平衡分析结果　　　　　　　　（单位：万m^3/a）

项目	污水处理厂中水	矿井排水	大气降水	大气蒸发	渗漏	河道引水	合计
水源补给	2920	255.5	285.34	—	—	—	3460.84
水源损失				840.13	1571.83	—	2411.96

23.2.2　应用实例

唐山研究院将水资源保护与维系技术成功应用于河北唐山和安徽淮北的采煤沉陷积水区的人工湿地建设。

1. 唐山南湖人工湿地建设

开滦矿区唐山矿经过130余年的开采，地表形成了近30km^2的开采沉陷区，形成沉陷积水坑多且分散，积水坑水质恶化，导致蚊蝇等有害生物大量滋生，破坏了项目区原生生态系统的结构和功能。应用采煤沉陷区湿地水资源保护与维系技术对唐山矿9.5km^2的采煤沉陷积水区进行了人工湿地治理，通过扩湖和防渗扩大了水域面积；通过水系沟通将周边的青龙河和陡河纳入了湿地补给系统，各湿地间有了人工提水设施相连的水体连通通道；区域水资源平衡分析为人工湿地构建提供了水资源保障。项目实施后（图23.9），人工湿地生态系统稳定，取得了良好的效果。

2. 安徽淮北人工湿地建设

应用采煤沉陷区湿地水资源保护与维系技术，在位于淮北市城市中心区域的采煤沉陷区建成由六湖（乾隆湖、相湖、南湖、中湖、东湖、北湖）组成的串行长廊式生态湿地，总长25km、总面积49km^2。依据城市区域水系、水资源、地形情况，结合采煤沉陷区现状及未来开采部署，研究提出了采煤沉陷积水区与周围自然水系沟通的水资源保护与维系网络，实施了采煤沉陷积水区与周围水系的沟通以及连通网络与淮水北调的连接，建立了11

图23.9 唐山南湖湿地水域景观

个沉陷积水区、5条主要河流、覆盖区域面积400km²的水资源保护维系网络。形成了矿业城市地表水保护、沟通、控制、补给的人工湿地综合水维系技术,通过沉陷区水域与自然水系沟通网络的构建,保持了湿地水平衡稳定。

23.3 采煤沉陷区湿地与植被景观构建技术

采煤沉陷积水区靠近城市区域,是城市化发展潜在规划区。若采用传统的耕地复垦治理方法又缺乏足够的充填物料,近郊采煤沉陷积水区进行耕地复垦则缺乏现实可行性和必要性。在生态领域,采煤沉陷积水区属于湿地的一种类型,湿地是一种独特的生态系统,具有调节气候、美化环境、生物多样性保护等多种功能,且具有潜在的城市服务功能。近年来,城市生态文明建设一直是社会关注的热点,也是城市可持续发展的关键。因此,近郊采煤沉陷积水区进行人工湿地建设是煤炭型城市生态治理的优先选择之一。

采煤沉陷区形成的次生湿地不同于自然湿地,在保证自然湿地生物多样性保护、涵养水源、净化空气、调节区域小气候等基本功能外,还具有优化城市景观,为城市居民提供休闲娱乐和科普教育的功能。因此,矿业城市沉陷区次生湿地不仅以水域为主,还要构建一定比例的陆域区域,为构建次生湿地城市功能区提供场所。

23.3.1 技术内容

1. 陆域构建技术

1)矸石陆域充填构建

利用矸石充填沉陷区,其充填方式主要有两种:一是分层充填压实,提高煤矸石的充填效果,增加矸石承载力,主要用于构建建筑用地;二是全厚充填法回填压实,回填工艺简单,适应性强,但存在充填不均匀、不稳定等问题,一般用于农林生态用地构建。

2）粉煤灰陆域充填构建

粉煤灰可以用于回填造地和堆山造景，用于土壤改良，改变土壤质地，增加土壤持水量，提高土壤pH，增加土壤肥力。该工艺流程简单，便于推广，充填材料来源广泛，成本低，生态效益显著。

3）挖深垫浅构建

挖深垫浅法是将造地与挖塘相结合，即用挖掘机械将沉陷深的区域再挖深，形成水（鱼）塘，取出的土方充填沉陷浅的区域形成耕地，达到水产养殖和农业种植并举的利用目标。其优点是操作简单、适用面广、经济效益高、生态效益显著。

2. 护岸技术

1）稳沉区护岸技术

采取一次性植被护岸措施。坡底设置木桩驳岸，内侧设置碎石笼返滤层；边坡底部2m范围内采用植被生态方格网固定，避免边坡水土流失（图23.10）。

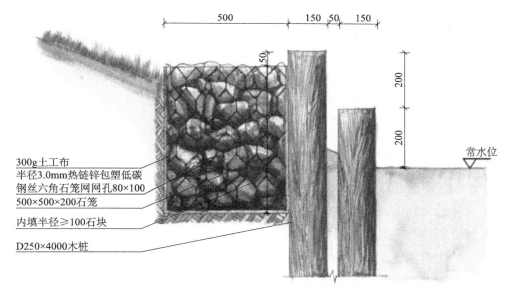

图23.10 稳沉区护岸技术示意图

2）未稳沉区护岸技术

未稳沉区受残余变形影响，边坡护岸采取临时植被措施。以根系发达的乡土物种为主，快速增加植被覆盖度，避免水土流失，待稳沉后再采取最终的一次性护坡措施（图23.11）。

3. 植被景观构建技术

1）不同采煤沉陷稳沉区适生植被筛选

东部高潜水位矿区具有地质采矿条件复杂、多煤层、重复采动，稳沉时间长等特点。

图23.11　未稳沉区护岸技术效果图

从稳沉角度分析，建设区内既有开采沉陷稳定区，基本稳沉区，也有正在开采区域（包括未来开采区）。从地表变形破坏分析，有沉陷裂缝区、沉陷积水区、季节性积水区、未来沉陷积水区等。因此，综合考虑本地乡土物种和引进外来物种相结合，筛选适应能力强、抗逆性强、管理粗放的植物，以减少管理成本，建立节约型园林，使生态系统更加稳定。

湿地适宜品种筛选采取3种措施：自然筛选、长期试种筛选和引种筛选。

2）植被配置

根据沉陷区不同的稳沉阶段区域和功能区规划，植被配置分为以下几种情况：

（1）开采稳沉区地表基本稳定，乔木、灌木、地被植物、水生植物均不受地表变形影响，植被配置不再受未来开采影响，植被配置受限制较少。根据规划建设需要，重点选择水土保持、绿化和功能区景观植被。

（2）开采残余变形区是地表还存在部分变形的区域，植被筛选重点考虑地表沉陷是否产生积水的特点。下沉变形不大的陆域以种植灌草植被为主，下沉变形较大区域以种植抗逆性较大的草本植物为主，预测下沉积水区或季节性积水区种植适于水体和陆地生长的中生植被品种；已沉陷积水区种植水生植被。

（3）未来规划开采区，预计地表变形较大，大部分区域会出现潜水位抬升或积水现象，稳沉前不适宜进行景观植被的配置，适宜采取临时的水土保持措施，以抗逆性强的乡土地被植物为主，待最终沉陷后再根据规划建设要求，种植合适的植被。

3）地表配置

在开采稳沉阶段划分和遵循总体规划的基础上，地表可按照不同的湿地景观类型配置。

例如，可把唐山南湖次生湿地绿地植物配置分为以下几种类型：①水体植物配置；②岛屿植被配置；③堤岸植被配置；④道路植物配置；⑤建筑周边植物配置；⑥地被植物的配置；⑦停车场植物配置。

23.3.2　应用实例

本技术成功地应用于唐山市南湖采煤沉陷区治理。采煤沉陷区建立了南湖城市次生湿地示范区面积 9.5km^2，近 3 年仅示范区就获直接经济效益达 13.97 亿元。筛选出包括针叶树、阔叶树、地被植物和水生植物在内的 54 科 120 种适生植物。

本技术成功地应用于淮北市采煤沉陷区治理。应用沉陷区陆域景观构建与湿地不同景观区域植物配置模式，建成全国首个国家 4A 级核心景区的国家湿地公园和矿山公园。筛选出陆域、水域、湖岸观赏区 60 余种适生植被品种，构建了湖岸观赏生态区深水、浅水、岛屿、堤岸、道路、建筑周边、地被和停车场 8 种湿地景观植被配置模式。

23.4　采煤沉陷区湿地污染治理与防控技术

采煤沉陷区湿地污染治理与防控技术主要针对采煤沉陷区城市人工湿地建设过程中面临的煤矸石粉煤灰等固废污染、生活污水、人类活动等污染问题而专门研发的湿地污染综合治理与控制技术。该技术从污染源、污染途径和污染去除等方面考虑湿地污染的消除、阻断，实现人工湿地水体水质的长期稳定。

23.4.1　技术内容

采煤沉陷区湿地污染治理与防控技术主要包括固废造景绿化、污染途径控制、生物防治、水体置换等内容。

1. 固废造景绿化

1）垃圾山造景绿化

对采煤沉陷区常见的煤矸石粉煤灰等固废物，主要采取充填利用、堆山覆土绿化造景等方式进行污染源去除处理。同时结合城市发展规划进行有针对性的旅游景观节点建设，开发矿区生态旅游的城市服务功能。垃圾山污染源控制主要包括坡面修整、土工布覆土层综合封闭、渗滤液收集导排处理系统、填埋气体收集导排处理系统、景观绿化等综合配套设施。

（1）坡面修整（图 23.12）：采用 1∶3 削坡，坡面上每隔 5m（20m 和 25m 标高）设 2m 宽安全平台，在 28m 标高位置设 5m 高加筋挡土墙，挡土墙后设 5m 宽安全平台。

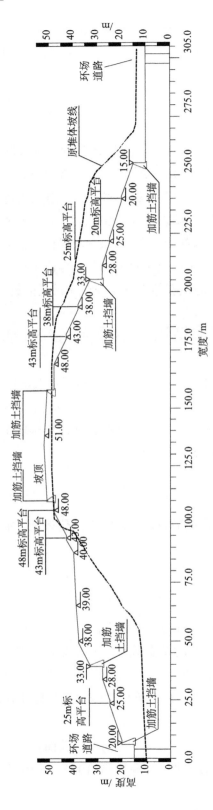

图23.12 坡面修整剖面图

（2）土工布覆土层综合封闭：由复合土工网格（导气层）、400g/m² 长纤抗老无纺土工布、1.0mm 双糙面 HDPE 土工膜、5mm 复合土工网格（导水层）、300mm 厚黏土、500mm 种植土、生态修复层组成。

（3）渗滤液收集导排处理系统：由沿挡墙后侧设置的渗滤液收集盲沟组成，收集盲沟宜保持不小于 0.4% 的排水坡度。

（4）填埋气体收集导排处理系统：由坡顶竖向填埋收集井、坡面横向导气盲沟组成，采取燃烧排放的方式进行处理。

（5）景观绿化：植物以乡土树种为主，选用抗性强、耐污染的灌木和地被物种，增加绿化层次，采用组团式密植，有利于植物尽快郁闭，达到保持水土的作用。

2）矸石粉煤灰造景绿化

矸石粉煤灰根据采煤沉陷区治理规划就近堆置，形成矸石粉煤灰山，然后覆土 100cm 后进行植被绿化。由于粉煤灰堆山造景区域紧邻湿地水域，为了避免粉煤灰对水体的潜在污染，在粉煤灰与水域之间修筑防渗墙，阻断矸石粉煤灰向水体污染的途径。防渗墙用黏土压实修筑，顶宽 1m，与覆土层自然过渡，靠近粉煤灰一侧边坡 1∶1，邻水一侧边坡 1∶1.5，分层回填分层压实，压实度不低于 96%（图 23.13）。根据矸石粉煤灰堆场覆土厚度、坡向选用观赏性好、抗性强、耐污染的乔木、灌木和地被植物，增加景观绿化层次，达到景观与保持水土的双重作用。

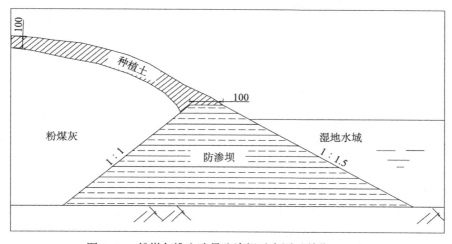

图23.13 粉煤灰堆山造景防渗坝示意图（单位：cm）

2. 污染途径控制

采煤沉陷区积水的污染物多来自于周围工农业生产废物、生活废水的无组织排放，致使其水质恶化，而且受气候影响较大，所以采煤沉陷区水质主要受有机物、氮、磷、酸碱废物的污染。

针对这些污染源，采取的针对性治理措施主要有：对原有河道沿线排污口进行封闭，污水统一收集，经污水处理厂处理达标后排入湿地；在湿地水域周围边坡进行植被护岸减少水土流失，降低营养物质输入湿地。

3. 生物防治

为了保障次生湿地水环境的持续改善，在去除污染源的基础上，需要增强水体自净能力，结合人工湿地景观建设需要，主要采取净化水生植被种植的生物防治措施。

在水系进入人工湿地的入口处种植具有水体净化能力的湿地植物，形成植物过滤系统，在湿地水体内结合湿地景观建设，种植多种水生植被景观（图23.14、图23.15），植被选择荷花、芦苇、睡莲、菖蒲等具有景观观赏性和水体净化能力的植物品种。在净化了水质的同时，也为水禽和其他鸟类创造了良好的生存环境。

图23.14 湿地入口　　　　　　　　　　图23.15 湿地水生植被景观

4. 水体置换

人工湿地相对封闭，水体自净能力相对受限。在人工湿地水质监控的基础上，通过分析人工湿地周边地表水排泄关系，利用人工湿地建立的水系系统和水利设施，对湿地进行人工水体置换，保持人工湿地水质维持在相对健康的水平上。某矿区水资源调配治理主要利用陡河引水来实现，陡河是下游农业灌溉的重要水源地，人工湿地位于陡河水库与灌区的中部。通过陡河引水渠将陡河—湿地—灌区连通起来，在农业灌溉时节，利用陡河水库排放的灌溉水，引入人工湿地置换出湿地水体再流入灌区，不仅实现了人工湿地水体的净化，而且不影响农业灌溉，效果明显。

23.4.2　应用实例

唐山矿南部采煤沉陷积水区，治理前有占地 10.57hm² 的唐山市生活垃圾填埋场1座，垃圾堆放高度接近60m；项目区中部有矸石粉煤灰堆场1座，面积近 100hm²，平均堆厚 7m 左右。为保证南湖人工湿地生态景观建设顺利进行，将采煤沉陷区湿地污染治理与防控技术应用于唐山南湖人工湿地污染治理建设中。利用生活垃圾和矸石粉煤灰等固废堆山造景，形成了唐山南湖的标志性特色景观（图23.16、图23.17）。项目实施后，湿地水质明显改善，据调查，人工湿地内的挺水植物、浮水植物和沉水植物达到了20余科40余种，各种动物、鱼类达30余种，为人工湿地生态系统稳定提供了保证。

图23.16　垃圾山造景后的"凤凰台"景观　　图23.17　矸石粉煤灰造景后的"龙山"景观

23.5　矿业城市生态景观建设规划

我国许多城市因矿而立市，一般采矿沉陷积水区都伴随在矿业城市周围，严重影响和制约着矿业城市的可持续发展，特别是中高潜水位的东部矿区，如唐山、兖州、徐州、淮南等矿业城市。将生态景观建设纳入城市发展规划，可以提高矿业城市的生态服务功能、自然环境魅力、经济发展竞争力和城市建设活力。

矿业城市生态景观建设规划是以城市生态可持续性和经济发展最大潜力的总体效益为基础，通过对生态景观的总体规划，在经济发展与环境保护、开发建设与生态修复、水系调整与水质治理、工业扩展与农业保护等各种复杂矛盾之间找到科学平衡点和可持续发展的杠杆。

矿业城市生态景观建设规划所遵循的一个理念是，工业布局在可持续发展和加强经济增长的同时，还要为城市生态建设的持续发展提供更多的空间和潜力。矿业城市的开采沉陷区为城市从"资源"城市向"水城"城市转变提供了历史性的、不可多得的契机，沉陷区湿地从根本上改变了矿业城市的面貌和格局。

城市生态景观建设规划确定城市生态发展的方向和各种限定、界限，防止城市无度混乱发展，防止对土地利用的无序和浪费。根据城市规划区自然生态资源，结合山脉、森林、水系、沉陷区湿地、农田以及城市公园等分布状况，对城市生态景观进行山水协调统一规划，在密集的城市建筑群之间建设生态系统，保证城市生态环境的绿化效益和景观效应。

23.5.1 技术内容

以淮北矿区为例,针对淮北市地形地貌、生态资源,结合采煤沉陷与积水区分布特征,提出了城市外围生态圈与城市中部生态绿心相协调及生态建设、景观格局与采煤沉陷相协调的矿业城市生态建设规划技术体系。

淮北市城市规划范围约285km^2,其中自然山体超过46km^2、沉陷区约120km^2(其中积水区约为40km^2)。城市规划区内山水资源丰富,山体、河流、沉陷区水面分布约占城市面积的2/3左右。淮北市东西呼应的两条主要山脊(相山、龙脊山)和城市中部的水系河流相辅相成,塑造了淮北基本的自然景观。市区内多条河流和沉陷区湿地相互交融,形成了贯穿淮北的水网水系。

1. 生态景观规划总体思路

淮北市城市生态景观建设规划最大的生态资源和环境特点在于山和水,山体为恢复植被、植树造林创造了条件,沉陷区湿地则提供了丰富的水资源,河流沿岸的山体、森林和湿地植被可以为城市生态景观系统提供更多的服务功能。

城市生态景观建设和总体规划按照自然地貌(如山形、水系)为区域界线,将乾隆湖、相湖、南湖、中湖、东湖、北湖组成的串行长廊式采煤沉陷区生态绿心和相山、龙脊山组成的自然山体生态绿肺相整合,形成围绕城市居住区的长廊式生态绿心及自然生态绿肺(简称"一心二肺")的协调结构布局,使淮北的城市形态结构从"依山建园"向"城中筑湖、围水建园"的格局转变,见图23.18。

图23.18 由"依山建园"向"城中筑湖、围水建园"转变

2. 总体功能区划分

矿业城市生态景观建设规划关键取决于对城市发展潜力和立地效益的整体分析,其中

包括对地形地貌、气候、阳光、地质、水、环境、文化等的综合分析。淮北市城市规划区内河流、渠道、湖泊、山麓、景点、公园、广场、社区等边界线体现了淮北有别于其他城市的生态特征，不同边界线的协调和关联是生态景观建设规划的关键。

针对生态敏感性、生态风险和生态服务等相关功能，生态景观规划遵循以下原则：

（1）生态敏感、风险高、服务功能高以及重要山体屏障和水体区域必须作为保护性区域。
（2）生态敏感、风险高、服务功能低的区域必须作为修复保护区。
（3）生态敏感性、生态风险低，服务功能高的区域可作为优先开发区。
（4）生态敏感性、生态风险低，服务功能低的区域可作为优化开发区。
（5）各项指标都居中时，可作为鼓励开发或者合理开发区。

生态区划分为两级：一级区划以功能为导向进行划分；二级区划根据生态服务功能、生态敏感性、经济社会发展现状和未来发展潜力和方向进行划分，见表23.3。

表23.3 生态区划功能

一级分区	二级分区	发展控制导引
Ⅰ中心湿地建设保护区	Ⅰ1 南湖景观建设区	加强湿地生态建设，发展南湖风景休闲带，利用沉陷地、矿坑发展矿山博览创意产业
	Ⅰ2 中湖湿地保护区	在充分保护湿地自然风貌基础上，开发水上旅游和休闲项目，建设滨水人居新城
	Ⅰ3 东湖北湖功能湿地区	利用湿地的水质净化功能净化城市来水，湿地周边可发展太阳能、生物质能等新能源产业
Ⅱ环湖城市发展带	Ⅱ1 相山老城改造发展区	进行老城区改造，发掘城市历史文化遗产，发展文化旅游产业
	Ⅱ2 北部经济发展区	合理利用沉陷地进行农田复垦，新能源产业和无污染轻工业项目
	Ⅱ3 矿山人居环境建设区	改造城市基础设施，引入生态卫生工程，进行生态集镇建设
	Ⅱ4 化家湖人居环境建设区	利用化家湖周边良好的景观资源，发展高档的生态地产业
	Ⅱ5 烈山修复发展区	利用和修复采矿破坏的山体，发展创新教育产业、咨询产业、生态物流业及农工复合产业园
Ⅲ城市生态涵养区	Ⅲ1 相山生态休闲区	合理扩大相山保护区面积，建设山体公园，为城市提供休闲锻炼场所
	Ⅲ2 南部农林复合区	作为保护区与城市工业区的缓冲地带，发展农林业和新能源产业
	Ⅲ3 龙脊山森林保护区	保护龙脊山森林资源，合理开发生态旅游产业

根据淮北市实际地物分布特点及其发挥的生态功能，城市生态景观系统划分为三个大的功能组团：内部的水体功能区、环水的生产生活区及外部的生态屏障区。三个城市功能组团围绕城市绿心（即主城区中部沉陷地带）发展，组团之间通过多条城市主干道相互连接。山地、生态绿地和河道等作为组团间的分隔，城市中部沉陷区作为城市高质量的生态地带和景观风貌区。"城中筑湖、围水建园"的城市生态景观规划格局，突出了淮北的山水特征，淮北城市发展以沉陷区湖泊湿地为中心，背靠相山和龙脊山，临水靠山，围水而建，充分利用沉陷区湿地水面，发展矿业城市生态景观，打造新的城市生态人居环境。

3. 城市生态景观山水协调分区规划

淮北市生态格局以沉陷区为中心，沉陷区湿地湖泊与相山、龙脊山协调共存，在"双山伴湖"的城市的总体景观网络布局中，城市水体通过流经主城区的河道相互连通，并依托规划的绿地系统向四周扩散，最终达到城市山水协调相接，形成"山、湖、河、城"的城市空间景观网络。

淮北城市中心向东转移，同时中部沉陷区湖群和东部化家湖共同构建城市"绿心"。"一个绿心、二肺多园多廊道"、"城中筑湖、围水建园"的城市形态结构和生态景观网络体系，有利于维护和改善城市生态系统整体格局，保障区域生态过程的连续性和景观系统的完整性，见图23.19。

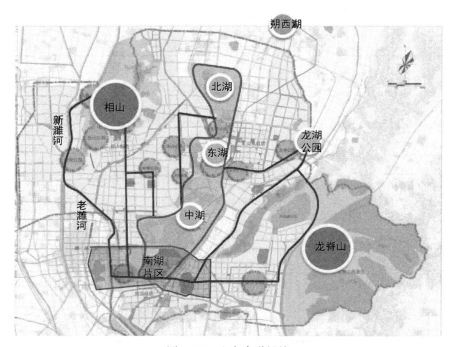

图23.19 生态廊道链接

在"六湖珠连、两山环绕、城在山中、水在城中"的山水城市生态景观格局中，沉陷区转变为城市的巨大财富，城市绿廊将各处景观连接贯通，城市生态规划与自然景观相协调，城市空间生态景观布局整体相融合，人与自然和谐共生。

城市外围生态圈与城市中部生态绿心相协调及生态建设、景观格局与采煤沉陷相协调的矿业城市生态建设规划技术体系，维护了淮北地区湿地生态系统平衡，提高了湿地生态功能和生物多样性，保护并科学利用了宝贵的湿地资源。同时，在发挥湿地自然生态功能的基础上，开发其旅游休闲、文化教育等服务功能，对改善城市生态景观环境、提高居民生活质量、提升城市宜居性，以及实现淮北市社会经济可持续发展，意义重大，为类似矿业城市的发展提供了示范和可借鉴的宝贵经验。

23.5.2 应用实例

应用矿业城市生态景观建设规划技术，在我国首次充分利用城市地形地貌、原始生态资源，结合采煤沉陷与积水区分布特征，规划淮北市城市范围 285km^2，利用采煤沉陷区 120km^2。规划生态建设区面积 95km^2，其中湿地建设区面积 49km^2，山地自然生态风景区 46km^2，将淮北市主城区外侧山地与中部采煤沉陷区，通过构建绿色廊道、沉陷内部水域沟通、沉陷水域与外部自然水系沟通，建设形成外围两个自然山体生态区绿肺、中部 1 个围绕城市居住区的人工生态绿心长廊。使得城市林草植被覆盖率提高了 50%，有效改善了城市规划建设区的生态环境，调节了区域小气候，净化了水体，保护了生物栖息地，增加了生物多样性。

（本章主要执笔人：闫建成，刁乃勤）

第24章
采矿迹地综合整治与废弃资源再利用

据统计，自20世纪80年代至2015年年底，全国累计关闭大中型及小型煤矿70000余处。废弃煤矿主要包括资源枯竭自然关闭和政策性关闭两种：①自然关闭煤矿是因资源枯竭或开采条件复杂、无经济效益而停产、关闭的煤矿，包括大中小各种类型，是废弃煤矿资源再利用与生态修复的重点。②政策性关闭煤矿是因淘汰落后产能、资源整合等被关闭、整合的煤矿，主要为小煤矿。浅部、局部存在地质环境问题，深部资源大多正在开采或待开采。

进入21世纪以来，我国科技工作者针对废弃煤矿主要地质环境问题和废弃矿山资源再利用存在的主要问题进行了深入研究，取得了一些有意义的成果。对裸露山体植被构建技术及矿区地质灾害治理技术也进行了深入的研究与应用。本章将介绍采矿迹地综合整治与废弃资源再利用及固废无害化处置利用方面及相关技术成果。

24.1 废弃煤矿资源综合整治与再利用

废弃煤矿是因资源枯竭或开采条件复杂、无经济效益而停产、关闭的煤矿。废弃煤矿资源主要包括遗留的废弃工业场地、废弃公路、铁路、建（构）筑物、工业设施以及废弃的采煤沉陷地。

废弃煤矿资源综合整治与再利用是煤矿关闭后，针对煤矿开采破坏、压占、污染的采矿废迹地资源及废弃的工业建筑、生产及辅助设施等采取有针对性的治理措施，从封闭变为开放，具备可持续发展的转型开发利用综合技术体系。

废弃煤矿资源综合整治与再利用技术主要内容包括：废弃煤矿旅游开发利用、废弃煤矿清洁能源开发、废弃煤矿工业建筑资源再利用、废弃煤矿工业场地土地再利用、废弃煤矿沉陷区城市建设、废弃煤矿沉陷区生态农业建设以及废弃煤矿沉陷区人工湿地建设。

1. 废弃煤矿旅游开发利用

旅游开发废弃煤矿地面和井下资源利用的主要模式是建设矿山公园，即在煤矿废弃后保留一部分矿井的井筒、巷道、通风运输设备及部分地面生产系统等，以展示人类矿业遗迹景观为主体，体现矿业发展历史内涵，具备研究价值和教育功能，可供人们游览观赏、进行科学考察与科学知识普及。

目前矿山公园是全世界废弃矿井开发应用最为广泛的一种模式。世界上许多国家，如芬兰、波兰、德国等国都有矿山公园建设的实践案例。我国矿山公园建设自2005年开始，截至2013年，已建成开放或获批在建的国家矿山公园共有70余个，较为典型的有河北唐山开滦煤矿国家矿山公园、太原西山国家矿山公园、鸡西恒山国家矿山公园等。此外，山西晋城凤凰山煤矿和河南平顶山工程技术学校利用废弃矿井巷道和生产设备建立的教学实践基地也已投入使用。

2. 废弃煤矿清洁能源开发

废弃煤矿清洁能源开发的主要途径是风力发电和光伏发电，利用废弃煤矿的土地资源，针对其不同的地理位置和环境条件，建设风力发电和光伏发电设施、设备。

1）清洁能源主要特点

风力发电是把风的动能转变为电能。风能作为一种清洁的可再生能源，越来越受到世界各国的重视。光伏发电是利用半导体界面的光生伏特效应而将光能直接转变为电能的一种技术。太阳能是人类取之不尽、用之不竭的可再生能源，具有充分的清洁性、绝对的安全性、相对的广泛性、确实的长寿命和免维护性、资源的充足性及潜在的经济性等优点。

有效发挥风能、太阳能资源优势，在采煤沉陷区高效利用废弃的土地资源，用废弃煤矿区电网资源为风、光伏电站服务，使生态环境显著改善，社会效益日益凸显，主导产业和相关带动产业总产值大幅增加。

2）废弃煤矿发展清洁能源基本原则

（1）根据沉陷地区域分布情况，以基本稳沉为前提，重点选取沉陷面积大、难以实现复耕复垦的区域发展风、光伏电站。

（2）综合考虑采煤沉陷区工程地质、土建工程布置、交通运输及施工安装条件，结合当地采煤沉陷区村民搬迁情况，以及旅游区、自然保护区等敏感用地。

（3）基地建设与生态治理相结合，明确采煤沉陷区生态修复和保护策略；以风、光伏发电示范基地建设促进生态治理，以生态治理带动清洁能源发电示范基地建设。

（4）与当地工农渔业发展相结合，突出整体性、协调性，科学安排布局，深度开发与科学开发相结合，考虑以就地消纳为主，电力送出为辅。

（5）市场主导与利益平衡相结合，在各类市场主体发挥主导作用的同时，要兼顾投资方、政府、经营企业、受灾乡镇、村庄、农民等的利益。

（6）电站项目与配套电网相协调，电站项目在已具备接入条件的基础上，分区分步开发，与电网协同发展。电源与电网同步规划、同步建设、同步投运。

3. 废弃煤矿工业场地及建筑资源再利用

废弃煤矿工业场地一般受工厂煤柱保护，工程地质条件较好。废弃煤矿工业场地再利用模式除旅游开发模式外，还有发展接续替代工业模式和房地产开发模式。

1）开发模式

煤矿废弃工业场地属于工业用地，用地性质不经变更即可发展接续替代工业，且可充分利用原煤炭工业的公路、铁路、电力设施等，大大节约了接续替代工业的资金投入。如开滦唐家庄矿因资源枯竭而关闭，工业场地、建（构）筑物及附属设施废弃，2003 年年初规划建设唐山开滦唐家庄煤矸石热电厂、唐山开滦东方发电有限责任公司和唐山不锈钢厂。

房地产开发模式是将原工业广场设施、厂房拆除，重新开发建设为住宅、商业、办公楼或混合功能区等与用地区位和环境相匹配的建筑类型。

2）再利用模式

煤矿废弃后在工业场地遗留的建筑资源，如工业厂房、办公楼、职工食堂等，其结构和功能基本未受影响且具有较高的再利用价值。对废弃煤矿工业建筑的再利用主要体现在空间重构、功能转化和造型形式重塑三个层面。主要包括以下四种模式。

（1）刚性模式，指当建筑空间受结构形式等因素制约不具备进行重构的条件时，只能在维持原空间形态不变的前提下进行空间利用，适合改造为与自身空间形态相符合的功能内容，如单层或多层砖混结构工业建筑、办公楼、娱乐活动室、餐厅等。

（2）内部重构模式，指保持建筑外部体量不变，对其内部空间进行重构，使之与新的功能需求相匹配的空间利用模式，适合于单层大跨度煤矿建筑、单层或多层框架工业建筑等，且在功能转化方面具有较大弹性。

（3）外向拓展模式，是指在原建筑顶部或周边加建新体量。

（4）组合模式，是指对建筑进行内部重构和外向拓展组合改造。

4. 废弃煤矿沉陷区建筑技术

1）采空区勘察

采空区探测应在收集、调查地质采矿资料的基础上，采用物探和钻探的方式进行。物探可采用电法、电磁法、地震法、重力法、测井法、放射性等方法。物探应综合考虑现场地形地势条件、采空区埋深及分布情况。当采用两种以上物探方法时，宜按表 24.1 选用，先选择一种物探方法进行大面积扫描，再利用第二种方法在异常区加密探测。在有钻孔的工作区，应采用综合测井、孔内电视及跨孔物探等方法进行井中物探。

2）场地建筑适宜性评价

采煤沉陷区应根据开采情况、地表移动盆地特征和变形大小，划分为不宜建筑的场地和相对稳定的场地，并应符合下列规定：

（1）下列地段不宜作为建筑场地：在开采过程中可能出现非连续变形的地段；地表移动活跃的地段；特厚矿层和倾角大于55°的厚矿层露头地段；由于地表移动和变形引起边坡失稳和山崖崩塌的地段；地表倾斜大于10mm/m、地表曲率大于0.6mm/m或地表水平变形大于6mm/m的地段。

（2）下列地段作为建筑场地时，应评价其适宜性：采空区采深采厚比小于30的地段；采深小、上覆岩层极坚硬、采用非正规开采方法的地段；地表倾斜为3~10mm/m、地表曲率为0.2~0.6mm/m或地表水平变形为2~6mm/m的地段。

（3）采深小、地表变形剧烈且为非连续变形的小窑采空区，应通过搜集资料、调查、物探和钻探等工作，查明采空区和巷道的位置、大小、埋藏深度、开采时间、开采方式、回填塌落和充水等情况；并查明地表裂缝、陷坑的位置、形状、大小、深度、延伸方向及其与采空区的关系。

（4）小窑采空区的建筑物应避开地表裂缝和陷坑地段。对次要建筑且采空区采深采厚比大于30，地表已经稳定时可不进行稳定性评价；当采深采厚比小于30时，可根据建筑物的基底压力、采空区的埋深、范围和上覆岩层的性质等评价地基的稳定性，并根据矿区经验提出处理措施的建议。

表24.1 物探组合方法

地形情况	采区埋深/m	第一种方法	第二种方法	第三种方法
地势平坦、较平坦	≤空区	地质雷达法	高密度电法	瞬态面波法
	10~30	高密度电法	瞬变电磁法	
	30~100	瞬变电磁法	地震反射波法	可控源音频大地电磁法
	≥100	地震反射波法	瞬变电磁法	
地形起伏较大		瞬变电磁法	地震反射波法	

3）采煤沉陷区工程建设技术措施

（1）地基与基础技术措施。针对不同的采煤沉陷区特点采取地基处理措施，如注浆加固、挖填加固、震动加固等对下部采空区进行加固处理。针对不同的建筑类型选取独立基础、柱下条形基础、筏板基础等基础类型，砖混结构建筑物的基础底部一般宜设置水平滑动层。

（2）建筑抗变形技术措施。在许可条件下，建筑物长轴应平行于地表下沉等值线；建筑物体型应力求简单，平面形状以矩形为宜，避免立面高低起伏，必要时用变形缝分开；建筑物承重墙体纵、横方向宜对称布置，内墙穿通，应尽量减小横墙间距；单、双层建筑物的单体长度不宜大于20m，三层及其以上的建筑物单体长度以20~30m为宜，过长时采用变形缝分开；在技术和施工条件许可时，建筑物应尽量选用静定结构体系，并采用轻质高强屋面材料；同一单体内位于同一标高上；砖混结构建筑物应设置钢筋混凝土基础、层间、檐口圈梁和立柱，其位置、数量、尺寸和配筋量根据地表变形值的大小计算确定。

墙体转角、丁字和十字连接处应沿高度增设拉结钢筋，门窗洞口上、下应增设拉结钢筋。不允许采用砖拱过梁；楼板和屋顶不应采用易产生横向推力的砖拱或混凝土拱形结构；室内地坪做法宜在砂垫层上铺设砖、预制混凝土块或钢丝网混凝土板等，地下管网应采取适当保护措施，如管接头处设置柔性接头或补偿器、增设附加阀门、建立环形管网、修筑管沟等。环境和气候条件允许时，优先采用地面管网。

5. 废弃煤矿沉陷区生态农业建设技术

采煤沉陷区农业建设本着因地制宜的原则，结合矿区实际情况，在满足技术可行、经济合理、方便施工、效益最佳的条件下，尽可能增加耕地、合理布置各种用地结构。在便于集约生产和经营的基础上，确定建设区的耕地、渠系、道路、林带、鱼塘等用地的布局和分布范围。

1) 耕地建设

生态农业建设主要根据区域的沉陷现状，将沉陷斜坡地和部分季节性积水区改造为耕地。耕地建设主要采取"直接平整沉陷斜坡地"的技术方法修复沉陷区斜坡地，采取挖深垫浅、充填式复垦等技术方法将一部分季节性积水区修复为耕地。为提高耕地质量，改良土壤主要采用有机肥与化肥配合施用的方法。耕地田块的布置主要根据地形条件，同时考虑土地修复工程量少、便于机械化作业和农作物光照充分等需要。依托田间道路和沟渠，将整个建设区的耕地划分为多个方田。在每一方田内设毛沟、毛渠，并在此条田内划分基本田块。

2) 养殖水面建设

根据沉陷区的沉陷现状，对季节性积水区，与耕地建设相结合，采用"挖深垫浅非充填式复垦"的技术方法，将挖深的部分改造为精养鱼塘；对常年积水的沉陷坑，根据积水深度，将积水较浅、易于分割的区域规划为精养鱼塘，对积水较深、面积较大的积水区直接利用，进行水产养殖。

3) 农田水利设施的规划

依托沉陷区原有的农田水利设施，进行农田水利设施的规划与建设。通过修建或新打机井保证建设区的灌溉水源，通过修建地下水管道或移动软管自由灌溉将水引入各个地块；依据原有电力设施和建设区内机井的位置，布置高、低压线；根据建设区地势，修建排水沟，使水通过毛沟、农沟、斗沟逐级流入支沟、干沟而排出。

4) 田间道路的布置

为便于农田作业，可方便进行机械化耕作和农产品运输，结合沉陷区的实际地形状况，依据排水沟的走向，合理布置田间道和生产路。

5) 农田防护林的规划

为了防风、防止水土流失，保持区域生态环境平衡，在沉陷区沿沟、路建设防护林带。既可保护生态资源，又可美化环境。

6. 废弃煤矿沉陷区人工湿地建设技术

在我国东部平原地区，地下采煤造成地表沉陷，在潜水位高的沉陷区形成积水区或收集、截留、储存雨季的降水等，形成大面积的季节性或常年积水的采矿沉陷区，改变了原生态环境，使陆生生态系统演替为"水–陆复合型"人工湿地生态系统。采矿沉陷区人工湿地建设与维护，主要包括水体、基质和生物群落的建设与维护。

（1）湿地水体建设与维护。水体是支持和保护湿地生态系统的结构、功能、生态过程和生物多样性的基本要素。湿地水体建设和维护主要问题是要保障稳定的水源量和水质质量。因此，首先需要基于对水源的勘测、分析，明确资源的补给关系，并据此制定湿地水资源平衡保障技术。其次根据水体污染情况的调查和水质监测，明确水质现状和污染特征，研究和制定水体污染治理和水质维持的实施技术措施。

（2）湿地基质建设与维护。湿地基质由土壤、卵石、碎石等构成。基质表面为微生物生长提供了稳定的依附层，也为水生植物提供了载体和营养物质。湿地基质建设和维护主要采取物理、化学和生物技术消除或固化基质中存在的污染物，修复基质土壤，增强土壤肥力，使生物群落具有健康的生存和演替环境。

（3）湿地生物群落维护。湿地生物群落由湿地植被、动物和微生物构成。植被是生物群落存在和动态演替的前提和基础。对于湿地生物群落的维护，一方面引种湿地植被应强调土著性、强净化能力和较好的经济价值；另一方面，应治理构建更复杂的食物链网结构，维持生态系统的动态平衡并保护生物多样性。

24.2 矸石山污染治理与生态建设

煤矸石是煤炭工业的主要固体废弃物，长期的煤矸石外排堆放形成的煤矸石山给矿区生态环境带来了一系列问题，如污染大气、土壤与水环境，农作物减产，破坏景观，生态系统退化等，是矿区环境污染和生态恶化的主要原因之一。矸石山污染治理与生态建设技术原理是通过采取防渗、覆盖等密闭、隔离措施，减少或消除矸石山对周围环境的污染，并采用矸石山整形、土壤改良、植被重建等技术，实现矿区生态环境恢复与建设。

24.2.1 技术内容

1. 矸石山自燃治理技术

煤矸石山的自燃是一个极为复杂的物理化学过程，它必须同时具备三个条件：①煤矸石本身具有自燃倾向。②煤矸石能得到充分的氧气供应，以保证低温氧化反应得以持续进行。③矸石有良好的蓄热条件。根据煤矸石自燃条件及国内外煤矸石自燃治理实践，治理煤矸石自燃的主要技术措施有覆盖法、浇灌法、注浆法、喷浆法、直接挖出冷却法等。

阳泉矿区对自燃矸石山的灭火治理,曾进行过表面喷浆法、深孔注浆法、覆盖法等灭火试验。灭火试验阶段初期,在二矿首次实施了表面喷浆法,将10%的石灰、1%~2%的烧碱和8%的黄土加水制浆,再用泥浆泵将其喷洒到矸石山表面。喷浆暂时起到了压制火势的作用,但大约在半个月后矸石就发生复燃。实践证明,这种方法不能从根本上解决矸石山灭火问题。

第二阶段采用深孔注浆法,将灭火浆液用G3工程钻机注至矸石山内部,由于浆液的渗透深度较深,可以直接接触到高温矸石,因此灭火效果明显优于表面喷浆法,在二矿、四矿矸石山收到了很大的成效,矸石山顶部大面积的火源被扑灭。但由于矸石山的斜坡上无法用工程钻机钻孔,只能用浇灌法处理,故斜坡上的灭火效果不够理想。

第三阶段采用黄土覆盖碾压法,首先在三矿排矸场实施。工程分两期进行。第一期工程是在矸石山周边350m长的排矸边沿后退80m,将原堆矸形成的45°坡面用推土机改变成25°坡面。二期工程是在一期工程的下部修筑6m宽的环形平台,将矸石堆积坡度从45°改为35°。改变矸石堆积坡度一方面是推散高温矸石,使其暴露于表面,促使降温,同时也有利于覆土与碾压。矸石山斜坡经覆土与碾压后,火势得到了有效的控制,三矿矸石山上6个测点的SO_2平均浓度从11.2mg/m³降至0.13mg/m³,用红外测温仪测得矸石山表面温度基本降至50℃以下。

黄土覆盖碾压法通过在二矿矸石山上进行的先期试验性灭火及后期大规模注浆灭火与碾压覆盖法灭火,最后研制成功为一种以碾压覆盖为主,辅以局部注浆的综合性灭火方法,取得了灌浆封闭法及表面密封压实法两种方法的共同效果。后期对于部分有复燃现象矸石山,采用灌浆封闭法和火源挖除法进行灭火处理。

2. 煤矸石山整形整地技术

煤矸石从井下运出后,经人工堆放一般呈锥形,高度可达几十米至百余米。为满足煤矸石山植物恢复栽植工程的要求和煤矸石山水土保持的要求,必须对煤矸石山进行整形整地。煤矸石山整形整地的主要目的和作用在于:减缓坡度,减少粒度,改善地表组成物质的粒径级配;改善孔隙状况,增加毛管孔隙度,提高土壤的持水和供水能力;改善局部土壤的养分和水分状况,增加土壤含水量;稳定地表结构,减少水土流失,控制土壤侵蚀;便于植被恢复施工,提高造林质量;增加栽植区土层的厚度,提高栽植成活率和保存率,促进植物生长。

1)矸石山整形

为了使复垦绿化的景观优美、方便栽植工程施工和树木的栽植,根据矸石山整形后的几何形状,可将矸石山整形形式分为梯田式、螺旋线式和微台阶式。矸石山无论何种整形形式,一般整形后应具备:①建立一条环山道路直达山顶,便于运料和整地施工以及游人登顶;②对山顶进行平整以建立亭台和体育活动场地;③结合景观设计和整地种植重塑地貌景观；④在煤矸石山适宜位置建立错落有致的石阶供游人登山；⑤建立排水系统，由于煤矸石山高度比较大，坡度较陡，表面覆土后很容易发生表面侵蚀，产生水土流失，因此在煤矸石山整形的同时，应设计完善的排水系统。

2）煤矸石山整地

为了防止煤矸石山在遇到大风和雨水时造成径流和侵蚀，创造植物生长的有利条件，同时也有利于煤矸石山的植被恢复工程的施工安全和方便，对煤矸石山整地十分必要。整地的方式有全面整地（翻垦全部土壤）和局部整地（翻垦局部土壤）两种。按照既经济、省工又能较大程度改善立地质量的原则，不提倡整个煤矸石山全面覆土的整地方式，而应采用局部整地方式。在局部整地方式中，带状整地方法和块状整地方法均可采用。带状整地可采用水平梯田和反坡梯田的方法；块状整地可采用鱼鳞坑和穴状两种方法。为增加栽植区的土层厚度，在整好的植树带或植树穴内再进行适量"客土"覆盖。矸石山整地主要包括整地深度、整地宽度、覆土厚度、整地季节和施工方式等方面。

3. 煤矸石山土壤改良技术

煤矸石山地表组成物质的物理结构差，尤其是孔隙性、保水及持水能力差；有机质含量少，缺乏营养元素，尤其缺乏植物生长必需的氮和磷以及土壤生物；存在限制植物生长的物质。解决这些问题的关键在于土壤的熟化与培肥，只有提高了土壤肥力，才能创造植物生长条件。煤矸石山表层的土壤改良应采取短期、快速的改良措施。

1）生物改良法

生物改良法包括微生物法、绿化法、生物固氮法等。微生物法是利用菌肥或生物活化剂改善土壤的理化性质和植物生长条件的方法。复垦土壤经过微生物培肥，能够形成植物生长发育所需要的立地条件，迅速重建人工生态系统。绿化法就是绿肥改良，在煤矸石山种植绿肥植物，成熟后将其翻埋在土壤中，既增加土壤养分，又改善土壤的理化性质。绿肥植物多为豆科植物，含有丰富的有机质、N、P、K和其他微量营养元素。生物固氮法是在煤矸石山上种植有固氮能力的植物，通过植物的固氮作用吸收氮元素，在植物体腐败后，将氮元素释放到土壤中，达到改良土壤的目的。

2）客土改良法

客土改良法就是将外来的土壤覆盖到煤矸石山的表面，以增加栽植区的土层厚度，迅速有效地调整煤矸石山粒径结构，达到改良质地、提高肥力的目的。此外，可用污水污泥与生活垃圾等代替。污水污泥和生活垃圾一般养分含量较高，往往能取得良好的效果。

3）灌溉与施肥

灌溉在一定程度上可以解决煤矸石山的酸性、盐度和重金属的问题。施用化学肥料有助于建立和维持植物的养分供应。N、P、K是植物生长必需的大量元素，综合施肥要比单施某一种肥料好；有机肥要比化学肥料好；速效肥料易于淋溶，收效不大。施肥宜采用少量多次的方法，施用有机肥和缓效肥效果更好。

4. 煤矸石山植被选择与栽植技术

煤矸石山生态重建目的是通过发挥植被的防护功能治理矸石山污染、改善生态环境。适宜煤矸石山植物种类的选择应遵循以下原则：适地适植物；优先选择乡土树种；水土保持与土壤快速改良；植被恢复效益最优；乔、灌、草相结合。根据以上原则选择植物后，在大规模种植前需进行栽培试验。

煤矸石山树木的栽植一般可分为裸根栽植和带土球栽植。裸根栽植法多用于常绿树小苗及落叶树种的栽植。带土球栽植可分为带土坨栽植和容器苗栽植两种。带土球栽植主要用于一些较大规格的针叶树造林；容器育苗目前被国内外广泛用于针叶树的大面积造林。草本植物种植，为了不让地面高温灼伤幼苗，可薄层覆土，也可在"植生袋"中育苗后移栽。煤矸石山植被栽植后应加强管理，为植物的成活、生长、繁殖、更新创造良好的环境条件，使之迅速成林。植被的管理主要包括土壤管理、植被管理与保护两个方面。土壤管理主要有灌溉、施肥等措施；植被管理主要有平茬、整形修剪等措施，植被保护主要有防治病虫害、火灾等自然灾害以及人畜活动对植被产生破坏等的措施。

24.2.2　应用实例

国阳公司矸石山是由阳泉煤业（集团）有限责任公司所属6对生产矿井排出的掘进矸石及洗煤厂矸石（称洗矸）堆放而成，每年排出的矸石量在500万t左右。至2003年，累计排出的煤矸石量达1亿t，形成了大小矸石山21座，其中超过1400万t的大型矸石山有4座。在这21座矸石山中，除新景矿的矸石山外，均有自燃现象。通过在国阳公司采用"黄土覆盖碾压法辅以局部注浆法"的综合性灭火方法，取得了良好的煤矸石灭火效果，并通过煤矸石山复垦，获得了可观的社会经济生态效益：有毒有害气体排放量大大减少，有效改善了矸石山周围大气环境；每年节省大量因矸石山自燃引起的各种经济支出；治理后国阳公司至少可形成300亩可耕地，创造出较好的经济效益。

24.3　采煤沉陷区固废无害化处置利用

固体废物是人类在生产与生活活动中产生，在一定时间和地点无法利用而被丢弃的污染环境的固体和半固体废弃物质。根据《中华人民共和国固体废物污染环境防治法》，固体废物被分为城市生活垃圾、工业固体废物和危险废物。

采煤沉陷区固废主要是煤矸石和燃煤电厂的煤灰渣，是排放量最大的工业固体废物，具有排放量大、分布广、呆滞性大，对环境污染种类多、面广、持续时间长的特点。

固体废物的无害化，是指经过适当的处理或处置，使固体废物或其中的有害成分无法危害环境，或转化为对环境无害的物质。常用的方法有填埋法、焚烧法、堆肥法、拆解法、化学法等。

24.3.1 技术内容

1. 煤矸石和粉煤灰堆场治理

虽然固废综合利用率在不断提高，但仍有大量固废需要堆存。卫生填埋法是国内外最常用的固废主要处理技术。它是在科学选址的基础上，采用必要的场地防护手段和合理的填埋结构，以最大限度地减缓和消除废物对环境尤其是对地下水污染的技术。

其主要优点是：①技术成熟可靠，能防止场地周边环境，尤其是地下水的污染；②经济适用，成本低；③处理完全彻底，不存在二次污染；④根据堆放情况，可改造为农牧业用地或绿地，改善环境及景观等。

煤矸石卫生填埋场，主要由底部防渗层、间隔黏土层、侧衬、封顶层、矸石填埋单元及截水沟等附属设施组成，见图24.1。

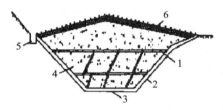

图24.1 卫生填埋场

1.间隔黏土层；2.侧衬防水层；3.底部防水层；4.煤矸石；5.截水沟；6.上覆土层

结构体各部分设计的一般要求：

（1）为便于施工及排水，侧衬坡角为15°～30°，一般用黏土压实即可，厚度应根据具体情况和实验而定。沉陷坑形成的自然坡面一般在安息角范围内，基本符合要求，局部地区可单独处理。

（2）封顶层也要求有一定的坡度，既便于排水又不发生冲刷侵蚀作用，坡角应小于15°，厚度应根据植物的根系而定，但一般不小于60cm。

（3）矸石填埋单元厚度一般为2～10m。

（4）间隔黏土层厚度一般为矸石单元厚度的1/10左右，但不小于30cm。

（5）底部防渗层是填埋场的关键部位，一般由过滤层、砾石排水层和隔水层（黏土、塑料、薄膜等）相间组成，一般要求底部高于地下水位10～15m。

应综合考虑研究固体废物的成分、物理化学性质及其可能造成的污染程度，要勘察评价、选择合适的填埋场地，以及考虑防渗层的设计、防渗材料的选用、经济等一系列问题，达到成本、效果最优平衡点。

2. 煤矸石作为充填材料利用

1）矸石地面充填沉陷区作为建筑用地

矸石地面充填沉陷区作为建筑用地时，应采用分层充填、分层碾压喷洒石灰水的方法，可以获得较高的地基承载能力和稳定性。某地新址区域，采用煤矸石与土混填，即充填一定厚度煤矸石，充填一层土，经试验，煤矸石与土之比10∶1，若回填两层煤矸石（500mm厚一层煤矸石，分两次回填），回填100mm厚一层土，这样既防止了煤矸石自燃，又减小了回填地基的孔隙率，减小了矸石地基的不均匀沉降。为了方便施工，减少土方二次搬运量，将规划区划分为多个区分别进行施工。首先确定煤矸石复垦标高与覆土厚度，然后进行疏排积水、清淤，最后进行覆土工程。在矸石充填前，分区、分块段先将矸石预充填区的土源剥离取出堆存，取土区应选择地势相对较高的区域。取土标高应根据回填土所需的土方量，土方量包括矸石与土的混填土方量（100mm厚）和地表回填土土方量（500mm厚），经计算确定。应尽量使本区域土方量自相平衡，矸石等固体废弃物充填至设计标高后（如图24.2中的+27.0m），将堆存的土覆于矸石表面。

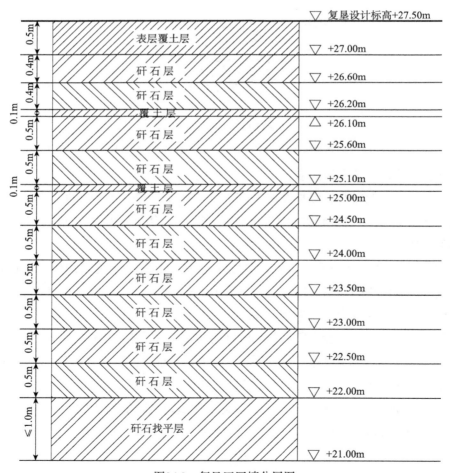

图24.2 复垦区回填分层图

图 24.2 为复垦区分层回填示意图。回填每层分别用振压能力 120～200kN 振动压路机进行振动碾压，用水准仪测量直到相邻两次碾压沉降量之差很小，经密度仪检测合格后，方可进行下一分层施工。

2）煤矸石作为井下充填材料

煤矸石用于矿井回填时，如果煤矸石的岩石组成以砂岩和石灰岩为主，需加入适量的黏土、粉煤灰或水泥等胶结材料，以增加充填料的骨架结构和惰性；当煤矸石的岩石组成以泥岩和碳质泥岩为主时，则需加入适量的砂子，以增加充填料的骨架结构和惰性。

3. 采煤沉陷区固废综合利用

1）煤矸石发电

煤矸石中含有部分碳和其他可燃物，可以用作燃料。但是由于一般煤矸石中可燃物的含量比较低，发热量一般为 4.18～12.54MJ/kg。其作为一种低热值燃料，利用其发电时一般采用循环流化床锅炉燃烧技术。一般来说，热值大于 17.56MJ/kg 的煤矸石通过洗选后可作为燃料直接利用，热值大于 26.20MJ/kg 的煤矸石可直接作为燃料用于发电。

2）煤矸石制烧结砖

煤矸石制烧结砖时，煤矸石占配料质量的 80% 以上，有的全部以煤矸石为原料，有的加入少量黏土。其各种原料的参考配比为：煤矸石 70%～80%，黏土 10%～15%，砂 10%～15%。适用于制烧结砖的煤矸石的化学成分要求见表 24.2，其塑性指数为 7%～15%，发热量为 3.5～5MJ/kg。煤矸石制烧结砖的工艺比黏土制砖工艺增加了一道粉碎工序。可选用颚式或锤式破碎机、球磨机等分别进行粗、中、细碎并对原料进行陈化，以增加塑性。

表24.2 制烧结砖的煤矸石的化学成分要求

化学成分	SiO_2	Al_2O_3	Fe_2O_3	CaO	MgO	SO_3
含量（质量分数）/%	55～70	15～25	2～8	≤2	≤3	≤1

3）煤矸石生产水泥

煤矸石代替黏土烧制硅酸盐水泥熟料：在烧制硅酸盐水泥熟料时，掺入一定比例的煤矸石，部分或全部代替黏土配制生料。主要选用洗矸，岩石类型以泥质岩石为主，砂岩含量尽量少。

煤矸石作混合材磨制各种水泥：用作水泥混合材的煤矸石要求是碳质泥岩和泥岩、砂岩、石灰岩（氧化钙含量大于 70%），通常选用过火或煅烧过的煤矸石。

4）煤矸石制轻集料

煅烧煤矸石轻集料：由碳质泥岩和泥岩类煤矸石经破碎、粉磨、成球、烧胀、筛分而制成。在烧制轻集料时，煤矸石中的 SiO_2 含量（质量分数）为 55%～65%、Al_2O_3 含量（质量分数）为 13%～23%。

5）煤矸石制加气混凝土

煤矸石加气混凝土是以过火煤矸石为硅质原料，以生石灰为钙质原料，加少量铝粉和适量石膏，经搅拌、浇注、静停、蒸压而成。对过火煤矸石的化学成分要求见表24.3。

表24.3 过火煤矸石的化学成分要求

化学成分	SiO_2	Al_2O_3	Fe_2O_3	SO_3	烧失率
含量（质量分数）/%	≥55	≥20	≤15	≤2	<10

6）煤矸石生产空心砌块

煤矸石空心砌块是以自燃或人工煅烧煤矸石为骨料，以磨细生石灰、石膏作胶结料，经振动成型，蒸汽养护而制成的一种墙体材料。一般要求自燃或人工煅烧过的矸石化学成分为：SiO_2 含量 50%～60%，Al_2O_3 含量 15%～25%，Fe_2O_3 含量 3%～8%，其他是少量的 CaO、MgO 和 Na_2O 等。

7）煤矸石制微生物肥料

以煤矸石和磷矿粉为原料基质，外加添加剂等，可制成煤矸石微生物肥料。煤矸石中有机质含量越高，煤矸石微生物肥料的碳素营养越充足，有助于肥效的发挥。其各项指标要求见表24.4。

表24.4 微生物肥料中煤矸石的指标要求

指标	灰分	水分	Hg	As	Pb	Cr	Cd
含量	<85%	≤2.0%	≤3.0mg/kg	≤30mg/kg	≤100mg/kg	≤150mg/kg	≤3.0mg/kg

8）煤矸石制备有机复合肥料

制备有机复合肥料的煤矸石要求有机质含量大于20%，粒径小于6mm，其中 N、P、K 等植物生长所必需的元素含量要高；应富含农作物生长所必需的 B、Cu、Zn、Mo、Co 等微量元素。有害元素 As、Cd、Pb、Se 等要符合 GB8173 农用粉煤灰中污染物控制标准的要求。

9）冶炼硅铝铁合金

对于 Fe_2O_3 含量较高的煤矸石，可采用直流矿热炉冶炼硅铝铁合金。煤矸石的化学成分要求见表24.5。要求入炉粒度为 20～60mm。

表24.5 冶炼硅铝铁合金的煤矸石原料要求

化学成分	SiO_2	Al_2O_3	Fe_2O_3
含量（质量分数）/%	20～35	35～55	15～30

24.3.2 应用实例

开滦精煤股份有限公司吕家坨矿业分公司，地面村庄稠密，村庄下压煤严重，根据吕家坨矿业分公司开采计划，对古冶区范各庄乡小赤口村实施搬迁开采。为了贯彻落实新土地管理法精神，切实保护耕地，同时减小搬迁距离，尽量少影响搬迁村庄村民的生产和生活，开滦精煤股份有限公司和吕家坨矿业分公司决定采用当今国内外最先进的"三下"采煤与土地复垦技术，对吕家坨矿业分公司一、三采区稳沉采煤沉陷地进行矸石充填复垦，创建一个良好的生态环境，用于搬迁村庄的新村址。矸石回填过程见图24.3，新建的村庄见图24.4。

图24.3　矸石回填过程

图24.4　新建村庄

24.4　裸露山体植被构建技术

裸露山体生态林修复和植被构建具有生态、经济和生活的综合效益。广植草木，涵养水土，恢复自然环境的生机与活力，恢复自然植被景观，可以保持生态环境的稳定性，丰富山体景观内容。

石质山体本身土层薄，造林难度较大，各类采石场及矿山开采会直接导致山体岩石裸露、山体植被破坏和土壤贫瘠。山体受水蚀、风蚀加剧,进而直接影响周围区域空气质量并造成一系列生态环境问题,如生物多样性指数急剧下降、局部小气候恶化、生物链破坏,并且存在如水土流失、滑坡、泥石流、淤积水库、危害饮水源地等地质灾害隐患,影响城市防洪排涝和交通安全等。

(1)植被修复原则。山体石质裸露区和采石破坏区植被修复构建综合技术,主要是根据不同荒山的地形地貌、水文、破坏程度等,对裸露山体进行植树造林、生态修复。修复主要考虑造林树种的选择、育苗、表层土壤及造林整地、栽培方法、栽值后的管理,以及不同树种的搭配等。应遵循如下修复原则:①坚持因地制宜,适地适种的原则。②坚持统一规划,突出重点,分步实施的原则。③坚持人工造林、雨季造林、封山育林和点播树种相结合的原则。④坚持合理配置草种、树种,重点选用适生抗旱乡土树种和优良经济林品种的原则。

植树造林的规模可大可小,应充分根据地形地势和具体环境条件,尽量使用本地树种,植树造林应做到树、灌、草结合,以减少水土流失,保证地表径流的自然净化。

(2)修复措施。裸露山体植被修复的主要技术包括造林树种的选择、育苗、表层土壤及造林整地、栽植方法、栽植后的管理。不同地区根据破坏程度采用不同的修复类型、修复技术来植树造林,见表24.6。主要包括以下生态修复措施。①基质改良:土壤更新,土壤动物及微生物调节,化学治理。②植被种植:人工手段(纤维毯、喷射播种),自然演替。③安全防护:山体护坡,挡土墙,维护拦网,水系隔离维护。

表24.6 石质山体植被修复技术类型

类型	技术选择
道路可视范围,工况周边石质山坡	宫胁生态造林法
深山区,景观影响小、破坏不严重	封育自然修复
不适合造林,需人工恢复区域	生态植被毯铺植技术 植被恢复基材喷附技术 挂网+植被恢复基材喷附技术 生态植被袋生物防护技术 复合植被修复技术
需修复的采石形成的大坡度岩石坡面	垂直绿化法

24.4.1 技术内容

1.适宜植被品种选择

1)选种原则

裸露山体绿化恢复坡面植被的原则是,植物在无人工养护的条件下,具有良好的抗逆性和自我繁殖维持能力，最终营建与周边生态环境相协调的稳定目标群落。

通过比较山体植被恢复过程中植物群落特征、生物多样性变化、土壤性状差异及其相互关系，植物对干旱逆境的生态适应性，以及景观效益评价等，筛选出抗逆性强的矿山边坡适生植物。造林树种优先选择适应性强、生长势旺、根系发达、固土力强、耐瘠薄、抗干旱的树种。本着适地适种的原则，以抗逆性强的乡土植物为最佳选择。

2）植被选择与配置

合理的人工生态恢复技术可以加速裸露山体的植被生态系统恢复，同时植被的选择及配置直接影响群落植物物种多样性的大小。

人工生态恢复山体边坡植物群落结构可归纳为三种类型：第一种是灌木（常绿、落叶）+草本（一年生、多年生）；第二种是乔木（常绿）+灌木（落叶）+藤本（常绿）；第三种是灌木（常绿）+藤本（常绿）。石质裸露山体的植物物种多样性大小与土壤主要理化性质之间的关联度较小。植物种类的选择及配置是裸露山体植被生态系统恢复的关键。

3）树种选择及比例

（1）主要造林树种选择。对于暖温带半湿润气候区，造林绿化树种主要有侧柏、高杆女贞、刺槐、棠梨、油桐、椿树、楝树、楸树、黄连木、合欢、君迁子、榆树、青檀、麻栎、构树、栓皮栎、五角枫、黄栌、石榴、蔷薇、连翘等；经济果林树种主要有石榴、杏树、柿树、花椒、核桃、山楂、枣等。

（2）树种比例。在造林模式上因地制宜，山顶栽植侧柏，山腰栽植花灌木和乔灌木，山脚土层条件相对较好的地方栽植石榴、核桃等经济林。

山体上部或表土层10cm以下：常绿乔木占75%～85%，灌木占25%～15%。

山体中部或表土层10～15cm：常绿乔木占40%～50%，落叶乔木占20%～30%，经济树种占20%，灌木占10%。

山体中、下部或表土层15cm以上及山脚坡地：经济树种占70%～90%，落叶乔木占10%～20%，常绿乔木占10%。

总体上，常绿树种约占55%，落叶乔木约占20%，灌木约占5%，经果林约占20%。

（3）造林密度。根据山体具体的立地类型和整地方式来确定造林密度，见表24.7。

表24.7 主要树种造林密度

山体部位	主要造林树种	造林密度/（株/hm²）
山上部或表土层<10cm	侧柏、刺槐、构树、连翘、蔷薇等	1110～1665
山腰或表土层10～15cm	侧柏、刺槐、棠梨、油桐、楝树、楸树、黄连木、合欢、君迁子、榆树、青檀、麻栎、构树、栓皮栎、五角枫、黄栌、蔷薇、连翘等	1665～2500
山体中、下部或表土层>15cm及山脚坡地	石榴、杏、核桃、椿树、栓皮栎、五角枫、黄栌等	900～1665

山上部或表土层 10cm 以下：炸穴株行距 3m；炸穴，平均每公顷约 1110 穴；挖穴株行距 2m，平均每公顷约 1665 穴。炸穴、挖穴所占比例根据山场实际情况确定；

山腰或表土层 10～15cm：机械或人工挖穴株行距 2m，平均每公顷约 1665～2500 穴；

山体中、下部或表土层 15cm 以上及山脚坡地适宜发展经济果林的地段：机械或人工挖穴株行距 3m，平均每公顷约 840 穴。

根据树种的冠幅来确定每穴所选择的树种，无林地平均每公顷栽植约 1650 株；疏林地补植造林根据林地植被疏密情况，平均每公顷栽植约 750 株，雨季造林平均每公顷栽植约 1500 株。

2. 修复技术要求

1）整地标准

当山体岩石裸露比例大或表土薄，无法采用常规整地技术时，1 级立地条件以爆破炸穴为主；2～3 级立地条件以机械或人工挖穴为主。炸穴规格直径 80cm，机械或人工挖穴 60cm，回填熟土，修鱼鳞坑和保水埂，陡坡实行等高梯田整地。

2）造林技术

石质裸露山体宜采用 1～3 年生苗木造林，侧柏苗要求 2 年生，100cm 以上，带直径 10cm 以上营养钵或土球，穴内添加 SAP 吸水剂，定植后培大土堆用薄膜覆盖，对于石质山体等特殊情况，造林密度按常规造林密度的 50%～80% 设计。

（1）苗木要求：造林用苗在起苗、包装、运输、储藏等技术环节，必须符合 GB6000 造林用苗标准要求。苗木无病虫害，规格达到 I 级苗木标准，常绿树均应带营养钵或草绳、塑料袋包装完好的土球。

（2）栽植要求：运苗上山时要保护土球，避免散球；带土球苗木覆土至土球以上 10～15cm，裸根苗覆土至根基以上 8～12cm；栽植后立即浇足定根水，结合浇水给树木培大土堆，再用薄膜进行覆盖，覆盖面积略小于植树坑（穴）口径，用土、石块压实、封严。苗木的起、运、栽植、浇水、培大土堆、覆盖薄膜最好实行流水作业，一次性完成。

（3）时间要求：12 月下旬至翌年 1 月下旬进行挖穴、回填土，秋冬季节苗木落叶后至封冻前或春季 2～3 月进行苗木栽植。4～6 月根据天气、旱情适时进行抗旱浇水保苗。7～8 月进行雨季造林、雨季补植。

（4）栽后管理：①浇水。根据树体大小、穴坑大小和土壤湿度确定浇水量及浇水次数，做到适时浇水，每次浇水浇足浇透。浇水时水流细而缓，均匀流入穴坑内，且等到穴坑内水完全浸入土壤后再行封土。②抚育。修鱼鳞坑、保水埂，使其成簸箕形，外高内低；在苗木周围 0.8～1m² 范围内进行松土，并人工除去杂草、树根和深度在 20cm 以内的石头，平均覆土 5～10cm；苗木修剪时根据不同植物的生长发育特点，严格按照技术规程进行。对病残枝或死亡苗木及时修剪、清理、适时补植；暴风雨过后及时扶正、压实植株。③幼林管护。裸露山体造林必须管护 2 年以上，首先是抗旱保苗，及时浇灌。有水源山场修筑蓄水池，干旱季节及时采取机械或人工浇水，无水源山场采取机械提水浇灌；其次是防止牲畜损坏新造苗木，严格禁牧；再次是穴周松土除草，山体岩石裸露比例小或全垦整地的非石灰岩山场可间种矮干药材、豆科作物，如金银花等，以耕代抚。

（5）封育管理：对新造林地，采取封山育林措施。禁止一切非营林人为活动，尤其禁止放牧。造林封育后要加大宣传力度，对于人口较为密集、人为活动频繁、管护难度较大的山场，需设置围栏网，设立标桩，在主要路口设立管护宣传牌、醒目封育标志；配备专职护林员，一般按每 $200hm^2$ 左右配备 1 名专职护林员。

（6）附属保障设施：①深水井及蓄水池。对于连片的裸露山体造林地，统筹利用地表水、打深眼井、管道调水和修蓄水池。打井需合理布局，综合利用，提前做好水源调度，确保栽植抗旱用水。蓄水池可利用自然地形在山沟处筑拦水坝，必要时在平坦处砌筑，用于机械提水时临时蓄水或雨天蓄水，蓄水池底层用混凝土浇筑补漏或用彩条塑料布、塑料薄膜双层铺设。②作业道。人工造林地每 $30 \sim 50hm^2$ 修建 1km 施工作业道，作业道宽度 $2 \sim 3m$，保证施工机械通行。

24.4.2 应用实例

运用裸露山体植被构建技术、雨季造林等技术，在安徽淮北地区相山、龙脊山、烈山等进行植树造林和荒山改造，建设完成石质裸露山体植被修复示范区 $5km^2$，使石质裸露山体造林成活率达到 90% 以上。通过生态林修复和植树造林，将相山打造成淮北最重要的自然景点森林公园，方圆约 $180hm^2$。山体植被覆盖良好，对于水土保持、地下水涵养、微气候调节作用越来越显著。

1）相山修复改造后植被种类调查统计

乔木：麻栎、黑弹朴、构树、女贞、黄连木、乌桕、榆树、山合欢、棠梨等。

灌木：迎春、苦楝、酸枣、紫荆、扁担木等。

草本：狗尾草、升马唐、葎草、鹅冠草、铁苋菜、牛膝、早熟禾、求米草等。

2）龙脊山修复后植被种类调查统计

乔木：棠梨、板栗、杜梨、山合欢、侧柏等。

灌木：牡荆、扁担木、榆树幼苗等。

草本：求米草、野大豆、马兜铃、大蓟、兔儿伞、柴胡、鬼针草、黄背草等。

24.5 矿区地质灾害治理技术

矿区由于地下开采引起的主要地质灾害有地裂缝、地面沉陷、崩塌、滑坡、泥石流等。

（1）地裂缝的治理原则。裂缝治理可采用人工治理与机械治理两种方法进行。人工治理即采用人工就近取土直接充填沉陷裂缝，这种方法土方工程量小，土地类型和土壤理化性质基本不变；另一种方法是机械治理，一般使用推土机和铲运机械，适用于破坏程度较重或产生采动滑坡的土地治理，其特点是工序复杂，土方工程量较大，农田整治后，土地类型和土壤的理化性质会有改变。无论是采用何种治理方式，都须保证不降低原土地生产能力，特别是在施工过程中要加强临时防护措施，如取土场的防护，施工中的临时拦挡，堆料场的防护，植被的迅速恢复等。

（2）崩塌、滑坡、泥石流的治理。煤矿开采会对相应地表产生一定的影响，如由于附加倾斜、水平拉伸变形的影响，可能对地表的原来的地形地貌造成一定的影响。尤其是在山区地表，当岩体松散破碎时可能造成崩塌、滑坡等地质灾害；另外，煤矿开采形成的排土场等存在崩塌、滑坡、泥石流等地质灾害的隐患，其主要治理措施有削坡、挡土墙、护坡、抗滑桩等。

24.5.1 技术内容

1. 地裂缝的治理方法

对裂缝的处理，针对裂缝宽度大小及分布特点采取相应的措施，工程治理见图24.5。

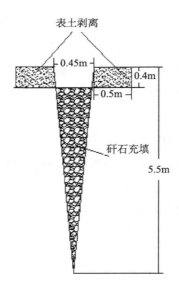

图24.5 裂缝充填断面图

裂缝充填的具体处理工艺如下。

1）储备充填材料

在治理场地附近上坡方向选定无毒害、无污染的土源，用机械或人工挖方取土，用机动车或人力车装运至充填地点附近堆放。

2）表土层剥离和存放

尤其对耕地区域的裂缝治理，必须剥离表层土，在指定地点用人工或挖掘机械挖取耕地表土层，剥离厚度为 0.4m，然后按指定路线将土方装运到地块周边和零挖（填）线的附近地段并加以覆盖。裂缝分布密度相对较小、裂缝较大的区域，需要对单个裂缝进行表土剥离，剥离宽度为裂缝两侧各 0.5m，剥离深度视实际情况而定。剥离地段耕植土层就近堆放，在裂缝两侧和平整土地范围的周边，充分利用空闲的土地，如无空闲土地，则选择暂时不用的区域，表土剥离后应将占用区域复原。运土应尽量利用原有道路系统，卸土地点应尽量靠近裂缝充填作业区。

3）裂缝充填和平整土地

按反滤的原理去填堵裂缝、孔洞。在堆放点用机械或手推车对沉陷裂缝进行填充，当充填高度距剥离后的地表 1.0m 左右时，开始用木杠对充填物进行第一次捣实，然后每充填 0.4m 左右捣实一次，直到与剥离后的地表基本平齐为止。对于裂缝分布密度较大的区域，可在整个区域内剥离表土并挖深至一定标高，进行统一充填，每充填 0.30～0.50m 夯实一次，夯实土体的干容重达到 1.4t/m³ 以上，直到与剥离后的地表基本平齐为止。用反滤层填堵覆土后，可防止水土流失，不影响耕种。

4）充填沉陷裂缝工程量计算方法

土地复垦过程中首先要消除裂缝，根据不同类型强度的裂缝情况，其充填土方（矸石）的工程量亦不同。设沉陷裂缝宽度为 a（单位：m），则地表沉陷裂缝的可见深度 W（单位：m）可按下列经验公式（24.1）计算：

$$W = 10\sqrt{a} \tag{24.1}$$

设沉陷裂缝的间距为 D（单位：m），每公顷土地的裂缝系数为 n，则每公顷面积沉陷裂缝的长度 U（单位：m）可按下列经验公式计算：

$$U = \frac{10000}{D} \cdot n \tag{24.2}$$

设每公顷沉陷地裂缝的充填土方量为 V（单位：m³/hm²），则 V 可按下列经验公式计算：

$$V = a \cdot W \cdot U/2 \tag{24.3}$$

设土地面积为 S（单位：m²），则充填裂缝土方量 V' 可按下式计算：

$$V' = V \cdot S \tag{24.4}$$

2. 崩塌、滑坡、泥石流的治理

崩塌、滑坡、泥石流等地质灾害的主要治理措施如下。

1）削坡

削坡可减缓坡度，减小滑坡体体积，减小下滑力。削坡的对象是滑动部分，当高而陡的岩质斜坡受节理缝隙切割，比较破碎，可能崩塌坠石时，可剥除危岩，削缓坡顶部。当排土场休止角为 50°，即边坡坡度约 50° 时，容易产生滑坡、泥石流等地质灾害，如将坡度控制在 35° 以下，可有效防止与降低灾害发生的可能性，如图 24.6 所示。

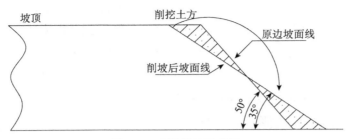

图24.6 边坡放坡示意图

2）挡土墙工程

挡土墙是支撑山坡土体，防止填土或土体变形失稳，而承受侧向土压力的建筑物。根据其刚度及位移方式不同，可分为刚性挡土墙、柔性挡土墙和临时支撑三类。

为保证边坡的稳定性，在排土场一、二级平台的坡脚处修建立挡土墙。挡墙采用垂墙背形式，砂浆石砌，上宽 0.4m，底宽 1.4m，高 2.0m，基础部分埋深 1.0m，如图 24.7 所示。

挡墙砌筑时，每隔 50m 设置一条伸缩缝，横纵向每隔 20m 设排水孔，排水孔直径为 6cm。挡墙砌筑后，表面要勾缝。

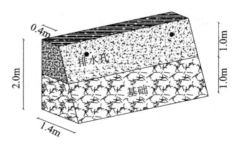

图24.7 边坡挡土墙示意图

3）排水工程

为了有效防止雨季时雨水冲刷平台与坡面，造成水土流失，破坏边坡治理效果，应采取以下措施：一是在平台边缘砌筑高 200mm，宽 300mm 的石砌隔水与防冲刷石台；二是在靠近坡脚的地方开挖截水沟渠，沟渠上宽 2.5m，下底宽 0.5m，垂高 1m。截水沟挖好后先用混凝土打底，厚度 8cm，后用素灰抹面，厚度以 2cm 为宜，如图 24.8 所示。

边坡上沿上坡一侧道路修建排水沟渠，排水渠与截流渠相连，构成排水系统网。排水沟与截水沟基本相同，但排水沟顶宽 1m，底宽 0.3m，高 0.4m，如图 24.9 所示。

4）护坡工程

为了防止崩塌，直接在坡面修筑护坡工程进行加固，这比削坡要节省投工，速度快。常见的护坡工程有干砌片石和混凝土砌块护坡、浆砌片石和混凝土护坡、格状框条护坡、

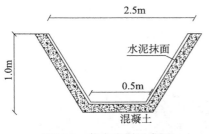
图24.8 截水沟渠示意图

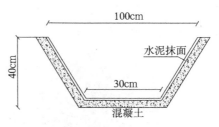
图24.9 排水沟渠示意图

喷浆和混凝土护坡、铺固法护坡等。

干砌片石对边坡进行防护处理：在边坡上铺设六棱形水泥制空心砖，砖体壁厚 8cm，垂高 10cm，内直径 20cm。铺设前边坡需人工找齐，必要时可用细粒沙土打底，预防砖体铺设时高低不平，产生滑斜，如图 24.10 所示。

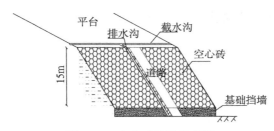
图24.10 空心砖护坡示意图

5）抗滑桩

抗滑桩是穿过滑坡体深入于滑床的桩柱，用以支挡滑体的滑动力，起稳定边坡的作用，适用于浅层和中厚层的滑坡，是一种抗滑处理的主要措施。但对正在活动的滑坡打桩阻滑要慎重，以免因振动而引起滑动。抗滑桩埋入地层以下深度，按一般经验，软质岩层中锚固深度为设计桩长的 1/3；硬质岩中为设计桩长的 1/4；土质滑床中为设计桩长的 1/2。抗滑桩对滑坡体的作用是：利用抗滑桩插入滑动面以下的稳定地层对桩的抗力平衡滑动体的推力，增加其稳定性。

打滑桩是一种特殊的侧向受荷桩，在滑坡推力的作用下，桩靠埋入滑面下的部分锚固作用和被动抗力来维持稳定。因此抗滑桩的基本应用条件是：①滑坡具有明显的滑动面；②滑面以下为较为完整稳固的基岩或土层，能够提供足够的锚固力。

24.5.2 应用实例

唐山研究院通过对开滦林南仓矿和林西矿地表移动规律的研究，探索了开采引起地裂缝的分布规律；通过对甘肃华亭煤矿地裂缝的探测，研究了开采引起地裂缝的发育情况，对内蒙古多伦协鑫煤矿、内蒙古通大煤业有限责任公司五牧场煤矿、开滦集团蔚县矿业公司单侯煤矿的地裂缝进行了评估、勘测和治理；对陕西韩城桑树坪煤矿的滑坡地质灾害进行了评估和治理。通过治理，规避和消除了矿区的地质灾害隐患，较大程度恢复了受影响地区的土地使用功能，对促进矿区的和谐发展起到了积极的作用（图 24.11）。

(a) 治理前　　　　　　　　　　　　(b) 治理后

图24.11　地裂缝治理前、后的效果对比

（本章主要执笔人：张峰，刘明，杨丽娜，刁乃勤，魏跃东，刘金辉）

Major Reference 主要参考文献

白向飞. 2007. 煤岩自动测试技术现状及存在的问题. 燃料与化工, 38（4）: 4-6.

白向飞. 2009. 焦化生产中煤岩学应用现状及对策分析. 煤质技术, (2): 1-3.

白向飞. 2010. 中国褐煤及低阶烟煤利用与提质技术开发. 煤质技术, (6): 9-11.

白向飞. 2011. 煤岩自动测试技术路线及关键问题分析. 煤质技术, 42（4）: 6-12.

白向飞, 李文华, 陈亚飞, 等. 2007. 中国煤中微量元素分布基本特征. 煤质技术, (1): 1-4.

白向飞, 王越. 2015. 基于图像法的煤岩自动测试技术开发及展望. 中国焦化业, (3): 20-22.

白效言, 裴贤丰, 张飏, 等. 2015. 小粒径低阶煤热解油尘分离问题分析. 煤质技术, (6): 1-4.

鲍玉新. 2013. 拉铆钉联接技术在筛分设备中的分析与应用. 煤矿机械, 34（7）: 224-225.

北京海淀华煤水煤浆技术开发中心. 2008-12-24. 中国: ZL200820079501.3.

北京海淀华煤水煤浆技术开发中心. 2010-07-14. 中国: ZL200710188396.7.

蔡先锋, 张鹏飞, 罗尔明, 等. 2010. 重介质选煤过程自动控制系统在石板选煤厂的应用. 选煤技术, 4（4）: 58-61.

曹祖民, 高亮, 崔岗, 等. 2003. 矿井水净化及资源化成套技术与装备. 北京: 煤炭工业出版社.

曹祖民, 周如禄, 刘雨忠, 等. 2004. 矿井水净化及资源化成套技术与装备的开发. 能源环境保护, 18（1）: 37-40.

车永芳, 张进华, 王岭. 2015. 用于分离 CH_4/N_2 炭分子筛的表征. 煤质技术, (3): 63-66.

陈海旭. 2009. 我国褐煤燃前脱灰脱水提质现状. 中国煤炭, 35（4）: 98-100.

陈洪, 马秋乐. 2015. 模糊控制理论在分级破碎工艺中的应用研究. 煤矿机械, 36（5）: 243-244.

陈洪博, 白向飞, 李振涛, 等. 2014. 图像法测定煤岩组分反射率工作曲线的建立与应用. 煤炭学报, 39（3）: 562-567.

陈华辉. 2012. 耐磨材料应用手册. 北京: 机械工业出版社.

陈家仁. 2007. 煤炭气化的理论与实践. 北京: 煤炭工业出版社.

陈树召. 2011. 大型露天煤矿他移式破碎站半连续工艺系统优化及应用研究. 徐州: 中国矿业大学.

陈志强, 徐春江, 黄亚飞. 2012. 浅槽重介分选机内部流场的数值模拟研究. 选煤技术, (1): 4-7.

程功林, 周如禄, 江德开, 等. 2009. 矿井水脱盐的预处理装置及反渗透脱盐设备. 中国: 200920105875.2.

程功林, 周如禄, 江德开, 等. 2010. 阻垢剂投加装置. 中国: 200920150346.4.

程功林, 周如禄, 万玉全, 等. 2010. 加药装置及系统. 中国: 201020623574.1.

程功林，高亮，陈永春. 2013. 煤矿工业广场生活污水再生利用试验研究. 水处理技术，39（3）：88-90.

程宏志. 2000. 机械搅拌式浮选机相似转换原理. 煤炭学报，25（SI）：182-185.

程宏志. 2005. 振荡方法提高浮选选择性的研究. 北京：中国矿业大学（北京）.

程宏志. 2012. 我国选煤技术现状与发展趋势. 选煤技术，（2）：79-83.

程宏志，韩丽萍. 2009. XJM-S型浮选机研究进展与展望. 选煤技术，（4）：83-87.

崔东锋，周如禄，朱留生，等. 2007. 矿井水处理监控系统的设计与应用. 煤矿机电，（5）：19-20.

崔东锋，周如禄，朱留生. 2008. 基于PLC和工控机的高矿化度矿井水深度处理自控系统. 工矿自动化，（6）：59-60.

崔东锋，周如禄，朱留生 2008. PLC自控系统在高矿化度矿井水处理工程中的应用. 煤炭技术，27（5）：28-29.

崔玉川. 2008. 水的除盐方法与工程应用. 北京：化学工业出版社.

代伟娜，贺延龄，李恒. 2011. SBR法处理煤制甲醇废水工程实例. 水处理技术，37（10）：128-130.

戴少康. 2016. 选煤工艺设计实用技术手册. 北京：煤炭工业出版社.

邓骥，诸林，肖娅，等．赵启龙. 2014. 含氧煤层气液化流程安全性分析与措施. 石油与天然气化工，43（5）：574-578.

丁昊明，戴彩丽，高静，等. 2013. 国内外煤层气开发技术综述. 煤，22（4）：24-26.

丁涛，潘永泰，乔士雷. 2013. SSC分级破碎机齿辊动载荷计算. 煤矿机械，34（3）：8-10.

杜尔登，郑璐，冯欣欣，等. 2014. 饮用水处理中不同来源生物活性炭微生物群落多样性和结构研究. 环境科学，35（11）：4163-4170.

杜建军，张志刚，王建奎. 2008. 动筛跳汰机技术创新的探索与实践. 煤炭加工与综合利用，（2）：16-18.

杜铭华，戴和武，俞珠峰. 1995. MRF年青煤温和气化（热解）工艺. 洁净煤技术，（2）：30-33.

范华，韩少华，周如禄. 2011. 东滩煤矿水资源梯级利用处理工艺与模式研究. 能源环境保护，25（4）：44-47.

方景礼. 2014. 废水处理的实用高级氧化技术：第一部分——各类高级氧化技术的原理、特性和优缺点. 电镀与涂饰，33（8）：350-355.

方向晨. 2011. 国内外渣油加氢处理技术发展现状及分析. 化工进展，30（1）：94-104.

冯现河，尚庆雨，王乃继，等. 2013. 新型大容量高效煤粉蒸汽锅炉. 工业锅炉，（2）：8-14.

付万军，于宏伟. 2009. 舒兰煤矿井下污水处理与利用. 煤炭科学技术，（5）：122-124.

付银香. 2012. KRL/DD3000×10曲张筛在白岩选煤厂的应用. 选煤技术，（5）：63-64.

傅丛，连进京，姜英，等. 2007. 高汞煤燃烧过程中汞的析出规律试验研究. 洁净煤技术，13（6）：62-64.

傅翔，王鹏，梁大明，等. 2012. 多膛炉活化颗粒活性炭的实验研究. 洁净煤技术，18（5）：45-48.

傅永宁. 1995. 高炉焦炭. 北京：冶金工业出版社.

高杰，郑彭生，郭中权. 2015. 一种地埋式一体化煤矿生活污水处理技术. 中国给水排水，31（15）：101-104.

高均海，李树志，郭友红，等. 2010. 复垦方法对矿区土壤微生物的影响. 矿山测量，（1）：10-12.

高鹏.2015.Matlab的CFtool工具箱在浮选尾矿灰分与图像灰度曲线拟合中的应用研究.选煤技术,(1):67-70.

高鹏.2016.基于OpenCV的煤泥浮选尾矿图片采样分析.选煤技术,(3):72-74.

緱新学.2013.GPJ-120/3-C型加压过滤机在黄陵一号矿选煤厂的应用.选煤技术,(4):43-45.

緱新学.2016.浮选自动加药系统在黄陵一号煤矿选煤厂的应用.选煤技术,(3):79-81.

顾颖蓓.2007.结构和工作参数对加压过滤效果的影响.选煤技术,(6):4-7.

郭芬,李德伟,任伟涛.2010.新型滚筒式褐煤干燥系统的应用.洁净煤技术,16(1):30-32.

郭昊乾,李雪飞,车永芳,等.2016.低浓度煤层气变压吸附浓缩试验研究.洁净煤技术,22(4):132-136.

郭强,邓云川,段爱军,等.2011.加氢裂化工艺技术及其催化剂研究进展.工业催化,19(11):21-27.

郭秀军,齐正义,崔亮.2010-02-17.无压给料两产品重介质旋流器.中国:2009.20146134.9.

郭秀军,张力强,单超,等.2010-10-06.一种高效节能型三产品重介质旋流器.中国:2009.20266419.6.

郭友红.2005.浅谈复垦土壤存在问题与改良.全国开采沉陷规律与"三下"采煤学术会议,乌鲁木齐.

郭友红.2009.煤炭开采沉陷对矿区植物多样性的影响.矿山测量,(6):13-15,51.

郭友红,李树志,鲁叶江.2008.沉陷区矸石充填复垦耕地覆土厚度的研究.矿山测量,(2):59-61.

郭友红,李树志,高均海.2009.采煤沉陷区景观演变特征研究.矿山测量,(2):72-75.

郭友红,李树志,高均海.2010.不同年度复垦土壤微生物研究.安徽农业科学,38(16):8575-8576,8647.

郭中权,冯曦,李金合,等.2006.反渗透技术在高硫酸盐硬度矿井水处理中的应用研究.煤矿环境保护,20(3):25-26.

郭中权,王守龙,朱留生.2008.煤矿矿井水处理利用实用技术.煤炭科学技术,(7):3-5.

国务院.大气污染防治行动计划.国发〔2013〕37号,2013-09-10.

韩洪军,李慧强,杜茂安,等.2010.厌氧/好氧/生物脱氨工艺处理煤化工废水.中国给水排水,26(6):75-77.

韩少华,范华,乔大磊,等.2011.高锰酸钾—粉状活性炭在煤矿生活污水深度处理中的强化作用.能源环境保护,25(1):12-15.

韩永滨,刘桂菊,赵慧斌.2013.低阶煤的结构特点与热解技术发展概述.中国科学院院刊,28(6):772-779.

郝凤英,于洪书,马德芳.1993.选煤手册.北京:煤炭工业出版社.

何国锋,詹隆,王燕芳.2012.水煤浆技术发展与应用.北京:化学工业出版社.

何绪文,贾建丽.2009.矿井水处理及资源化的理论与实践.北京:煤炭工业出版社.

贺玉春.2000.重介质选煤过程自动测控系统.选煤技术,4(4):53-54.

胡丙升.2016.FX-12型干选机分选效果评价.选煤技术,(6)15-19.

胡永江,华国平.1997.矿井水井下净化尝试和展望.煤矿环境保护,11(5):23-25.

黄亚飞.2014.浅槽刮板速度对流场影响的试验研究.矿山机械,(6):66-69.

黄亚飞.2015.浅槽重介质分选机在燕家河选煤厂的应用.矿山机械,(7):76-79.

黄亚飞, 齐正义, 徐春江, 等. 2012. 浅槽刮板重介质分选机流场试验研究. 选煤技术, (6): 27-32.
纪任山. 2009. 煤粉工业锅炉燃烧的数值模拟. 煤炭学报, 34 (12): 1703-1706.
贾金鑫. 2015. SKT跳汰机新型空气室结构的研究. 煤矿机械, 36 (3): 67-69.
姜思源, 王永英, 周建明, 等. 2014. 中等挥发分烟煤回燃逆喷式燃烧数值模拟. 煤炭学报, 39 (6): 1147-1153.
姜英, 罗陨飞, 白向飞. 2011. 现代煤质技术研究与实践. 煤质技术, (c00): 10-12.
姜玉连. 2011. 新型简约式破碎站在安太堡露天煤矿的应用. 露天采矿技术, (6): 23-24, 27.
蒋芹, 郑彭生, 张显景, 等. 2014. 煤气化废水处理技术现状及发展趋势. 能源环境保护, 28 (5): 9-12.
蒋文举. 2012. 烟气脱硫脱硝技术手册. 北京: 化学工业出版社.
金国森, 叶文邦, 钱小燕, 等. 2002. 干燥设备. 化学工业出版社.
阚晓平. 2012. WZYT1500大型卧式振动卸料离心脱水机的研制. 煤矿机械, 33 (7): 168-169.
孔令强. 2001. 重介质选煤中对悬浮液稳定性的控制. 选煤技术, 4 (4): 51-52.
李福勤, 李建红, 何绪文. 2010. 煤矿矿井水井下处理就地复用工艺及关键技术. 河北工程大学学报: 自然科学版, 27 (2): 46-49.
李克健, 李文博, 朱晓苏, 等. 2008. 一种用石油或石油炼制副产品替代循环溶剂的煤直接液化方法. 中国: ZL200810116347.7.
李克民, 王斌, 张幼蒂, 等. 2005. 露天矿半连续工艺系统的应用研究. 露天采矿技术, (5): 9-14.
李兰廷. 2016. 煤层气浓缩用碳分子筛的研制及性能研究. 洁净煤技术, 22 (2): 1-4.
李梁才. 2007. 选煤厂大型自动化系统网络建设. 选煤技术, (6): 58-60.
李梁才. 2014. 基于Ethernet网络架构的综合自动化系统在郭屯煤矿选煤厂的应用. 选煤技术, (6): 74-76.
李梁才, 袁文春, 刘晓东. 2009. "十五"双供介重介选煤新工艺密度自动控制系统设计. 选煤技术, (4): 75-77.
李亮, 阮晓磊, 滕厚开, 等. 2011. 臭氧催化氧化处理炼油废水反渗透浓水的研究. 工业水处理, 31 (4): 43-45.
李朋. 2014. 井下单驱动齿辊破碎机的研制与应用. 煤炭工程, 46 (4): 132-133, 136.
李朋. 2015. 分级破碎机可靠性分析与提高改进措施. 煤矿机械, 2015, 36 (8): 223-225.
李秋英, 王莉, 巨永林. 2011. 含氧煤层气液化流程爆炸极限分析. 化工学报, 62 (5): 1471-1477.
李守勤, 郭中权, 陈永春. 2011. 卡鲁塞尔氧化沟处理低浓度煤矿工厂生活污水的效果分析. 能源环境保护, 25 (4): 41-43.
李树志, 2014. 我国采煤沉陷土地损毁及其复垦技术现状与展望. 煤炭科学技术, 42 (1): 93-97.
李树志, 等. 2014. 采煤沉陷区土地复垦技术. 煤炭工业出版社.
李树志. 2016. 采煤沉陷区城市建设关键技术研究与应用. 煤矿开采, 21 (2): 73-77.
李树志, 高荣久. 2006. 塌陷地复垦土壤特性变异研究. 辽宁工程技术大学学报, 25 (5): 792-794.
李树志, 刁乃勤. 2016. 矿业城市生态建设规划与沉陷区湿地构建技术研究及应用. 矿山测量, 44 (3):

65-69.

李树志，郭友红，鲁叶江．等．2007.采煤塌陷对矿区耕地土壤肥力的影响．第七届全国矿山学术会议论文集，11：82-84．

李树志，鲁叶江，高均海，2007.兖州矿区塌陷地土壤特性研究浅析．第七届全国矿山学术会议论文集．

李树志，高均海，鲁叶江，等．2010.平原矿区采煤沉陷地复垦耕地生产力评价．矿山测量，（1），5-10．

李婷．2014.高效煤粉工业锅炉粉煤灰的特性研究．煤炭转化，37（4）：81-84．

李幸丽．2013.近郊采煤沉陷次生湿地景观格局变化与生态质量评价．矿山测量，（6）：95-99．

李幸丽．2015.采煤沉陷次生湿地土地利用变化及驱动力分析．煤炭技术，34（3）：314-317．

李幸丽，高均海．2008.基于TM影像的开滦矿区土地利用变化监测．唐山：中国煤炭学会矿山测量专业委员会，112-115．

李幸丽，高均海．2009.基于GIS的采煤沉陷区景观格局动态变化研究．矿山测量，（4）：57-59，63．

李雪飞，孙仲超，郭治，等．2010.活性焦烟气脱硝本征动力学研究．煤炭学报，35（7）：1193-1196．

梁大明．2008.中国煤质活性炭，北京：化学工业出版社．

梁大明，孙仲超．2011.煤基炭材料．北京：化学工业出版社．

刘畅，张进华，车永芳．2015.分子筛对CH_4/空气混合气的变压吸附分离研究．洁净煤技术，21（4）：63-66．

刘春艳．2009.浮选机流场数值模拟与相似特征参数的研究．煤科总院．

刘金辉．2000.粉煤灰回填地基建造抗变形民房的技术措施．煤矿环境保护，14（6）：48-49，55．

刘立民，连传杰，卫建清，等．2003.矿井水井下处理，利用的工艺系统．煤炭工程，9：58-60．

刘明，李树志．2016.废弃煤矿资源再利用及生态修复现状问题及对策探讨，矿山测量，44（3）：70-72，127．

刘乾辰，张海英，李正飞．2011.煤直接液化技术研究与发展．企业技术开发，30（6）：163-165．

刘勇，包兴，李幸丽．2010.邹城市采煤塌陷区复垦土地安全性评价．矿山测量，（2）：79-81．

刘子龙．2011.加压过滤机在有色金属矿山的应用实践．2011年中国选矿学术高峰论坛论文集，32-34．

娄德安，贾金鑫．2014.SKT复振跳汰机分选高变质无烟煤的应用实践．选煤技术，（6）：34-37

卢晓东，郭懿赟，秦宇．2013.露天矿用大型移动破碎站．露天采矿技术，（1）：40-44．

鲁杰．2005.SKT跳汰机新型智能控制系统．煤质技术，（05）：31-32

鲁叶江．2010.压实处理对矸石充填复垦土壤水分的影响．煤炭科学技术，38（11）：125-128．

鲁叶江，李树志．2015.近郊采煤沉陷积水区人工湿地构建技术——以唐山南湖湿地建设为例．金属矿山，（4）：56-60．

鲁叶江，李树志，高均海．2007.开采沉陷耕地损坏机理与评价定级．矿山测量，（2）：32-34．

鲁叶江，李树志，高均海．2009.就地取土复垦土壤剖面构建技术研究．矿山测量，（5）：89-91．

鲁叶江，李树志，高均海，等．2010.东部高潜水位采煤沉陷区破坏耕地生产力评价研究．安徽农业科学，38（1）：292-294．

吕高常．2016.大型高频振动筛动态特性分析．矿山机械，44（6）：58-61．

吕秀丽．2015.新型两产品重介质旋流器的数值模拟研究与实践．煤炭技术，34（8）：281-283．

吕秀丽，张力强. 2012. 重介质旋流器二段安装角度与物料排出关系的研究. 选煤技术，（5）：14-17.

吕秀丽，张力强. 2015. 基于数值模拟的旋流器圆锥角对分选效果的影响研究与应用. 选煤技术，（6）：1-7.

罗伟，何海军，纪任山，等. 2012. 高倍率灰钙循环耦合脱硫除尘技术研究. 煤化工，40（5）：74-76，83.

罗陨飞，姜英. 2009. 我国煤炭资源节约与综合利用标准体系的建设与新发展. 中国标准化，（7）：25-27.

罗陨飞，李文华，姜英，等. 2005. 中国煤中硫的分布特征研究. 煤炭转化，28（3）：14-18.

马承愚，彭英利. 2011. 高浓度难降解有机废水的治理与控制（第2版）. 北京：化学工业出版社.

毛冬梅. 2012. 综合自动化系统在山西金地煤焦有限公司选煤厂的应用. 选煤技术，（6）：117-122.

毛冬梅. 2013. 大屯选煤厂浮选自动控制系统改造. 工矿自动化，（5）：103-105.

煤科总院唐山研究院. 2007-04-04. 多供介无压给料三产品重介质旋流器：中国，200620023458.X.

煤炭工业部选煤设计研究院《选煤厂设计手册》编写组. 1978. 选煤厂设计手册. 北京：煤炭工业出版社.

孟如，王传琦，吴晓春，等. 2009. 半移动式破碎站控制系统的设计. 工矿自动化，（4）：92-94.

牛国前. 2012. 巴关河选煤厂重介工艺系统改造与实践. 煤炭工程，1（9）：56-57.

潘东明. 2010. SKT跳汰机自适应模糊PID排料控制系统的设计与仿真. 选煤技术，（2）：54-57.

潘东明，刘晓军. 2013. 复振跳汰机主振频率与复振频率关系的研究. 选煤技术，（4）：10-13.

潘永康，王喜忠，曹崇文. 1998. 现代干燥技术. 北京：化学工业出版社，1046-1049.

潘永泰. 2009. 国内外大型分级破碎机应用现状与技术异同. 选煤技术，（4）：31-34.

潘永泰，张新民. 2010. 分级破碎技术的发展趋势. 选煤技术，（5）：65-68.

裴贤丰. 2015. 配煤炼焦. 北京：中国石化出版社.

裴贤丰. 2016. 低阶煤中低温热解工艺技术研究进展及展望. 洁净煤技术，22（3）：40-44.

普煜，陈樑，宁平. 2007. 鲁奇炉渣在废水净化中的应用研究. 工业水处理，27（5）：59-62.

齐炜. 2014. MJS-1双炉型炼焦煤基氏流动度试验机研制. 煤炭科学技术，42（7）：111-115.

邱云龙. 2011. 循环流化床烟气脱硫技术. 沈阳：东北大学.

曲思建. 2011. 焦炭热态质量影响因素及其质量预测基础研究. 北京：煤科总院.

曲思建，关北锋，王燕芳，等. 1998. 我国煤温和气化（热解）焦油性质及其加工利用现状与进展. 煤炭转化，21（1）：15-20.

曲思建，王琳，张飚，等. 2012. 我国低阶煤转化主要技术进展及工程实践//中国煤炭学会成立五十周年高层学术论坛论文集. 北京，1-10.

曲思建，董卫果，李雪飞，等. 2014. 低浓度煤层气脱氧浓缩工艺技术开发与应用. 煤炭学报，39（8）：1539-1544.

屈进州，陶秀祥，刘金艳，等. 2011. 褐煤提质技术研究进展. 煤炭科学技术，39（11）：121-125.

任尚锦，徐永生，等. 2001. FX型和FGX型干法分选机在我国的应用. 选煤技术，（5）：4-6.

任小花，崔兆杰. 2010. 煤气化高浓度含酚废水萃取/反萃取脱酚技术研究. 山东大学学报（工学版），40（1）：93-97.

商铁成. 2016. 焦化污染物排放及治理技术. 北京：中国石化出版社.

申宝宏，刘见中，雷毅. 2015. 我国煤矿区煤层气开发利用技术现状及展望. 煤炭科学技术，43（2）：1-4.
沈洪源，李忠才. 2015. 炼化废水深度处理回用技术与运行实践. 工业水处理，35（8）：110-112.
石焕. 2015. 大型浮选机及其控制系统的开发. 唐山：天地（唐山）矿业科技有限公司.
石燕峰，卢连永，薛守军，等. 2006. 干法选煤技术的发展应用. 选煤技术，（5）：39-42.
史士东，舒歌平，李克健，等. 一种逆流、环流、在线加氢反应器串联的煤直接液化方法. 中国：ZL03102672.9
史士东. 2012. 煤加氢液化工程学基础. 北京：化学工业出版社.
史英祥. 2014. XJM-S28（3+2）型浮选机的设计与应用. 选煤技术，（2）：13-16.
舒歌平，李文博，史士东，等. 一种高分散铁基煤直接液化催化剂及其制备方法. 中国：ZL03153377.9.
孙海滔. 2015. 白岩300万t/a动力煤选煤厂分选方案探讨. 中州煤炭，（10）：122-125.
孙华峰，牛福生. 2010. 磷矿石分选工艺的研究. 中国矿业，（1）：68-69.
孙祥军，张萌，罗居杰，等. 2013. 室温离子液体用于酸性气体分离的研究进展. 天然气化工（C1化学与化工），38（5）：91-94.
孙旖，赵环帅，袁静宜. 2014. 耐磨防腐技术在振动筛中的应用. 煤矿机械，35（9）：204-205.
孙仲超，王鹏. 2016. 煤基活性炭. 北京：中国石化出版社.
谭金生，黄昌凤，郭中权. 2013. 邢台矿区矿井水处理技术及利用模式. 河北煤炭，（1）：5-7.
天地科技唐山分公司. 2009-12-30. 一种重介悬浮液粘度、密度一体化检测装置：中国，200920101767.8.
天地科技唐山分公司. 2011-01-12. 一种浮选机尾矿闸板升降装置：中国，201020101776.X.
天地科技唐山分公司. 2011-01-12. 一种下降方式检测重介悬浮液粘度、密度的装置：中国，200910073877.2.
天地科技唐山分公司. 2011-03-23. 一种卧式振动离心机振动装置：中国，201020287309.
天地（唐山）矿业科技有限公司. 2013-04-16. 一种适合煤炭分选用的重介质旋流器：中国，201320190674.3.
天地（唐山）矿业科技有限公司. 2013-11-20. 一种浮选尾矿灰分在线检测装置：中国，201320375280.5.
天地（唐山）矿业科技有限公司. 2014-11-05. 一种振动筛激振器偏心部件的把合结构：中国，201420349090.
天地（唐山）矿业科技有限公司. 2015-01-07. 一种圆柱型浮选机周边传动刮泡机构：中国，201310350892.3.
天地（唐山）矿业科技有限公司. 2015-07-01. 一种用于煤炭分级的大型振动筛：中国，201520013346.5.
天地（唐山）矿业科技有限公司. 2015-07-08. 自移式破碎机：中国，201310369086.
天地（唐山）矿业科技有限公司. 2015-12-30. 一种煤泥浮选入料预先处理设备：中国，201520673760.9.
天地科技唐山分公司. 2016-01-20. 旋流器耐磨陶瓷衬板及其制备方法：中国，201410126421.9.
天地（唐山）矿业科技有限公司. 2016-05-11. 一种振动筛皮带轮减速传动装置：中国，201521078065.4.
天地（唐山）矿业科技有限公司. 2016-07-16. 一种可调整角度的振动筛减振支撑装置：中国，201620015230.X.
天地（唐山）矿业科技有限公司. 2016-08-17. 一种用于振动筛的出料端梁：中国，201620257227.9.
田亚鹏，伏盛世. 2009. 长焰煤制鲁奇气化炉气化型煤生产技术的改进，煤炭技术，28（8）：132-133.

田忠坤. 2009. 管式气流干燥器提质低阶煤理论与技术的研究. 北京：中国矿业大学（北京）.

涂华, 姜英. 2009. 动力配煤专家系统设计与开发. 煤质技术，（5）：1-3.

王保强. 2015. 分级破碎机发展现状及未来趋势. 煤矿机械, 36：(10)：1-3.

王保强, 潘永泰, 亓愈, 等. 2011. 分级破碎技术节能设计方法. 选煤技术，（4）：27-29.

王长元, 张武, 陈久福, 等. 2011. 煤矿区低浓度煤层气含氧液化工艺技术研究. 矿业安全与环保, 38（4）：1-3.

王成瑞, 郭中权, 于远成. 2009. 徐庄煤矿生活污水深度处理的实验研究. 能源环境保护, 23（4）：25-27.

王东升, 韩锦德, 姜英. 2012. 浅析我国气化型煤技术现状及前景. 煤质技术，（6）：10-12.

王锦, 赵玲, 毛维东, 等. 2009. 膜法处理淮南矿区矿井水的试验研究. 煤矿环境保护, 23（4）：19-22.

王珺, 杨康. 2012. SKT跳汰机风阀的研究与创新. 选煤技术，（6）：49-52.

王利斌. 2012. 焦化技术. 北京：化学工业出版社.

王鹏, 董卫果. 2015. 煤炭气化. 北京：中国石化出版社.

王乾. 2014. 煤粉仓整体流主动活化系统的研究. 矿山机械, 35（6）：39-41.

王乾. 2014. 异形管壁粉末体螺旋输送机的设计. 矿山机械, 35（8）：22-24.

王同华, 焦婷婷, 柴春玲. 2009. 活性炭吸附回收油气的研究. 石油炼制与化工, 40（9）：60-65.

王学举, 王涛, 于才渊. 2010. 褐煤资源洁净高效转化中的脱水技术. 干燥技术与设备, 8（5）：211-216.

王永英, 周建明, 杨晋芳. 2012. 双锥燃烧室冷态流场的实验研究. 洁净煤技术, 18（2）：81-84.

王勇, 张晓静, 李文博, 等. 2011. 一种复合型煤直接液化催化剂及其制备方法：中国，ZL2011102164869.

王越, 白向飞, 张宇宏, 等. 2014. 煤岩自动测试系统图像灰度与反射率关系研究. 煤炭转化, 37（2）：25-27.

王兆申. 2005. 旋流器高耐磨衬里的研究与开发. 选煤技术，（3）：1-3.

王兆申. 2008. 重介质旋流器内衬材料的应用现状与前景. 选煤技术，（2）：70-72.

王兆申, 张力强, 张雅珊. 2008. 重介质旋流器新型氧化铝陶瓷衬里生产工艺优化. 选煤技术，（6）：1-4.

王卓. 2015. 甲基正丁基甲酮萃取煤化工高浓含酚废水实验研究与过程模拟. 广州：华南理工大学.

魏昌杰. 2015. XJM-S"3+2"系列浮选机中矿箱的应用研究. 中国煤炭, 41（3）：92.

魏昌杰. 2015. 低阶烟煤煤泥浮选提质技术的研究与应用. 中国煤炭, 41（10）：92-93.

魏昌杰, 宋云霞. 2015. XJM-KS系列浮选机矿化器的研究与应用. 选煤技术，（1）：27-30.

魏亮. 2015. FX-24大型干选机的开发和应用. 煤矿机械, 36（8）：248-249.

魏亮, 吕秀丽. 2016. FX-24A干选系统在新疆准南煤矿的应用. 水力采煤与管道运输，（2）：20-24.

魏跃东、刘金辉. 2009. 采煤塌陷地复垦为建筑用地若干问题研究. 全国矿山测量新技术学术会议论文集，169-172.

吴强, 岳彦兵, 张保勇, 等. 2015. THF-SDS对瓦斯水合分离过程温度场分布影响. 煤炭学报, 40（4）：895-901.

肖翠微. 2016. 煤粉爆炸特性与煤粉仓防爆措施研究. 煤炭科学技术, 44（8）：188-192，51.

肖乃友, 张荣曾. 2010. 黑山煤制油煤浆高温高压条件下的黏度变化. 煤炭学报, 35（8）：1354-1358.

肖乃友, 张荣曾, 颜丙峰. 2010. 褐煤制油煤浆高温高压黏度实验研究. 煤炭转化, 33（2）：19-21.

肖艳.2015.煤矿工人村生活污水处理脱氮工业性试验研究.辽宁工程技术大学学报（自然科学版），34（7）：806-809.

熊银伍，梁大明，夏景源，等.2009.配煤制备油气回收活性炭的研究.洁净煤技术，15（6）：71-74.

徐宝东.2012.烟气脱硫工艺手册.北京：化学工业出版社.

徐翀，毛维东，谢毫，等.2013.用于水处理的自清洗膜处理装置：中国，201310182819.X.

徐昆鹏，任贵涛.2013.双齿辊破碎机齿板的修复应用.价值工程，32（19）：294-295.

徐尧，王乃继，肖翠微.2012.小型常压煤粉仓惰性气体保护系统设计及应用.煤炭科学技术，40（8）：115-117.

徐振刚，刘随芹.2001.型煤技术.北京：煤炭工业出版社.

徐振刚，步学朋.2008.煤炭气化知识问答.北京：化学工业出版社.

徐振刚，曲思建.2012.中国洁净煤技术.北京：煤炭工业出版社.

薛维东，殷海宁.2001.选煤自动化实用技术.煤炭工业出版社.

燕飞，邹雪.2013.超滤膜深度处理煤制气废水的化学清洗研究.环境科学与管理，38（12）：101-104.

杨楚芬，杨时颖，郭建维.2012.煤气化废水萃取脱酚单元模拟计算与设计.现代化工，32（7）：102-104.

杨国祥，李毓良.2011.高温煤焦油加氢制取轻质燃料油工艺的运行实践.中国炼焦行业协会五届四次会员（理事）大会论文集.上海：中国炼焦行业协会，12-16.

杨华伟，张正旺，张东辉.2013.真空变压吸附分离氮气甲烷模拟与实验研究.化学工业与工程，30（5）：55-60.

杨康.1993.SKT系列跳汰机的特点及最新发展.煤炭加工与综合利用，（6）：11-13.

杨康.2006.SKT跳汰选煤技术.选煤技术，（S1）：15-19.

杨康，娄德安.2003.跳汰选煤技术与设备的发展.选煤技术，（6）：14-19.

杨康，刘旌，杨大海，等.1998.SKTFZ型复振跳汰机的研制.洁净煤技术，4（1）：24-26.

杨丽娜，刘金辉，张峰.2009.煤矸石山综合治理.全国矿山测量新技术学术会议论文集，184-187.

杨夕.2009.高酸度条件下铁法烟气脱硫动力学及工艺研究.大连：大连理工大学.

杨晓毓，邵徇.2014.褐煤蒸发脱水机理的研究进展.煤质技术，2014，（1）：38-40.

杨云松，李功民.2001.迅速推广的复合式干法选煤技术.煤质技术，（3）：8-13.

姚春雷，全辉，张忠清.2013.中、低温煤焦油加氢生产清洁燃料油技术.化工进展，32（3）：501-507.

姚立忱，王艺林，刘伟，等.2013.臭氧催化氧化技术深度处理煤气废水的实验研究.工业水处理，33（5）：50-52.

姚昭章.炼焦学.2012.北京：冶金工业出版社.

殷勤财，潘鑫原.2013.煤层气综合利用现状及其存在的主要问题.煤炭经济研究，36（8）：77-79.

张彩侠，马翠红.2014.低压变频技术在双齿辊破碎机系统中的应用.煤炭加工与综合利用（1）：72-73.

张从阳，李万斌，苏鹏程，等.2015.CO_2膜分离技术研究进展.广东化工，42（12）：73-74.

张德祥，刘瑞民，高晋生.2011.煤炭直接加氢液化技术开发的几点思考.石油学报（石油加工），27（3）：

329-332.

张峰.2015.采动地表裂缝发育范围异常扩大成因分析.金属矿山,44(4):154-156.

张浩强,梁大明,李兰廷,等.2013.烟气脱汞用活性炭制备及改性研究进展.煤炭科学技术,41(12):120-124.

张进华.2015.煤层气提纯用炭分子筛的研制及分离性能研究.煤炭科学技术,43(6):141-145.

张进华,梁大明,李兰廷.2010.煤基碳分子筛的研究进展及应用现状.洁净煤技术,16(5):53-56.

张进华,李兰廷,郭昊乾,等.2015.碳分子筛对CH4/N2混合气的变压吸附分离试验.煤炭科学技术,43(2):140-143.

张军民,刘弓.2010.低温煤焦油的综合利用.煤炭转化,33(3):92-96.

张力强.2011.多供介无压给料三产品重介质旋流器的技术特点与流场分析.//2011年全国选煤学术交流会论文集.厦门:选煤技术:52-55.

张力强.2013.任家庄选煤厂三产品重介质旋流器优化设计实践.选煤技术,(5):58-60.

张力强,张雅珊,王兆申,等.2006-08-09.带预分选结构的无压给料三产品重介质旋流器:中国,20113365.1.

张力强,秦云,郭秀军.2009.预分选无压给料三产品重介质旋流器的流场分析与应用.选煤技术,(4):1-5.

张力强,王联合,郭秀军.2010.新型高效三产品重介旋流器的研究.选煤技术,(5):1-4.

张力强,张雅珊,梁金钢,等.2010-09-22.一种可实现重产物速排的无压给料三产品重介质旋流器:中国,20101715.3.

张力强,吕秀丽,王淑军,等.2013-08-28.一种适合煤炭分选用的重介质旋流器:中国,20180674.3.

张鹏.2014.XJM-S28(3+2)型浮选机的设计与应用.洁净煤技术,20(2):13-16,20.

张鹏娟,武彦巍,张莹莹,等.2013.预处理-A/O-絮凝沉淀-BAF工艺处理煤制甲醇生产废水.水处理技术,39(1):84-88.

张庆东,李玉星,王武昌.2014.化学添加剂对水合物生成和储气的影响.石油与天然气化工,43(2):146-151.

张维润,樊雄.2009.电渗析浓缩海水制盐.水处理技术,35(2):1-4.

张晓静.2011.中低温煤焦油加氢技术.煤炭学报,36(5):840-844.

张晓静,李文博.2010.一种非均相催化剂的煤焦油悬浮床加氢方法:中国,ZL201010217358.1.

张晓静,李文博.2010.一种复合型煤焦油加氢催化剂及其制备方法:中国,ZL201010217361.3

张晓静,李培霖,王雨,等.2011.煤焦油催化加氢方法及装置:中国,ZL201110260326.4.

张晓静,胡发亭,李培霖,等.2013.一种煤直接液化的方法和系统:中国,ZL201310038842.1.

张勇,韩春胜.2015.SKT排矸跳汰机的设计与应用.选煤技术,(2):32-34.

张振勇,李文华,徐振刚,等.2000.煤的配合加工与利用.北京:中国矿业大学出版社.

赵环帅.2013.我国筛分设备制造企业管理与发展策略探讨.矿业工程,11(1):30-40.

赵良兴. 2009. 影响加压过滤机工作效果的主要因素分析. 选煤技术，（2）：22-23.
赵鹏，张晓静，李文博，等. 2011. 一种用于褐煤直接液化的固体酸催化剂及其制备方法：中国，ZL201410265540. 2
中煤科工集团唐山研究院有限公司. 2010-01-13. 复合联结方式的破碎齿辊：中国，200920145832. 7.
中煤科工集团唐山研究院有限公司. 2010-01-13. 可更换截齿的破碎齿辊：中国，200920145835.
中煤科工集团唐山研究院有限公司. 2010-01-27. 可更换破碎齿的破碎辊：中国，200920145836. 5.
中煤科工集团唐山研究院有限公司. 2010-02-17. 一种卧式自卸料离心脱水机：中国，200920102854. 5.
中煤科工集团唐山研究院有限公司. 2010-05-19. 分级破碎机液压行走机构：中国，200920145833. 1.
中煤科工集团唐山研究院有限公司. 2011-10-19. 高强度可更换破碎齿：中国，201120141282. 9.
中煤科工集团唐山研究院有限公司. 2013-10-16. 一种浮选入料预处理装置：中国，201320260707. 7.
中煤科工集团唐山研究院有限公司. 2013-10-16. 一种浮选机尾矿闸板：中国，201320260708. 1.
中煤科工集团唐山研究院有限公司. 2013-10-23. 一种可强制刮泡的圆柱形浮选机槽体：中国，201320269017. 8.
中煤科工集团唐山研究院有限公司. 2014-12-31 一种跳汰机气动双盖板风阀：中国，201420554125. 4.
中煤科工集团唐山研究院有限公司. 2015-08-05. 一种分级脱泥有压给料三产品重介质旋流器选煤工艺：中国，201310306361. 4.
中煤科工集团唐山研究院有限公司. 2015-09-16. 一种卧式振动离心机筛篮自动清洗装置：中国，201520210305. 5.
周彪，王兆申，才影，等. 2015. 碳纤维增韧碳化硅基复合材料制备技术的研究进展. 中国陶瓷，（2）：7-10.
周彪，王兆申，程会朝，等. 2015. 重介质旋流器耐磨衬里材料的发展现状与趋势. 矿山机械，（6）：1-4.
周琦. 2016. 低阶煤提质技术现状及完善途径. 洁净煤技术，22（2）：23-30.
周如禄，朱留生. 2003. 煤矿矿井水处理厂自动控制技术探讨. 煤炭科学技术，31（1）：37-38.
周如禄，宁静，毛维东. 2008. 矿区生活污水深度处理后作电厂用水应用研究. 煤炭科学技术，36（7）：1-2.
周如禄，朱留生，崔东锋. 2010-05-17. 矿井水净化自动加药装置：中国，200920307061. 7.
周如禄，崔东锋，郭中权，等. 2010-11-17. 矿井水净化处理全过程监控系统：中国，201020168650. 4.
周如禄，崔东锋，朱留生，等. 2011-03-16. 煤矿污废水处理综合监控信息系统：中国，201020504367. 4.
周如禄，郭中权，肖艳，等. 2013. 厢式生活污水处理装置：中国，ZL 2013 2 0714549. 8.
周如禄，郭中权，杨建超. 2013. 生活污水深度处理后作电厂循环冷却水试验研究. 中国矿业大学学报，42（1）：152-156.
周如禄，毛维东，郭中权. 2013. 矿井水处理方法及装置：中国，201310369980. 8.
朱良均. 1992. 捣固炼焦技术. 北京：冶金工业出版社.
朱留生. 2009. 矿井水净化处理自动排泥控制技术. 煤炭科学技术，（8）：4-6.
朱留生. 2009. 酸性矿井水处理自控系统设计. 能源环境保护，（4）：38-40.
朱留生，周如禄. 2010. 矿井水净化处理混凝剂投加控制技术. 煤炭科学技术，（1）：118-120.
朱留生，周如禄，崔东锋. 2010-05-19. 矿井水净化自动排泥装置：中国，200920306973. 6.

朱秋实，陈进富，姜海洋，等.2014.臭氧催化氧化机理及其技术研究进展.化工进展，33（4）：1010-1014.

朱书全.2011.褐煤提质技术开发现状及分析.洁净煤技术，17（1）：1-4.

朱豫飞.2013.煤油共炼技术的现状与发展.洁净煤技术，19（4）：68-72.

朱豫飞.2014.煤焦油加氢转化技术.洁净煤技术，20（3）：43-48.

邹雪，李进.2014.煤制气废水处理超滤膜污染研究.北京交通大学学报，38（1）：43-48.

Gai H J，JiangYB，QianY，etal. 2008. Conceptual design and retrofitting of the coal-gasification wastewater treatment process. Chemical Engineering Journal，138（1）：84-94.

Ghosh S，De S. 2006. Energy analysis of a cogeneration plant using coal gasfication and solid oxide fuel cell. Energy，31（2）：345-363.

Liu S Q，Wang Y T，Li Y，et al. 2006. Thermodynamic equilibrium study of trace elment transformation during underground coal gasification. Fuel Processing Technology，87（3）：209-215.